哈尔滨工业大学数学教学丛书
复变函数与积分变换系列教材

复变函数与积分变换

(第 三 版)

哈尔滨工业大学数学系　组编
包革军　邢宇明　盖云英　编

科 学 出 版 社
北 京

内 容 简 介

本书是国家工科数学教学基地之一的哈尔滨工业大学数学系根据教育部数学基础课程教学指导分委员会最新修订的《工科类本科数学基础课程教学基本要求（修订稿）》的精神和原则，结合多年的教学实践和研究而编写的系列教材之一. 全书共 8 章，包括复数与复变函数、解析函数、复变函数的积分、级数、留数、保形映射、傅里叶变换、拉普拉斯变换等内容. 每章后进行了简明的总结，便于学生深入掌握该章知识，并且精心设计了相应梯度的、适量的习题，在书后附有参考答案. 书末附有傅氏变换和拉氏变换简表，便于读者查阅使用. 书中标有*号部分供读者选学使用. 为了便于学生深入学习，本书还配备了哈尔滨工业大学教师授课课堂实录，扫描二维码即可学习相关内容.

本书可作为高等工科院校各专业本科生的复变函数与积分变换课程教材，也可供有关工程技术人员参考.

图书在版编目（CIP）数据

复变函数与积分变换/哈尔滨工业大学数学系组编；包革军，邢宇明，盖云英编. —3 版. —北京：科学出版社，2013

哈尔滨工业大学数学教学丛书 · 复变函数与积分变换系列教材

ISBN 978-7-03-036913-0

I. ①复… Ⅱ. ①哈… ②包… ③邢… ④盖… Ⅲ. ①复变函数-高等学校-教材②积分变换-高等学校-教材 Ⅳ. ①O174.5②O177.6

中国版本图书馆 CIP 数据核字（2013）第 042183 号

责任编辑：张中兴 / 责任校对：刘亚琦
责任印制：霍 兵 / 封面设计：迷底书装

科 学 出 版 社 出版
北京东黄城根北街 16 号
邮政编码：100717
http://www.sciencep.com

河北鹏润印刷有限公司印刷
科学出版社发行　各地新华书店经销
*
2001 年 8 月第 一 版　开本：720 × 1000 B5
2007 年 2 月第 二 版　印张：22 1/2
2024 年 1 月第 四 版　2025 年 7 月第五十次印刷
字数：434 000

定价：59.00 元

（如有印装质量问题，我社负责调换）

第三版前言

培养基础扎实、勇于创新的人才, 是大学教育的一个重要目标. 随着知识经济时代的到来, 这一目标显得更加突出. 在工科大学的教育体系中, 数学课程是基础课程, 在培养学生抽象思维能力、逻辑推理能力、空间想象能力和科学计算能力等多方面起着特别重要的作用.

工科数学中复变函数与积分变换是理工类院校学生继工科数学分析课程之后的又一门数学基础课. 通过本课程的学习, 学生不仅能学到复变函数与积分变换中的基本理论及工程技术中的常用数学方法, 同时还可以巩固和复习工科数学分析的基础知识, 为学习有关的后续课程和进一步扩大数学知识而奠定必要的数学基础. 为此我们按照教育部关于课程改革的精神, 结合多年从事同名课程的教学实践, 并参照教育部数学基础课程教学指导分委员会最新修订的《工科类本科数学基础课程教学基本要求（修订稿）》编写了这本《复变函数与积分变换》教材. 本书可供高等工科院校电类及与电类有关的各专业使用, 也可供其他专业选用, 此外, 还可作为工程技术人员自学复变函数与积分变换的参考书.

为推动新时代教材建设, 落实立德树人根本任务, 在本书编写过程中, 我们力求突出以下几个特点:

(1) 将复变函数与积分变换的内容有机地结合在一起, 注重辩证思维的数学阐释, 将案例素材有机融入教材内容. 既保证了教学质量的提高, 又压缩了教学时数. 完成本书的全部教学内容需要 46 学时.

(2) 重视对学生能力的培养, 注意提高学生的基本素质. 对基本概念的引入尽可能联系实际, 突出其物理意义; 基本理论的推导深入浅出, 循序渐进, 适合工科专业的特点; 基本方法的阐述富于启发性, 使学生能举一反三、融会贯通, 以期达到培养学生创新能力的目的.

(3) 为提高本书的趣味性和可读性, 力求语言通俗易懂、简洁流畅. 在每章中配有较多的例题, 有利于学生掌握所学内容, 提高分析问题、解决问题的能力. 在每章末精心设计了适量的习题, 并在书后附有参考答案.

(4) 为使理论完善, 为学生展望新知识留下窗口, 我们在编写过程中, 适当增加了一些超出大纲的内容, 这样为进一步拓宽数学知识指出了方向. 这些内容在书中标有 “*” 号, 可供有关专业选用.

(5) 为便于学生深入学习, 本书还配备了一些知识点的哈尔滨工业大学教师授课课堂实录, 扫描二维码即可学习相关内容.

在本书编写过程中得到了哈尔滨工业大学数学系及科学出版社的大力支持, 使得本书能尽快与读者见面. 在此, 一并向他们表示感谢!

由于编者的水平有限, 书中的缺点和疏漏在所难免, 恳请专家、同行和广大读者批评指正.

编 者

2023 年 11 月修改

第二版前言

本书第一版自 2001 年 8 月出版以来已经历了 5 个年头. 这期间我系作为国家工科数学教学基地之一, 已于 2004 年 5 月顺利通过教育部专家组的验收. 紧接着就是为迎接教育部对我校本科教学优秀评估进行各项准备工作. 在这种形势下, 我们认为有必要对第一版进行修订. 遵照教育部制定的对本课程教学大纲的基本要求并结合教学实践及对教材改革的研究, 我们对本教材做了如下的修订.

首先对部分超出大纲的内容进行了删减, 如 3.2 节中不加假设的柯西积分定理的证明, 7.7 节相关函数, 7.9 节多维傅氏变换及 8.6 节双边拉普拉斯变换等. 考虑到复变函数与积分变换这两门课程的前后衔接, 在积分变换部分我们做了一些精简. 在复变函数部分, 考虑到学生学习的认识规律, 将 2.3 节解析函数与调和函数移到第 3 章作为 3.4 节的内容, 同时又介绍了柯西积分公式的一个应用 —— 泊松公式. 与此同时, 在各章节补充了新的例题和习题.

在这次修订过程中, 我们广泛征求了学生和任课教师的意见, 对于一些数学用语及符号进行了统一规范. 对书中一些写得不够清楚不太恰当的地方进行了修改. 对于书后习题和答案重新进行了审核, 改正了个别的错误.

本次修订, 第 1,2,3,8 章由盖云英教授执笔, 第 4,5,6,7 章由包革军教授执笔. 陈明浩副教授、邢宇明副教授也参加了部分修订工作. 罗声政教授对本书的修订提出了许多宝贵的意见, 科学出版社、哈尔滨工业大学教务处和数学系对本书的修订提供了热情的帮助, 在此一并表示感谢.

由于编者水平有限, 书中一定还会存在不少缺点和不足, 殷切期望同行及读者批评指教.

编　者

2006 年 8 月于哈尔滨工业大学

第一版前言

培养基础扎实、勇于创新的人才, 是大学教育的一个重要目标. 随着知识经济时代的到来, 这一目标显得更加突出. 在工科大学的教育体系中, 数学课程是基础课程, 在培养学生抽象思维能力、逻辑推理能力、空间想象能力和科学计算能力等诸方面起着特殊重要的作用.

工程数学中复变函数与积分变换是理工科院校学生继工科数学分析课程之后的又一门数学基础课. 通过本课程的学习, 不仅能学到复变函数与积分变换中的基本理论及工程技术中的常用数学方法, 同时还可以巩固和复习工科数学分析的基础知识, 为学习有关的后续课程和进一步扩大数学知识面奠定必要的数学基础. 为此我们按照教育部关于课程改革的精神, 结合多年从事同名课程的教学实践, 并参照原国家教委 1993 年批准印发的工程数学复变函数课程基本要求和工程数学积分变换课程基本要求编写了这本复变函数与积分变换教材. 该教材可供高等工科院校的电类及与电类有关的各专业使用, 也可供其他专业选用, 此外, 可作为工程技术人员自学复变函数与积分变换的参考书.

在编写过程中我们力求突出以下几个特点.

1. 将复变函数与积分变换的内容有机地结合在一起, 既保证了教学质量的提高, 又压缩了教学时数. 完成本教材的基本教学内容大约需要 48 学时.

2. 重视对学生能力的培养, 注意提高学生的基本素质. 对基本概念的引入尽可能联系实际, 突出其物理意义; 基本理论的推导深入浅出, 循序渐进, 适合工科专业的特点; 基本方法的阐述富于启发性, 使学生能举一反三、融会贯通, 以期达到培养学生创新能力的目的.

3. 例题和习题丰富, 有利于学生掌握所学内容, 提高分析问题解决问题的能力. 习题分为 A,B 两类, 对 A 类习题读者应该独立完成, 而 B 类习题是为那些学有余力的学生而准备的.

4. 为使理论完善, 为学生展望新知识留下窗口, 我们在编写过程中, 适当增加了些超出大纲的内容, 这样为进一步拓宽数学知识指出了方向. 这在教材中已打有 “*” 号, 可供有关专业选用.

参加本书编写的人员有盖云英 (第 1,2,3,8 章), 包革军 (第 4,5,6,7 章), 陈明浩、邢宇明完成了本书的全部习题采集和整理工作. 罗声政教授审阅了全书. 本书在编写过程中得到哈尔滨工业大学数学系的领导以及科学出版社的大力支持, 以使这本书能尽快与读者见面, 在此, 一并表示感谢!

由于编者的水平有限, 书中的缺点和疏漏在所难免, 恳请专家、同行和广大读者批评指正.

编　者

2001 年 4 月于哈尔滨工业大学

目　　录

第 1 章 复数与复变函数

在本章里，我们先介绍复数系统的代数和几何结构，然后引进复变量的函数 —— 复变函数，进而介绍它的极限和连续性.

1.1 复数运算及几何表示

1.1.1 复数概念及四则运算

为了便于以后讨论，在这里回顾有关复数的基本定义及结论.

设 x,y 为两实数，称形如

$$z=x+\mathrm{i}y\quad(\text{或}x+y\mathrm{i})$$

的数为**复数**，这里 i 为虚单位，具有性质 $\mathrm{i}^2=-1$. x 及 y 分别称为 z 的实部与虚部，常记作

$$x=\mathrm{Re}z,\quad y=\mathrm{Im}z$$

虚部为零的复数为实数，简记为 $x+\mathrm{i}0=x$. 因此，全体实数是复数的一部分. 特别记 $0+\mathrm{i}0=0$，即当且仅当 z 的实部和虚部同时为零时复数 z 为零. 实部为零且虚部不为零的复数称为**纯虚数**. 如果两复数的实部和虚部分别相等，则称两复数**相等**.

设

$$z_1=x_1+\mathrm{i}y_1,\quad z_2=x_2+\mathrm{i}y_2$$

定义两复数 z_1,z_2 的四则运算法则是

$$z_1+z_2=(x_1+\mathrm{i}y_1)+(x_2+\mathrm{i}y_2)=(x_1+x_2)+\mathrm{i}(y_1+y_2)\tag{1.1.1}$$

$$z_1-z_2=(x_1+\mathrm{i}y_1)-(x_2+\mathrm{i}y_2)=(x_1-x_2)+\mathrm{i}(y_1-y_2)\tag{1.1.2}$$

$$z_1 \cdot z_2 = (x_1 + \mathrm{i}y_1)(x_2 + \mathrm{i}y_2) = (x_1x_2 - y_1y_2) + \mathrm{i}(x_1y_2 + y_1x_2) \tag{1.1.3}$$

如果 $z_2 \neq 0$, 则

$$\begin{aligned}\frac{z_1}{z_2} &= \frac{x_1 + \mathrm{i}y_1}{x_2 + \mathrm{i}y_2} = \frac{(x_1 + \mathrm{i}y_1)(x_2 - \mathrm{i}y_2)}{(x_2 + \mathrm{i}y_2)(x_2 - \mathrm{i}y_2)} \\ &= \frac{x_1x_2 + y_1y_2}{x_2^2 + y_2^2} + \mathrm{i}\frac{x_2y_1 - x_1y_2}{x_2^2 + y_2^2}\end{aligned} \tag{1.1.4}$$

从式 (1.1.1)~ 式 (1.1.4) 即知复数经过四则运算得到的仍旧是复数. 又从式 (1.1.1) 和式 (1.1.2) 以及实部与虚部的定义得出

$$\mathrm{Re}(z_1 \pm z_2) = \mathrm{Re}z_1 \pm \mathrm{Re}z_2$$

$$\mathrm{Im}(z_1 \pm z_2) = \mathrm{Im}z_1 \pm \mathrm{Im}z_2 \tag{1.1.5}$$

例 1.1.1 化简 $\mathrm{i}^3, \dfrac{\mathrm{i}}{1-\mathrm{i}} + \dfrac{1-\mathrm{i}}{\mathrm{i}}$.

解

$$\mathrm{i}^3 = \mathrm{i}^2 \cdot \mathrm{i} = -1 \cdot \mathrm{i} = -\mathrm{i}$$

$$\begin{aligned}\frac{\mathrm{i}}{1-\mathrm{i}} + \frac{1-\mathrm{i}}{\mathrm{i}} &= \frac{\mathrm{i}^2 + (1-\mathrm{i})^2}{(1-\mathrm{i})\mathrm{i}} = \frac{-1-2\mathrm{i}}{1+\mathrm{i}} \\ &= \frac{(-1-2\mathrm{i})(1-\mathrm{i})}{2} = -\frac{3}{2} - \frac{1}{2}\mathrm{i}\end{aligned}$$

例 1.1.2 计算

(1) $\dfrac{2+3\mathrm{i}}{2-3\mathrm{i}}$, (2) $\dfrac{2\mathrm{i}}{\sqrt{3}-\mathrm{i}} - \dfrac{3}{\sqrt{3}\mathrm{i}-1}$.

解 (1)

$$\frac{2+3\mathrm{i}}{2-3\mathrm{i}} = \frac{(2+3\mathrm{i})^2}{(2-3\mathrm{i})(2+3\mathrm{i})} = \frac{4+12\mathrm{i}-9}{4+9} = -\frac{5}{13} + \frac{12}{13}\mathrm{i}$$

(2)

$$\frac{2\mathrm{i}}{\sqrt{3}-\mathrm{i}} - \frac{3}{\sqrt{3}\mathrm{i}-1} = \frac{2\mathrm{i}}{\sqrt{3}-\mathrm{i}} - \frac{3}{\mathrm{i}(\sqrt{3}+\mathrm{i})} = \frac{2\mathrm{i}}{\sqrt{3}-\mathrm{i}} + \frac{3\mathrm{i}}{\sqrt{3}+\mathrm{i}} = \frac{1}{4} + \frac{5\sqrt{3}}{4}\mathrm{i}$$

例 1.1.3 已知 $x + y\mathrm{i} = (2x-1) + y^2\mathrm{i}$, 求 $z = x + \mathrm{i}y$.

解 比较等式两端的实部与虚部, 得

$$x = 2x - 1, \quad x = 1$$

$$y = y^2, \quad y = 0 \quad 或 \quad y = 1$$

由此解得

$$z = 1 \quad 或 \quad z = 1 + \mathrm{i}$$

1.1.2 复数的几何表示

任意给定一个复数 $z = x + \mathrm{i}y$, 都与一对有序实数 (x, y) 相对应. 而任意一对有序实数 (x, y) 都与平面直角坐标系中横坐标为 x, 纵坐标为 y 的点 $P(x, y)$ 相对应, 这样能够建立平面上的全部点与全体复数间的一一对应关系, 于是可用平面直角坐标系中的点来表示复数 (图 1.1.1).

表示复数 z 的直角坐标平面称为复平面或 z–平面, 复平面也常用 $\mathbb{C}$ 来表示. 因复平面上的 x 轴上的点对应实数, y 轴上非零的点对应纯虚数, 故称 x 轴为实轴, y 轴为虚轴. 由于全体复数与复平面上的点的全体是一一对应的, 以后把 "点 z" 和 "复数 z" 作为同义词而不加区别.

在复平面上, 如图 1.1.1 所示, 从原点 O 到点 $P(x, y)$ 作向量 $\overrightarrow{OP}$. 我们看到复平面上由原点出发的向量的全体与复数的全体 $\mathbb{C}$ 之间也构成一一对应关系 (复数 0 对应着零向量), 因此也可以用向量 $\overrightarrow{OP}$ 来表示复数 $z = x + \mathrm{i}y$.

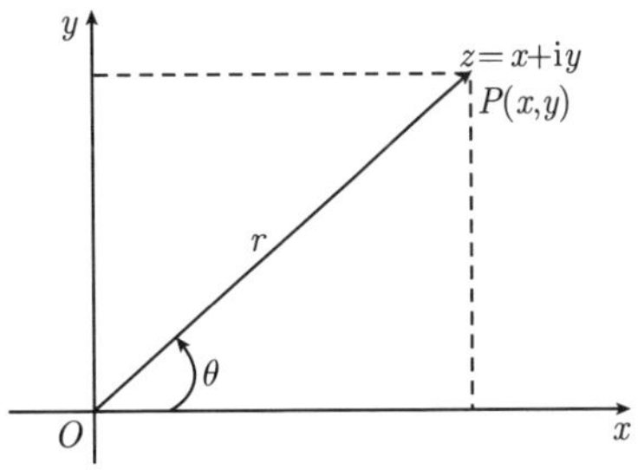

图 1.1.1

在物理学中, 力、速度、加速度等都可用向量表示, 说明复数可以用来表示实有的物理量.

向量 $\overrightarrow{OP}$ 的长度 r 称为复数 z 的**模或绝对值**, 记作 $|z|$, 即 $|z| = r$. 实轴正向转到与向量 $\overrightarrow{OP}$ 方向一致时, 所成的角度 θ 称为复数 z 的**辐角**, 记作 $\mathrm{Arg}z$, 即 $\mathrm{Arg}z = \theta$.

复数 0 的模为零, 即 $|0| = 0$, 其辐角是不确定的. 任何不为零的复数 z 的辐角 $\mathrm{Arg}z$ 均有无穷多个值, 彼此之间相差 2π 的整数倍. 通常把满足 $-\pi < \theta_0 \leqslant \pi$ 的辐角值 θ_0 称为 $\mathrm{Arg}z$ 的**主值**, 记作 $\arg z$, 于是

$$\mathrm{Arg}z = \arg z + 2k\pi, \quad k = 0, \pm 1, \pm 2, \cdots$$

并且可以用复数 z 的实部与虚部来表示辐角主值 $\arg z$:

$$\arg z = \begin{cases} \arctan \dfrac{y}{x}, & x > 0 \\ \arctan \dfrac{y}{x} + \pi, & x < 0,\ y > 0 \\ \arctan \dfrac{y}{x} - \pi, & x < 0,\ y < 0 \end{cases}$$

由直角坐标与极坐标的关系 (图 1.1.1), 我们立即得到不为零的复数的实部、虚

部与该复数的模、辐角之间的关系

$$\begin{cases} r=|z|=\sqrt{x^2+y^2} \\ \tan\theta=\tan(\mathrm{Arg}z)=\dfrac{y}{x} \end{cases} \tag{1.1.6}$$

以及

$$\begin{cases} x=r\cos\theta \\ y=r\sin\theta \end{cases} \tag{1.1.7}$$

于是复数 z 又可表示为

$$z=x+\mathrm{i}y=r(\cos\theta+\mathrm{i}\sin\theta) \tag{1.1.8}$$

式 (1.1.8) 通常称为复数 z 的**三角表示式**. 如果再利用欧拉 (Euler) 公式

$$\mathrm{e}^{\mathrm{i}\theta}=\cos\theta+\mathrm{i}\sin\theta$$

又可以得到

$$z=r\mathrm{e}^{\mathrm{i}\theta} \tag{1.1.9}$$

这种形式称为复数的**指数表示式**.

在 1.1.1 节中已经指出：两复数的实部与虚部分别相等, 则称两复数相等. 于是从式 (1.1.6) 与式 (1.1.7) 即知两复数相等, 其模必定相等, 其辐角可以差 2π 的整数倍 (辐角如果都取主值, 则应相等). 反之, 如果复数的模及辐角分别相等, 则从式 (1.1.8) 即知这两个复数必然相等.

因复数可用向量表示, 故复数是既有大小、又有方向的量, 所以两个复数, 如果不都是实数, 就无法比较大小. 但是, 两个复数的模都是实数, 就可以比较大小.

从图 1.1.1 可以看出

$$-r\leqslant x,\ y\leqslant r$$

即

$$-|z|\leqslant \mathrm{Re}z,\ \mathrm{Im}z\leqslant |z| \tag{1.1.10}$$

例 1.1.4 求下列各复数的模及辐角.

(1)-2, (2)$-\mathrm{i}$, (3)$1+\mathrm{i}$.

解 由 z 平面上的对应点的位置, 可以看出

(1)$|-2|=2$, $\arg(-2)=\pi$, $\mathrm{Arg}(-2)=\pi+2k\pi$, $k=0,\pm1,\pm2,\cdots$

(2)$|-\mathrm{i}|=1$, $\arg(-\mathrm{i})=-\dfrac{\pi}{2}$, $\mathrm{Arg}(-\mathrm{i})=-\dfrac{\pi}{2}+2k\pi$, $k=0,\pm1,\pm2,\cdots$

(3)$|1+\mathrm{i}|=\sqrt{1^2+1^2}=\sqrt{2}$, $\arg(1+\mathrm{i})=\dfrac{\pi}{4}$, $\mathrm{Arg}(1+\mathrm{i})=\dfrac{\pi}{4}+2k\pi$, $k=0,\pm1,\pm2,\cdots$

例 1.1.5 将复数 $z=-1-\sqrt{3}\mathrm{i}$ 分别化为三角表示式和指数表示式.

解 因为 $x=-1$, $y=-\sqrt{3}$, 所以

$$r=\sqrt{(-1)^2+(-\sqrt{3})^2}=2$$

又 z 在第三象限内, 于是

$$\arg z=\arctan\frac{-\sqrt{3}}{-1}-\pi=-\frac{2\pi}{3}$$

所以

$$z=2\left[\cos\left(-\frac{2\pi}{3}\right)+\mathrm{i}\sin\left(-\frac{2\pi}{3}\right)\right]$$

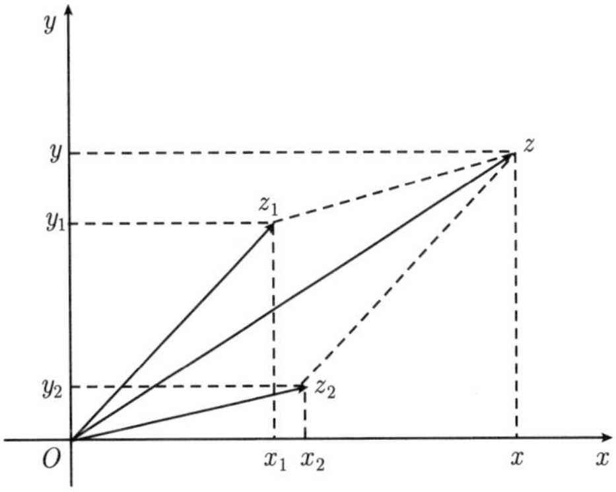

图 1.1.2

由正、余弦函数的周期性, 也可表为

$$z=2\left[\cos\left(-\frac{2\pi}{3}+2k\pi\right)+\mathrm{i}\sin\left(-\frac{2\pi}{3}+2k\pi\right)\right]$$

相应的指数表示式为

$$z=2\mathrm{e}^{\left(-\frac{2\pi}{3}+2k\pi\right)\mathrm{i}},\quad k=0,\pm1,\pm2,\cdots$$

以 $\overrightarrow{Oz_1}$ 和 $\overrightarrow{Oz_2}$ 为两邻边作一平行四边形 Oz_1zz_2, 通过图 1.1.2 可以说明, 复数的加法、减法法则与向量的加法、减法法则一致. 通过两向量的和与差的几何作图法, 在复平面中可以求出相应两复数的和 z_1+z_2 与差 z_1-z_2 的对应点.

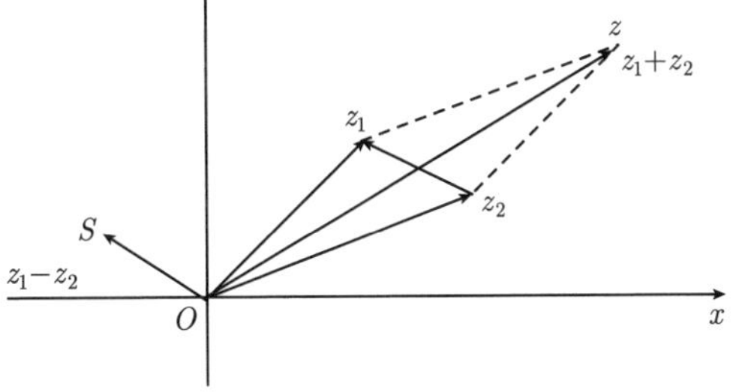

图 1.1.3

在图 1.1.3 中, 以向量 $\overrightarrow{Oz_1}$ 和 $\overrightarrow{Oz_2}$ 为邻边的平行四边形的两条对角线向量 $\overrightarrow{Oz}$ 及 $\overrightarrow{z_2z_1}$ 就分别对应于复数 z_1+z_2 及 z_1-z_2. 由于 $\overrightarrow{Oz}$ 的起点为原点 O, 因而终点 z 所对应的复数就是 z_1+z_2; 而向量 $\overrightarrow{z_2z_1}$ 的起点不是原点, 经平移得起点为原点 O 的向量 $\overrightarrow{OS}$, 则终点 S 所对应的复数就是 z_1-z_2. 从图 1.1.3 还可以看到, $|z_1-z_2|$ 表示复平面上两点 z_1 与 z_2 之间的距离. 事实上, 有

$$|z_1-z_2|=|(x_1-x_2)+\mathrm{i}(y_1-y_2)|=\sqrt{(x_1-x_2)^2+(y_1-y_2)^2}$$

这正是平面上两点距离的表达式.

1.1.3 共轭复数

实部相等、虚部互为相反数的两个复数称为共轭复数. 如果其中一个复数记作 z, 则其共轭复数记作 $\overline{z}$. 于是

$$x-\mathrm{i}y=\overline{x+\mathrm{i}y}$$

由定义, 显然 $\overline{\overline{z}}=z$. 特别地, 实数的共轭复数是该实数本身; 反之, 如果复数 z 与它的共轭复数 $\overline{z}$ 相等, 则这个复数便是一个实数.

由定义不难验证, 两复数的和、差、积、商的共轭复数, 分别等于这两复数的共轭复数的和、差、积、商, 即

$$\overline{z_1\pm z_2}=\overline{z_1}\pm\overline{z_2} \tag{1.1.11}$$

$$\overline{z_1\cdot z_2}=\overline{z_1}\cdot\overline{z_2} \tag{1.1.12}$$

$$\overline{\left(\frac{z_1}{z_2}\right)}=\frac{\overline{z_1}}{\overline{z_2}}\quad(z_2\neq 0) \tag{1.1.13}$$

我们还可以用共轭复数来表示复数的实部与虚部以及模. 例如

$$\begin{gathered}2\mathrm{Re}z=z+\overline{z}\\ 2\mathrm{iIm}z=z-\overline{z}\\ z\overline{z}=x^2+y^2=|z|^2\\ |\overline{z}|=|z|\end{gathered}$$

利用共轭复数的性质, 我们能够比较容易地证明两个重要的不等式

$$|z_1+z_2|\leqslant|z_1|+|z_2| \tag{1.1.14}$$

$$|z_1-z_2|\geqslant\big||z_1|-|z_2|\big| \tag{1.1.15}$$

事实上, 从共轭复数的性质, 我们有

$$\begin{aligned}|z_1+z_2|^2&=(z_1+z_2)(\overline{z_1+z_2})=z_1\overline{z_1}+z_2\overline{z_1}+z_1\overline{z_2}+z_2\overline{z_2}\\&=|z_1|^2+\overline{z_1\overline{z_2}}+z_1\overline{z_2}+|z_2|^2=|z_1|^2+2\mathrm{Re}(z_1\overline{z_2})+|z_2|^2\\&\leqslant|z_1|^2+2|z_1||z_2|+|z_2|^2=(|z_1|+|z_2|)^2\end{aligned}$$

由此可得不等式 (1.1.14). 如将上式中 z_2 换成 $-z_2$, 则有

$$|z_1-z_2|^2=|z_1|^2-2\mathrm{Re}(z_1\overline{z_2})+|z_2|^2$$

$$\geqslant |z_1|^2 - 2|z_1||z_2| + |z_2|^2 = (|z_1| - |z_2|)^2$$

即得不等式 (1.1.15).

当然在图 1.1.3 中利用三角形三边关系也可证明式 (1.1.14) 及式 (1.1.15).

例 1.1.6 A, C 为实数, $A \neq 0, \beta$ 为复数且 $|\beta|^2 > AC$, 证明 z 平面上的圆周可以写成

$$Az\overline{z} + \beta\overline{z} + \overline{\beta}z + C = 0$$

证明 在平面解析几何中, 已知任意一圆的方程可写作

$$A(x^2 + y^2) + Bx + Dy + C = 0 \tag{1.1.16}$$

这里 A, B, C, D 为实数, 且 $A \neq 0$, $B^2 + D^2 - 4AC > 0$. 我们知道

$$x^2 + y^2 = z\overline{z}, \quad x = \frac{1}{2}(z + \overline{z}), \quad y = \frac{1}{2\mathrm{i}}(z - \overline{z})$$

以此代入方程式 (1.1.16), 有

$$Az\overline{z} + \frac{B}{2}(z + \overline{z}) + \frac{D}{2\mathrm{i}}(z - \overline{z}) + C = 0$$

也就是

$$Az\overline{z} + \frac{1}{2}(B - D\mathrm{i})z + \frac{1}{2}(B + D\mathrm{i})\overline{z} + C = 0 \tag{1.1.17}$$

令

$$\beta = \frac{1}{2}(B + D\mathrm{i})$$

以此代入式 (1.1.17) 即得证.

例 1.1.7 计算 $(2 + 3\mathrm{i})\overline{(2 + 3\mathrm{i})} - (4 - 3\mathrm{i})^2$.

解

$$\begin{aligned}(2 + 3\mathrm{i})\overline{(2 + 3\mathrm{i})} - (4 - 3\mathrm{i})^2 &= (2 + 3\mathrm{i})(2 - 3\mathrm{i}) - (16 - 24\mathrm{i} - 9) \\ &= 4 + 9 - 7 + 24\mathrm{i} = 6 + 24\mathrm{i}\end{aligned}$$

有时利用复数的代数运算来证明平面几何问题也很方便, 如例 1.1.8.

例 1.1.8 证明等式 $|z_1 + z_2|^2 + |z_1 - z_2|^2 = 2(|z_1|^2 + |z_2|^2)$, 并对此等式作出几何解释.

证明

$$\begin{aligned}|z_1 + z_2|^2 &= (z_1 + z_2)(\overline{z_1} + \overline{z_2}) = |z_1|^2 + |z_2|^2 + (z_1\overline{z_2} + \overline{z_1}z_2) \\ |z_1 - z_2|^2 &= (z_1 - z_2)(\overline{z_1} - \overline{z_2}) = |z_1|^2 + |z_2|^2 - (z_1\overline{z_2} + \overline{z_1}z_2)\end{aligned}$$

将此二式相加便得

$$|z_1+z_2|^2+|z_1-z_2|^2=2(|z_1|^2+|z_2|^2)$$

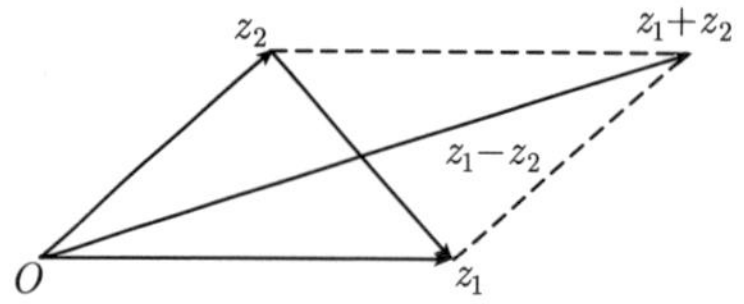

图 1.1.4

以上等式的几何意义是：平行四边形的对角线的平方和等于四条边的平方和(图 1.1.4).

例 1.1.9 若 $z_1+z_2+z_3+z_4=0$, 且 $|z_1|=|z_2|=|z_3|=|z_4|=1$, 则此四点构成一个内接于单位圆的矩形.

证明 因为 $|z_1|=|z_2|=|z_3|=|z_4|=1$, 故四边形 $z_1z_2z_3z_4$ 内接于单位圆 $|z|=1$.

又由 $z_1+z_2+z_3+z_4=0$ 知

$$\frac{z_1+z_2}{2}=-\frac{z_3+z_4}{2}$$

若设 $z_k=x_k+\mathrm{i}y_k(k=1,2,3,4)$, 则有

$$\frac{x_1+x_2}{2}=-\frac{x_3+x_4}{2},\quad \frac{y_1+y_2}{2}=-\frac{y_3+y_4}{2}$$

故边 z_1z_2 的中点与边 z_3z_4 的中点关于原点为对称, 从而 $z_1z_2z_3z_4$ 为一矩形.

1.1.4 乘除、乘方与开方

把复数表示成三角表示式, 再进行乘除或乘方、开方, 比直接用代数式运算有时要方便得多. 下面我们首先来讨论乘法.

设

$$z_1=r_1(\cos\theta_1+\mathrm{i}\sin\theta_1),\quad z_2=r_2(\cos\theta_2+\mathrm{i}\sin\theta_2) \tag{1.1.18}$$

则

$$\begin{aligned}z_1z_2&=[r_1(\cos\theta_1+\mathrm{i}\sin\theta_1)][r_2(\cos\theta_2+\mathrm{i}\sin\theta_2)]\\&=r_1r_2[(\cos\theta_1\cos\theta_2-\sin\theta_1\sin\theta_2)+\mathrm{i}(\sin\theta_1\cos\theta_2+\cos\theta_1\sin\theta_2)]\\&=r_1r_2[\cos(\theta_1+\theta_2)+\mathrm{i}\sin(\theta_1+\theta_2)]\end{aligned} \tag{1.1.19}$$

由此可知, 把两复数相乘, 只要把它们的模相乘、辐角相加即可.

由此也可得到两复数乘积的几何作图法: 将向量 z_1 沿本身方向伸长 $|z_2|$ 倍. 再旋转一个角 $\arg z_2$, 该向量的终点即为积 z_1z_2(图 1.1.5).

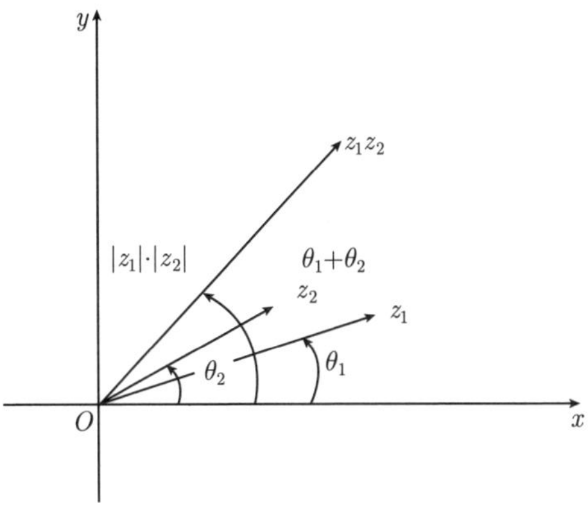

图 1.1.5

特别地, 当 $|z_2|=1$ 时, 两复数 z_1 与 z_2 的乘积就只是旋转. 例如, $z_2=\mathrm{i}$, 由于 i 的辐角主值是 $\pi/2$, 那么 $\mathrm{i}z_1$ 就可由向量 z_1 逆时针旋转 $\pi/2$ 弧度的角而得到; 再如 $z_2=-1$, 那么 $-z_1$ 就可由向量 z_1 逆时针旋转 π 弧度的角而得到.

其次讨论除法. 设式 (1.1.18) 中的 $z_2\neq 0$, 则 $r_2>0$. 由除法的定义式 (1.1.5) 得

$$\begin{aligned}\frac{z_1}{z_2}&=\frac{r_1(\cos\theta_1+\mathrm{i}\sin\theta_1)}{r_2(\cos\theta_2+\mathrm{i}\sin\theta_2)}=\frac{r_1}{r_2}(\cos\theta_1+\mathrm{i}\sin\theta_1)(\cos\theta_2-\mathrm{i}\sin\theta_2)\\&=\frac{r_1}{r_2}[\cos(\theta_1-\theta_2)+\mathrm{i}\sin(\theta_1-\theta_2)]\end{aligned}\tag{1.1.20}$$

表示一复数, 其模为 r_1/r_2, 其辐角为 $\theta_1-\theta_2$.

由此可知, 两复数相除, 只需把它们的模相除、辐角相减即可.

例 1.1.10 化简 $\dfrac{(1-\sqrt{3}\mathrm{i})(\cos\theta+\mathrm{i}\sin\theta)}{(1-\mathrm{i})(\cos\theta-\mathrm{i}\sin\theta)}$.

解 因为

$$1-\sqrt{3}\mathrm{i}=2\left(\frac{1}{2}-\frac{\sqrt{3}}{2}\mathrm{i}\right)=2\left[\cos\left(-\frac{\pi}{3}\right)+\mathrm{i}\sin\left(-\frac{\pi}{3}\right)\right]$$

$$1-\mathrm{i}=\sqrt{2}\left(\frac{\sqrt{2}}{2}-\frac{\sqrt{2}}{2}\mathrm{i}\right)=\sqrt{2}\left[\cos\left(-\frac{\pi}{4}\right)+\mathrm{i}\sin\left(-\frac{\pi}{4}\right)\right]$$

$$\cos\theta-\mathrm{i}\sin\theta=\cos(-\theta)+\mathrm{i}\sin(-\theta)$$

所以

$$\begin{aligned}&\frac{(1-\sqrt{3}\mathrm{i})(\cos\theta+\mathrm{i}\sin\theta)}{(1-\mathrm{i})(\cos\theta-\mathrm{i}\sin\theta)}\\&=\frac{2\left[\cos\left(-\frac{\pi}{3}\right)+\mathrm{i}\sin\left(-\frac{\pi}{3}\right)\right](\cos\theta+\mathrm{i}\sin\theta)}{\sqrt{2}\left[\cos\left(-\frac{\pi}{4}\right)+\mathrm{i}\sin\left(-\frac{\pi}{4}\right)\right][\cos(-\theta)+\mathrm{i}\sin(-\theta)]}\\&=\sqrt{2}\left[\cos\left(-\frac{\pi}{3}+\frac{\pi}{4}\right)+\mathrm{i}\sin\left(-\frac{\pi}{3}+\frac{\pi}{4}\right)\right](\cos 2\theta+\mathrm{i}\sin 2\theta)\end{aligned}$$

$$=\sqrt{2}\left[\cos\left(2\theta-\frac{\pi}{12}\right)+\mathrm{i}\sin\left(2\theta-\frac{\pi}{12}\right)\right]$$

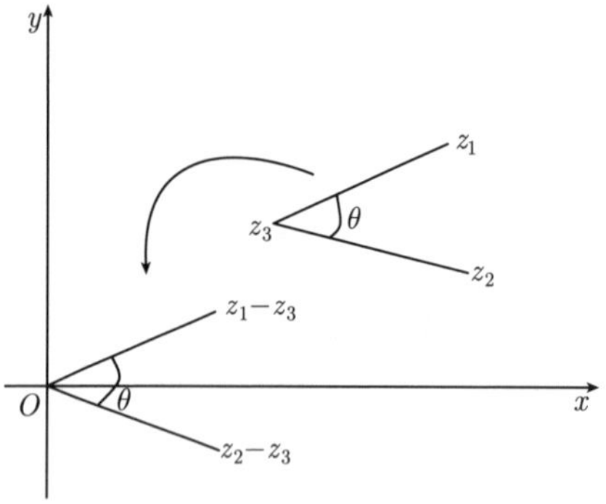

图 1.1.6

例 1.1.11 试证 z_1,z_2,z_3 在一条直线上的条件是 $\dfrac{z_1-z_3}{z_2-z_3}$ 实数.

证明 z_1,z_2,z_3 在一直线上的条件是以线段 $\overline{z_2z_3}$ 与线段 $\overline{z_1z_3}$ 为两边的角 $\angle z_2z_3z_1$ 是 π 的整数倍, 即将 z_3 平移到原点来考虑 (图 1.1.6), 则

$$\arg\frac{z_1-z_3}{z_2-z_3}=n\pi$$

故 $\dfrac{z_1-z_3}{z_2-z_3}$ 为实数是充要条件.

令

$$z_1=r_1(\cos\theta_1+\mathrm{i}\sin\theta_1)$$
$$z_2=r_2(\cos\theta_2+\mathrm{i}\sin\theta_2)$$
$$\cdots\cdots$$
$$z_n=r_n(\cos\theta_n+\mathrm{i}\sin\theta_n)$$

重复地应用式 (1.1.19) 可得

$$z_1z_2\cdots z_n=r_1r_2\cdots r_n[\cos(\theta_1+\theta_2+\cdots+\theta_n)+\mathrm{i}\sin(\theta_1+\theta_2+\cdots+\theta_n)] \tag{1.1.21}$$

如果 $z_1=z_2=\cdots=z_n=z=r(\cos\theta+\mathrm{i}\sin\theta)$, 则上式可化为

$$z^n=[r(\cos\theta+\mathrm{i}\sin\theta)]^n=r^n(\cos n\theta+\mathrm{i}\sin n\theta) \tag{1.1.22}$$

由此可知, 求复数的 n 次方 (n 为正整数) 只要求它的模的 n 次方、辐角的 n 倍即可.

特别地, 当 $r=1$ 时, 式 (1.1.22) 就是有名的棣莫弗 (De Moivre) 公式

$$(\cos\theta+\mathrm{i}\sin\theta)^n=\cos n\theta+\mathrm{i}\sin n\theta=\mathrm{e}^{\mathrm{i}n\theta} \tag{1.1.23}$$

上面, 我们已经证明: n 为正整数时, 式 (1.1.23) 成立. 当 $n=0$ 时, 式 (1.1.23) 的左右两端都是 1, 显然式 (1.1.23) 成立. 还可以证明: 当 n 为负整数时, 式 (1.1.23) 也成立. 事实上, 令 $n=-m, m$ 为正整数, 则根据负指数幂的定义以及式 (1.1.23) 对正整数成立, 并利用公式 (1.1.20) 即得

$$(\cos\theta+\mathrm{i}\sin\theta)^n=(\cos\theta+\mathrm{i}\sin\theta)^{-m}=\frac{1}{(\cos\theta+\mathrm{i}\sin\theta)^m}=\frac{\cos 0+\mathrm{i}\sin 0}{\cos m\theta+\mathrm{i}\sin m\theta}$$

$$= \cos(-m\theta) + \mathrm{i}\sin(-m\theta) = \cos n\theta + \mathrm{i}\sin n\theta$$

这就证明当 n 为负整数时, 式 (1.1.23) 也成立. 综上所述, 即知对所有整数来说, 式 (1.1.23) 恒成立.

例 1.1.12 设 n 为正整数, 试证明

$$\left(\frac{-1+\sqrt{3}\mathrm{i}}{2}\right)^{3n+1} + \left(\frac{-1-\sqrt{3}\mathrm{i}}{2}\right)^{3n+1} = -1$$

证明 因为

$$\frac{-1+\sqrt{3}\mathrm{i}}{2} = \cos\frac{2\pi}{3} + \mathrm{i}\sin\frac{2\pi}{3}$$
$$\frac{-1-\sqrt{3}\mathrm{i}}{2} = \cos\frac{4\pi}{3} + \mathrm{i}\sin\frac{4\pi}{3}$$

于是

$$\left(\frac{-1+\sqrt{3}\mathrm{i}}{2}\right)^{3n+1} + \left(\frac{-1-\sqrt{3}\mathrm{i}}{2}\right)^{3n+1}$$
$$= \left(\frac{-1+\sqrt{3}\mathrm{i}}{2}\right)^{3n}\left(\frac{-1+\sqrt{3}\mathrm{i}}{2}\right) + \left(\frac{-1-\sqrt{3}\mathrm{i}}{2}\right)^{3n}\left(\frac{-1-\sqrt{3}\mathrm{i}}{2}\right)$$
$$= (\cos 2n\pi + \mathrm{i}\sin 2n\pi)\left(\frac{-1+\sqrt{3}\mathrm{i}}{2}\right) + (\cos 4n\pi + \mathrm{i}\sin 4n\pi)\left(\frac{-1-\sqrt{3}\mathrm{i}}{2}\right)$$
$$= \frac{-1+\sqrt{3}\mathrm{i}}{2} + \frac{-1-\sqrt{3}\mathrm{i}}{2} = -1$$

若对于复数 z, 存在复数 w 满足等式: $w^n = z$(n 是大于 1 的整数), 则称 w 为 z 的 n 次方根, 记作 $\sqrt[n]{z}$, 即 $w = \sqrt[n]{z}$. 求方根的运算称为**开方**.

为从已知的 z 求 w, 我们把 z 及 w 均用三角表示式写出. 设

$$z = r(\cos\theta + \mathrm{i}\sin\theta), \quad w = \rho(\cos\varphi + \mathrm{i}\sin\varphi)$$

则由 $w^n = z$ 及乘方运算有

$$\rho^n(\cos n\varphi + \mathrm{i}\sin n\varphi) = r(\cos\theta + \mathrm{i}\sin\theta)$$

考虑到辐角的多值性, 得到

$$\rho^n = r,\ \ n\varphi = \theta + 2k\pi\ \ (k = 0, \pm 1, \pm 2, \cdots)$$

由此, $|w| = \rho = r^{\frac{1}{n}}$, $r^{\frac{1}{n}}$ 是 r 的 n 次算术根, 则

$$\mathrm{Arg}w = \varphi = \frac{\theta + 2k\pi}{n} \quad (k = 0, \pm 1, \pm 2, \cdots)$$

$$w = \sqrt[n]{z} = r^{\frac{1}{n}}\left[\cos\left(\frac{\theta + 2k\pi}{n}\right) + \mathrm{i}\sin\left(\frac{\theta + 2k\pi}{n}\right)\right]$$

这就是所求的 z 的 n 次方根. 从这个表达式可以看出:

(1) 当 $k = 0, 1, 2, \cdots, n-1$ 时, 得到 n 个相异的值

$$w_0 = r^{\frac{1}{n}}\left(\cos\frac{\theta}{n} + \mathrm{i}\sin\frac{\theta}{n}\right)$$

$$w_1 = r^{\frac{1}{n}}\left[\cos\left(\frac{\theta + 2\pi}{n}\right) + \mathrm{i}\sin\left(\frac{\theta + 2\pi}{n}\right)\right]$$

$$\cdots\cdots$$

$$w_{n-1} = r^{\frac{1}{n}}\left[\cos\left(\frac{\theta + 2(n-1)\pi}{n}\right) + \mathrm{i}\sin\left(\frac{\theta + 2(n-1)\pi}{n}\right)\right]$$

当 k 取其他整数值时, 将重复出现上述 n 个值. 因此, 一个复数 z 的 n 次方根有且仅有 n 个相异值, 即

$$\sqrt[n]{z} = r^{\frac{1}{n}}\left[\cos\left(\frac{\theta + 2k\pi}{n}\right) + \mathrm{i}\sin\left(\frac{\theta + 2k\pi}{n}\right)\right], \quad k = 0, 1, 2, \cdots, n-1 \qquad (1.1.24)$$

由此可见, 在复数范围内, 任何非零复数的 n 次方根都有 n 个不同的值, 即 $\sqrt[n]{z}$.

(2) 上述 n 个方根的相异值 $w_k (k = 0, 1, 2, \cdots, n-1)$ 具有相同的模的 $r^{\frac{1}{n}}$, 而每两相邻值的辐角的差为 $2\pi/n$, 故在几何上, $\sqrt[n]{z}$ 的 n 个值分布在以原点为圆心、$r^{\frac{1}{n}}$ 为半径的圆内接正 n 边形的顶点上.

例 1.1.13 求 $\sqrt[4]{1+\mathrm{i}}$.

解 因为 $1 + \mathrm{i} = \sqrt{2}\left(\cos\frac{\pi}{4} + \mathrm{i}\sin\frac{\pi}{4}\right)$, 所以

$$\sqrt[4]{1+\mathrm{i}} = \sqrt[8]{2}\left(\cos\frac{\frac{\pi}{4} + 2k\pi}{4} + \mathrm{i}\sin\frac{\frac{\pi}{4} + 2k\pi}{4}\right) \quad (k = 0, 1, 2, 3)$$

即

$$w_0 = \sqrt[8]{2}\left(\cos\frac{\pi}{16} + \mathrm{i}\sin\frac{\pi}{16}\right)$$

$$w_1 = \sqrt[8]{2}\left(\cos\frac{9}{16}\pi + \mathrm{i}\sin\frac{9}{16}\pi\right)$$

$$w_2 = \sqrt[8]{2}\left(\cos\frac{17}{16}\pi + \mathrm{i}\sin\frac{17}{16}\pi\right)$$

$$w_3 = \sqrt[8]{2}\left(\cos\frac{25}{16}\pi + \mathrm{i}\sin\frac{25}{16}\pi\right)$$

这四个根是内接于圆心在原点, 半径为 $\sqrt[8]{2}$ 的圆的正方形的四个顶点上 (图 1.1.7), 并且

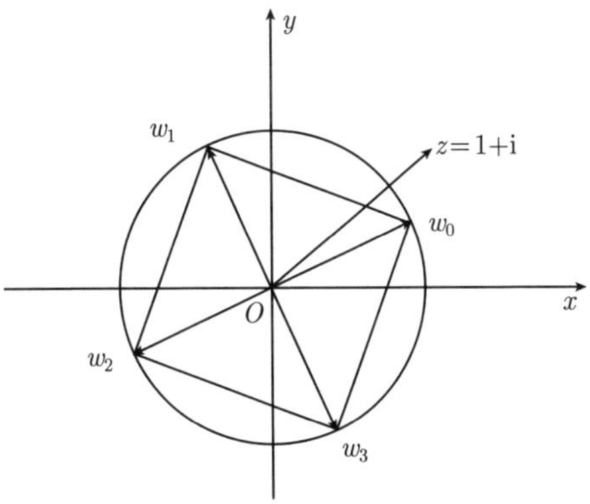

图 1.1.7

$$w_1 = \mathrm{i}w_0, \quad w_2 = -w_0, \quad w_3 = -\mathrm{i}w_0$$

1.1.5 复球面与无穷远点

在 1.1.2 小节中我们建立了复数与复平面上的点的一一对应关系. 下面我们再建立复数与球面上的点的一一对应, 以便引进无穷远点的概念.

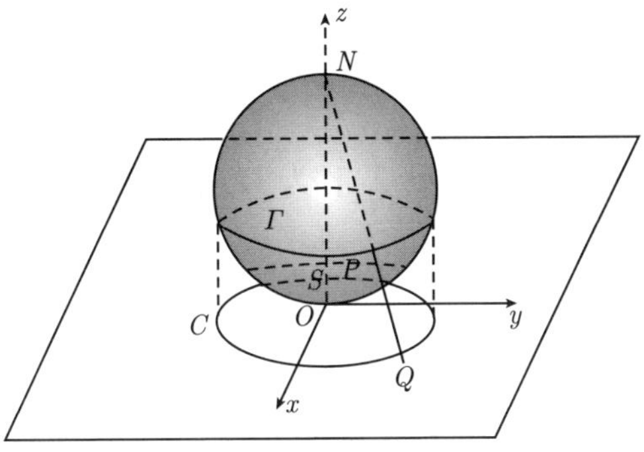

图 1.1.8

将 xOy 平面看作复平面, 取一个球面将其南极 S 与复平面上原点相切 (图 1.1.8). 设 P 为球面上的任一点, 从球面北极 N 作射线 NP, 必交于复平面的一点 Q, 它在复平面上表示一个模为有限的复数. 反过来, 从球极 N 出发, 且过复平面上任一模为有限的点 Q 的射线, 也必交于球面上的一个点, 记作 P. 于是复平面上的点与球面的点 (除 N 点外) 建立了一一对应关系.

考虑复平面上一个以原点为圆心的圆周 C, 在球面上对应的也是一个圆周 Γ. 当圆周 C 的半径越大时, 圆周 Γ 就越趋于北极 N. 因此, 北极 N 可以看成是与复平面上的一个模为无穷大的假想点相对应, 这个唯一的假想点称为**无穷远点**, 并记作 ∞. 复平面上加点 ∞ 后, 称为**扩充复平面**, 与它对应的就是整个球面, 称为**复球面**, 并且扩充复平面上的点与复球面上的点构成一一对应. 简单来说, 扩充复平面的一个几何模型就是复球面. 对于模为有限的复数, 我们称为**有限复数**, 除去 ∞ 的复平面称为**有限复平面**.

有限复平面常记为 $\mathbb{C}$, 扩充复平面记为 $\bar{\mathbb{C}}$, 我们有 $\bar{\mathbb{C}} = \mathbb{C} \cup \{\infty\}$, 对于所有有限

复数 $a \in \mathbb{C}$, 规定 $a \pm \infty = \infty \pm a = \infty$, 且当 $a \neq 0$ 时, 规定 $\infty \cdot a = a \cdot \infty = \infty$, $\dfrac{a}{0} = \infty$, $\dfrac{a}{\infty} = 0$ 以及 $|\infty| = +\infty$, 且 ∞ 的实部、虚部及辐角都无意义. 显然, 复平面上每一条直线都通过 ∞ 点.

1.2 复平面上的点集

1.2.1 基本概念

由不等式 $|z - z_0| < \delta(\delta > 0)$ 所确定的复平面点集 (简称点集), 就是以 z_0 为圆心、δ 为半径的圆的内部, 称为点 z_0 的 **δ–邻域**, 常记作 $N(z_0,\ \delta)$. 如果 z_0 不属于其自身的 δ–邻域, 则称该邻域为 z_0 的去心 δ–邻域, 常记作 $\overset{\circ}{N}(z_0,\ \delta)$, 可用不等式 $0 < |z - z_0| < \delta$ 表示.

在扩充复平面上, 无穷远点的邻域应理解为以原点为圆心的某圆周的外部, 即 ∞ 的 δ–邻域 $N(\infty,\ \delta)$ 是指满足条件 $|z| > 1/\delta$ 的点集.

若点集 D 的点 z_0 有一邻域全含于 D 内, 则称 z_0 为 D 的**内点**; 若点集 D 的点均为**内点**, 则称 D 为**开集**; 若在点 z_0 的任意邻域内, 同时有属于点集 D 和不属于 D 的点, 则称 z_0 为 D 的**边界点**; 点集 D 的全部边界点所组成的点集称为 D 的**边界**, 常记作 ∂D.

若有正数 M, 对于点集 D 内的点 z, 均满足条件 $|z| \leqslant M$, 即若 D 全含于一圆之内, 则称 D 为**有界集**, 否则称 D 为**无界集**.

若点 z_0 的任意邻域内总有点集 D 中的无穷多点, 则 z_0 称为 D 的**极限点**或**聚点**; 若 D 的所有极限点都属于 D, 则称 D 为**闭集**.

1.2.2 区域和曲线

为引进复变函数, 我们需要介绍区域的概念.

定义 1.2.1 如果复平面上非空点集 D 具有下面的两个性质:

(1)D 是开集;

(2)D 内任意两点都可用一条具有有限折的折线把它们连接起来, 且这折线上所有的点均属于 D(此性质称为 D 的连通性).

则称点集 D 为区域 (图 1.2.1).

区域加上它的全部边界点所构成的点集, 称为**闭区域**, 记作 $\overline{D} = D \cup \partial D$.

应用关于复数 z 的不等式来表示 z 平面上的区域, 有时是很方便的.

例 1.2.1 z 平面上以原点为圆心、R 为半径的圆 (圆形区域)

$$|z| < R$$

以及 z 平面上以原点为圆心、R 为半径的闭圆 (圆形闭区域)

$$|z| \leqslant R$$

它们都以圆周 $|z| = R$ 为边界, 且都是有界的.

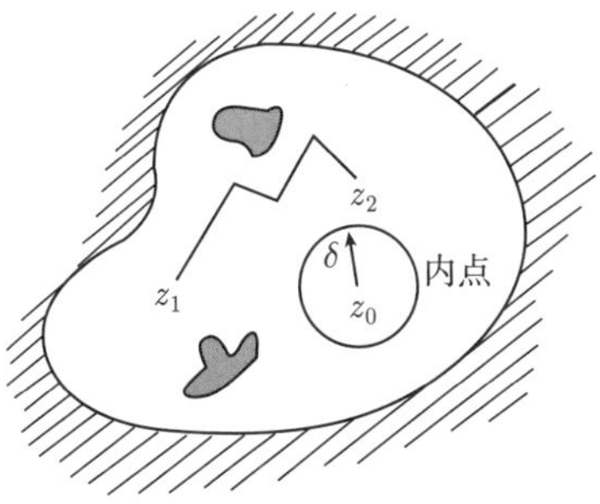

图 1.2.1

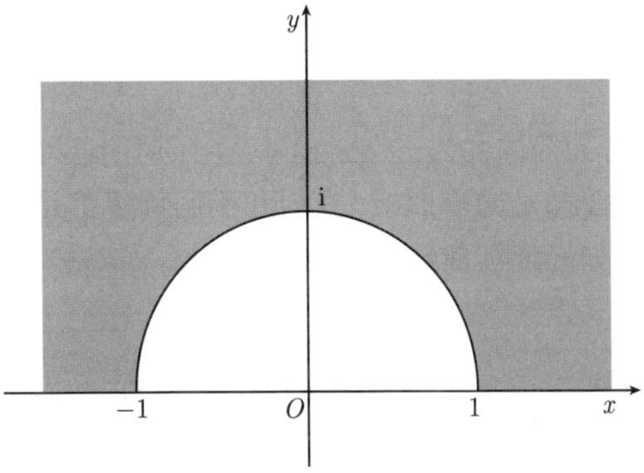

图 1.2.2

例 1.2.2 如图 1.2.2 所示, 阴影部分为单位圆周的外部含在上半 z 平面的部分, 表示为

$$\begin{cases} |z| > 1 \\ \mathrm{Im}z > 0 \end{cases}$$

例 1.2.3 如图 1.2.3 所示, 阴影部分为带形区域, 表示为

$$y_2 < \mathrm{Im}z < y_1$$

例 1.2.4 如图 1.2.4 所示, 阴影部分为同心圆环 (即圆环形区域), 表示为

$$r < |z| < R$$

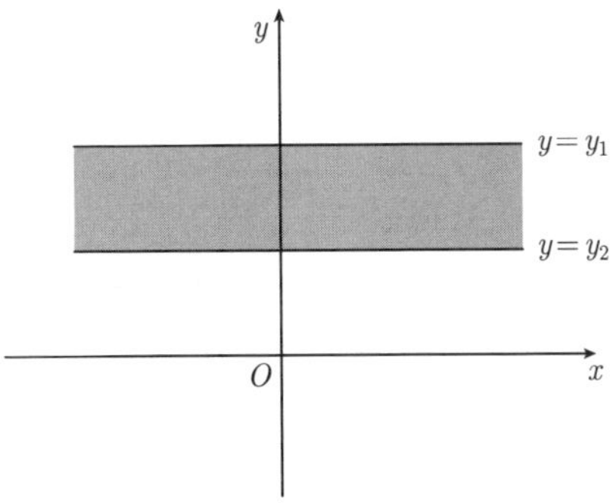

图 1.2.3

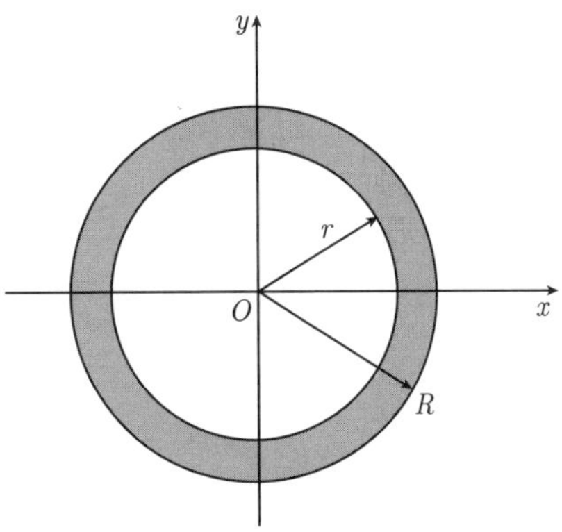

图 1.2.4

一般区域的边界可能十分复杂, 在上面所举例子中, 圆盘的边界是圆周. 为了研究比较一般的区域, 先讲述曲线的概念.

如果曲线

$$\Gamma\text{:}\ z=z(t)=x(t)+\mathrm{i}y(t)\ \ (\alpha\leqslant t\leqslant\beta)$$

的实部 $x(t)$ 与虚部 $y(t)$ 均为 t 的连续函数, 那么称曲线 Γ 为**连续曲线**. 对于连续曲线 Γ: $z=z(t)$, 当 $t_1\neq t_2(\alpha<t_1,t_2<\beta)$ 时, $z(t_1)\neq z(t_2)$, 即曲线没有重点, 则称 Γ 为**简单曲线**; 当 $z(\alpha)=z(\beta)$ 时, 则称 Γ 为简**单闭曲线**. 线段、圆弧和抛物线弧段等都是简单曲线; 圆周和椭圆周等都是简单闭曲线.

如果连续曲线

$$\Gamma\text{:}\ z=z(t)\quad(\alpha\leqslant t\leqslant\beta)$$

在区间 $\alpha\leqslant t\leqslant\beta$ 上存在连续的导数 $x'(t)$ 及 $y'(t)$, 且二者不同时为零, 则在曲线 Γ 上每点均有切线且切线方向是连续变化的, 我们称这种曲线为**光滑曲线**, 由有限段光滑曲线首尾连接而成的曲线称为**逐段光滑曲线**(或**按段光滑曲线**), 但这种曲线在连接点处可能不存在切线. 特别地, 折线是逐段光滑曲线.

若尔当 (Jordan) 定理 任何简单闭曲线一定把扩充复平面分成两个没有公共点的区域, 一个是有界的, 称为该曲线的内部; 另一个是无界的, 称为该曲线的**外部**. 这两个区域都以已给的简单闭曲线 (也称若尔当曲线) 作为边界.

本定理的证明要用到拓扑学的知识, 已超出本课程范围, 故不予证明, 有兴趣的同学可参看相关文献 (余家荣, 2007).

下面将区域分类.

定义 1.2.2 在复平面上, 如果区域 D 内任意一条简单闭曲线的内部都含于区域 D 内, 则称 D 为**单连通区域**; 否则就称 D 为**多连通区域**.

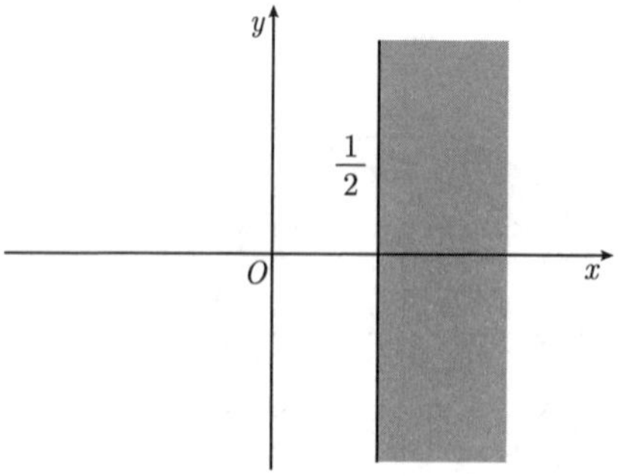

图 1.2.5

例 1.2.5 指出满足下列不等式的点 z 在怎样的点集内变动? 这些点集是不是单连通区域? 是否有界?

(1)$\mathrm{Re}z>\dfrac{1}{2}$

(2)$|z+\mathrm{i}|\leqslant|2+\mathrm{i}|$

(3)$|z|<1,\mathrm{Re}z\leqslant\dfrac{1}{2}$

解 (1) 满足条件的一切点所组成的点集, 是以直线 $\mathrm{Re}z=1/2$ 为边界的右半平面, 但不包括直线 $\mathrm{Re}z=1/2$, 它是单连通区域 (图 1.2.5).

(2) 不等式 $|z+\mathrm{i}|\leqslant|2+\mathrm{i}|$ 等价于 $|z+\mathrm{i}|\leqslant\sqrt{5}$. 因此满足条件的一切点 z 所组

成的点集, 是以点 $-\mathrm{i}$ 为圆心、$\sqrt{5}$ 为半径的闭圆盘, 它不是区域, 而是一个闭区域 (图 1.2.6).

(3) 满足不等式 $|z|<1, \mathrm{Re}z \leqslant \dfrac{1}{2}$ 的一切点 z 所组成的点集, 是以原点为圆心、1 为半径的圆盘和以直线 $\mathrm{Re}z=1/2$ 为右边界的区域 (包括 $\mathrm{Re}z=1/2$) 的公共部分, 又因位于圆盘内的直线 $\mathrm{Re}z=1/2$ 上的点不是内点, 故它不是区域 (图 1.2.7).

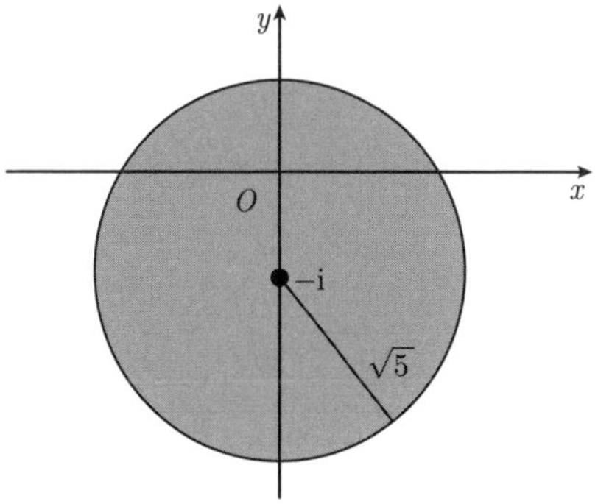

图 1.2.6

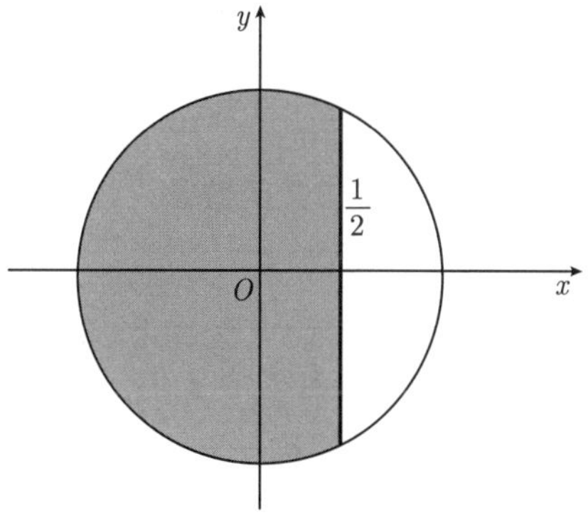

图 1.2.7

1.3 复变函数

1.3.1 定义与几何意义

定义 1.3.1 设 G 是复数 $z=x+\mathrm{i}y$ 的集合. 如果存在一个法则, 按这个法则对于 G 的每一个 z, 都有一个 (或多个) 确定的复数 $w=u+\mathrm{i}v$ 与之对应, 那么就称复变量 w 为复变量 z 的复变函数, 简称 w 是 z 的**复变函数**, 记作

$$w=f(z)$$

其中, z 称为自变量, w 称为因变量 (函数).

集合 G 称为函数 $w=f(z)$ 的**定义集合**, 与 G 中 z 对应的 w 值构成的集合 G^* 称为**函数值集合**, 记作 $f(G)$, 即 $G^*=f(G)=\{w=f(z):\ z\in G\}$.

给定一个函数关系 $w=f(z)$, 若令 $z=x+\mathrm{i}y$, $w=u+\mathrm{i}v$, 则 u 和 v 都随着 x,y 的变化而变化, 因此有

$$u+\mathrm{i}v=f(x+\mathrm{i}y)=u(x,y)+\mathrm{i}v(x,y)$$

即给定了一个复变函数 $w=f(z)$, 相当于给定了两个二元实变函数

$$u=u(x,y),\quad v=v(x,y)\quad (x,y)\in G$$

例 1.3.1 $w=z^2$ 是定义在整个复平面上的函数.

证明 记 $z=x+\mathrm{i}y, w=u+\mathrm{i}v$, 则 $w=z^2$ 可写为

$$u+\mathrm{i}v=(x+\mathrm{i}y)^2=x^2-y^2+\mathrm{i}2xy$$

从而 $u=x^2-y^2, v=2xy$.

例 1.3.2 $w=\dfrac{1}{z}$ 是定义在除原点外的整个复平面上的. 此时

$$w=u+\mathrm{i}v=\frac{1}{z}=\frac{\overline{z}}{\overline{z}z}=\frac{\overline{z}}{|z|^2}=\frac{x}{x^2+y^2}-\mathrm{i}\frac{y}{x^2+y^2}$$

故这里的两个实二元函数是

$$u=\frac{x}{x^2+y^2},\quad v=\frac{-y}{x^2+y^2}$$

如果对于 G 内每个 z 值, 有且仅有一个 w 值与之对应, 就称 $f(z)$ 为 G 上的**单值函数**; 否则, 就称 $f(z)$ 为**多值函数**. 例如, $w=|z|$, $w=\overline{z}$, $w=z^2$ 及$w=\dfrac{z+1}{z-1}$ 均为 z 的单值函数; $w=\sqrt[n]{z}(z\neq 0, n\geqslant 2$ 整数) 及 $w=\operatorname{Arg} z(z\neq 0)$ 均为 z 的多值函数.

下面介绍复变函数的反函数概念. 在函数 $w=f(z)$ 的对应关系中, 也可从点集 G^* 到点 G 来看 "对应". 对于集合 G^* 中的每一个 w, 一定存在一个或多个 z 值与之对应, 这就定义了 G^* 上的一个函数

$$z=\varphi(w)$$

称为函数 $w=f(z)$ 的**反函数**.

当 $f(z)$ 为单值函数时, 其反函数 $\varphi(w)$ 可能是单值的也可能是多值的. 例如, $f(z)=z^2$ 的反函数是双值的. 本书主要研究双方单值函数. 如果遇到多值函数则作某种限制, 选定其某一单值分支来研究.

复变函数 $w=f(z)$ 也可以看成是 z 平面上的点集 G 到 w 平面上的点集 $G^*=\{w{:}w=f(z), z\in G\}$ 的一种对应, 并且以后我们把由 $w=f(z)$ 所确定的这种对应称为**映射**(或**变换**). 具体地说, 复变函数 $w=f(z)$ 给出了从 z 平面上的点集 G 到 w 平面上的点集 G^* 间的一个对应关系. 与点 $z\in G$ 对应的点 $w=f(z)$ 称为点 z 的**像点**, 同时点 z 称为点 $w=f(z)$ 的**原像**.

如果复变函数 $w=f(z)$ 及其反函数 $z=\varphi(w)$ 都是单值的, 那么由 $w=f(z)$ 所确定的映射是原像集 G 到像集 G^* 之间的一一对应的映射, 也称为**双方单值的映射**.

必须指出, 像点的原像可能不止一点. 例如, $w=z^2$, 则 $z=\pm 1$ 的像点均为 $w=1$, 因此, $w=1$ 的原像是两点 $z=\pm 1$.

为了方便, 以后把"函数"和它所确定的"映射"或"变换"作为同义词而不加区别. 例如, "函数 $w=f(z)$" 可以说成"映射 $w=f(z)$".

例 1.3.3 试求在映射 $w=\overline{z}$ 下, 点 $z_1=2+3\mathrm{i}$ 和 $z_2=1-2\mathrm{i}$ 的像.

解 如图 1.3.1 所示, (a) 表示自变量 $z_1=2+3\mathrm{i}, z_2=1-2\mathrm{i}$, (b) 表示像 w 平面 $w_1=2-3\mathrm{i}, w_2=1+2\mathrm{i}$, 而 (c) 则是将 z 平面与 w 平面重合在一起.

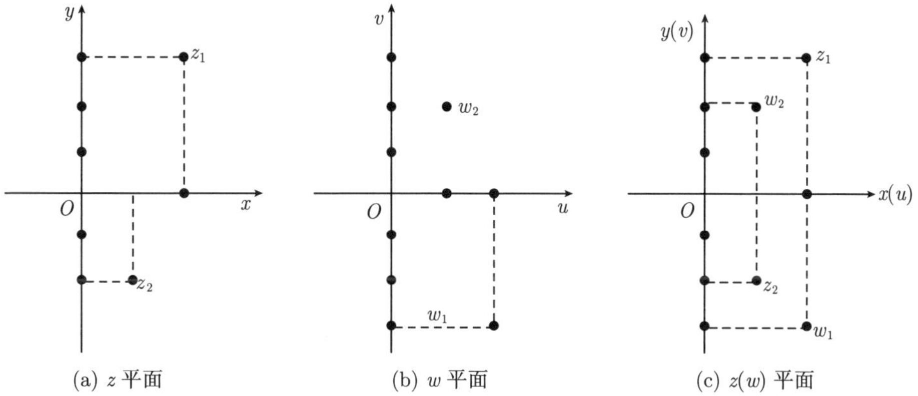

图 1.3.1

例 1.3.4 试求 $u=c_1$ 及 $v=c_2$(c_1, c_2 均为实常数) 在 $w=f(z)=z^2$ 映射下的原像.

解 将 $f(z)=z^2$ 写成

$$f(x+\mathrm{i}y)=x^2-y^2+2\mathrm{i}xy$$

由此得

$$\begin{cases} u(x,y)=x^2-y^2 \\ v(x,y)=2xy \end{cases}$$

于是, $u=c_1$ 在 $w=z^2$ 的映射下的原像为

$$x^2-y^2=c_1$$

这是 z 平面上的一族等轴双曲线. 而 $v=c_2$ 的原像为

$$2xy=c_2$$

这是 z 平面上的另一族 (以坐标轴为渐近线的) 双曲线 (图 1.3.2).

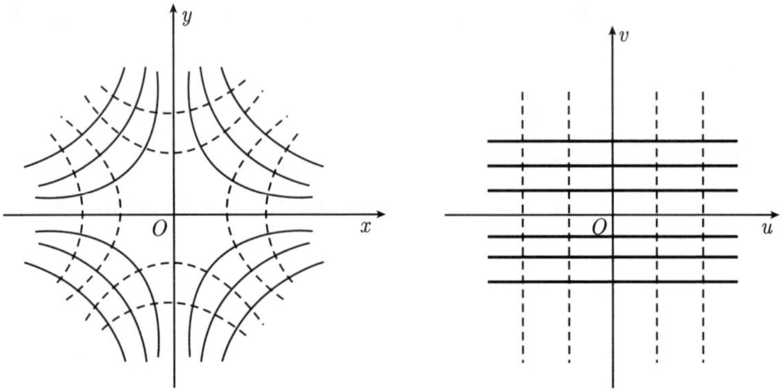

图 1.3.2

1.3.2 极限与连续性

定义 1.3.2 设复变函数 $w=f(z)$ 在 z_0 的邻域 $0<|z-z_0|<\rho$ 内有定义, 如果存在一个确定的复数 A, 对于任意给定的正数 ε, 总存在正数 δ, 当 $0<|z-z_0|<\delta\leqslant\rho$ 时, 恒有

$$|f(z)-A|<\varepsilon$$

成立, 则称 A 为当 z 趋向于 z_0 时, 函数 $f(z)$ 的**极限**, 记作

$$\lim_{z\to z_0} f(z)=A \quad \text{或} \quad f(z)\to A, z\to z_0.$$

同理可定义 $\lim\limits_{z\to\infty} f(z)=A$, 即对任意 $\varepsilon>0$, 存在 $R>0$, 使得当 $|z|>R$ 时,

$$|f(z)-A|<\varepsilon$$

我们可以这样 (图 1.3.3) 来理解极限概念的几何意义, 当变点 z 进入 z_0 的充分小的去心 δ– 邻域时, 它们的像点就落入 A 的一个给定的 ε– 邻域内.

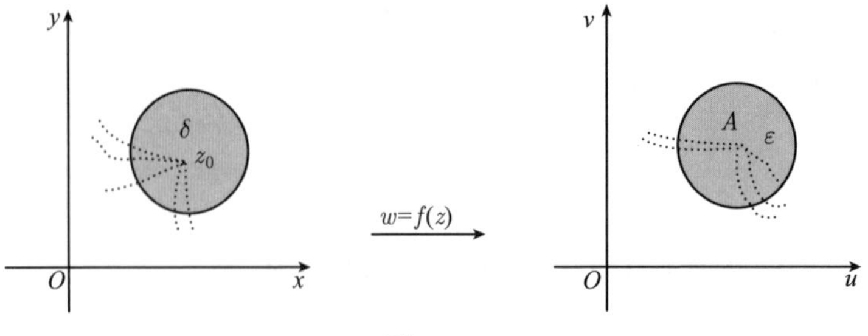

图 1.3.3

但要特别注意的是, $z=x+\mathrm{i}y$ 趋向于 $z_0=x_0+\mathrm{i}y_0$ 的方式是任意的, 通俗地说, 就是在 z_0 的邻域内, z 要沿着四面八方通向 z_0 的任何路径趋向于 z_0. 对比一

元实函数 $f(x)$ 的极限 $\lim\limits_{x\to x_0} f(x), x\to x_0$ 指在 x 轴上, x 只能沿 x_0 的左右两个方向. 我们这里对复变函数极限存在的要求显然苛刻得多.

下述定理给出了复变函数极限与其实部和虚部的极限的关系.

定理 1.3.1 设 $f(z)=u(x,y)+\mathrm{i}v(x,y)$ 在 $0<|z-z_0|<\rho$ 上有定义, 其中 $z=x+\mathrm{i}y, z_0=x_0+\mathrm{i}y_0$, 则 $\lim\limits_{z\to z_0} f(z)=A=a+\mathrm{i}b$ 的充要条件是

$$\lim_{\substack{x\to x_0\\ y\to y_0}} u(x,y)=a,\quad \lim_{\substack{x\to x_0\\ y\to y_0}} v(x,y)=b$$

证明 充分性. 由 $\lim\limits_{\substack{x\to x_0\\ y\to y_0}} u(x,y)=a$ 及 $\lim\limits_{\substack{x\to x_0\\ y\to y_0}} v(x,y)=b$ 知, 对于任意 $\varepsilon>0$, 存在 $\delta>0$, 当

$$0<\sqrt{(x-x_0)^2+(y-y_0)^2}<\delta$$

有

$$|u-a|<\frac{\varepsilon}{2}\quad 及\quad |v-b|<\frac{\varepsilon}{2}$$

于是

$$|f(z)-A|=\sqrt{(u-a)^2+(v-b)^2}\leqslant |u-a|+|v-b|<\frac{\varepsilon}{2}+\frac{\varepsilon}{2}=\varepsilon$$

即

$$\lim_{z\to z_0} f(z)=A$$

必要性. 若 $\lim\limits_{z\to z_0} f(z)=A$. 对于任意 $\varepsilon>0$, 存在 $\delta>0$, 当 $0<|z-z_0|<\delta$, 即 $0<\sqrt{(x-x_0)^2+(y-y_0)^2}<\delta$ 时, 有

$$|f(z)-A|<\varepsilon$$

即

$$\sqrt{(u-a)^2+(v-b)^2}<\varepsilon$$

故有

$$|u-a|<\varepsilon\quad 及\quad |v-b|<\varepsilon$$

即

$$\lim_{\substack{x\to x_0\\ y\to y_0}} u(x,y)=a\quad 及\quad \lim_{\substack{x\to x_0\\ y\to y_0}} v(x,y)=b$$

证毕.

这个定理告诉我们, 复变函数极限的存在性, 等价于其实部和虚部的两个二元实函数极限的存在性, 因此可以把求复变函数的极限转化为求该函数的实部和虚部的极限.

结合定理 1.3.1 及实函数极限四则运算法则, 有下述定理.

定理 1.3.2 如果 $\lim\limits_{z\to z_0} f(z)=A$, $\lim\limits_{z\to z_0} g(z)=B$, 那么

(1) $\lim\limits_{z\to z_0}[f(z)\pm g(z)]=A\pm B$;

(2) $\lim\limits_{z\to z_0}[f(z)g(z)]=AB$;

(3) $\lim\limits_{z\to z_0}[f(z)/g(z)]=A/B(B\neq 0)$;

(4) 设 $w=f[g(z)]$ 是由函数 $w=f(\zeta)$ 和 $\zeta=g(z)$ 复合而成. 若 $\lim\limits_{z\to z_0} g(z)=A$, 且在 z_0 的某一去心邻域 $\overset{\circ}{N}(z_0,\ \delta)$ 内 $g(z)\neq A$, 又 $\lim\limits_{\zeta\to A} f(\zeta)=B$, 则 $\lim\limits_{z\to z_0} f[g(z)]=B$.

根据定义 1.3.2, 结合定理 1.3.1 及实函数极限的唯一性, 可知若 $z\to z_0$ 时, 复函数 $f(z)$ 有极限, 则极限是唯一的.

在极限定义中, 若极限 A 为函数 $f(z)$ 在点 z_0 的值 $f(z_0)$, 即

$$\lim_{z\to z_0} f(z)=f(z_0)$$

此时称函数 $f(z)$ 在点 z_0 处是连续的. 若函数 $f(z)$ 在集合 E 内每一点都是连续的, 则称函数 $f(z)$ 在集合 E 内是连续的.

函数的连续性也可用 “ε–δ 语言” 来描述如下.

定义 1.3.3 设 $w=f(z)$ 在 z_0 的邻域 $|z-z_0|<\rho$ 内有定义, 对于任给的 $\varepsilon>0$, 存在 $\delta>0$, 使邻域 $|z-z_0|<\delta\leqslant\rho$ 内任一点 z 恒有

$$|f(z)-f(z_0)|<\varepsilon$$

则称函数 $f(z)$ 在点 z_0**连续**. 如果 $f(z)$ 在区域 D 内每一点都连续, 则称 $f(z)$ 在区域 D 内连续.

结合定义 1.3.3 及定理 1.3.2, 有下述定理.

定理 1.3.3 (1) 如果复变函数 $f(z), g(z)$ 于点 z_0 连续, 则其和、差、积、商 (在商的情形, $g(z_0)\neq 0$) 在点 z_0 处连续;

(2) 如果复变函数 $\zeta=g(z)$ 在点 z_0 处连续, 复变函数 $w=f(\zeta)$ 在点 $\zeta_0=g(z_0)$ 处连续, 则复合函数 $w=f[g(z)]$ 在点 z_0 处连续.

例 1.3.5 计算下列极限 (1) $\lim\limits_{z\to 1}\dfrac{z\overline{z}+2z-\overline{z}-2}{z^2-1}$; (2) $\lim\limits_{z\to\infty}\dfrac{2z+\mathrm{i}}{z+1}$.

解 (1) 由 $\dfrac{z\overline{z}+2z-\overline{z}-2}{z^2-1}=\dfrac{(\overline{z}+2)(z-1)}{(z+1)(z-1)}=\dfrac{\overline{z}+2}{z+1}$ 知

$$\lim_{z\to 1}\frac{z\overline{z}+2z-\overline{z}-2}{z^2-1}=\lim_{z\to 1}\frac{\overline{z}+2}{z+1}=\frac{3}{2}$$

(2) $\lim\limits_{z\to\infty}\dfrac{2z+\mathrm{i}}{z+1}=\lim\limits_{z\to\infty}\dfrac{2(z+1)-2+\mathrm{i}}{z+1}=\lim\limits_{z\to\infty}\left(2-\dfrac{2-\mathrm{i}}{z+1}\right)=2.$

例 1.3.6 $f(z)=\dfrac{1}{2\mathrm{i}}\left(\dfrac{z}{\overline{z}}-\dfrac{\overline{z}}{z}\right)(z\neq 0)$, 试证 $f(z)$ 在原点无极限.

证明 令自变量 $z=r(\cos\theta+\mathrm{i}\sin\theta)$, 则

$$\begin{aligned}f(z)&=\frac{1}{2\mathrm{i}}\cdot\frac{z^2-\overline{z}^2}{z\overline{z}}=\frac{1}{2\mathrm{i}}\cdot\frac{(z+\overline{z})(z-\overline{z})}{r^2}\\&=\frac{1}{2\mathrm{i}r^2}\cdot 2r\cos\theta\cdot 2r\mathrm{i}\sin\theta=\sin 2\theta\end{aligned}$$

可知当变点 z 沿正实轴 $\theta=0$ 趋于 0 时, $f(z)\to 0$; 当 z 沿第一象限的角平分线 $\theta=\dfrac{\pi}{4}$ 趋于 0 时, $f(z)\to 1$. 故 $f(z)$ 在原点无确定的极限.

例 1.3.7 设函数

$$f(z)=\begin{cases}\dfrac{xy^3}{x^2+y^6}, & z\neq 0\\ 0, & z=0\end{cases}$$

证明 $f(z)$ 在原点处不连续.

证明 当自变量 z 沿直线 l: $y=x$ 及曲线 Γ: $x=y^3$ 趋向于原点时, 可得极限如下:

$$\lim_{\substack{z\to 0\\ y=x}}f(z)=\lim_{x\to 0}\frac{x^4}{x^2+x^6}=\lim_{x\to 0}\frac{x^2}{1+x^4}=0$$

$$\lim_{\substack{z\to 0\\ y^3=x}}f(z)=\lim_{y\to 0}\frac{y^6}{y^6+y^6}=\frac{1}{2}$$

所以当变点 z 沿不同的路径趋向于原点时, $f(z)$ 的极限值就不同. 可知极限 $\lim\limits_{z\to 0}f(z)$ 不存在. 因而在点 $z=0$ 处, $f(z)$ 不连续.

根据连续的定义及定理 1.3.1, 可以得到下述定理.

定理 1.3.4 函数 $f(z)=u(x,y)+\mathrm{i}v(x,y)$ 在 $z_0=x_0+\mathrm{i}y_0$ 处连续的充要条件是: $u(x,y)$ 和 $v(x,y)$ 在 (x_0,y_0) 处连续.

第 1 章小结

本章学习了复数的概念、运算及其表示, 以及复变函数的概念、极限及其连续性等内容.

一、复数的概念、运算及其表示是复变函数这门课程学习的基础. 因此要力求熟练掌握, 灵活运用.

主要的运算律如下:

1.

$$z_1+z_2=z_2+z_1;\quad z_1z_2=z_2z_1;\quad z_1+(z_2+z_3)=(z_1+z_2)+z_3$$

$$z_1(z_2z_3)=(z_1z_2)z_3;\quad z_1(z_2+z_3)=z_1z_2+z_1z_3$$

2.

$$\overline{z_1\pm z_2}=\overline{z_1}\pm\overline{z_2};\quad \overline{z_1z_2}=\overline{z_1}\ \overline{z_2};\quad \overline{\left(\frac{z_1}{z_2}\right)}=\frac{\overline{z_1}}{\overline{z_2}};\quad \overline{\overline{z}}=z$$

$$z\overline{z}=[\mathrm{Re}(z)]^2+[\mathrm{Im}(z)]^2;\quad z+\overline{z}=2\mathrm{Re}(z);\quad z-\overline{z}=2\mathrm{i}\mathrm{Im}(z)$$

3.

$$|z_1z_2|=|z_1|\cdot|z_2|;\quad \left|\frac{z_1}{z_2}\right|=\frac{|z_1|}{|z_2|},\quad z_2\neq 0$$

$$\mathrm{Arg}(z_1z_2)=\mathrm{Arg}\,z_1+\mathrm{Arg}\,z_2;\quad \mathrm{Arg}\frac{z_1}{z_2}=\mathrm{Arg}\,z_1-\mathrm{Arg}\,z_2$$

$$z^n=r^n\mathrm{e}^{\mathrm{i}n\theta}=r^n(\cos n\theta+\mathrm{i}\sin n\theta)$$

$$w_k=(\sqrt[n]{z})_k=\sqrt[n]{r}\mathrm{e}^{\mathrm{i}\frac{\theta+2k\pi}{n}}=\mathrm{e}^{\mathrm{i}\frac{2k\pi}{n}}\sqrt[n]{r}\mathrm{e}^{\mathrm{i}\frac{\theta}{n}}$$

其中, 当 $k=0,1,2,\cdots,n-1$ 时, 就得到了 n 个相异的根:

$$w_0=\sqrt[n]{r}\mathrm{e}^{\mathrm{i}\frac{\theta}{n}},\quad w_1=\sqrt[n]{r}\mathrm{e}^{\mathrm{i}\frac{\theta+2\pi}{n}},\quad w_2=\sqrt[n]{r}\mathrm{e}^{\mathrm{i}\frac{\theta+4\pi}{n}},\cdots,w_{n-1}=\sqrt[n]{r}\mathrm{e}^{\mathrm{i}\frac{\theta+2(n-1)\pi}{n}}$$

复数可以用复平面上的点与向量来表示, 从而一些平面点集可用复数方程或者不等式表示. 除此而外, 当引入了无穷远点, 建立了扩充复平面后, 复数也可以用球面上的点来表示.

二、正确理解区域、曲线、复变函数等概念. 复变函数的极限、连续性都与工科数学分析中相应的概念相似, 但是又不尽相同, 要善于比较, 深刻理解.

平面曲线 (特别是简单闭曲线、光滑曲线或分段光滑曲线) 和平面区域 (包括单连通区域和多连通区域) 是复变函数理论的几何基础, 读者应当熟悉一些常见的平面曲线及区域的表达形式.

复变函数 $w=f(z)=u(x,y)+\mathrm{i}v(x,y)$ 在某过程中极限存在等价于它的实部 $u(x,y)$ 和虚部 $v(x,y)$ 在该过程中极限存在; 复变函数 $w=f(z)=u(x,y)+\mathrm{i}v(x,y)$ 在某点或区域连续等价于它的实部 $u(x,y)$ 和虚部 $v(x,y)$ 同时连续. 因此, 研究复变函数的极限、连续等问题就可以转化为研究两个二元实变函数 $u(x,y)$ 和 $v(x,y)$ 相应的问题, 进一步可以证明复变函数极限、连续的许多基本性质和运算法则都与实变函数相同.

1. 若 $\lim\limits_{z\to z_0}f(z)=A$, $\lim\limits_{z\to z_0}g(z)=B$, 则

$$\lim_{z\to z_0}[f(z)\pm g(z)]=A\pm B$$

$$\lim_{z\to z_0} f(z)\cdot g(z) = A\cdot B$$

$$\lim_{z\to z_0} \frac{f(z)}{g(z)} = \frac{A}{B} \quad (B\neq 0)$$

2. 设 $f(z)=u(x,y)+\mathrm{i}v(x,y)$, $A=a+\mathrm{i}b$, $z_0=x_0+\mathrm{i}y_0$, 那么

$$\lim_{z\to z_0} f(z)=A \Leftrightarrow \begin{cases} \lim\limits_{\substack{x\to x_0\\ y\to y_0}} u(x,y)=a \\ \lim\limits_{\substack{x\to x_0\\ y\to y_0}} v(x,y)=b \end{cases}$$

3. 若 $f(z)$ 和 $g(z)$ 在 z_0 点连续, 则它们的和、差、积、商 $(g(z_0)\neq 0)$ 也在 z_0 点连续, 且复合函数 $w=f[g(z)]$ 也在 z_0 点连续.

4.

$$\lim_{z\to z_0} f(z)=f(z_0) \Leftrightarrow \begin{cases} \lim\limits_{\substack{x\to x_0\\ y\to y_0}} u(x,y)=u(x_0,y_0) \\ \lim\limits_{\substack{x\to x_0\\ y\to y_0}} v(x,y)=v(x_0,y_0) \end{cases}$$

三、在学习过程中要注意复数与实数的不同点.

复数与实数运算不尽相同, 如任一非零复数总可以开方, 而所得结果是多值的, 复数的 n 次方根有 n 个互异的值.

实数能比较大小, 复数是平面上的向量, 向量是既有大小又有方向的量, 因此复数不能比较大小.

复数模的概念与实数中绝对值的概念在几何上都可用于描述点与点之间的距离, 两者可统称为绝对值, 但由于复数有辐角的概念, 故作为复数域中的实数也都有一个辐角 (0 或 π), 这显然与实数域中的实数是不同的.

习 题 1

1. 求下列复数的实部与虚部、共轭复数、模与辐角.

(1) $\dfrac{1}{3+2\mathrm{i}}$;　　(2) $\dfrac{1}{\mathrm{i}}-\dfrac{3\mathrm{i}}{1-\mathrm{i}}$;

(3) $\dfrac{(3+4\mathrm{i})(2-5\mathrm{i})}{2\mathrm{i}}$;　　(4) $\mathrm{i}^8-4\mathrm{i}^{21}+\mathrm{i}$.

2. 如果等式 $\dfrac{x+1+\mathrm{i}(y-3)}{5+3\mathrm{i}}=1+\mathrm{i}$ 成立, 求实数 x,y 的值.

3. 求复数 $w=\dfrac{1+z}{1-z}$(复数 $z\neq 1$) 的实部、虚部和模.

4. (1) 若 $|a|<1, |b|<1$, 试证: $\left|\dfrac{a-b}{1-a\bar{b}}\right|<1$;

(2) $|a|=1$ 或者 $|b|=1$ 有一个成立时, 则 $\left|\dfrac{a-b}{1-a\bar{b}}\right|=1$.

5. 将下列复数化成三角表示式和指数表示式.

(1) i;　　(2) -1;

(3) $1+\mathrm{i}\sqrt{3}$;　　(4) $1-\cos\varphi+\mathrm{i}\sin\varphi\ \ (0\leqslant\varphi\leqslant\pi)$;

(5) $\dfrac{2\mathrm{i}}{-1+\mathrm{i}}$;　　(6) $\dfrac{(\cos 5\varphi+\mathrm{i}\sin 5\varphi)^2}{(\cos 3\varphi-\mathrm{i}\sin 3\varphi)^3}$.

6. 当 $|z|\leqslant 1$ 时, 求 $|z^n+a|$ 的最大值, 其中, n 为正整数, a 为复数.

7. 一个复数乘以 $-\mathrm{i}$, 它的模与辐角有何改变?

8. 如果多项式 $P(z)=a_0+a_1z+a_2z^2+\cdots+a_nz^n$ 的系数是实数, 证明: $P(\overline{z})=\overline{P(z)}$.

9. 已知两点 z_1 与 z_2(或已知三点 z_1,z_2,z_3), 问下列各点位于何处?

(1) $z=\dfrac{1}{2}(z_1+z_2)$;

(2) $z=\lambda z_1+(1-\lambda)z_2$ (其中 λ 为实数);

(3) $z=\dfrac{1}{3}(z_1+z_2+z_3)$.

10. 试证: 复数 z_1,z_2,z_3,z_4 在同一圆周上或同一直线上的条件是

$$\mathrm{Im}\left(\frac{z_1-z_4}{z_1-z_2}\cdot\frac{z_3-z_2}{z_3-z_4}\right)=0$$

11. 如果复数 z_1,z_2,z_3 满足等式

$$\frac{z_2-z_1}{z_3-z_1}=\frac{z_1-z_3}{z_2-z_3}$$

证明 $|z_2-z_1|=|z_3-z_1|=|z_2-z_3|$, 并说明上述等式的几何意义.

12. 设 z_1,z_2,z_3 三点适合条件: $z_1+z_2+z_3=0,|z_1|=|z_2|=|z_3|=1$. 证明 z_1,z_2,z_3 是内接于单位圆 $|z|=1$ 的一个正三角形的顶点.

13. 设 $z=x+\mathrm{i}y$, 试证:

$$\frac{|x|+|y|}{\sqrt{2}}\leqslant|z|\leqslant|x|+|y|$$

14. 求下列各式的值.

(1) $(\sqrt{3}-\mathrm{i})^5$;　　(2) $(1+\mathrm{i})^6$;

(3) $\sqrt[6]{-1}$;　　(4) $(1-\mathrm{i})^{\frac{1}{3}}$.

15. 指出下列各题中点 z 的存在范围, 并作图.

(1) $|z-\mathrm{i}|=6$;　　(2) $|z+2\mathrm{i}|\geqslant 1$;

(3) $\mathrm{Re}z^2\leqslant 1$;　　(4) $\mathrm{Re}(\overline{\mathrm{i}z})=3$;

(5) $|z+\mathrm{i}|=|z-\mathrm{i}|$;　　(6) $|z+3|+|z+1|=4$;

(7) $|1/z|<3$;　　(8) $\left|\dfrac{z-3}{z-2}\right|\geqslant 1$;

(9) $|\arg z|<\pi/3$;　　(10) $\arg(z-\mathrm{i})=\dfrac{\pi}{4}$.

16. 描出下列不等式所确定的区域, 并指明是有界的还是无界的, 闭的还是开的, 单连通的还是多连通的.

(1) $\mathrm{Im}z > 0$;　　(2) $|z-1| > 4$;

(3) $0 < \mathrm{Re}z < 1$;　　(4) $1 < |z-3\mathrm{i}| < 2$;

(5) $|z-1| < |z+3|$;　　(6) $1 < \arg z < 1+\pi$;

(7) $|z-1| < 4|z+1|$;　　(8) $\frac{1}{2} \leqslant |z-\frac{1}{2}| \leqslant \frac{3}{2}$;

(9) $|z| + \mathrm{Re}z < 1$;　　(10) $z\overline{z} + (6+\mathrm{i})z + (6-\mathrm{i})\overline{z} \leqslant 12$.

17. 证明：z 平面上的直线方程可以写成

$$a\overline{z} + \overline{a}z = c \quad (a\text{是非零复常数}, c\text{是实常数})$$

18. 求下列方程 (t 是实参数) 给出的曲线.

(1) $z = (1+\mathrm{i})t$;　　(2) $z = a\cos t + \mathrm{i}b\sin t$;

(3) $z = t + \frac{\mathrm{i}}{t}$;　　(4) $z = t^2 + \frac{\mathrm{i}}{t^2}$.

19. 已知映射 $w = z^3$, 求

(1) 点 $z_1 = \mathrm{i}, z_2 = 1+\mathrm{i}, z_3 = \sqrt{3}+\mathrm{i}$ 在 w 平面上的像点;

(2) 区域 $0 < \arg z < \pi/3$ 在 w 平面上的像域.

20. 设 a, b, c 为常数, 且 c 为实数, 证明下式:

$$(a\overline{z} + \overline{a}z)^2 = 2(b\overline{z} + \overline{b}z) + c$$

为平面上的抛物线方程.

21. 试求

(1) $\lim\limits_{z\to 1+\mathrm{i}} \frac{\overline{z}}{z}$;　　(2) $\lim\limits_{z\to 1} \frac{z\overline{z} + 2z - \overline{z} - 2}{z^2 - 1}$.

22. 试证 $\lim\limits_{z\to 0} \frac{\mathrm{Re}z}{z}$ 不存在.

23. 设

$$f(z) = \begin{cases} \dfrac{[\mathrm{Re}(z^2)]^2}{|z|^2}, & z \neq 0 \\ 0, & z = 0 \end{cases}$$

证明 $f(z)$ 在点 $z = 0$ 处连续.

24. 设

$$f(z) = \begin{cases} \dfrac{xy^3}{x^2 + y^6}, & z \neq 0 \\ 0, & z = 0 \end{cases}$$

求证 $f(z)$ 在原点处不连续.

25. 设函数 $f(x)$ 在点 z_0 处连续, 且 $f(z_0) \neq 0$, 证明存在 z_0 的某邻域内, 使 $f(z) \neq 0$.

26. 如果 $f(z)$ 在点 z_0 处连续, 证明 $\overline{f(z)}$, $|f(z)|$ 也在点 z_0 处连续.

27. 试证 $\arg z(-\pi < \arg z \leqslant \pi)$ 在负实轴上 (包括原点) 不连续, 除此而外在 z 平面上处处连续.

第2章 解析函数

本章给出复变函数导数的定义及求导法则，并在此基础上介绍解析函数的概念. 接着给出判断复变函数可导和解析的充要条件. 讨论调和函数与解析函数的关系及调和函数的一些基本性质. 进一步将工科数学分析中熟知的初等函数推广到复变量的情形, 并研究其性质. 最后通过若干平面场的例子, 说明解析函数在实际中的应用.

2.1 解析函数的概念

2.1.1 复变函数的导数

定义 2.1.1 设 $w=f(z)$ 为定义在区域 D 内的单值函数, $z_0\in D$, 且 $w_0=f(z_0)$, 并记 $\Delta z=z-z_0, \Delta w=f(z)-f(z_0)$. 如果极限

$$\lim_{\Delta z\to 0}\frac{\Delta w}{\Delta z}=\lim_{z\to z_0}\frac{f(z)-f(z_0)}{z-z_0}$$

存在, 则称 $f(z)$ 在点 z_0 处**可导**(或称**可微**), 并称此极限值为 $f(z)$ 在点 z_0 处的**导数**, 记作 $\frac{\mathrm{d}f(z)}{\mathrm{d}z}\big|_{z=z_0}$, $\frac{\mathrm{d}w}{\mathrm{d}z}\big|_{z=z_0}$ 或 $f'(z_0)$.

如果 $f(z)$ 在区域 D 内每一点上均可导, 则称 $f(z)$ 在区域 D 内可导. 这时, D 内每一点都对应于 $f(z)$ 的一个导数值, 因而在 D 内定义了一个函数, 称为 $f(z)$ 在 D 内的导函数, 简称 $f(z)$ 的导数, 记作 $\frac{\mathrm{d}f(z)}{\mathrm{d}z}, \frac{\mathrm{d}w}{\mathrm{d}z}$ 或 $f'(z)$. 于是 $f(z)$ 在点 z_0 处的导数可看作是导函数 $f'(z)$ 在点 z_0 处的值.

例 2.1.1 求 $f(z)=z^2$ 的导数.

例2.1.1—例2.1.3讲解

解 $f(z)=z^2$ 在复平面内处处有定义, 对于任意的 $z\in\mathbb{C}$, 由导数的定义, 有

$$\lim_{\Delta z\to 0}\frac{f(z+\Delta z)-f(z)}{\Delta z}=\lim_{\Delta z\to 0}\frac{(z+\Delta z)^2-z^2}{\Delta z}$$

$$= \lim_{\Delta z \to 0} \frac{2z\Delta z + \Delta z^2}{\Delta z} = \lim_{\Delta z \to 0}(2z + \Delta z) = 2z$$

由于 z 的任意性, 所以在复平面内处处有

$$f'(z) = \frac{\mathrm{d}}{\mathrm{d}z}(z^2) = 2z$$

设 n 为正整数, 可以完全类似地证明

$$(z^n)' = nz^{n-1}$$

例 2.1.2 问 $f(z) = \overline{z}$ 是否可导?

解 对复平面上任一点 z, 这里有

$$\begin{aligned} &\lim_{\Delta z \to 0} \frac{f(z + \Delta z) - f(z)}{\Delta z} \\ = &\lim_{\Delta z \to 0} \frac{(x + \Delta x) - (y + \Delta y)\mathrm{i} - x + y\mathrm{i}}{\Delta z} = \lim_{\Delta z \to 0} \frac{\Delta x - \Delta y\mathrm{i}}{\Delta x + \Delta y\mathrm{i}} \end{aligned}$$

令 $z + \Delta z$ 沿着平行于 x 轴的方向趋于 z(图 2.1.1), 因而 $\Delta y = 0$. 这时极限

$$\lim_{\Delta z \to 0} \frac{\Delta x - \Delta y\mathrm{i}}{\Delta x + \Delta y\mathrm{i}} = \lim_{\Delta z \to 0} \frac{\Delta x}{\Delta x} = 1$$

令 $z + \Delta z$ 沿着平行于 y 轴的方向趋于 z, 因而 $\Delta x = 0$, 这时极限

$$\lim_{\Delta z \to 0} \frac{\Delta x - \Delta y\mathrm{i}}{\Delta x + \Delta y\mathrm{i}} = \lim_{\Delta z \to 0} \frac{-\Delta y\mathrm{i}}{\Delta y\mathrm{i}} = -1$$

所以 $f(z) = \overline{z}$ 的导数不存在.

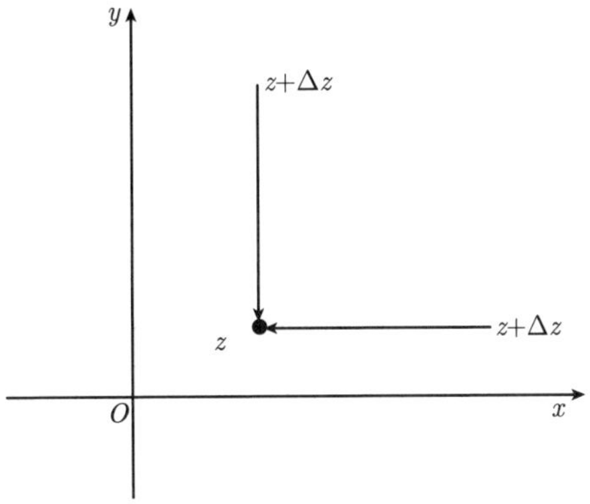

图 2.1.1

我们知道, 在一元实变函数中可导函数是连续的, 而连续函数不一定可导. 在复变函数中, 这个结论仍然成立. 例 2.1.2 中的复变函数就是处处连续, 但处处不可导. 在复变函数里, 类似的例子还很多.

例 2.1.3 $f(z) = |z|^2$ 除 $z = 0$ 外在复平面上其他的点都不可导.

证明 注意 $|z|^2 = z\overline{z}$, 对于复平面上任意一点 z_0, 考虑

$$\frac{f(z) - f(z_0)}{z - z_0} = \frac{|z|^2 - |z_0|^2}{z - z_0} = \frac{z\overline{z} - z_0\overline{z_0}}{z - z_0} = \overline{z} + z_0\frac{\overline{z} - \overline{z_0}}{z - z_0}$$

当 $z_0 \neq 0$, $z \to z_0$ 时, 因为 $\lim\limits_{\substack{x \to x_0 \\ y = y_0}} \dfrac{\overline{z} - \overline{z_0}}{z - z_0} = 1$, 而 $\lim\limits_{\substack{y \to y_0 \\ x = x_0}} \dfrac{\overline{z} - \overline{z_0}}{z - z_0} = -1$, 所以

$\lim\limits_{z\to z_0}\dfrac{\overline{z}-\overline{z_0}}{z-z_0}$ 不存在, 从而 $\lim\limits_{z\to z_0}\dfrac{f(z)-f(z_0)}{z-z_0}$ 不存在.

但当 $z_0=0$ 时, 这个比值是 $\overline{z}$, 它随 $z\to 0$ 而趋于 0, 故此函数除 $z=0$ 外在 z–平面上其他的点都不可导.

形式上, 复变函数 $w=f(z)$ 的导数定义和实变函数 $y=f(x)$ 的导数定义相类似. 所以下列的导数运算法则, 现在也一一成立. 因此我们有:

(1)(常数的导数)$C'=0$;

(2)(和与差的导数) 若单值函数 $f(z),g(z)$ 在 z_0 点可导, 则单值函数 $f(z)\pm g(z)$ 也在 z_0 点可导, 且有

$$[f(z)\pm g(z)]'\,|_{z=z_0}=f'(z_0)\pm g'(z_0)$$

(3)(积的导数) 若单值函数 $f(z),g(z)$ 在点 z_0 处可导, 则单值函数 $f(z)\cdot g(z)$ 在点 z_0 处也可导, 且有

$$[f(z)g(z)]'\,|_{z=z_0}=f'(z_0)g(z_0)+f(z_0)g'(z_0)$$

(4)(商的导数) 若单值函数 $f(z),g(z)$ 在点 z_0 处都可导, 而且 $g(z_0)\neq 0$, 则单值函数 $\dfrac{f(z)}{g(z)}$ 在点 z_0 处也可导, 且有

$$\left[\frac{f(z)}{g(z)}\right]'\Bigg|_{z=z_0}=\frac{f'(z_0)g(z_0)-f(z_0)g'(z_0)}{g^2(z_0)}$$

(5)(复合函数的导数) 设单值函数 $\zeta=g(z)$ 在点 z_0 处可导, 单值函数 $w=f(\zeta)$ 在点 $\zeta_0=g(z_0)$ 处可导, 则单值函数 $w=f[g(z)]$ 在点 z_0 处也可导, 且有

$$\frac{\mathrm{d}}{\mathrm{d}z}f[g(z)]\,|_{z=z_0}=\frac{\mathrm{d}}{\mathrm{d}\zeta}f(\zeta)\,|_{\zeta=\zeta_0}\cdot\frac{\mathrm{d}}{\mathrm{d}z}g(z)\,|_{z=z_0}$$

(6)(反函数的导数) 设函数 $w=f(z)$ 将区域 D 双方单值连续映射成区域 D^*, 又 $w_0=f(z_0),z_0\in D$, 那么若函数 $f(z)$ 在点 z_0 处可导且 $f'(z_0)\neq 0$, 则区域 D^* 上的单值连续反函数 $z=f^{-1}(w)$ 在 w_0 点也可导, 且有

$$\frac{\mathrm{d}}{\mathrm{d}w}f^{-1}(w)\Bigg|_{w=w_0}=\frac{1}{f'(z_0)}$$

例 2.1.4 已知 $f(z)=\dfrac{2z}{1-z}$, 求 $f'(0)$ 及 $f'(\mathrm{i})$.

解 因为 $f'(z)=\left(\dfrac{2z}{1-z}\right)'=\dfrac{2}{(1-z)^2}$, 所以

$$f'(0)=2,\quad f'(\mathrm{i})=\frac{2}{(1-\mathrm{i})^2}=\mathrm{i}$$

应当注意, 定义 2.1.1 中, 复变量 $z_0+\Delta z\to z_0(\Delta z\to 0)$ 的方式是任意的, 这一点要比实变量的情况复杂得多. 事实上, 实变函数导数存在性的要求意味着: 当点 $x_0+\Delta x$ 由左 $(\Delta x<0)$ 及右 $(\Delta x>0)$ 两个方向趋于 x_0 时, 比值 $\Delta y/\Delta x$ 的极限都存在且相等. 而复变函数导数存在性的要求意味着: 当点 $z_0+\Delta z$ 沿连接点 z_0 的任意路径趋于点 z_0 时, 比值 $\Delta w/\Delta z$ 的极限都存在, 并且这些极限都相等. 可见复变函数的可微性的条件比实变函数可微性的条件要更苛刻一些. 因此一个可微的复变函数, 它一定有很好的性质, 这在以后的章节里会看到.

2.1.2 复变函数解析的概念

定义 2.1.2 如果函数 $f(z)$ 在 z_0 点及 z_0 点的某个邻域内处处可导, 那么称 $f(z)$ 在 z_0 点**解析**. 如果 $f(z)$ 在区域 D 内每一点解析, 那么称 $f(z)$ 在 D 内解析, 或称 $f(z)$ 是 D 内的一个**解析函数**, 并把 D 称为 $f(z)$ 的**解析区域**.

解析函数这一重要概念, 是与定义的区域密切联系的. 例如, $f(z)=z^2$ 是复平面内的解析函数; $f(z)=\dfrac{2z}{1-z}$ 是复平面去掉 $z=1$ 的多连通区域内的解析函数. 由定义可知, 函数在区域内解析与在区域内可导是等价的. 但是, 函数在一点处解析和可导是两个不等价的概念. 就是说, 函数在一点处可导, 不一定在该点处解析.

定义 2.1.3 如果函数 $f(z)$ 在点 z_0 处不解析, 但在点 z_0 的每一邻域内, 总有若干个点使 $f(z)$ 解析, 则 z_0 称为 $f(z)$ 的奇点.

例如, 函数

$$f(z)=\frac{1}{z}$$

当 $z\neq 0$ 时, 有 $f'(z)=-\dfrac{1}{z^2}$. 从而 $f(z)$ 在复平面上除去 $z=0$ 点外处处可导, 因此处处解析. 但在点 $z=0$ 处, $f(z)$ 没有意义, 导数当然也不存在, 所以 $f(z)$ 在点 $z=0$ 处不解析. 然而在点 $z=0$ 的每一邻域内, 除去点 $z=0$ 外, 每点都是 $f(z)$ 的解析点, 所以 $z=0$ 是 $f(z)=\dfrac{1}{z}$ 的奇点.

根据导数运算法则, 不难证明下面的定理.

定理 2.1.1 (1) 在区域 D 内解析的两个单值函数 $f(z)$ 和 $g(z)$ 的和、差、积、商 (除去分母为零的点) 在区域 D 内仍解析;

(2) 设单值函数 $\zeta=g(z)$ 在区域 D 内解析, 单值函数 $w=f(\zeta)$ 在区域 D' 内解析, 且 $g(D)\subset D'$, 则单值函数 $w=f[g(z)]$ 在区域 D 内也解析.

从定理 2.1.1 可以推知, 所有多项式在复平面内是处处解析的, 任何一个有理分式函数 $\dfrac{P(z)}{Q(z)}$ 在分母不为零的点构成的平面区域内是解析函数, 使分母为零的点是它的奇点.

解析函数是复变函数理论中重要概念之一, 本书所要讨论的就是在某个区域内为解析的函数.

2.2 函数解析的充要条件

在第 1 章中我们指出：如果仅研究极限或连续方面的问题，则研究一个复变函数 $w = f(z)$ 与研究一对实变函数 $u = u(x,y), v = v(x,y)$ 是等价的. 在例 2.1.2 中我们又看到：函数 $f(z) = \overline{z} = x - \mathrm{i}y$, 在复平面上其实部与虚部处处有偏导数, 但该函数却处处不可导. 由此看出：研究 $w = f(z)$ 有导数的问题与研究 $u = u(x,y), v = v(x,y)$ 有偏导数的问题不再等价了.

设函数 $f(z) = u(x,y) + \mathrm{i}v(x,y)$ 在区域 D 内有定义, 在 D 内一点 $z = x + \mathrm{i}y$ 可导, 我们有

$$\lim_{\Delta z \to 0} \frac{f(z+\Delta z) - f(z)}{\Delta z} = f'(z) \tag{2.2.1}$$

又设 $\Delta z = \Delta x + \mathrm{i}\Delta y, f(z+\Delta z) - f(z) = \Delta u + \mathrm{i}\Delta v$, 其中,

$$\Delta u = u(x+\Delta x, y+\Delta y) - u(x,y)$$
$$\Delta v = v(x+\Delta x, y+\Delta y) - v(x,y)$$

这样式 (2.2.1) 变为

$$\lim_{\substack{\Delta x \to 0 \\ \Delta y \to 0}} \frac{\Delta u + \mathrm{i}\Delta v}{\Delta x + \mathrm{i}\Delta y} = f'(z) \tag{2.2.2}$$

因为 $\Delta z = \Delta x + i\Delta y$ 无论按什么方式趋于零, 式 (2.2.2) 总是成立的. 先设 $\Delta y = 0$, $\Delta x \to 0$ 即变点 $z + \Delta z$ 沿平行于实轴的方向趋向于点 z(图 2.1.1). 此时式 (2.2.2) 成为

$$\lim_{\Delta x \to 0} \frac{\Delta u}{\Delta x} + \mathrm{i} \lim_{\Delta x \to 0} \frac{\Delta v}{\Delta x} = f'(z)$$

于是知 $\partial u/\partial x, \partial v/\partial x$ 必然存在, 且有

$$\frac{\partial u}{\partial x} + \mathrm{i}\frac{\partial v}{\partial x} = f'(z) \tag{2.2.3}$$

同样, 设 $\Delta x = 0$, $\Delta y \to 0$ 即变点 $z + \Delta z$ 沿平行于虚轴的方向趋于点 z(图 2.1.1). 此时式 (2.2.2) 成为

$$-\mathrm{i} \lim_{\Delta y \to 0} \frac{\Delta u}{\Delta y} + \lim_{\Delta y \to 0} \frac{\Delta v}{\Delta y} = f'(z)$$

故知 $\partial u/\partial y, \partial v/\partial y$ 必存在, 且有

$$-\mathrm{i}\frac{\partial u}{\partial y} + \frac{\partial v}{\partial y} = f'(z) \tag{2.2.4}$$

比较式 (2.2.3) 及式 (2.2.4) 得出

$$\frac{\partial u}{\partial x} = \frac{\partial v}{\partial y}, \quad \frac{\partial u}{\partial y} = -\frac{\partial v}{\partial x} \tag{2.2.5}$$

这就是关于 u 及 v 的偏微分方程组, **称为柯西–黎曼**(Cauchy–Riemann)**方程或柯西–黎曼条件**(简记为**C–R 条件**). 进一步, 我们还可得出二元实函数 $u=u(x,y), v=v(x,y)$ 在点 (x,y) 处可微.

事实上, 由式 (2.2.2), 可以令

$$\varepsilon=\rho_1+\mathrm{i}\rho_2=\frac{\Delta u+\mathrm{i}\Delta v}{\Delta x+\mathrm{i}\Delta y}-f'(z) \tag{2.2.6}$$

这里 ρ_1,ρ_2 为实变数, 当 $\Delta z\to 0$ 时, $\varepsilon\to 0(\rho_1\to 0,\rho_2\to 0)$. 整理后得

$$\begin{aligned}\Delta u+\mathrm{i}\Delta v&=f'(z)(\Delta x+\mathrm{i}\Delta y)+\varepsilon(\Delta x+\mathrm{i}\Delta y)\\&=\left(\frac{\partial u}{\partial x}+\mathrm{i}\frac{\partial v}{\partial x}\right)(\Delta x+\mathrm{i}\Delta y)+(\rho_1+\mathrm{i}\rho_2)(\Delta x+\mathrm{i}\Delta y)\end{aligned}$$

将上式展开, 再利用 C–R 条件, 比较实、虚两部得

$$\Delta u=\frac{\partial u}{\partial x}\Delta x+\frac{\partial u}{\partial y}\Delta y+\rho_1\Delta x-\rho_2\Delta y \tag{2.2.7}$$

$$\Delta v=\frac{\partial v}{\partial x}\Delta x+\frac{\partial v}{\partial y}\Delta y+\rho_2\Delta x+\rho_1\Delta y \tag{2.2.8}$$

由式 (2.2.6) 当 $\Delta z\to 0$ 时, $\rho_1\to 0,\rho_2\to 0$, 从而 $\rho_1\Delta x-\rho_2\Delta y=o_1(|\Delta z|)$, $\rho_2\Delta x+\rho_1\Delta y=o_2(|\Delta z|)$, 知 $u=u(x,y), v=v(x,y)$ 在点 (x,y) 处可微.

总结上面的讨论, 得到复变函数可导的必要条件. 事实上, 它还是充分的, 于是得到下述结论.

定理 2.2.1 设 $f(z)=u(x,y)+\mathrm{i}v(x,y)$ 是区域 D 上的复变函数, 则函数 $f(z)$ 在 D 内一点 $z=x+\mathrm{i}y$ 处可导的充要条件是: $u(x,y)$ 和 $v(x,y)$ 在此点 (x,y) 可微, 而且满足 C–R 方程.

可导的充要条件

证明 必要性前面已经证明, 下面证明充分性.

由于 $f(z+\Delta z)-f(z)=\Delta u+\mathrm{i}\Delta v$, 而且 $u(x,y)$ 和 $v(x,y)$ 在点 (x,y) 处可微, 可知

$$\Delta u=\frac{\partial u}{\partial x}\Delta x+\frac{\partial u}{\partial y}\Delta y+o_1(|\Delta z|$$

$$\Delta v=\frac{\partial v}{\partial x}\Delta x+\frac{\partial v}{\partial y}\Delta y+o_2(|\Delta z|)$$

这里

$$\lim_{\substack{\Delta x\to 0\\ \Delta y\to 0}}o_k(|\Delta z|)=0\quad(k=1,2)$$

因此

$$f(z+\Delta z)-f(z)=\left(\frac{\partial u}{\partial x}+\mathrm{i}\frac{\partial v}{\partial x}\right)\Delta x+\left(\frac{\partial u}{\partial y}+\mathrm{i}\frac{\partial v}{\partial y}\right)\Delta y$$

$$+o_1(|\Delta z|)+\mathrm{i}o_2(|\Delta z|)$$

根据 C–R 方程有

$$\frac{\partial u}{\partial y}=-\frac{\partial v}{\partial x}=\mathrm{i}^2\frac{\partial v}{\partial x},\quad \frac{\partial v}{\partial y}=\frac{\partial u}{\partial x}$$

所以

$$f(z+\Delta z)-f(z)=\left(\frac{\partial u}{\partial x}+\mathrm{i}\frac{\partial v}{\partial x}\right)(\Delta x+\mathrm{i}\Delta y)+o_1(|\Delta z|)+\mathrm{i}o_2(|\Delta z|)$$

或

$$\frac{f(z+\Delta z)-f(z)}{\Delta z}=\frac{\partial u}{\partial x}+\mathrm{i}\frac{\partial v}{\partial x}+\frac{o_1(|\Delta z|)}{\Delta z}+\mathrm{i}\frac{o_2(|\Delta z|)}{\Delta z}$$

故当 Δz 趋于零时, 上式右端的最后的两项都趋于零. 因此

$$f'(z)=\lim_{\Delta z\to 0}\frac{f(z+\Delta z)-f(z)}{\Delta z}=\frac{\partial u}{\partial x}+\mathrm{i}\frac{\partial v}{\partial x}$$

这就是说, 函数 $f(z)=u(x,y)+\mathrm{i}v(x,y)$ 在 z 点可导.

如果函数 $f(z)$ 在区域 D 内每一点均可导, 那么 $f(z)$ 便在 D 内解析. 由上述定理, 我们得到一个刻画函数在区域 D 内解析的定理.

定理 2.2.2 函数 $f(z)=u(x,y)+\mathrm{i}v(x,y)$ 在其定义的区域 D 内解析的充要条件是: $u(x,y)$ 和 $v(x,y)$ 在 D 内任一点 $z=x+\mathrm{i}y$ 可微, 而且满足 C-R 方程.

根据这个定理, 如果函数 $f(z)=u+\mathrm{i}v$ 在 D 内满足 C-R 方程, 而且 u 和 v 具有一阶连续偏导数 (因而 u 和 v 在 D 内可微), 那么, $f(z)$ 在 D 内解析. 用这个条件来判断一个函数在 D 内解析, 有时很方便.

另外从定理的证明过程中, 顺便得出下面的推论.

推论 若 $f'(z)$ 存在, 则

$$\begin{aligned}f'(z)&=\frac{\partial u}{\partial x}+\mathrm{i}\frac{\partial v}{\partial x}=\frac{\partial v}{\partial y}+\mathrm{i}\frac{\partial v}{\partial x}\\&=\frac{\partial v}{\partial y}-\mathrm{i}\frac{\partial u}{\partial y}=\frac{\partial u}{\partial x}-\mathrm{i}\frac{\partial u}{\partial y}\end{aligned}$$

例 2.2.1 设函数 $f(z)=x^2+axy+by^2+\mathrm{i}(cx^2+dxy+y^2)$, 试确定 a,b,c,d 的值, 使 $f(z)$ 在 z–平面内解析.

解 设 $u=x^2+axy+by^2$, $v=cx^2+dxy+y^2$, 且

$$\frac{\partial u}{\partial x}=2x+ay,\quad \frac{\partial u}{\partial y}=ax+2by$$

$$\frac{\partial v}{\partial x}=2cx+dy,\quad \frac{\partial v}{\partial y}=dx+2y$$

从而要使

$$\frac{\partial u}{\partial x}=\frac{\partial v}{\partial y},\quad \frac{\partial u}{\partial y}=-\frac{\partial v}{\partial x}$$

只须

$$2x+ay=dx+2y,\quad 2cx+dy=-ax-2by$$

因此, 当 $a=2,b=-1,c=-1,d=2$ 时, 此函数在 z–平面内处处解析.

例 2.2.2 讨论下列复变函数的可导性及解析性:

(1)$f(z)=x^2-y-x+\mathrm{i}(2xy-y^2)$;

(2)$f(z)=z\mathrm{Re}z$.

解 (1) 由题知 $u=x^2-y-x,\quad v=2xy-y^2$, 则 u, v 在 z 平面上处处可微且

$$\frac{\partial u}{\partial x}=2x-1,\quad \frac{\partial u}{\partial y}=-1,\quad \frac{\partial v}{\partial x}=2y,\quad \frac{\partial v}{\partial y}=2x-2y$$

为使 u, v 满足 $\frac{\partial u}{\partial x}=\frac{\partial v}{\partial y},\quad \frac{\partial u}{\partial y}=-\frac{\partial v}{\partial x}$, 只须

$$2x-1=2x-2y,\quad -1=-2y$$

故 $f(z)$ 在直线 $y=\frac{1}{2}$ 上可导, 在 z–平面内处处不解析.

(2) 由 $f(z)=z\mathrm{Re}z=(x+\mathrm{i}y)x=x^2+\mathrm{i}xy$ 可得

$$u=x^2,\quad v=xy$$

从而有

$$\frac{\partial u}{\partial x}=2x,\quad \frac{\partial u}{\partial y}=0$$
$$\frac{\partial v}{\partial x}=y,\quad \frac{\partial v}{\partial y}=x$$

这四个一阶偏导数都连续, 但只有 $x=y=0$ 时才满足 C-R 条件, 故只有在原点 $w=z\mathrm{Re}z$ 有导数, 在其他点导数不存在. 进而在 z 平面上处处不解析.

例 2.2.3 试证 $f(z)=\mathrm{e}^x(\cos y+\mathrm{i}\sin y)$ 在 z 平面上解析, 且 $f'(z)=f(z)$.

证明 $u=\mathrm{e}^x\cos y, v=\mathrm{e}^x\sin y$, 则

$$\frac{\partial u}{\partial x}=\mathrm{e}^x\cos y,\quad \frac{\partial u}{\partial y}=-\mathrm{e}^x\sin y$$
$$\frac{\partial v}{\partial x}=\mathrm{e}^x\sin y,\quad \frac{\partial v}{\partial y}=\mathrm{e}^x\cos y$$

由于这四个一阶偏导数在复平面内处处连续, 且

$$\frac{\partial u}{\partial x}=\mathrm{e}^x\cos y=\frac{\partial v}{\partial y},\quad \frac{\partial v}{\partial x}=\mathrm{e}^x\sin y=-\frac{\partial u}{\partial y}$$

所以, $f(z)$ 是 z–平面内的解析函数. 同时得到

$$f'(z)=\frac{\partial u}{\partial x}+\mathrm{i}\frac{\partial v}{\partial x}=\mathrm{e}^{x}(\cos y+\mathrm{i}\sin y)=f(z)$$

例 2.2.4 设函数 $f(z)=u+\mathrm{i}v$ 在区域 D 内解析, 且 $v=u^2$, 试证 $f(z)$ 在 D 内为一常数.

证明 因 $f(z)=u+\mathrm{i}v$ 在区域 D 内解析, 有 $\dfrac{\partial u}{\partial x}=\dfrac{\partial v}{\partial y}$, $\dfrac{\partial u}{\partial y}=-\dfrac{\partial v}{\partial x}$. 由 $v=u^2$ 可知

$$\frac{\partial v}{\partial x}=2u\frac{\partial u}{\partial x},\qquad \frac{\partial v}{\partial y}=2u\frac{\partial u}{\partial y}$$

从而得

$$2u\frac{\partial u}{\partial x}+\frac{\partial u}{\partial y}=0,\qquad -\frac{\partial u}{\partial x}+2u\frac{\partial u}{\partial y}=0$$

化简上式得 $(1+4u^2)\dfrac{\partial u}{\partial y}=0$, 故 $\dfrac{\partial u}{\partial y}=0$. 由 C-R 条件, 知 $\dfrac{\partial v}{\partial x}=-\dfrac{\partial u}{\partial y}=0$. 同理可证 $\dfrac{\partial u}{\partial x}=0$, $\dfrac{\partial v}{\partial y}=0$, 故可知 $u=$ 常数, $v=$ 常数, 于是 $f(z)$ 为一常数.

例 2.2.5 证明函数 $f(z)=\sqrt{|xy|}$ 在点 $z=0$ 处满足 C-R 方程, 但并不可导.

证明 由题知 $u=\sqrt{xy}, v=0$, 在点 $z=0$ 处,

$$\left.\frac{\partial u}{\partial x}\right|_{z=0}=\lim_{\Delta x\to 0}\frac{u(\Delta x,0)-u(0,0)}{\Delta x}=\lim_{\Delta x\to 0}\frac{\sqrt{|\Delta x|\cdot 0}-0}{\Delta x}=0$$

$$\left.\frac{\partial u}{\partial y}\right|_{z=0}=\lim_{\Delta y\to 0}\frac{u(0,\Delta y)-u(0,0)}{\Delta y}=\lim_{\Delta y\to 0}\frac{\sqrt{0\cdot|\Delta y|}-0}{\Delta y}=0$$

同理可得

$$\frac{\partial v}{\partial x}\Big|_{z=0}=0,\quad \frac{\partial v}{\partial y}\Big|_{z=0}=0$$

可见 $f(z)$ 在点 $z=0$ 处满足 C-R 方程. 但由定义式知

$$\lim_{\Delta z\to 0}\frac{\sqrt{|\Delta x||\Delta y|}-0}{\Delta z}=\begin{cases}0, & \Delta y=0,\ \Delta x\to 0\ (\Delta x>0)\\ \dfrac{|\Delta y|}{(1+\mathrm{i})\Delta y}=\pm(1-\mathrm{i})/2, & \Delta x=\Delta y\to 0\end{cases}$$

故可知 $f(z)$ 在点 $z=0$ 处不可导.

这个例子说明满足 C-R 方程是函数可导的必要条件而非充分条件.

2.3 解析函数与调和函数

在第 3 章将证明解析函数有任意阶导数, 在这里我们先承认此结论. 于是解析函数的实部和虚部有任意阶连续偏导数.

在 C-R 方程

$$\frac{\partial u}{\partial x}=\frac{\partial v}{\partial y},\quad \frac{\partial u}{\partial y}=-\frac{\partial v}{\partial x}$$

中两端分别对 x 与 y 求偏导数, 得

$$\frac{\partial^2 u}{\partial x^2}=\frac{\partial^2 v}{\partial y\partial x},\quad \frac{\partial^2 u}{\partial y^2}=-\frac{\partial^2 v}{\partial x\partial y}$$

由于 $f(z)$ 在区域 D 内解析, 从而其实部 u 与虚部 v 具有二阶连续偏导数, 所以

$$\frac{\partial^2 v}{\partial x\partial y}=\frac{\partial^2 v}{\partial y\partial x}$$

于是有

$$\frac{\partial^2 u}{\partial x^2}+\frac{\partial^2 u}{\partial y^2}=0$$

这就是我们所知道的**拉普拉斯 (Laplace) 方程**. 同理有

$$\frac{\partial^2 v}{\partial x^2}+\frac{\partial^2 v}{\partial y^2}=0 \tag{2.3.1}$$

定义 2.3.1 凡在区域 D 内具有连续二阶偏导数而且满足拉普拉斯方程的二元实函数 $u(x,y)$, 称为区域 D 内的**调和函数**.

由此我们证明了下面的定理.

定理 2.3.1 设函数 $f(z)=u(x,y)+\mathrm{i}v(x,y)$ 在区域 D 内解析, 则 $f(z)$ 的实部 $u(x,y)$ 和虚部 $v(x,y)$ 都是区域 D 内的调和函数.

由定理 2.3.1, 一个解析函数的实部和虚部都是调和函数. 但是如果 u, v 是在区域 D 内的任意选取的两个调和函数, 则 $u+\mathrm{i}v$ 在 D 内就不一定解析. 要想 $u+\mathrm{i}v$ 在区域 D 内解析, u 及 v 还必须满足 C-R 条件.

定义 2.3.2 在区域 D 内满足 C-R 方程的两个调和函数 u, v 中, v 称为 u 的**共轭调和函数**.

从几何性质来看, 一对共轭调和函数有一个很大的特点, 就是它们的等值线 $u(x,y)=c_1$, $v(x,y)=c_2$ 在其交点上永远是相互正交的 (图 2.3.1). 事实上, 这两条曲线的法线的方向向量分别是

$$\left(\frac{\partial u}{\partial x},\frac{\partial u}{\partial y}\right),\quad \left(\frac{\partial v}{\partial x},\frac{\partial v}{\partial y}\right)$$

其内积在交点上为

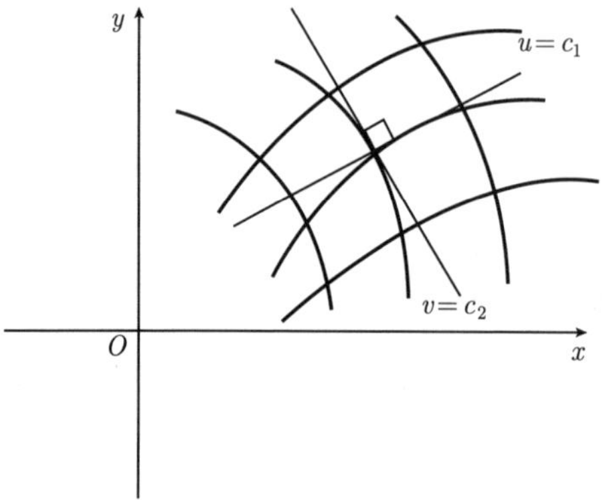

图 2.3.1

$$\frac{\partial u}{\partial x}\frac{\partial v}{\partial x}+\frac{\partial u}{\partial y}\frac{\partial v}{\partial y}=\frac{\partial u}{\partial x}\left(-\frac{\partial u}{\partial y}\right)+\frac{\partial u}{\partial y}\frac{\partial u}{\partial x}=0$$

所以它们交成直角.

假设 D 是一个单连通区域, $u(x,y)$ 是 D 内的调和函数, 因此 $u(x,y)$ 在 D 内有二阶连续偏导数, 且

$$\frac{\partial^2 u}{\partial x^2}+\frac{\partial^2 u}{\partial y^2}=0$$

即 $-\partial u/\partial y,\ \ \partial u/\partial x$ 在 D 内有一阶连续偏导数, 且

$$\frac{\partial}{\partial y}\left(-\frac{\partial u}{\partial y}\right)=\frac{\partial}{\partial x}\left(\frac{\partial u}{\partial x}\right)$$

由工科数学分析知

$$-\frac{\partial u}{\partial y}\mathrm{d}x+\frac{\partial u}{\partial x}\mathrm{d}y \tag{2.3.2}$$

是某一函数的全微分, 令

$$-\frac{\partial u}{\partial y}\mathrm{d}x+\frac{\partial u}{\partial x}\mathrm{d}y=\mathrm{d}v(x,y)$$

则

$$v(x,y)=\int_{(x_0,y_0)}^{(x,y)}\left(-\frac{\partial u}{\partial y}\right)\mathrm{d}x+\frac{\partial u}{\partial x}\mathrm{d}y+c \tag{2.3.3}$$

其中, (x_0,y_0) 是 D 内的定点, (x,y) 是 D 内的动点, c 是一个任意实常数. 因 D 是单连通区域, 故积分与路径无关.

将式 (2.3.3) 分别对 x,y 求偏导数, 得

$$\frac{\partial v}{\partial x}=-\frac{\partial u}{\partial y},\quad \frac{\partial v}{\partial y}=\frac{\partial u}{\partial x}$$

这就是 C-R 条件, 由定理 2.2.1 知 $u+\mathrm{i}v$ 在 D 内解析. 由此在单连通区域 D 上, 如已知一个解析函数的实部 $u(x,y)$(或虚部 $v(x,y)$, 就可以求出它的虚部 $v(x,y)$(或实部 $u(x,y)$).

综上所述, 我们有下面的定理及推论.

定理 2.3.2 复变函数 $f(z)=u(x,y)+\mathrm{i}v(x,y)$ 在区域 D 内解析的充要条件是: 在 D 内, $f(z)$ 的虚部 $v(x,y)$ 是实部 $u(x,y)$ 的共轭调和函数.

推论 给定单连通区域 D 内的调和函数 $\varphi(x,y)$, 总可以作出一族解析函数, 使其实部 (或虚部) 为 $\varphi(x,y)$, 这族解析函数中的任何两个至多相差一个纯虚数 (或实数).

例 2.3.1 已知函数 $u(x,y)=\mathrm{e}^x\cos y+x+y$, 求满足条件 $f(0)=1$ 解析函数 $f(z)=u(x,y)+\mathrm{i}v(x,y)$.

调和函数求解

解 在复平面内任一点上有

$$\frac{\partial u}{\partial x}=\mathrm{e}^x\cos y+1,\quad \frac{\partial u}{\partial y}=-\mathrm{e}^x\sin y+1$$

$$\frac{\partial^2 u}{\partial x^2}=\mathrm{e}^x\cos y,\quad \frac{\partial^2 u}{\partial y^2}=-\mathrm{e}^x\cos y$$

$u(x,y)$ 满足拉普拉斯方程, 从而是调和函数, 故可根据式 (2.3.3) 求 $v(x,y)$. 取从 (x_0,y_0) 到 (x,y_0), 再从 (x,y_0) 到 (x,y) 的线段作为积分路线. 取 (x_0,y_0) 为 (0,0) 则得

$$\begin{aligned}v(x,y)&=\int_{(0,0)}^{(x,y)}(\mathrm{e}^x\sin y-1)\mathrm{d}x+(\mathrm{e}^x\cos y+1)\mathrm{d}y+c\\&=\int_0^x(-1)\mathrm{d}x+\int_0^y(\mathrm{e}^x\cos y+1)\mathrm{d}y+c\\&=\mathrm{e}^x\sin y-x+y+c\end{aligned}$$

从而有

$$\begin{aligned}f(z)&=u(x,y)+\mathrm{i}v(x,y)=\mathrm{e}^x\cos y+x+y+\mathrm{i}(\mathrm{e}^x\sin y-x+y+c)\\&=\mathrm{e}^z+(1-\mathrm{i})z+\mathrm{i}c\end{aligned}$$

由条件 $f(0)=1$ 得 $c=0$. 故所求解析函数为 $f(z)=\mathrm{e}^z+(1-\mathrm{i})z$.

有时, 处理上述例题也可以利用 C-R 方程来求解, 如下例.

例 2.3.2 已知调和函数 $u(x,y)=x^2-y^2+xy$, 求一满足条件 $f(0)=0$ 的解析函数 $f(z)=u+\mathrm{i}v$.

解 因为 $\partial u/\partial x=2x+y$, $\partial u/\partial y=-2y+x$, 由 C-R 方程得

$$\frac{\partial v}{\partial y}=\frac{\partial u}{\partial x}=2x+y$$

于是

$$v=\int(2x+y)\mathrm{d}y=2xy+\frac{1}{2}y^2+\varphi(x) \tag{2.3.4}$$

又由

$$\frac{\partial v}{\partial x}=-\frac{\partial u}{\partial y}$$

得

$$2y+\varphi'(x)=2y-x$$

即

$$\varphi'(x)=-x$$

所以

$$\varphi(x)=-\frac{1}{2}x^2+c$$

由式 (2.3.4) 得

$$v(x,y)=2xy+\frac{1}{2}y^2-\frac{1}{2}x^2+c$$

由于 $v(x,y)=2xy+\dfrac{y^2}{2}-\dfrac{x^2}{2}+c$ 是 $u(x,y)=x^2-y^2+xy$ 的共轭调和函数, 根据定理 2.3.2 作函数

$$f(z)=x^2-y^2+xy+\mathrm{i}\left(2xy+\frac{1}{2}y^2-\frac{1}{2}x^2+c\right)$$

或写成

$$\begin{aligned}f(z)&=[x^2+2\mathrm{i}xy+(\mathrm{i}y)^2]-\frac{\mathrm{i}}{2}[x^2+2x(\mathrm{i}y)+(\mathrm{i}y)^2]+\mathrm{i}c\\&=\left(1-\frac{\mathrm{i}}{2}\right)z^2+\mathrm{i}c\end{aligned}$$

由条件 $f(0)=0$, 得 $c=0$, 做

$$f(z)=x^2-y^2+xy+\mathrm{i}\left(2xy+\frac{1}{2}y^2-\frac{1}{2}x^2\right)$$

或

$$f(z)=\left(1-\frac{\mathrm{i}}{2}\right)z^2$$

为所求解析函数.

例 2.3.3 已知函数 $v(x,y)=\arctan\dfrac{y}{x}\ (x>0)$, 求解析函数 $f(z)=u(x,y)+\mathrm{i}v(x,y)$.

解

$$\frac{\partial v}{\partial x}=-\frac{y}{x^2+y^2},\qquad \frac{\partial^2 v}{\partial x^2}=\frac{2xy}{(x^2+y^2)^2}$$

$$\frac{\partial v}{\partial y}=\frac{x}{x^2+y^2},\qquad \frac{\partial^2 v}{\partial y^2}=\frac{-2xy}{(x^2+y^2)^2}$$

故 $v(x,y)=\arctan\dfrac{y}{x}$ 在右半平面内是调和函数. 利用 C-R 条件得

$$u(x,y)=\int\frac{\partial u}{\partial x}\mathrm{d}x=\int\frac{\partial v}{\partial y}\mathrm{d}x=\int\frac{x}{x^2+y^2}\mathrm{d}x=\frac{1}{2}\ln(x^2+y^2)+\varphi(y)$$

由 $$\frac{\partial u}{\partial y}=\frac{y}{x^2+y^2}+\varphi'(y)=-\frac{\partial v}{\partial x}=\frac{y}{x^2+y^2}$$

知 $\varphi'(y)=0$, 故 $\varphi(y)=c$. 从而有 $u(x,y)=\frac{1}{2}\ln(x^2+y^2)+c$. 故

$$\begin{aligned}f(z)&=\frac{1}{2}\ln(x^2+y^2)+c+\mathrm{i}\arctan\frac{y}{x}\\&=\ln|z|+\mathrm{i}\arg z+c=\ln z+c\end{aligned}$$

为所求解析函数.

例 2.3.4 设 $f(z)=u(x,y)+\mathrm{i}v(x,y)$ 为解析函数, 且 $u+v=x^3-y^3+3x^2y-3xy^2-2x-2y$, 求 $f(z)=u+\mathrm{i}v$ 的表达式.

解 由条件可知

$$\frac{\partial(u+v)}{\partial x}=\frac{\partial u}{\partial x}+\frac{\partial v}{\partial x}=3x^2+6xy-3y^2-2 \tag{2.3.5}$$

$$\frac{\partial(u+v)}{\partial y}=\frac{\partial u}{\partial y}+\frac{\partial v}{\partial y}=3x^2-3y^2-6xy-2 \tag{2.3.6}$$

因为 $f(z)=u+\mathrm{i}v$ 解析, 可知 $\frac{\partial u}{\partial x}=\frac{\partial v}{\partial y}$, $\frac{\partial u}{\partial y}=-\frac{\partial v}{\partial x}$. 由式 (2.3.5) 及式 (2.3.6) 解得

$$\frac{\partial u}{\partial x}=3x^2-3y^2-2,\quad \frac{\partial v}{\partial x}=6xy$$

求 $\frac{\partial u}{\partial x}$ 的不定积分得

$$\begin{aligned}u(x,y)&=\int\frac{\partial u}{\partial x}\mathrm{d}x=\int(3x^2-3y^2-2)\mathrm{d}x\\&=x^3-3xy^2-2x+\varphi(y)\end{aligned}$$

由 C-R 条件有

$$-6xy+\varphi'(y)=-6xy$$

从而 $\varphi'(y)=0$, $\varphi(y)=c$. 于是

$$u(x,y)=x^3-3xy^2-2x+c$$
$$v(x,y)=-y^3+3x^2y-2y-c$$

$$f(z)=u(x,y)+\mathrm{i}v(x,y)=z^3-2z+(1-\mathrm{i})c,\quad c\in\mathbb{R}$$

例 2.3.5 设调和函数 $u(x,y)=\varphi\left(\frac{y}{x}\right)$, 试求其共轭调和函数 $v(x,y)$, 使 $f(z)=u+\mathrm{i}v$ 为解析函数.

解 首先求出 $u(x,y)$. 设 $t=\dfrac{y}{x}$, 则

$$\frac{\partial u}{\partial x}=\varphi'(t)\cdot\left(-\frac{y}{x^2}\right),\qquad \frac{\partial u}{\partial y}=\varphi'(t)\cdot\frac{1}{x}$$
$$\frac{\partial^2 u}{\partial x^2}=\varphi''(t)\cdot\frac{y^2}{x^4}+\varphi'(t)\frac{2y}{x^3},\quad \frac{\partial^2 u}{\partial y^2}=\varphi''(t)\cdot\frac{1}{x^2}$$

于是由 $u(x,y)$ 是调和函数, 应有

$$\frac{\partial^2 u}{\partial x^2}+\frac{\partial^2 u}{\partial y^2}=\varphi''(t)\frac{y^2}{x^4}+\varphi'(t)\frac{2y}{x^3}+\varphi''(t)\cdot\frac{1}{x^2}=0$$

若 $\varphi'(t)=0$, 则 $\varphi(t)=c_1, u(x,y)=c_1$, 此时 $v(x,y)=c_2$, 于是 $f(z)=u(x,y)+\mathrm{i}v(x,y)=c_1+\mathrm{i}c_2=\beta$, β 为一复常数, 若 $\varphi'(t)$ 不恒为 0, 有

$$\varphi''(t)/\varphi'(t)=\frac{-2t}{1+t^2}$$

解之

$$\ln\varphi'(t)=-\ln(1+t^2)+\ln c$$

所以

$$\varphi(t)=\int\frac{c\mathrm{d}t}{1+t^2}=c\,\mathrm{arctan}t+c_1$$

从而

$$u(x,y)=c\arctan\frac{y}{x}+c_1$$

下面再求 $v(x,y)$. 由 C-R 方程

$$\frac{\partial v}{\partial x}=-\frac{\partial u}{\partial y}=-c\frac{\frac{1}{x}}{1+\left(\frac{y}{x}\right)^2}=-c\frac{x}{x^2+y^2}$$

积分得

$$v(x,y)=-c\int\frac{x}{x^2+y^2}\mathrm{d}x=-\frac{c}{2}\ln(x^2+y^2)+g(y)$$

又

$$\frac{\partial v}{\partial y}=\frac{\partial u}{\partial x}=c\frac{-\frac{y}{x^2}}{1+\left(\frac{y}{x}\right)^2}=-c\frac{y}{x^2+y^2}=-c\frac{y}{x^2+y^2}+g'(y)$$

得

$$g'(y)=0,\quad g(y)=c_2$$

所以

$$v(x,y)=-c\ln\sqrt{x^2+y^2}+c_2$$

因此

$$\begin{aligned}f(z)&=c\arctan\frac{y}{x}+c_1+\mathrm{i}\left[-c\ln\sqrt{x^2+y^2}+c_2\right]\\&=-\mathrm{i}c\left(\ln\sqrt{x^2+y^2}+\mathrm{i}\arctan\frac{y}{x}\right)+c_2\mathrm{i}+c_1\\&=\alpha(\ln|z|+\mathrm{i}\arg z)+\beta\\&=\alpha\ln z+\beta\qquad(\alpha=-\mathrm{i}c,\ \beta\text{为复常数})\end{aligned}$$

2.4 初等函数

本节中, 我们将具体地讨论几个初等函数以及它们所构成的映射的特性. 这些函数是工科数学分析中普通的初等函数在复数域中的自然推广. 但是, 当把它们推广到复数域上时, 函数往往会获得一些新的性质. 例如, 复变数的指数函数 e^z 是有周期性的, 函数 $\sin z$ 与 $\cos z$ 已不再是有界的, 等等.

2.4.1 指数函数

对于任何复数 $z=x+\mathrm{i}y$, 我们用关系式

$$\mathrm{e}^z=\mathrm{e}^{x+\mathrm{i}y}=\mathrm{e}^x(\cos y+\mathrm{i}\sin y)\tag{2.4.1}$$

来定义**指数函数**e^z, 有时也记作 $\mathrm{e}^z=\exp z$. 由定义可知 e^z 的模是 e^x, 而 y 是 e^z 的一个辐角值. 因为 $|\mathrm{e}^z|=\mathrm{e}^x>0$, 所以 $\mathrm{e}^z\neq 0$. 当 z 为实数时, 由于 $y=0,\cos y+\mathrm{i}\sin y=1$, 所以式 (2.4.1) 与即为实指数函数. 指数的加法公式

$$\mathrm{e}^{z_1+z_2}=\mathrm{e}^{z_1}\cdot\mathrm{e}^{z_2}$$

现在仍然成立. 事实上, 设

$$z_1=x_1+\mathrm{i}y_1,\quad z_2=x_2+\mathrm{i}y_2$$

则

$$\begin{aligned}\mathrm{e}^{z_1}\mathrm{e}^{z_2}&=\mathrm{e}^{x_1}(\cos y_1+\mathrm{i}\sin y_1)\mathrm{e}^{x_2}(\cos y_2+\mathrm{i}\sin y_2)\\&=\mathrm{e}^{x_1+x_2}[\cos(y_1+y_2)+\mathrm{i}\sin(y_1+y_2)]=\mathrm{e}^{z_1+z_2}\end{aligned}$$

这保持了实指数函数的主要性质, 说明我们定义的合理性.

由 $\mathrm{e}^{2\pi\mathrm{i}}=\cos 2\pi+\mathrm{i}\sin 2\pi=1$, 有 $\mathrm{e}^{z+2\pi\mathrm{i}}=\mathrm{e}^z\cdot\mathrm{e}^{2\pi\mathrm{i}}=\mathrm{e}^z$, 可知 $w=\mathrm{e}^z$ 是以 $2\pi\mathrm{i}$ 为周期的周期函数 (图 2.4.1).

由例 2.2.3 知 e^z 是复平面内的解析函数, 且 $(\mathrm{e}^z)'=\mathrm{e}^z$.

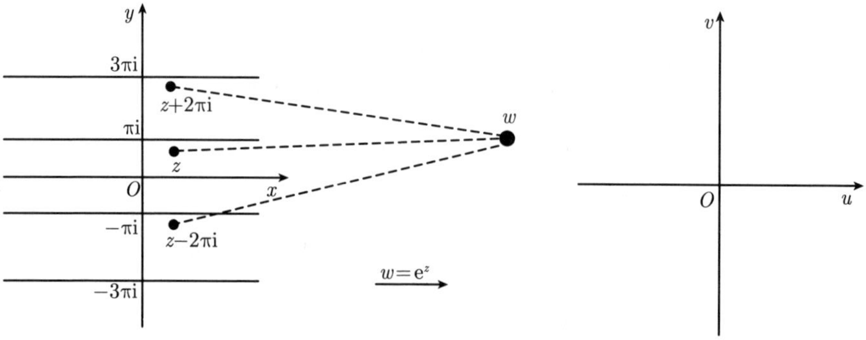

图 2.4.1

现在考虑由函数 $w=\mathrm{e}^z$ 所构成的映射. 由 e^z 的周期性, 只需在 $-\pi<\mathrm{Im}z\leqslant\pi$(或 $0<\mathrm{Im}z\leqslant 2\pi$) 上来讨论. 将 $w=\mathrm{e}^z$ 的自变量 z 与因变量 w 分别用代数表示式与指数表示式来表示. 设

$$z=x+\mathrm{i}y,\quad w=\rho\mathrm{e}^{\mathrm{i}\theta}$$

则

$$\rho\mathrm{e}^{\mathrm{i}\theta}=\mathrm{e}^z=\mathrm{e}^{x+\mathrm{i}y}=\mathrm{e}^x\mathrm{e}^{\mathrm{i}y}$$

于是

$$\begin{cases}\rho=\mathrm{e}^x\\ \mathrm{e}^{\mathrm{i}\theta}=\mathrm{e}^{\mathrm{i}y}\end{cases}$$

或写成

$$\begin{cases}\rho=\mathrm{e}^x\\ \theta=y+2k\pi\quad(k\text{为整数})\end{cases}$$

此式表明, z–平面上的直线 $x=x_0$ 经 $w=\mathrm{e}^z$ 映射为 w 平面上的圆周: $\rho=\mathrm{e}^{x_0}$, 即

$$|w|=\mathrm{e}^{x_0}$$

当 x_0 在 $(-\infty,+\infty)$ 内连续地由小变大时, 对应的圆周就连续地扫过 w 平面上除原点 O 外的多连通区域

$$0<|w|<+\infty$$

又 z–平面上的直线 $y=y_0$, 经 $w=\mathrm{e}^z$ 映射为 w 平面上的射线 (图 2.4.2 中的实线)

$$\theta=y_0+2k\pi\quad(k\text{为整数})$$

或

$$\arg w=y_0$$

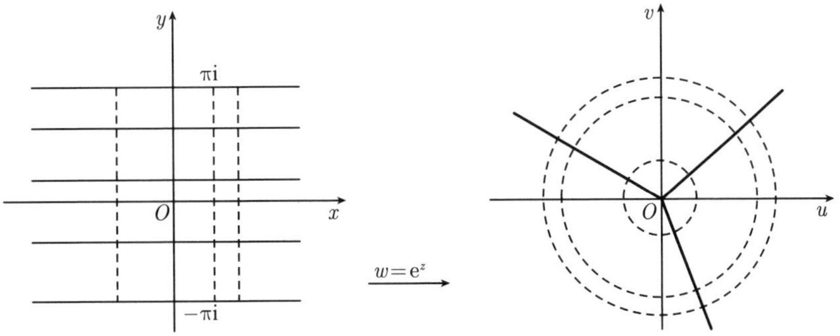

图 2.4.2

当 y_0 在 $(-\pi,\pi]$ 上由小到大地连续变化时, 对应的射线 $\arg w = y_0$ 就从负实轴的下沿开始, 绕原点连续地顺时针旋转扫过 w 平面内除原点 O 外的多连通区域而到达负实轴上沿. 这个区域可表示为

$$-\pi < \arg w \leqslant \pi$$

关于 e^z 的定义集合再作一点说明: e^z 在 $y_0 = -\pi$ 上本来是有意义的, 其像为 w 平面上的负实轴. 可是这里却未考虑 $y_0 = -\pi$ 的情形, 因为, 如果同时取 $y_0 = \pi$ 和 $y_0 = -\pi$, 则它们的像将在 w 平面的负实轴上重叠. 这样, w 平面的负实轴上的点就有两个原像与之对应. 为使原像集与像集之间的点一一对应, 我们把 y 的变化范围规定为 $(-\pi,\pi]$. 特别地, 为了讨论解析性, 我们又总把讨论的范围规定在区域内, 因此, 以后讨论指数函数时, 总把 y 的变化范围取为 $(-\pi,\pi)$, 而不取 $(-\pi,\pi]$.

综上所述, 指数函数将 z 平面上的带形区域

$$\begin{cases} -\pi < \mathrm{Im} z < \pi \\ -\infty < \mathrm{Re} z < +\infty \end{cases}$$

内的点一一对应地映射为 w 平面上的区域

$$\begin{cases} -\pi < \arg w < \pi \\ 0 < |w| < +\infty \end{cases}$$

内的点.

特别地, 指数函数把半带形区域

$$\begin{cases} -\pi < \mathrm{Im} z < \pi \\ -\infty < \mathrm{Re} z < 0 \end{cases}$$

映射为单位圆周内部去掉原点和负实轴的单连通区域, 即

$$\begin{cases} -\pi < \arg w < \pi \\ 0 < |w| < 1 \end{cases}$$

而把半带形区域

$$\begin{cases} -\pi < \mathrm{Im}z < \pi \\ 0 < \mathrm{Re}z < +\infty \end{cases}$$

映射为单位圆周外部去掉负实轴的区域

$$\begin{cases} -\pi < \arg w < \pi \\ 1 < |w| < +\infty \end{cases}$$

如图 2.4.3 所示.

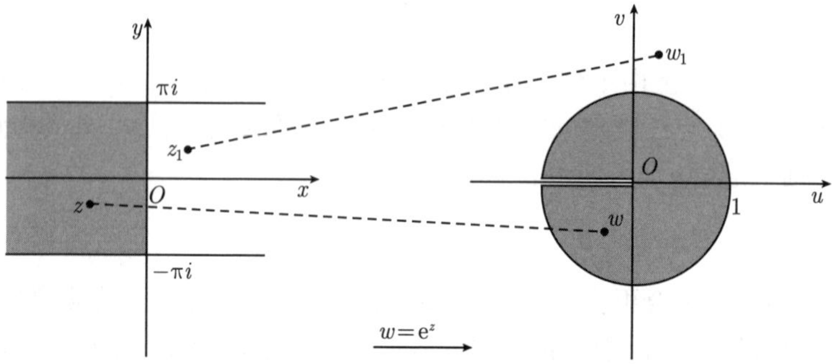

图 2.4.3

由 e^z 的周期性, 在带形区域

$$(2k-1)\pi < \mathrm{Im}z < (2k+1)\pi \quad (k=0,\pm1,\pm2,\cdots)$$

内, e^z 都具有上述映射的性质.

2.4.2 三角函数与双曲函数

由欧拉公式我们有

$$\begin{cases} \mathrm{e}^{\mathrm{i}x} = \cos x + \mathrm{i}\sin x \\ \mathrm{e}^{-\mathrm{i}x} = \cos x - \mathrm{i}\sin x \end{cases}$$

其中 y 是实数. 将上面两式相加、相减分别得到

$$\begin{aligned} \cos x &= \frac{1}{2}(\mathrm{e}^{\mathrm{i}x} + \mathrm{e}^{-\mathrm{i}x}) \\ \sin x &= \frac{1}{2\mathrm{i}}(\mathrm{e}^{\mathrm{i}x} - \mathrm{e}^{-\mathrm{i}x}) \end{aligned} \tag{2.4.2}$$

这给出了实变数的三角函数与复变数的指数函数之间的关系. 现把式 (2.4.2) 中的实变量推广到复变量 z, 由复指数函数的性质知道, 函数

$$\frac{1}{2}(\mathrm{e}^{\mathrm{i}z} + \mathrm{e}^{-\mathrm{i}z}) \quad 和 \quad \frac{1}{2\mathrm{i}}(\mathrm{e}^{\mathrm{i}z} - \mathrm{e}^{-\mathrm{i}z})$$

在整个复平面内处处有定义, 且保持实变数的余弦函数和正弦函数的若干特性, 如可导性和周期性. 特别当复数 z 为实数 x 时, 式 (2.4.2) 的两个函数正是实变量余弦函数和正弦函数. 自然地, 我们给出如下定义:

$$\sin z = \frac{e^{iz} - e^{-iz}}{2i}, \quad \cos z = \frac{e^{iz} + e^{-iz}}{2}$$

并分别称为 z 的正弦函数和余弦函数.

这两个函数都是以 2π 为周期的函数, 即

$$\cos(z + 2\pi) = \cos z, \sin(z + 2\pi) = \sin z$$

普通的三角函数关系式现在仍然成立, 这可以直接从定义出发来加以证明. 例如,

$$\begin{aligned}\cos^2 z + \sin^2 z &= \left(\frac{e^{iz} + e^{-iz}}{2}\right)^2 + \left(\frac{e^{iz} - e^{-iz}}{2i}\right)^2 \\ &= \frac{e^{2iz} + 2 + e^{-2iz}}{4} - \frac{e^{2iz} - 2 + e^{-2iz}}{4} = 1\end{aligned}$$

$$\begin{aligned}&\sin z_1 \cos z_2 + \cos z_1 \sin z_2 \\ =&\frac{e^{iz_1} - e^{-iz_1}}{2i} \cdot \frac{e^{iz_2} + e^{-iz_2}}{2} + \frac{e^{iz_1} + e^{-iz_1}}{2} \cdot \frac{e^{iz_2} - e^{-iz_2}}{2i} \\ =&\frac{e^{i(z_1+z_2)} - e^{-i(z_1+z_2)}}{2i} = \sin(z_1 + z_2)\end{aligned}$$

类似的可以验证对于实变数三角函数成立的一切恒等式, 在复变数的情形自然成立. 但必须注意, 在复变数的情形, 不等式 $|\cos z| \leqslant 1$ 和 $|\sin z| \leqslant 1$ 不再成立. 例如, 当 y 为实数时, 有

$$\cos(iy) = \frac{1}{2}(e^{-y} + e^{y})$$

$$\lim_{y \to +\infty} \cos(iy) = +\infty$$

这两个函数在复平面上均为解析函数, 且

$$\begin{aligned}(\sin z)' &= \left(\frac{e^{iz} - e^{-iz}}{2i}\right)' = \frac{1}{2i}[e^{iz}i - e^{iz}(-i)] \\ &= \frac{1}{2i}i(e^{iz} + e^{-iz}) = \frac{1}{2}(e^{iz} + e^{-iz}) = \cos z\end{aligned}$$

由于 z 为复平面内的任一点, 这说明在复平面内任一点均可导, 因而 $\sin z$ 在复平面内处处解析.

同理, $\cos z$ 也是解析函数且

$$(\cos z)' = -\sin z$$

现在来求 z–平面上所有使 $\sin z$ 和 $\cos z$ 为零的那些点. 方程

$$\sin z = 0$$

相当于

$$\mathrm{e}^{\mathrm{i}z} = \mathrm{e}^{-\mathrm{i}z} \quad \text{或} \quad \mathrm{e}^{2\mathrm{i}z} = 1$$

令 $z = x + \mathrm{i}y$, 则有 $\mathrm{e}^{2\mathrm{i}(x+\mathrm{i}y)} = 1$, 或 $\mathrm{e}^{-2y} \cdot \mathrm{e}^{2\mathrm{i}x} = 1$. 因此 $\mathrm{e}^{-2y} = 1, 2x = 2k\pi(k = 0, \pm 1, \pm 2, \cdots)$. 从而 $y = 0, x = k\pi$. 故这个方程的根是

$$z = k\pi(k = 0, \pm 1, \pm 2, \cdots)$$

再由 $\cos z = \sin\left(z + \dfrac{\pi}{2}\right)$, 显然方程 $\cos z = 0$ 的根是

$$z = \frac{\pi}{2} + k\pi(k = 0, \pm 1, \pm 2, \cdots)$$

例 2.4.1 求 $\cos(\pi + 5\mathrm{i})$ 的值 (表示成 $x + \mathrm{i}y$ 的形式).

解 由余弦函数的定义, 可知

$$\begin{aligned}
\cos(\pi + 5\mathrm{i}) &= \frac{1}{2}\left[\mathrm{e}^{\mathrm{i}(\pi+5\mathrm{i})} + \mathrm{e}^{-\mathrm{i}(\pi+5\mathrm{i})}\right] \\
&= \frac{1}{2}\left[\mathrm{e}^{-5}(\cos\pi + \mathrm{i}\sin\pi) + \mathrm{e}^{5}(\cos\pi - \mathrm{i}\sin\pi)\right] \\
&= -\frac{1}{2}(\mathrm{e}^{5} + \mathrm{e}^{-5})
\end{aligned}$$

例 2.4.2 求 $\sin(1 + 2\mathrm{i})$ 的值.

解

$$\begin{aligned}
\sin(1 + 2\mathrm{i}) &= \frac{\mathrm{e}^{\mathrm{i}-2} - \mathrm{e}^{2-\mathrm{i}}}{2\mathrm{i}} \\
&= \frac{\mathrm{e}^{-2}(\cos 1 + \mathrm{i}\sin 1) - \mathrm{e}^{2}(\cos 1 - \mathrm{i}\sin 1)}{2\mathrm{i}} \\
&= \frac{\mathrm{e}^{2} + \mathrm{e}^{-2}}{2}\sin 1 + \mathrm{i}\frac{\mathrm{e}^{2} - \mathrm{e}^{-2}}{2}\cos 1
\end{aligned}$$

引进了函数 $\sin z$ 及 $\cos z$ 的定义后, 我们就可以定义并且研究其他复变三角函数

$$\tan z = \frac{\sin z}{\cos z}, \quad \cot z = \frac{\cos z}{\sin z}$$
$$\sec z = \frac{1}{\cos z}, \quad \csc z = \frac{1}{\sin z}$$

它们分别称为 z 的**正切**、**余切**、**正割**及**余割函数**.

这 4 个函数都在 z–平面上分母不为零的点处解析, 且

$$(\tan z)' = \sec^2 z, \qquad (\cot z)' = -\csc^2 z$$

$$(\sec z)' = \sec z \tan z, \qquad (\csc z)' = -\csc z \cot z$$

例如, 就函数 $\tan z$ 来说, 它在 $z \neq \left(n+\dfrac{1}{2}\right)\pi (n=0,\pm1,\pm2,\cdots)$ 的各点处解析. 因为

$$\tan(z+\pi) = \frac{\sin(z+\pi)}{\cos(z+\pi)} = \frac{-\sin z}{-\cos z} = \frac{\sin z}{\cos z} = \tan z$$

可知正切函数的周期为 π. 余切、正割及余割函数的解析性与周期性可类似讨论.

此外, 定义

$$\mathrm{sh}\, z = \frac{\mathrm{e}^z - \mathrm{e}^{-z}}{2}, \quad \mathrm{ch}\, z = \frac{\mathrm{e}^z + \mathrm{e}^{-z}}{2}$$

$$\mathrm{th}\, z = \frac{\mathrm{sh}\, z}{\mathrm{ch}\, z}, \qquad \mathrm{cth}\, z = \frac{1}{\mathrm{th}\, z}$$

$$\mathrm{sech}\, z = \frac{1}{\mathrm{ch} z}, \qquad \mathrm{csch}\, z = \frac{1}{\mathrm{sh} z}$$

并分别称为 z 的**双曲正弦**、**双曲余弦**、**双曲正切**、**双曲余切**、**双曲正割**及**双曲余割函数**.

显然, 它们都是解析函数, 各有其解析区域, 且都是相应的实双曲函数在复数范围内的推广.

由于 e^z 及 e^{-z} 皆以 $2\pi\mathrm{i}$ 为基本周期, 故双曲正弦及双曲余弦函数也以 $2\pi\mathrm{i}$ 为基本周期. $\mathrm{ch}\, z$ 为偶函数, $sh\ z$ 为奇函数, 而且它们都是复平面内的解析函数, 导数分别为

$$(\mathrm{ch}\, z)' = \mathrm{sh}\, z, \quad (\mathrm{sh}\, z)' = \mathrm{ch}\, z$$

根据定义, 不难证明

$$\mathrm{ch}\, \mathrm{i}y = \cos y, \quad \mathrm{sh}\, \mathrm{i}y = \mathrm{i} \sin y$$

及

$$\begin{cases} \mathrm{ch}(x+\mathrm{i}y) = \mathrm{ch}\, x \cos y + \mathrm{i}\mathrm{sh}\, x \sin y \\ \mathrm{sh}(x+\mathrm{i}y) = \mathrm{sh}\, x \cos y + \mathrm{i}\mathrm{ch}\, x \sin y \end{cases}$$

2.4.3 对数函数

与实变量函数一样, 对数函数是作为指数函数反函数来给出的.

若 $z = \mathrm{e}^w, z \neq 0$, 则把 w 称为复变量 z 的**对数函数**, 记作 $\mathrm{Ln}\, z$, 即 $w = \mathrm{Ln}\, z$.

根据这个定义, $\mathrm{Ln}\, z$ 的实部和虚部可以用 z 的模和辐角表示. 令

$$z = r\mathrm{e}^{\mathrm{i}\theta}, \quad w = u + \mathrm{i}v$$

则

$$e^{u+iv} = re^{i\theta}$$

所以

$$u = \ln r, \quad v = \theta$$

因此

$$w = \ln|z| + i\text{Arg}z$$

由于 Arg$z$ 为多值函数, 所以对数函数 $w = \text{Ln}z$ 是多值函数, 并且每两个值相差 $2\pi i$ 的整数倍, 记作

$$\text{Ln}z = \ln|z| + i\text{Arg}z \tag{2.4.3}$$

如果规定式 2.4.3 中的 Arg$z$ 取主值 $\arg z$, 那么 Lnz 为一单值函数, 记作 $\ln z$, 称为 Lnz 的**主值**. 这样, 我们就有

$$\ln z = \ln|z| + i\arg z$$

而其他值可由主值表达如下:

$$\text{Ln}z = \ln z + 2k\pi i \quad (k = \pm1, \pm2, \cdots) \tag{2.4.4}$$

对于每一个固定的 k, 式 (2.4.4) 为一单值函数, 称为 Lnz 的一个**分支**.

特别地, 当 $z = x > 0$ 时, Lnz 的主值 $\ln z = \ln x$, 就是实变函数中的对数函数.

例 2.4.3 求 Ln2,Ln(−1) 以及与它们相应的主值.

解 因为 $\text{Ln}2 = \ln 2 + 2k\pi i$, 故它的主值就是 $\ln 2$. 而 $\text{Ln}(-1) = \ln 1 + i\text{Arg}(-1) = (2k+1)\pi i$($k$ 为整数), 故它的主值是 $\ln(-1) = \pi i$.

此例说明, 复对数是实对数在复数范围内的推广: 在实数范围内 "负数无对数" 的说法, 在复数范围内不成立. 但可修改成 "负数无实对数, 且正实数的对数也是无穷多值的".

例 2.4.4 求 $\ln i$, Lni 及 $\text{Ln}(2 - i\sqrt{2})$ 的值.

解

$$\ln i = \ln|i| + \frac{\pi}{2}i = \frac{\pi}{2}i$$

$$\text{Ln}i = \frac{\pi}{2}i + 2k\pi i = \left(\frac{1+4k}{2}\right)\pi i, \quad (k = 0,\ \pm1,\ \pm2,\ \cdots)$$

$$\begin{aligned}\text{Ln}(2 - i\sqrt{2}) &= \ln(2 - i\sqrt{2}) + 2k\pi i = \ln|2 - i\sqrt{2}| + i\arg(2 - i\sqrt{2}) + i2k\pi \\ &= \ln\sqrt{6} + i\left(-\arctan\frac{\sqrt{2}}{2} + 2k\pi\right), \quad (k = 0, \pm1, \pm2, \cdots)\end{aligned}$$

对数函数 Lnz 有如下的性质:

(1) 运算法则

$$\mathrm{Ln}(z_1z_2)=\mathrm{Ln}z_1+\mathrm{Ln}z_2$$

$$\mathrm{Ln}\frac{z_1}{z_2}=\mathrm{Ln}z_1-\mathrm{Ln}z_2$$

上述两式在“集合相等”的意义下成立;

(2)Lnz 的主值 $\ln z=\ln|z|+\mathrm{i}\arg z$ 在复平面上除去 $z=0$ 和负实轴的单连通区域

$$\begin{cases}|z|>0\\ -\pi<\arg z<\pi\end{cases}\tag{2.4.5}$$

内解析, 且

$$(\ln z)'=\frac{1}{z}$$

事实上, 在式 (2.4.5) 中所表示的区域内, 任给一点 z, 由于 $w=\ln z$ 的反函数 $z=\mathrm{e}^w$ 是单值的, 且有 $(\mathrm{e}^w)'=\mathrm{e}^w$, 则由反函数求导法则得

$$\frac{\mathrm{d}\ln z}{\mathrm{d}z}=\frac{1}{(\mathrm{e}^w)'}=\frac{1}{\mathrm{e}^w}=\frac{1}{z}$$

由于 z 的任意性, 所以 $\ln z$ 在式 (2.4.5) 所给出的区域内解析.

2.4.4 幂函数

设 a 是任意复数. 对于 $z\neq 0$, 用下列等式定义 z 的 a 次幂函数

$$w=z^a=\mathrm{e}^{a\mathrm{Ln}z}\tag{2.4.6}$$

还规定: 当 a 为正实数且 $z=0$ 时, $z^a=0$. 由于 Ln z 是多值函数, 所以 $\mathrm{e}^{a\mathrm{Ln}\,z}$ 一般是多值函数. 由式 (2.4.4), 可将式 (2.4.6) 中 Ln z 用其主值 $\ln z$ 来表示

$$w=z^a=\mathrm{e}^{a\mathrm{Ln}\,z}=\mathrm{e}^{a\ln z+\mathrm{i}2ak\pi}=\mathrm{e}^{a\ln z}\mathrm{e}^{\mathrm{i}2ak\pi}\quad(k=0,\pm1,\pm2,\cdots)\tag{2.4.7}$$

由此可见, 式 (2.4.7) 的多值性是与后一含 k 的因式 $\mathrm{e}^{\mathrm{i}2ak\pi}$ 有关.

下面介绍式 (2.4.7) 中 a 为整数和有理数两种较常见的特殊情形:

(1)a 为整数.

当 a 为正整数 n 时, 有

$$w=z^n=\mathrm{e}^{n\ln z}\mathrm{e}^{\mathrm{i}2nk\pi}$$

由于 $\mathrm{e}^{\mathrm{i}2nk\pi}=(\mathrm{e}^{\mathrm{i}2k\pi})^n=1$, 所以

$$w=z^n=\mathrm{e}^{n\ln z}$$

是与 k 无关的单值函数, 也就是第 1 章中谈到的 z 的 n 次幂.

由于 $\arg z^n = n\arg z$, 所以 z–平面上的角形区域 $0 < \arg z < \alpha$ 经 $w = z^n$ 的映射变为 w 平面上的角形区域 $0 < \arg w < n\alpha$. 如图 2.4.4 所示, 这里 $0 < \alpha < \dfrac{2\pi}{n}$.

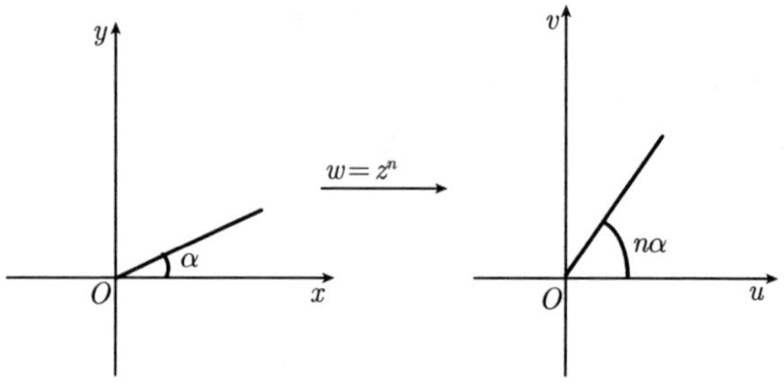

图 2.4.4

当 a 为负整数 $-n$ 时, 有

$$z^{-n} = \mathrm{e}^{-n\ln z} = \frac{1}{\mathrm{e}^{n\ln z}} = \frac{1}{z^n}$$

当 a 为零时, 有 $z^0 = \mathrm{e}^{0\ln z} = \mathrm{e}^0 = 1$.

(2)a 为有理数 p/q (p 与 q 为互质的整数, $q > 0$).

$$z^{\frac{p}{q}} = \mathrm{e}^{\frac{p}{q}\mathrm{Ln}\, z} = \mathrm{e}^{\frac{p}{q}\ln z + \frac{p}{q}\mathrm{i}2k\pi} \quad (k\text{为整数})$$

由于 p 与 q 互质, 当 k 取 $0, 1, \cdots, q-1$ 时, 有

$$\mathrm{e}^{\mathrm{i}2k\pi\frac{p}{q}} = \left(\mathrm{e}^{\mathrm{i}2kp\pi}\right)^{\frac{1}{q}}$$

是 q 个不同的值. 但若 k 再取其他整数值时, 将重复出现上述 q 个值之一, 所以

$$w = z^{\frac{p}{q}}$$

是 q 值函数, 因而有 q 个不同的分支.

当 a 为其他值时, 函数 $w = z^a$ 为无穷多值函数.

例 2.4.5 求 $(1+\mathrm{i})^{\mathrm{i}}$ 及 $(-3)^{\sqrt{5}}$ 的值.

解 由幂函数的定义有

$$\begin{aligned}(1+\mathrm{i})^{\mathrm{i}} &= \mathrm{e}^{\mathrm{i}\mathrm{Ln}(1+\mathrm{i})} = \mathrm{e}^{\mathrm{i}[\ln(1+\mathrm{i})+\mathrm{i}2k\pi]}\\ &= \mathrm{e}^{\mathrm{i}[\ln|1+\mathrm{i}|+\mathrm{i}\arg(1+\mathrm{i})+\mathrm{i}2k\pi]} = \mathrm{e}^{-(\frac{\pi}{4}+2k\pi)}\mathrm{e}^{\mathrm{i}\frac{\ln 2}{2}}\\ &= \mathrm{e}^{-(\frac{\pi}{4}+2k\pi)}\left(\cos\frac{\ln 2}{2} + \mathrm{i}\sin\frac{\ln 2}{2}\right), \quad (k = 0, \pm 1, \pm 2, \cdots)\end{aligned}$$

$$(-3)^{\sqrt{5}} = \mathrm{e}^{\sqrt{5}\mathrm{Ln}(-3)}$$

$$= \mathrm{e}^{\sqrt{5}[\ln|-3|+\mathrm{i}\arg(-3)+\mathrm{i}2k\pi]} = \mathrm{e}^{\sqrt{5}\ln 3}\mathrm{e}^{\mathrm{i}\pi(1+2k)\sqrt{5}}$$

$$= 3^{\sqrt{5}}[\cos\pi(1+2k)\sqrt{5} + \mathrm{i}\sin\pi(1+2k)\sqrt{5}], \quad (k = 0, \pm1, \pm2, \cdots)$$

由于对数函数 $\mathrm{Ln}\, z$ 的各个分支在除去原点和负实轴的复平面内是解析的, 因而不难看出幂函数 z^a, 它的各个分支在除去原点和负实轴的复平面内也是解析的, 可以由复合函数的求导法则得到

$$(z^a)' = (\mathrm{e}^{a\ln z})' = \mathrm{e}^{a\ln z}\cdot(a\ln z)' = a\frac{\mathrm{e}^{a\ln z}}{z} = az^{a-1}$$

注: 当 a 为整数 n 时, z^n 在复平面上处处解析.

2.4.5 反三角函数与反双曲函数

三角函数和双曲函数都可以非常简单地用指数函数表示; 因为对数函数是指数函数的反函数, 所以反三角函数和反双曲函数都可以非常简单地用对数函数表示. 我们以反余弦函数为例.

如果 $\cos w = z$, 则 w 称为复变量 z 的**反余弦函数**, 并且记作 $\mathrm{Arc}\cos z$, 即

$$w = \mathrm{Arccos}\, z$$

由

$$z = \cos w = \frac{1}{2}(\mathrm{e}^{\mathrm{i}w} + \mathrm{e}^{-\mathrm{i}w})$$

得到 $\mathrm{e}^{\mathrm{i}w}$ 的二次方程

$$\mathrm{e}^{2\mathrm{i}w} - 2z\mathrm{e}^{\mathrm{i}w} + 1 = 0$$

其根为

$$\mathrm{e}^{\mathrm{i}w} = z + \sqrt{z^2-1}$$

其中 $\sqrt{z^2-1}$ 应理解为双值函数. 因此, 两端取对数得

$$\mathrm{Arccos}\, z = -\mathrm{i}\mathrm{Ln}(z + \sqrt{z^2-1})$$

显然, $\mathrm{Arccos}\, z$ 是一个多值函数.

用同样的方法可以定义反正弦函数和反正切函数, 并且重复上述步骤, 可以得到它们的表达式

$$\mathrm{Arcsin}\, z = -\mathrm{i}\mathrm{Ln}(\mathrm{i}z + \sqrt{1-z^2})$$

$$\mathrm{Arctan}\, z = -\frac{\mathrm{i}}{2}\mathrm{Ln}\frac{1+\mathrm{i}z}{1-\mathrm{i}z}$$

反双曲函数定义为双曲函数的反函数. 用与推导反三角函数表达式完全类似的步骤, 可以得到各反双曲函数的表达式:

反双曲正弦　$\mathrm{Arsh}z = \mathrm{Ln}(z + \sqrt{z^2+1})$

反双曲余弦　$\mathrm{Arch}z = \mathrm{Ln}(z + \sqrt{z^2-1})$

反双曲正切　$\mathrm{Arth}z = \dfrac{1}{2}\mathrm{Ln}\dfrac{1+z}{1-z}$

它们都是多值函数.

例 2.4.6　求 $\mathrm{Arc}\sin 3$ 的值.

解　根据定义, 有

$$\begin{aligned}\mathrm{Arcsin}\, 3 &= -\mathrm{i}\mathrm{Ln}(3\mathrm{i} + \sqrt{1-3^2}) = -\mathrm{i}\mathrm{Ln}[(3 \pm 2\sqrt{2})\mathrm{i}] \\ &= -\mathrm{i}[\ln(3 \pm 2\sqrt{2}) + \frac{\pi}{2}\mathrm{i} + 2k\pi\mathrm{i}] \\ &= \left(2k + \frac{1}{2}\right)\pi - \mathrm{i}\ln(3 \pm 2\sqrt{2}) \quad (k = 0,\ \pm 1,\ \pm 2,\ \cdots)\end{aligned}$$

例 2.4.7　求 $\mathrm{Arctan}\left(\dfrac{\mathrm{i}}{3}\right)$ 的值.

解

$$\begin{aligned}\mathrm{Arc}\tan\left(\frac{\mathrm{i}}{3}\right) &= \frac{1}{2\mathrm{i}}\mathrm{Ln}\frac{1+\mathrm{i}\left(\dfrac{\mathrm{i}}{3}\right)}{1-\mathrm{i}\left(\dfrac{\mathrm{i}}{3}\right)} = \frac{1}{2\mathrm{i}}\mathrm{Ln}\frac{1-\dfrac{1}{3}}{1+\dfrac{1}{3}} = \frac{1}{2\mathrm{i}}\mathrm{Ln}\frac{1}{2} \\ &= -\frac{\mathrm{i}}{2}\left(\ln\frac{1}{2} + \mathrm{i}2k\pi\right) = k\pi + \frac{\mathrm{i}}{2}\ln 2 \quad (k = 0,\ \pm 1,\ \pm 2,\ \cdots)\end{aligned}$$

*2.5　解析函数的物理意义

2.5.1　用复变函数刻画平面向量场

我们说某一个向量场 $\boldsymbol{E}$ 是一个**平面场**, 其意思并不是说这个场中所有的向量都是定义在某一平面上, 而是说所有的向量都平行于某一固定的平面 S, 并且在任何一条垂直于 S 的直线 l 上, 每个点上的向量其大小方向完全相同. 这样, 向量场 $\boldsymbol{E}$ 就可以用平面 S 上的向量场来表示, 如图 2.5.1 所示. 如果我们更进一步在平面 S 上采用向量的复数记法, 那么场 $\boldsymbol{E}$ 就唯一地确定了一个复变函数

$$E = E_x(x, y) + \mathrm{i}E_y(x, y)$$

其中 E_x, E_y 分别表示向量 $\boldsymbol{E}$ 在 x 轴和 y 轴方向的两个分量. 复变函数就是通过这样的途径进入向量场的研究的.

至于说某个物理场是稳定的, 其意思是指, 这个场中所有的量都只是空间坐标的函数, 而不随着时间改变.

许多种不同的稳定平面物理场都可以用一个复变函数来描述. 在大量实际问题当中, 人们经常遇到的不是一般的复变函数, 而是考虑如何构造一个解析函数来表示无源无旋的平面向量场, 这个解析函数就是所谓平面向量场的**复势函数**(**复位能**). 这里让我们看三个具体的例子.

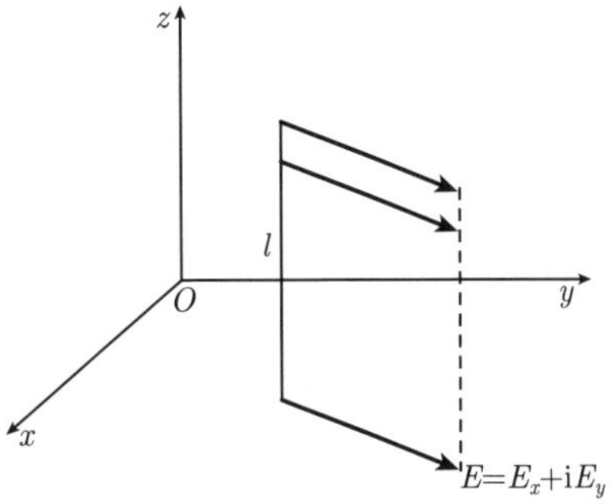

图 2.5.1

2.5.2 平面流速场的复势

我们考虑不可压缩的流体的**平面稳定流动**(流体不可压缩是指其密度不因压力而改变), 选定一有代表性的平面作为 z 平面, 并用 D 表示流体在这个平面上的流动区域. 以下总假定流体的密度为 1, 流速

$$V(z) = v_x(x,y) + \mathrm{i}v_y(x,y)$$

的两个分量 v_x, v_y 在区域 D 内具有连续的偏微商.

关于这样的流动我们作两点假设: 首先假设 $\boldsymbol{V}$ 是无源场, 由场论知识, 我们知道应有

$$\mathrm{div}V = 0$$

即

$$\frac{\partial v_x}{\partial x} + \frac{\partial v_y}{\partial y} = 0 \tag{2.5.1}$$

其次 V 是无旋场, 这时就有

$$\mathrm{rot}V = 0$$

即

$$\frac{\partial v_x}{\partial y} - \frac{\partial v_y}{\partial x} = 0 \tag{2.5.2}$$

如果 D 是单连域, 那么由式 (2.5.1) 知, $-v_y\mathrm{d}x+v_x\mathrm{d}y$ 是某一个二元函数 $\psi(x,y)$ 的全微分, 即

$$\frac{\partial \psi}{\partial x} = -v_y, \quad \frac{\partial \psi}{\partial y} = v_x \tag{2.5.3}$$

它也可用变上限曲线积分

$$\psi(x,y) = \int_{(x_0,y_0)}^{(x,y)} -v_y\mathrm{d}x + v_x\mathrm{d}y + c_1$$

来表示, 称为场 $\boldsymbol{V}$ 的**流函数**, 而它的等值线 $\psi(x,y)=c$ 则称为**流线**. 这个名称的由来, 是因为曲线 $\psi(x,y)=c$ 上每点的切线方向刚好和流速向量 $\boldsymbol{V}$ 的方向平行. 事实上, $\mathrm{d}\psi(x,y)=-v_y\mathrm{d}x+v_x\mathrm{d}y=0$, 所以有

$$\frac{\mathrm{d}y}{\mathrm{d}x}=\frac{v_y}{v_x}$$

由式 (2.5.2) 我们知道存在一个单值函数 $\varphi(x,y)$, 使得

$$\frac{\partial\varphi}{\partial x}=v_x,\quad \frac{\partial\varphi}{\partial y}=v_y \tag{2.5.4}$$

这个函数可由积分

$$\varphi(x,y)=\int_{(x_0,y_0)}^{(x,y)}v_x\mathrm{d}x+v_y\mathrm{d}y+c_2$$

来表示, 称为场 V 的**势函数**(或位函数), 等值线 $\varphi(x,y)=c$ 就称为**等势线**(或**等位线**).

由式 (2.5.4) 及式 (2.5.3) 便得到偏微分方程组

$$\frac{\partial\varphi}{\partial x}=\frac{\partial\psi}{\partial y},\quad \frac{\partial\varphi}{\partial y}=-\frac{\partial\psi}{\partial x}$$

而这就是 C-R 方程. 所以, 在无源无旋场中, 流函数 $\psi(x,y)$ 是势函数 $\varphi(x,y)$ 的共轭调和函数. 由此可作一解析函数

$$w=f(z)=\varphi(x,y)+\mathrm{i}\psi(x,y)$$

这一函数称为平面流速场的**复势函数**, 简称**复势**. 它就是我们所要构成的那个表示场的解析函数. 我们看到, 场 $\boldsymbol{V}$ 的复势并非唯一确定, 而是相差一个常数 $c_2+\mathrm{i}c_1$.

如果知道了一个平面流速场的复势, 就可以确定场 $\boldsymbol{V}$ 本身, 这是因为

$$f'(z)=\frac{\partial\varphi}{\partial x}+\mathrm{i}\frac{\partial\psi}{\partial x}=v_x-\mathrm{i}v_y$$

从而可得

$$V=v_x+\mathrm{i}v_y=\overline{f'(z)} \tag{2.5.5}$$

同时, 利用该场的流函数和势函数, 我们还可得到该场的流线方程和等位线方程等. 由此可见, 确定无源无旋的稳定平面流动的问题, 可以归结为确定它的复势.

例 2.5.1 设一平面流速场的复势为 $f(z)=az(a\neq 0)$. 试求该场的速度、流函数和势函数.

解 令 $a=|a|\mathrm{e}^{-\mathrm{i}\alpha}$, 则

$$f'(z)=|a|\mathrm{e}^{-\mathrm{i}\alpha}$$
$$V=\overline{f'(z)}=|a|\mathrm{e}^{\mathrm{i}\alpha}$$

而

$$f(z) = az = |a|(x\cos\alpha + y\sin\alpha) + \mathrm{i}|a|(y\cos\alpha - x\sin\alpha)$$

故流函数为

$$\psi(x,y) = |a|(y\cos\alpha - x\sin\alpha)$$

势函数为

$$\varphi(x,y) = |a|(x\cos\alpha + y\sin\alpha)$$

图 2.5.2 中实线表示流线, 虚线表示等势线.

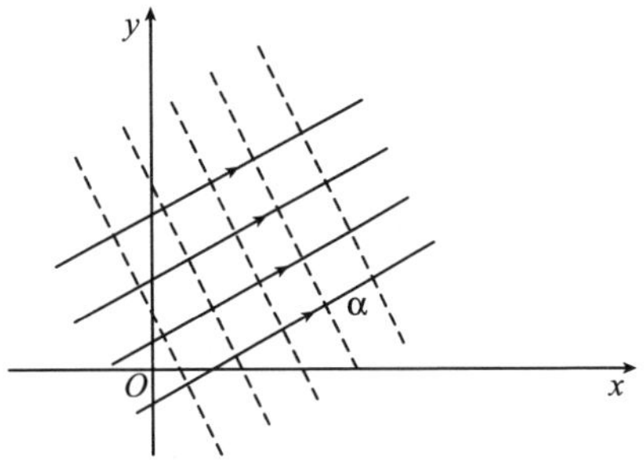

图 2.5.2

2.5.3 静电场的复势

从物理学我们知道, 如果在一个平面静电场

$$\boldsymbol{E} = E_x\boldsymbol{i} + E_y\boldsymbol{j}$$

内没有带电物体, 那么该场也是一个无源无旋平面向量场. 我们可以用类似平面流速场来构造它的复势.

由于其无源性, 我们有

$$\frac{\partial E_x}{\partial x} = -\frac{\partial E_y}{\partial y} \tag{2.5.6}$$

由常微分方程的结果, 我们知

$$-E_y\mathrm{d}x + E_x\mathrm{d}y$$

必是某一二元函数 $\varphi(x,y)$ 的全微分, 即

$$\mathrm{d}\varphi(x,y) = -E_y\mathrm{d}x + E_x\mathrm{d}y$$

不难看出, 静电场 $\boldsymbol{E}$ 在等值线 $\varphi(x,y)=c_1$ 上任意一点处的向量 $\boldsymbol{E}$ 与等值线相切, 即等值线都是向量线, 即场中的**电力线**. 因此, 称 $\varphi(x,y)$ 为**力函数**.

又由于场 $\boldsymbol{E}$ 的无旋性, 得

$$\frac{\partial E_y}{\partial x} = -\frac{\partial E_x}{\partial y} \tag{2.5.7}$$

因此在单连通区域内

$$-E_x\mathrm{d}y - E_y\mathrm{d}y$$

也是某一二元函数 $\psi(x,y)$ 的全微分, 即

$$\mathrm{d}\psi(x,y) = -E_x\mathrm{d}x - E_y\mathrm{d}y \tag{2.5.8}$$

这就有

$$\frac{\partial \psi}{\partial x} = -E_x, \quad \frac{\partial \psi}{\partial y} = -E_y \tag{2.5.9}$$

式 (2.5.9) 恰好是 ψ 的梯度 $\mathbf{grad}\ v$ 的两个分量, 即

$$\mathbf{grad}\ v = \frac{\partial \psi}{\partial x}\boldsymbol{i} + \frac{\partial \psi}{\partial y}\boldsymbol{j} = -E_x\boldsymbol{i} - E_y\boldsymbol{j} = -\boldsymbol{E} \tag{2.5.10}$$

所以 $\psi(x,y)$ 是场 $\boldsymbol{E}$ 的势函数, 也可称为场的**电势**或**电位**. 等值线 $\psi(x,y)=c_2$ 称为等势线或等位线.

由方程 (2.5.6) 及式 (2.5.7) 不难看出, ψ 是 φ 的共轭调和函数, 我们可以构造一个解析函数

$$w = f(z) = \varphi(x,y) + \mathrm{i}\psi(x,y)$$

称为静电场的复势 (或复电位).

由式 (2.5.10) 可知, 场 $\boldsymbol{E}$ 可以用复势表示为

$$E = \frac{\partial \psi}{\partial x} - \mathrm{i}\frac{\partial \varphi}{\partial x} = -\overline{f'(z)} \tag{2.5.11}$$

注意到静电场的复势和流速场的复势相差一个因子 $-\mathrm{i}$, 这是电工上的一个习惯用法.

同流速场一样, 利用静电场的复势, 可以研究场的等势线和电力线的分布情况, 描绘出场的图像.

例 2.5.2 试描述一条具有电荷线密度 λ 的均匀带电的无限长直导线所产生的静电场的复势.

解 根据库仑定律, 平面上任意一点 $z=x+\mathrm{i}y$ 的电场强度

$$|\boldsymbol{E}| = \frac{2\lambda}{r}$$

式中

$$r = |z| = \sqrt{x^2+y^2}$$

考虑到 $\boldsymbol{E}$ 的方向, 我们得到

$$\boldsymbol{E} = \frac{2\lambda}{r}\boldsymbol{r}_0$$

式中 $\boldsymbol{r}_0$ 是指向点 z 的向径上的单位向量, 可以用复数 $z/|z|$ 表示.

因此有

$$E=\frac{2\lambda}{z}$$

从而由式 (2.5.11) 就有

$$f'(z)=\overline{\mathrm{i}E}=-\frac{2\lambda\mathrm{i}}{z}$$

所以, 场的复势为

$$f(z)=2\lambda\mathrm{i}\mathrm{Ln}\frac{1}{z}+c$$

力函数和势函数分别为

$$\varphi(x,y)=2\lambda\mathrm{Arg}\,z+c_1,\quad \psi(x,y)=2\lambda\ln\frac{1}{|z|}+c_2$$

该场的流动图像描绘如图 2.5.3 和图 2.5.4 所示 (实线表示电力线, 虚线表示等势线):

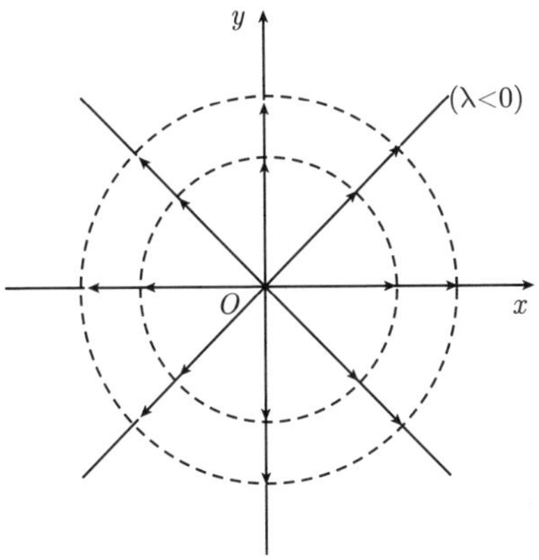

图 2.5.3

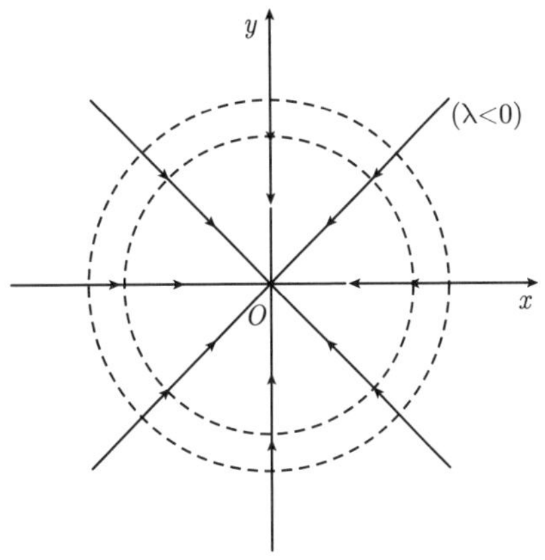

图 2.5.4

如果导线竖在 $z=z_0$, 则复势为

$$f(z)=2\lambda\mathrm{i}\mathrm{Ln}\frac{1}{z-z_0}+c$$

2.5.4 平面稳定温度场

如果我们所考虑的物质的导热性能在某一单连通区域 D 内是均匀且各向同性的, 导热系数是常数且 D 内没有热源, 这样在 D 内就形成一个稳定的温度场 (图 2.5.5). 设 $T(x,y)$ 表其温度分布函数, 在 D 内任取一条其内部属于 D 的简单闭曲线 C 以 σ 表其内部. 根据物理学中的傅里叶定律, 在单位时间内通过 C 上一个小弧段 $\mathrm{d}s$ 自 C 的内部 σ 流出的热量是

$$-k\frac{\partial T}{\partial \boldsymbol{n}}\mathrm{d}s$$

其中 $\boldsymbol{n}$ 表示外法线方向. 因此通过整个曲线 C 流出的热量应是

$$\begin{aligned} -k\int_C \frac{\partial T}{\partial \boldsymbol{n}}\mathrm{d}s &= -k\int_C \left[\frac{\partial T}{\partial x}\cos(\boldsymbol{n},x)+\frac{\partial T}{\partial y}\cos(\boldsymbol{n},y)\right]\mathrm{d}s \\ &= -k\iint_\sigma \left(\frac{\partial^2 T}{\partial x^2}+\frac{\partial^2 T}{\partial y^2}\right)\mathrm{d}x\mathrm{d}y \end{aligned}$$

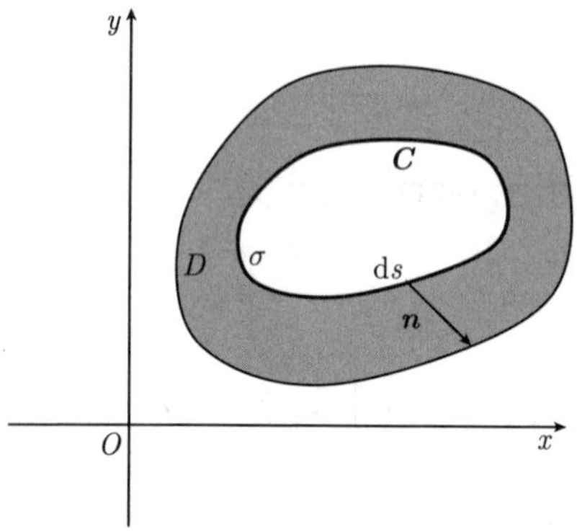

图 2.5.5

因为 σ 内各点的温度不随时间改变, 并且没有热源存在, 所以应有

$$\iint_\sigma \left(\frac{\partial^2 T}{\partial x^2}+\frac{\partial^2 T}{\partial y^2}\right)\mathrm{d}x\mathrm{d}y = 0$$

由于 C 的任意性, 我们有

$$\frac{\partial^2 T}{\partial x^2}+\frac{\partial^2 T}{\partial x^2} = 0$$

即温度分布函数是一个调和函数. 如以 $S(x,y)$ 表 $T(x,y)$ 的共轭调和函数, 则函数

$$w = f(z) = T(x,y) + \mathrm{i}S(x,y)$$

就是一个解析函数, 这个函数称为**温度场的复势**.

总之, 不论是在怎样的物理现象中, 只要所考虑的物理量是一个二元调和函数, 那么就可以用一个解析函数来描述它.

第 2 章小结

解析函数是复变函数的主要研究对象. 本章的重点是正确理解复变函数的导数与解析函数等基本概念、掌握判断复变函数可导与解析的方法、熟悉复变量初等函数的定义和主要性质, 特别要注意在复数范围内, 实变初等函数的哪些性质与对应的复变初等函数而言不再成立, 以及复变初等函数显现出哪些在实数范围内所没有的性质.

本章学习的主要内容如下.

一、复变函数的求导法则

$$[f(z)\pm g(z)]'=f'(z)\pm g'(z)$$

$$[f(z)\cdot g(z)]'=f'(z)g(z)+f(z)g'(z)$$

$$\left[\frac{f(z)}{g(z)}\right]'=\frac{f'(z)g(z)-f(z)g'(z)}{[g(z)]^2}(g(z)\neq 0)$$

$$\{f[g(z)]\}'=f'[g(z)]g'(z)$$

二、解析函数具有很好的性质. C-R 条件是判断函数可微和解析的主要条件, 函数 $f(z)$ 在区域 D 内可微, 等价于函数 $f(z)$ 在 D 内解析; 但 $f(z)$ 在一点 z_0 处可微, 却不等价于 $f(z)$ 在点 z_0 处解析.

1. 函数解析性的判定. 函数 $f(z)=u(x,y)+\mathrm{i}v(x,y)$ 在区域 D 内解析的充要条件是: 二元函数 $u(x,y),v(x,y)$ 在 D 内任一点 $(x,y)(z=x+\mathrm{i}y\in D)$ 处可微, 而且满足 C-R 条件:

$$\frac{\partial u}{\partial x}=\frac{\partial v}{\partial y},\quad \frac{\partial u}{\partial y}=-\frac{\partial v}{\partial x}$$

2. 函数解析的一个充分条件. 若函数 $f(z)=u(x,y)+\mathrm{i}v(x,y)$ 的实部、虚部 $u(x,y),v(x,y)$ 在区域 D 内的每一点处具有一阶连续的偏导数, 而且满足柯西–黎曼方程, 则 $f(z)$ 在区域 D 内解析.

3. 函数解析的一个必要条件. 若函数 $w=u(x,y)+\mathrm{i}v(x,y)$ 是解析函数, 则

$$\frac{\partial w}{\partial \bar{z}}=0$$

即 w 一定可单独用 z 表示为 $f(z)$.

4. 复变函数的导数形式. 若函数 $f(z)=u(x,y)+\mathrm{i}v(x,y)$ 可导, 则其导数

$$f'(z)=\frac{\partial u}{\partial x}+\mathrm{i}\frac{\partial v}{\partial x}=\frac{\partial v}{\partial y}+\mathrm{i}\frac{\partial v}{\partial x}=\frac{\partial v}{\partial y}-\mathrm{i}\frac{\partial u}{\partial y}=\frac{\partial u}{\partial x}-\mathrm{i}\frac{\partial u}{\partial y}$$

三、掌握从已知的调和函数 $u(x,y)$ 求共轭调和函数 $v(x,y)$ 以组成解析函数的方法. 已知两个共轭调和函数 u 与 v, 便可构成解析函数 $u+\mathrm{i}v$; 反之已知解析函数, 则它的实部与虚部均为调和函数, 且虚部是实部的共轭调和函数; 任给两个调和函数并不一定组成解析函数. 对这些关系要有清晰的了解和深刻的认识.

四、复变量初等函数是相应的实变量初等函数在复平面上的自然推广, 它既保持了后者的基本性质, 又有一些与后者不同的性质. 其关键是推广后的函数必须具备的解析性, 如幂函数、指数函数、正弦余弦函数在复平面上解析; 根式函数及对数函数的单值分支在区域: $-\pi<\arg z<\pi$ 内解析等. 另外要注意函数的基本特性, 如周期性及一些运算法则. 对函数 $\sqrt[n]{z}$ 及 $\mathrm{Ln}z$ 的多值性, 单值分支的取法, 特别是主值如何作为单值函数来运用等问题, 要有清楚的认识.

1. 指数函数

$$\mathrm{e}^z=\exp z=\mathrm{e}^x(\cos y+\mathrm{i}\sin y)$$

指数函数 e^z 具有以下性质:

$|\mathrm{e}^z|=|\exp z|=\mathrm{e}^x$;

$\mathrm{Arg}\{\mathrm{e}^z\}=\mathrm{Arg}(\exp z)=y+2k\pi, k=0,\pm1,\pm2,\cdots$;

$\mathrm{e}^{z_1+z_2}=\mathrm{e}^{z_1}\cdot\mathrm{e}^{z_2}$(指数函数 e^z 满足加法定理);

当 $z=x$ 时, $\mathrm{e}^z=\mathrm{e}^x$, 即指数函数 $w=\mathrm{e}^z$ 是实变函数 $y=\mathrm{e}^x$ 的推广;

指数函数 e^z 在 z 平面内处处解析, 且 $(\mathrm{e}^z)'=\mathrm{e}^z$.

2. 对数函数

$\mathrm{Ln}z=\ln|z|+\mathrm{i}\mathrm{Arg}\,z=\ln z+\mathrm{i}2k\pi, k=0,\pm1,\pm2,\cdots$. 它是指数函数的反函数, 是多值函数.

$\mathrm{Ln}z$ 的主值支 $\mathrm{Ln}\,z=\ln|z|+\mathrm{i}\arg z$ 在除去原点与负实轴的复平面内的每一点处解析, 且 $(\ln z)'=\dfrac{1}{z}\cdot\mathrm{Ln}\,z$ 的各个单值连续分支在上述区域内也解析, 且

$$(\mathrm{Ln}z)'=(\ln z+\mathrm{i}2k\pi)'=\frac{1}{z}$$

$$\mathrm{Ln}(z_1z_2)=\mathrm{Ln}\,z_1+\mathrm{Ln}\,z_2,\ \mathrm{Ln}\frac{z_1}{z_2}=\mathrm{Ln}\,z_1-\mathrm{Ln}\,z_2$$

3. 乘幂 a^b 与幂函数

$$a^b=\begin{cases}\mathrm{e}^{b\mathrm{Ln}a}=\mathrm{e}^{b(\ln a+\mathrm{i}2k\pi)}, & k\in\mathbb{Z},a\neq0\\ 0, & a=0\end{cases}\quad(b\text{为任意复数})$$

当 $a=z$ 时, $w=z^b=\mathrm{e}^{b\mathrm{Ln}z}$ 为幂函数. 当 $b=n(\in\mathbb{Z})$ 时, $w=z^n$ 在复平面内单值解析, 且 $(z^n)'=nz^{n-1}$. 当 $b\in\mathbb{C}$, $b\bar{\in}\mathbb{Z}$ 时, $w=z^b=\mathrm{e}^{b(\ln z+\mathrm{i}2k\pi)}(k=0,\pm1,\pm2,\cdots)$ 的各个单值连续分支在除去原点与负实轴的复平面内的每一点处均解析, 且 $(z^b)'=bz^{b-1}$.

4. 三角函数

正弦函数 $\sin z=\dfrac{\mathrm{e}^{\mathrm{i}z}-\mathrm{e}^{-\mathrm{i}z}}{2\mathrm{i}}$, 余弦函数 $\cos z=\dfrac{\mathrm{e}^{\mathrm{i}z}+\mathrm{e}^{-\mathrm{i}z}}{2}$, 它们在 z 平面上处处解析, 且

$$(\sin z)'=\cos z,(\cos z)'=-\sin z$$

其他复变三角函数, 有

$$\tan z=\frac{\sin z}{\cos z},\quad\cot z=\frac{\cos z}{\sin z},\quad\sec z=\frac{1}{\cos z},\quad\csc z=\frac{1}{\sin z}$$

它们均在 z 平面上分母不为零的点处解析, 且

$$(\tan z)'=\sec^2 z,(\cot z)'=-\csc^2 z,$$

$$(\sec z)'=\sec z\tan z,(\csc z)'=-\csc z\cot z$$

此外, 定义双曲函数如下

$$\operatorname{sh} z=\frac{e^{z}-e^{-z}}{2},\quad \operatorname{ch} z=\frac{e^{z}+e^{-z}}{2},\quad \operatorname{th} z=\frac{\operatorname{sh} z}{\operatorname{ch} z}$$

$$\operatorname{cth} z=\frac{\operatorname{ch} z}{\operatorname{th} z},\qquad \operatorname{sech} z=\frac{1}{\operatorname{ch} z},\qquad \operatorname{csch} z=\frac{1}{\operatorname{sh} z}$$

并分别称为 z 的双曲正弦、双曲余弦、双曲正切、双曲余切、双曲正割及双曲余割.

5. 反三角函数

反三角函数有如下表达式:

$$\operatorname{Arcsin} z=-\mathrm{i}\operatorname{Ln}(\mathrm{i}z+\sqrt{1-z^{2}})$$

$$\operatorname{Arccos} z=-\mathrm{i}\operatorname{Ln}(z+\sqrt{z^{2}-1})$$

$$\operatorname{Arc}\tan z=-\frac{\mathrm{i}}{2}\operatorname{Ln}\frac{1+\mathrm{i}z}{1-\mathrm{i}z}$$

反双曲函数有如下表达式:

$$\operatorname{Arsh} z=\operatorname{Ln}(z+\sqrt{z^{2}+1})$$

$$\operatorname{Arch} z=\operatorname{Ln}(z+\sqrt{z^{2}-1})$$

$$\operatorname{Arth} z=\frac{1}{2}\operatorname{Ln}\frac{1+z}{1-z}$$

分别称为反双曲正弦、反双曲余弦和反双曲正切.

五、平面场的复势是解析函数在平面场问题中的一个重要应用, 对于某些需要场知识较多的专业是很有用处的. 由于可以用复数表示平面向量, 因而能用复变函数表示平面向量场. 对于单连通区域内给定的平面无源无旋场, 可以作出一个解析函数 $w=f(z)$ 统一研究该场的分布和变化情况, 这个解析函数称为该场的复势.

六、本章学习的要点如下:

1. 复变函数的导数定义与一元实变函数的导数定义在形式上相同, 因而它们的一些求导公式, 求导法则, 可导与连续的关系, 可导与可微的关系等也一样; 但两者之间也有差别, 主要是复变函数导数定义中极限存在要求与 Δz 趋于零的方式无关, 而一元实变函数导数定义中 Δx 只能沿 x 轴方向趋于零, 这表明复变函数在一点可导的条件要比实变函数可导的条件更苛刻, 因此可导的复变函数具有许多特有的性质.

2. 复变函数的连续, 可导 (可微) 与解析之间有如图 2.5.6 所示的关系, 其中设 $w=f(z)$ 定义在区域 D 内, 且 $z_0\in D$.

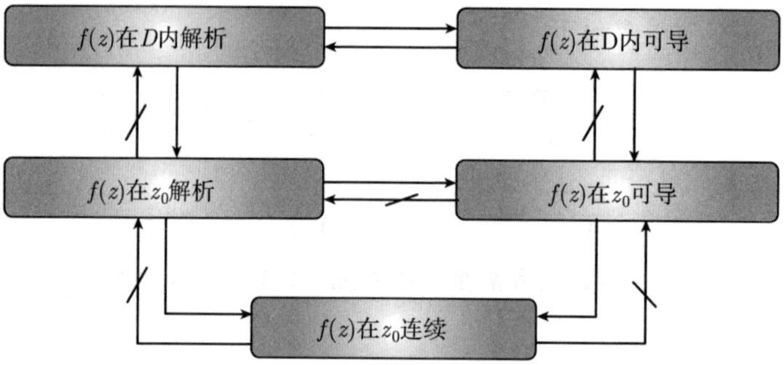

图 2.5.6

习 题 2

1. 下列函数何处可导？何处解析？

   (1) $f(z)=x^2-\mathrm{i}y$; (2) $f(z)=xy^2+\mathrm{i}x^2y$;

   (3) $f(z)=\dfrac{x+y}{x^2+y^2}+\mathrm{i}\dfrac{x-y}{x^2+y^2}$; (4) $f(z)=\mathrm{Im}z$.

2. 试确定下列函数的解析区域和奇点, 并求出导数.

   (1) $f(z)=(z-1)^2(z^2+3)$; (2) $f(z)=z^3+2\mathrm{i}z$;

   (3) $f(z)=\dfrac{1}{z^2-1}$; (4) $f(z)=\dfrac{2z+1}{z^3+1}$.

3. 试证下列函数在 z 平面上任何点都不解析.

   (1) $f(z)=x+2y\mathrm{i}$; (2) $f(z)=x+y$;

   (3) $f(z)=\mathrm{Re}z$; (4) $f(z)=\dfrac{1}{|\overline{z}|}$

4. 若 $f(z)$ 在 z_0 处解析, 试证 $f(z)$ 在 z_0 处连续.

5. 判断下述命题的真假, 并举例说明.

(1) 如果 $f'(z_0)$ 存在, 那么 $f(z)$ 在 z_0 解析;

(2) 如果 $f(z)$ 在 z_0 点连续, 那么 $f'(z_0)$ 存在;

(3) 实部与虚部满足柯西–黎曼方程的复变函数是解析函数;

(4) 若 z_0 是 $f(z)$ 的奇点, 则 $f'(z_0)$ 不存在.

6. 证明: 柯西–黎曼方程的极坐标形式是

$$\frac{\partial u}{\partial r}=\frac{1}{r}\cdot\frac{\partial v}{\partial \theta},\quad \frac{\partial v}{\partial r}=-\frac{1}{r}\cdot\frac{\partial u}{\partial \theta}$$

7. 试证:

$$f(z)=\begin{cases}0 & (z=0)\\ \dfrac{x^3(1+\mathrm{i})-y^3(1-\mathrm{i})}{x^2+y^2} & (z\neq 0)\end{cases}$$

在 $z=0$ 满足柯西–黎曼方程, 但不解析.

8. 在 $w=u(x,y)+\mathrm{i}v(x,y)$ 里, 将 $z=x+\mathrm{i}y$ 与 $\overline{z}=x-\mathrm{i}y$ 形式地看作独立变数, 写作 $w=F(z,\overline{z})$, 试证柯西–黎曼方程可表示为

$$\frac{\partial F(z,\overline{z})}{\partial \overline{z}}=0$$

9. 证明: 如果函数 $f(z)=u+\mathrm{i}v$ 在区域 D 内解析, 并满足下列条件之一, 那么 $f(z)$ 是常数.

(1) $f(z)$ 是恒取实值;

(2) $\overline{f(z)}$ 在 D 内解析;

(3) $|f(z)|$ 在 D 内是一个常数;

(4) $\arg f(z)$ 在 D 内是一个常数;

(5) $au+bv=c$, 其中 a,b 与 c 为不全为零的实常数;

(6) $v=u^2$.

10. 验证下列函数是调和函数, 并求出以 $z=x+\mathrm{i}y$ 为自变量的解析函数 $w=f(z)=u+\mathrm{i}v$.

(1) $v=\arctan\dfrac{y}{x}\quad(x>0)$;

(2) $u=\mathrm{e}^x(y\cos y+x\sin y)+x+y,\quad f(0)=\mathrm{i}$;

(3) $u=(x-y)(x^2+4xy+y^2)$;

(4) $v=\dfrac{y}{x^2+y^2},\quad f(2)=0$.

11. 设 u 为区域 D 中的调和函数及 $f=\dfrac{\partial u}{\partial x}-\mathrm{i}\dfrac{\partial u}{\partial y}$, f 是否是 D 内解析函数? 为什么?

12. 函数 $v=x+y$ 是 $u=x+y$ 的共轭调和函数吗? 为什么?

13. 证明 $u=x^2-y^2$ 和 $v=\dfrac{y}{x^2+y^2}$ 都是调和函数, 但 $u+\mathrm{i}v$ 不是解析函数.

14. 指出下列函数解析的区域, 并求出它们的导数.

(1) $\mathrm{e}^{\mathrm{e}^z}$;　　(2) $\sin(\mathrm{e}^z)$;

(3) $\dfrac{\mathrm{e}^z}{z^2+3}$;　(4) $\sqrt{\mathrm{e}^z+1}$; .

(5) $\cos\overline{z}$;　　(6) $\dfrac{1}{\mathrm{e}^z-1}$

15. 证明下列函数在 z–复平面上解析.

(1) $f(z)=3x+y+\mathrm{i}(3y-x)$;

(2) $f(z)=\mathrm{e}^{-y}\sin x-\mathrm{i}\mathrm{e}^{-y}\cos x$;

(3) $f(z)=(z^2-2)\mathrm{e}^{-x}\mathrm{e}^{-\mathrm{i}y}$.

16. 设 $f(z)=x^3+\mathrm{i}(1-y)^3$, 证明只有当 $z=\mathrm{i}$ 时, $f'(z)=\dfrac{\partial u}{\partial x}+\mathrm{i}\dfrac{\partial v}{\partial x}=3x^2$ 成立.

17. 如果 $f(z)=u+\mathrm{i}v$ 是一解析函数, 试证 $\overline{\mathrm{i}\overline{f(z)}}$ 也是解析函数.

18. 设 $f(z)=u(x,y)+\mathrm{i}v(x,y)$ 以及它的共轭 $f(z)=u(x,y)-\mathrm{i}v(x,y)$ 都在区域 D 内解析, 证明 $f(z)$ 是一个常数.

19. 如果 $f(z)=u+\mathrm{i}v$ 是 z 的解析函数, 证明:

(1) $\left(\dfrac{\partial}{\partial x}|f(z)|\right)^2+\left(\dfrac{\partial}{\partial y}|f(z)|\right)^2=|f'(z)|^2$;

(2) $\left[\dfrac{\partial^2}{\partial x^2}+\dfrac{\partial^2}{\partial y^2}\right]|f(z)|^2=4|f'(z)|^2$.

20. 若函数 $f(z)$ 在上半 z 平面内解析, 试证函数 $\overline{f(\overline{z})}$ 在下半 z 平面内解析.

21. 设 $z=x+\mathrm{i}y$, 试求:

(1) $|\mathrm{e}^{\mathrm{i}-2z}|$; (2) $|\mathrm{e}^{z^2}|$; (3) $\mathrm{Re}(\mathrm{e})^{\frac{1}{z}}$.

22. 证明:

(1) $\cos(z_1+z_2)=\cos z_1\cos z_2-\sin z_1\sin z_2$;

$\sin(z_1+z_2)=\sin z_1\cos z_2+\cos z_1\sin z_2$;

(2)$\sin^2 z+\cos^2 z=1$;

(3)$\sin 2z=2\sin z\cos z$;

(4)$\tan 2z=\dfrac{2\tan z}{1-\tan^2 z}$;

(5)$\sin\left(\dfrac{\pi}{2}-z\right)=\cos z$; $\cos(z+\pi)=-\cos z$.

23. 将下列各式表示成 $x+\mathrm{i}y$ 的形式

(1) $\mathrm{e}^{1+\pi\mathrm{i}}+\cos\mathrm{i}$; (2) $\mathrm{ch}\dfrac{\pi}{4}\mathrm{i}$; (3) $\cos(\mathrm{i}\ln 5)$.

24. 已知 $f(z)=\dfrac{\ln\left(\dfrac{1}{2}+z^2\right)}{\sin\left(\dfrac{1+\mathrm{i}}{4}\pi z\right)}$, 求 $|f'(1-\mathrm{i})|$ 及 $\arg f'(1-\mathrm{i})$.

25. 求 $\mathrm{Ln}(-\mathrm{i}),\mathrm{Ln}(-3+4\mathrm{i})$ 和它们的主值.

26. 求 $\mathrm{e}^{1-\mathrm{i}\frac{\pi}{2}},\exp[(1+\mathrm{i}\pi)/4],3^{\mathrm{i}}$ 和 $(1+\mathrm{i})^{\mathrm{i}}$ 的值.

27. 解方程 $\ln z=2-\mathrm{i}(\pi/6)$.

28. 已知平面流速场的复势 $f(z)$ 为:

(1)$(z+\mathrm{i})^2$; (2)z^3; (3)$\dfrac{1}{z^2+1}$;

(4)$w=-a\mathrm{i}\mathrm{Ln}z$ $(a>0)$; (5)$w=\dfrac{a}{z}$ $(a>0)$.

求流动的速度以及流线和等势线的方程.

第3章 复变函数的积分

本章将介绍复变函数积分的概念、性质及计算方法. 然后讨论复变函数论的基本定理 —— 柯西积分定理和柯西积分公式. 这些性质都是研究解析函数的理论基础. 利用它们, 可得出一个重要结论 —— 解析函数的导数仍然是解析函数, 从而得到解析函数的无限次可微性. 最后介绍由基本公式导出的几条重要结论.

3.1 复变函数积分的概念

3.1.1 积分的定义

复变函数积分主要是考虑沿复平面上的曲线的积分, 我们所考虑的曲线均为**简单光滑**(或**逐段光滑**) 的**有向曲线**. 对于闭曲线 C, 通常规定, 逆时针方向为曲线的正方向, 记作 C, 顺时针方向为曲线的负方向, 记作 C^-. 若曲线 C 与区域 D 有关, 则规定, 当观察者沿曲线环行时, 区域 D 在观察者的左方, 则称此环行方向为曲线 C 关于区域 D 的正向, 相反方向为负向. 上述两种规定方法是一致的. 如果曲线 C 不是闭的, 则通过指明始点和终点来确定方向, 规定由起点到终点的方向为正方向, 记之为 C, 相反的方向为负方向, 记之为 C^-, 若曲线 C 的参数方程为

$$z = z(t) = x(t) + \mathrm{i}y(t) \quad (\alpha \leqslant t \leqslant \beta)$$

其中 t 为实参数, 通常规定参数 t 增加的方向为曲线 C 的正方向, 即由 $z_0 = z(\alpha)$ 到 $Z = z(\beta)$ 的方向为正方向.

现在我们来定义一个单值复变函数沿一曲线的积分.

定义 3.1.1 设 C 是以 z_0 为始点、Z 为终点的曲线, 复变函数 $f(z)$ 在 C 上有定义, 在 C 上沿着由 z_0 到 Z 的方向依次取分点 $z_0, z_1, \cdots, z_{n-1}, z_n = Z$, 将 C 分成 n 小弧段, 如图 3.1.1 所示. 对应于每段作乘积 $f(\zeta_k)\Delta z_k, k = 1, 2, \cdots, n$, 其中

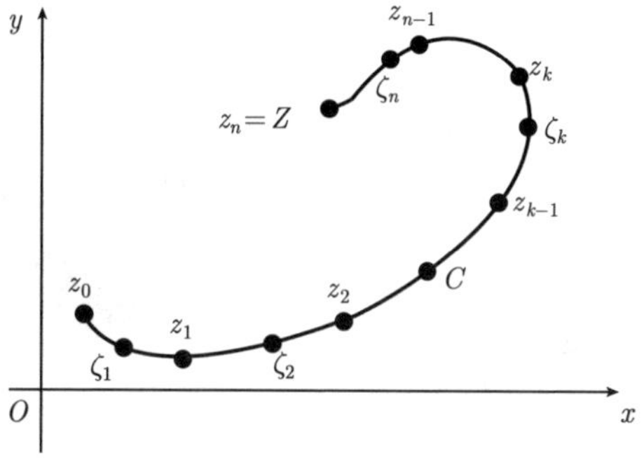

图 3.1.1

ζ_k 是以 z_{k-1} 及 z_k 为端点的那小弧段上的任意一点, $\Delta z_k = z_k - z_{k-1}$. 再作出和式

$$S_n = \sum_{k=1}^{n} f(\zeta_k)\Delta z_k \tag{3.1.1}$$

令 δ 为所有小弧段的弧长的最大值. 当 $\delta \to 0$ 时, 如果不论对曲线 C 的分法及 ζ_k 的取法如何, 和式 S_n 都有唯一极限, 那么称函数 $f(z)$ 在曲线 C 上可积, 称此极限值为函数 $f(z)$ 沿曲线 C 的**积分**, 记作

$$\int_C f(z)\mathrm{d}z = \lim_{\delta\to 0}\sum_{k=1}^{n} f(\zeta_k)\Delta z_k = \lim_{\delta\to 0} S_n \tag{3.1.2}$$

如果 C 为闭曲线, 且为逆时针方向, 那么沿此闭曲线的积分可记作 $\oint_C f(z)\mathrm{d}z$.

3.1.2 积分的性质

从积分的定义, 能直接推出复变函数积分的一系列简单性质, 这些性质与工科数学分析中定积分的性质相类似:

(1)
$$\int_{C^-} f(z)\mathrm{d}z = -\int_C f(z)\mathrm{d}z \tag{3.1.3}$$

其中 C^- 表示与 C 方向相反的曲线.

(2)
$$\int_{C_1\cup C_2} f(z)\mathrm{d}z = \int_{C_1} f(z)\mathrm{d}z + \int_{C_2} f(z)\mathrm{d}z \tag{3.1.4}$$

其中 C_1 的终点与 C_2 的始点重合.

(3)
$$\int_C [f(z)\pm g(z)]\mathrm{d}z = \int_C f(z)\mathrm{d}z \pm \int_C g(z)\mathrm{d}z \tag{3.1.5}$$

(4)
$$\int_C kf(z)\mathrm{d}z = k\int_C f(z)\mathrm{d}z,\ k\in\mathbb{C} \tag{3.1.6}$$

(5) 设曲线 C 的长度为 L, $f(z)$ 在 C 上可积, 且 $|f(z)| \leqslant M$, 则

$$\left|\int_C f(z)\mathrm{d}z\right| \leqslant \int_C |f(z)|\,\mathrm{d}s \leqslant ML \tag{3.1.7}$$

证明 (1)~(4) 显然成立, 至于 (5) 只须将不等式

$$\left|\sum_{k=1}^{n} f(\zeta_k)(z_k - z_{k-1})\right| \leqslant \sum_{k=1}^{n} |f(\zeta_k)|\,\Delta s_k \leqslant ML$$

取极限便得, 其中 Δs_k 表示 z_k 与 z_{k-1} 之间的弧长.

3.1.3 积分的存在条件与计算

如果 $f(z) = u(x,y) + \mathrm{i}v(x,y)$ 是曲线 C 上的连续函数, 那么由定理 1.3.4 知 $u(x,y), v(x,y)$ 是 C 上的二元实连续函数. 令 $\zeta_k = \xi_k + \mathrm{i}\eta_k$, 此时式 (3.1.1) 可以写为

$$\begin{aligned} S_n &= \sum_{k=1}^{n} [u(\xi_k,\eta_k) + \mathrm{i}v(\xi_k,\eta_k)](\Delta x_k + \mathrm{i}\Delta y_k) \\ &= \sum_{k=1}^{n} [u(\xi_k,\eta_k)\Delta x_k - v(\xi_k,\eta_k)\Delta y_k] \\ &\quad + \mathrm{i}\sum_{k=1}^{n} [v(\xi_k,\eta_k)\Delta x_k + u(\xi_k,\eta_k)\Delta y_k] \end{aligned} \tag{3.1.8}$$

由二元实函数的第二型曲线积分存在的条件知式 (3.1.2) 存在且可写作

$$\int_C f(z)\mathrm{d}z = \int_C u(x,y)\mathrm{d}x - v(x,y)\mathrm{d}y + \mathrm{i}\int_C v(x,y)\mathrm{d}x + u(x,y)\mathrm{d}y \tag{3.1.9}$$

我们得到复变函数可积的一个充分条件: **若函数 $f(z)$ 在光滑(或按段光滑)曲线 C 上连续**, 则 $f(z)$ 在 C 上可积.

例 3.1.1 计算积分 $\int_C z\mathrm{d}z$, C 是连接 z_0 及 Z 两点的光滑曲线.

解 $f(z) = z$ 显然连续, 因此可积. 由式 (3.1.2) 有

$$\int_C z\mathrm{d}z = \lim_{n\to\infty}\sum_{k=1}^{n} z_k\Delta z_k = \lim_{n\to\infty}\sum_{k=1}^{n} z_{k-1}\Delta z_k$$

由此可知

$$\int_C z\mathrm{d}z = \frac{1}{2}\lim_{n\to\infty}\sum_{k=1}^{n}(z_k + z_{k-1})\Delta z_k = \frac{1}{2}\lim_{n\to\infty}\sum_{k=1}^{n}(z_k + z_{k-1})(z_k - z_{k-1})$$

$$= \frac{1}{2}\lim_{n\to\infty}\sum_{k=1}^{n}(z_k^2 - z_{k-1}^2) = \frac{1}{2}(Z^2 - z_0^2)$$

当 C 为闭曲线时, 显然有

$$\oint_C z\mathrm{d}z = 0$$

这个积分也可以由式 (3.1.9) 通过两个二元实变函数的线积分来计算.

如果曲线 C 的方程是以参数形式给出:

$$x = x(t), \quad y = y(t) \qquad (a \leqslant t \leqslant b)$$

那么这两个方程可以合为一个, 即

$$z = z(t) = x(t) + \mathrm{i}y(t)$$

则

$$z'(t) = x'(t) + \mathrm{i}y'(t) \qquad (a \leqslant t \leqslant b)$$

此时便有

$$\begin{aligned}\int_C f(z)\mathrm{d}z = &\int_a^b \{u[x(t), y(t)]x'(t) - v[x(t), y(t)]y'(t)\}\mathrm{d}t\\ &+\mathrm{i}\int_a^b \{v[x(t),\ y(t)]x'(t) + u[x(t),\ y(t)]y'(t)\}\mathrm{d}t\end{aligned}$$

上式右端可以写成

$$\begin{aligned}&\int_a^b \{u[x(t), y(t)] + \mathrm{i}v[x(t), y(t)]\}[x'(t) + \mathrm{i}y'(t)]\mathrm{d}t\\ =&\int_a^b f[z(t)]z'(t)\mathrm{d}t\end{aligned}$$

所以

$$\int_C f(z)\mathrm{d}z = \int_a^b f[z(t)]z'(t)\mathrm{d}t \tag{3.1.10}$$

利用这个公式可以进行积分的计算.

例 3.1.2 计算积分 $\int_C \mathrm{Re}z\mathrm{d}z$, 其中曲线 C 是: (1) 连接 0 到 $1+\mathrm{i}$ 的直线段; (2) 从 0 到 1 的直线段 C_1 与从 1 到 $1+\mathrm{i}$ 的直线段 C_2 所连接成的折线; (3) 半圆 $|z| = 1$, $0 \leqslant \arg z \leqslant \pi$(始点为 1).

例3.1.2讲解

解 (1) C 的参数方程可以写作

$$x = t, \qquad y = t \quad (0 \leqslant t \leqslant 1)$$

表成复数形式则为

$$z=(1+\mathrm{i})t,\qquad z'(t)=1+\mathrm{i}$$

这样便有

$$\begin{aligned}\int_C \mathrm{Re}z\mathrm{d}z&=\int_0^1 \mathrm{Re}[(1+\mathrm{i})t](1+\mathrm{i})\mathrm{d}t\\&=(1+\mathrm{i})\int_0^1 t\mathrm{d}t=\left.\frac{(1+\mathrm{i})t^2}{2}\right|_0^1=\frac{1+\mathrm{i}}{2}\end{aligned}$$

(2) C_1 的参数方程可以写作

$$x=t,\qquad y=0\qquad(0\leqslant t\leqslant 1)$$

所以

$$\int_{C_1}\mathrm{Re}z\mathrm{d}z=\int_0^1 t\mathrm{d}t=\frac{1}{2}$$

C_2 的参数方程为

$$x=1,\qquad y=t\qquad(0\leqslant t\leqslant 1)$$

表成复数形式为

$$z=1+\mathrm{i}t$$

$$\int_{C_2}\mathrm{Re}z\mathrm{d}z=\int_0^1 \mathrm{i}\mathrm{d}t=\mathrm{i}$$

于是由复积分的性质可得

$$\int_C \mathrm{Re}z\mathrm{d}z=\int_{C_1}\mathrm{Re}z\mathrm{d}z+\int_{C_2}\mathrm{Re}z\mathrm{d}z=\frac{1}{2}+\mathrm{i}$$

由此例可看出：尽管两条路线起、终点相同, 但积分值不同, 故一般地说复变函数的积分与路径有关.

(3) C 的参数方程可以写为 $z=\mathrm{e}^{\mathrm{i}\theta}$, $0\leqslant\theta\leqslant\pi$, 于是

$$\begin{aligned}\int_C \mathrm{Re}z\mathrm{d}z&=\int_0^{\pi}\cos\theta\mathrm{i}\mathrm{e}^{\mathrm{i}\theta}\mathrm{d}\theta=\mathrm{i}\int_0^{\pi}\frac{\mathrm{e}^{2\mathrm{i}\theta}+1}{2}\mathrm{d}\theta\\&=\frac{\mathrm{i}}{2}\left[\int_0^{\pi}\mathrm{e}^{2\mathrm{i}\theta}\mathrm{d}\theta+\int_0^{\pi}\mathrm{d}\theta\right]=\frac{\pi\mathrm{i}}{2}\end{aligned}$$

例 3.1.3 沿如图 3.1.2 路径计算积分 $\int_C \frac{1}{\sqrt{z}}\mathrm{d}z$, 此处 $\sqrt{z}$ 取其主值分支.

(1) C: 起点为 1 终点为 -1 的上半单位圆周;

(2) C: 起点为 1 终点为 -1 的下半单位圆周.

解 (1) $C: z=z(\theta)=\mathrm{e}^{\mathrm{i}\theta}, 0 \leqslant \theta \leqslant \pi$. 故 $\dfrac{1}{\sqrt{z}}$ 的主值分支为 $\mathrm{e}^{-\frac{\mathrm{i}}{2}\theta}, \mathrm{d}z=\mathrm{i}\mathrm{e}^{\mathrm{i}\theta}\mathrm{d}\theta$.

$$\begin{aligned}
\int_C \frac{1}{\sqrt{z}}\mathrm{d}z &= \int_0^{\pi} \mathrm{e}^{-\frac{\mathrm{i}}{2}\theta}\mathrm{i}\mathrm{e}^{\mathrm{i}\theta}\mathrm{d}\theta \\
&= \mathrm{i}\int_0^{\pi} \mathrm{e}^{\frac{\mathrm{i}}{2}\theta}\mathrm{d}\theta \\
&= \mathrm{i}\left(\frac{2}{\mathrm{i}}\mathrm{e}^{\frac{\mathrm{i}}{2}\theta}\right)\Bigg|_0^{\pi} = 2(\mathrm{i}-1) = -2+2\mathrm{i}
\end{aligned}$$

(2) $C: z=z(\theta)=\mathrm{e}^{-\mathrm{i}\theta}, 0 \leqslant \theta \leqslant \pi$.

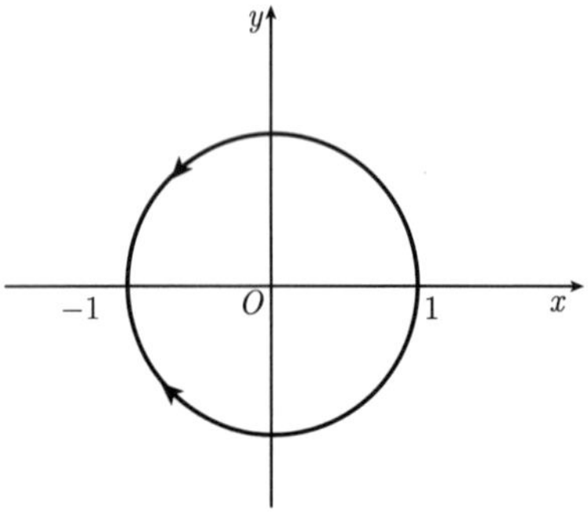

图 3.1.2

故 $\dfrac{1}{\sqrt{z}}$ 的主值为 $\mathrm{e}^{\frac{\mathrm{i}}{2}\theta}$, $\mathrm{d}z=-\mathrm{i}\mathrm{e}^{-\mathrm{i}\theta}\mathrm{d}\theta$.

$$\begin{aligned}
\int_C \frac{1}{\sqrt{z}}\mathrm{d}z &= \int_0^{\pi} \mathrm{e}^{\frac{\mathrm{i}}{2}\theta}(-\mathrm{i}\mathrm{e}^{-\mathrm{i}\theta})\mathrm{d}\theta \\
&= -\mathrm{i}\int_0^{\pi} \mathrm{e}^{-\frac{\mathrm{i}}{2}\theta}\mathrm{d}\theta \\
&= -\mathrm{i}\left(-\frac{2}{\mathrm{i}}\mathrm{e}^{-\frac{\mathrm{i}}{2}\theta}\right)\Bigg|_0^{\pi} \\
&= 2(-\mathrm{i}-1) = -2-2\mathrm{i}
\end{aligned}$$

例 3.1.4 求积分 $\displaystyle\oint_C \frac{\mathrm{d}z}{(z-z_0)^n}$, 其中, $n \in \mathbb{N}$, C 是以点 z_0 为圆心 R 为半径的圆周, 圆周 C 取逆时针方向.

例3.1.4讲解

解 C 的参数方程可以写作

$$z = z_0 + R\mathrm{e}^{\mathrm{i}\theta} \quad (0 \leqslant \theta \leqslant 2\pi)$$

这时

$$z'(\theta) = \mathrm{i}R\mathrm{e}^{\mathrm{i}\theta}$$

$$\begin{aligned}
\oint_C \frac{\mathrm{d}z}{(z-z_0)^n} &= \frac{\mathrm{i}}{R^{n-1}}\int_0^{2\pi} \mathrm{e}^{\mathrm{i}(1-n)\theta}\mathrm{d}\theta \\
&= \frac{\mathrm{i}}{R^{n-1}}\int_0^{2\pi} [\cos(n-1)\theta - \mathrm{i}\sin(n-1)\theta]\mathrm{d}\theta \\
&= \begin{cases} 2\pi\mathrm{i}, & n=1 \\ 0, & n \neq 1 \end{cases}
\end{aligned}$$

我们可以看到这个积分值与 R 和 z_0 无关. 此例以后要用到.

3.2 柯西积分定理

柯西积分定理

3.2.1 柯西积分定理

3.1 节积分的存在性及计算是对一般连续函数给出的, 我们关心的不是一般连续函数的积分, 而是解析函数的积分. 下面的定理是解析函数理论中的一个非常基本的定理, 以后许多结果都是建立在这个定理的基础之上.

定理 3.2.1(柯西积分定理) 如果函数 $f(z)$ 在简单光滑 (或逐段光滑) 闭曲线 C 上及其内部 D 内解析, 则

$$\oint_C f(z)\mathrm{d}z = 0 \tag{3.2.1}$$

证明 如果再进一步假定 $f'(z)$ 在 C 上及其内部 D 内连续, 那么由式 (3.1.9) 及格林公式则有

$$\begin{aligned}\oint_C f(z)\mathrm{d}z &= \oint_C u\mathrm{d}x - v\mathrm{d}y + \mathrm{i}\oint_C v\mathrm{d}x + u\mathrm{d}y \\ &= -\iint_D \left(\frac{\partial v}{\partial x} + \frac{\partial u}{\partial y}\right)\mathrm{d}x\mathrm{d}y + \mathrm{i}\iint_D \left(\frac{\partial u}{\partial x} - \frac{\partial v}{\partial y}\right)\mathrm{d}x\mathrm{d}y\end{aligned} \tag{3.2.2}$$

由 u, v 满足 C-R 条件, 故得

$$\oint_C f(z)\mathrm{d}z = 0$$

证毕.

例 3.2.1 求积分 $\oint_C \sin(\mathrm{e}^{z^2})\mathrm{d}z$, 其中 C 是单位正方形.

解 被积函数 $f(z) = \sin(\mathrm{e}^{z^2})$ 在 C 上及其内部解析, 由柯西积分定理

$$\oint_C \sin(\mathrm{e}^{z^2})\mathrm{d}z = 0$$

在定理 3.2.1 的证明中我们假设了 $f'(z)$ 在 C 上及其内部 D 内连续. 事实上这个假设是不必要的, 但证明比较复杂, 而且有多种证法.

定理 3.2.1 也可以叙述为下面的定理.

定理 3.2.2 如果函数 $f(z)$ 在单连通区域 D 内处处解析, 那么函数 $f(z)$ 沿 D 内的任何一条简单光滑闭曲线 C 的积分为零, 即 $\oint_C f(z)\mathrm{d}z = 0$.

简单光滑 (或逐段光滑) 闭曲线有时也称**闭路**.

此外必须注意, 以上的论证只有当 D 是一个单连通区域且 $f(z)$ 在 D 上解析时才正确, 否则上述结论是不成立的. 以函数 $f(z) = 1/z$ 为例, 它除了点 $z = 0$ 外,

在整个平面上是解析的. 由例 3.1.4 我们有 $\oint_C \frac{1}{z}\mathrm{d}z = 2\pi\mathrm{i} \neq 0$, 这里 C 为复平面上以原点为圆心的任意圆周.

另一方面, 我们也注意到 $f(z)$ 在 D 上解析使式 (3.2.1) 成立只是充分条件, 如 $\oint_C \frac{1}{z^2}\mathrm{d}z = 0$, 但点 $z=0$ 为函数 $f(z)=\frac{1}{z^2}$ 的奇点.

3.2.2 不定积分

由柯西积分定理出发, 还可以得到关于解析函数的如下结论.

定理 3.2.3 设函数 $f(z)$ 是单连通区域 D 内的一个解析函数, 而 C_1 和 C_2 是 D 内连接 z 和 z_0 的任意两条逐段光滑曲线, 则

$$\int_{C_1} f(z)\mathrm{d}z = \int_{C_2} f(z)\mathrm{d}z$$

证明 若除 z 和 z_0 外, C_1 与 C_2 再无交点, 如图 3.2.1 所示, 由定理 3.2.2 有

$$\int_{C_1} f(z)\mathrm{d}z - \int_{C_2} f(z)\mathrm{d}z = \int_{C_1\cup C_2^-} f(z)\mathrm{d}z = 0$$

即得上述等式. 若 C_1 与 C_2 还有另外的交点, 可再作一条线连接点 z 和 z_0, 且与 C_1, C_2 无其他交点的光滑曲线 C, 如图 3.2.2 所示. 由上面的讨论, 有

$$\int_C f(z)\mathrm{d}z = \int_{C_1} f(z)\mathrm{d}z$$

$$\int_C f(z)\mathrm{d}z = \int_{C_2} f(z)\mathrm{d}z$$

证毕.

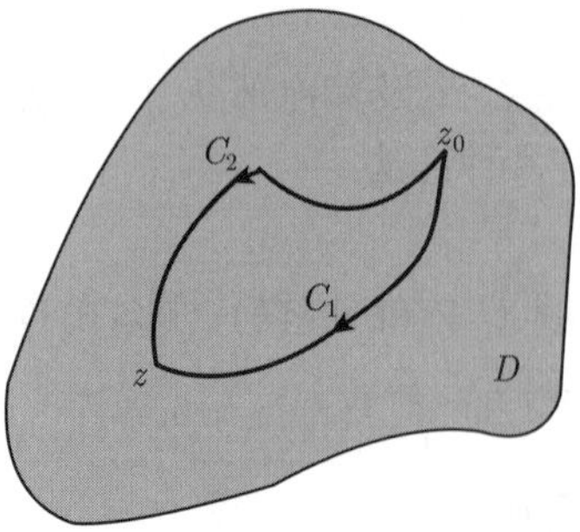

图 3.2.1

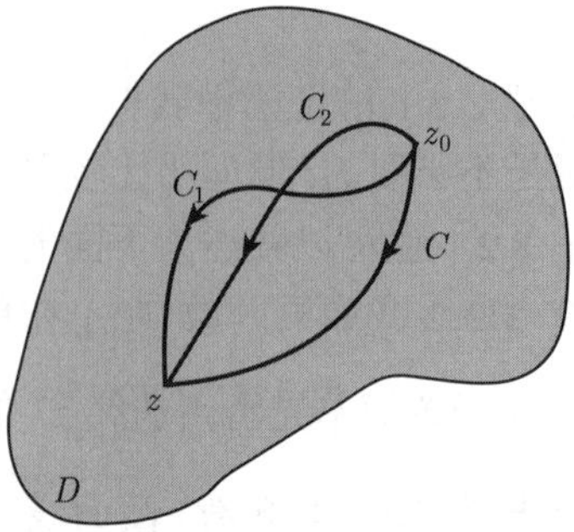

图 3.2.2

定理 3.2.3 说明单连通区域上的解析函数的积分完全由积分的起点与终点决定, 而与 C 的路径无关.

现在如果固定点 z_0 而让点 z 在 D 内变动, 曲线 C 为 D 内连接点 z_0 及点 z 的任一逐段光滑曲线, 记

$$F(z)=\int_{z_0}^{z} f(\zeta)\mathrm{d}\zeta=\int_C f(\zeta)\mathrm{d}\zeta$$

是 z 的一个单值函数. 关于 $F(z)$ 有如下定理.

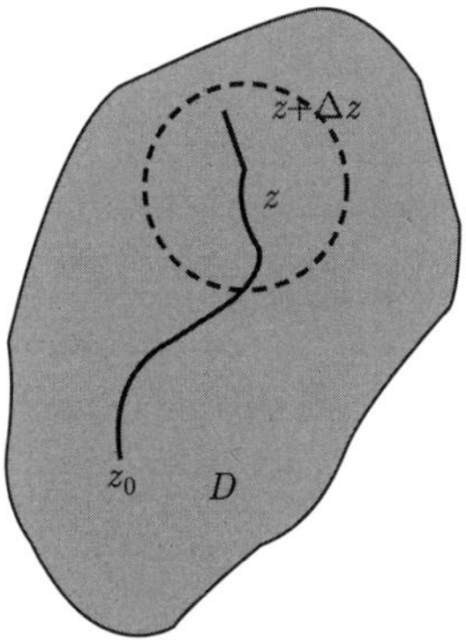

图 3.2.3

定理 3.2.4 若函数 $f(z)$ 在单连通区域 D 内解析, 则 $F(z)=\int_{z_0}^{z} f(\zeta)\mathrm{d}\zeta$ 也在 D 内解析, 并且 $F'(z)=f(z)$.

证明 我们有

$$F(z+\Delta z)-F(z)=\int_{z}^{z+\Delta z} f(\zeta)\mathrm{d}\zeta$$

并且根据积分与路径的无关性, 假定这个积分是沿由 z 到 $z+\Delta z$ 的直线段进行的 (图 3.2.3), 这样便有

$$\begin{aligned}&\frac{F(z+\Delta z)-F(z)}{\Delta z}-f(z)\\ =&\frac{1}{\Delta z}\int_{z}^{z+\Delta z} f(\zeta)\mathrm{d}\zeta-\frac{f(z)}{\Delta z}\int_{z}^{z+\Delta z}\mathrm{d}\zeta\\ =&\frac{1}{\Delta z}\int_{z}^{z+\Delta z}[f(\zeta)-f(z)]\mathrm{d}\zeta\end{aligned}$$

由 $f(z)$ 的连续性知, 对任意 $\varepsilon>0$, 可取 $\delta>0$, 使当 $|\zeta-z|<\delta$ 时, 有 $|f(\zeta)-f(z)|<\varepsilon$. 现在如果取 $0<|\Delta z|<\delta$, 则

$$\begin{aligned}&\left|\frac{F(z+\Delta z)-F(z)}{\Delta z}-f(z)\right|\\ =&\frac{1}{|\Delta z|}\int_{z}^{z+\Delta z}|f(\zeta)-f(z)|\mathrm{d}s<\varepsilon\end{aligned}$$

这就证明了 $F'(z)=f(z)$. 同在实变函数的情形一样, $F(z)$ 称为 $f(z)$ 的**原函数**. 而 $F(z)+C(C$ 为任意常数) 称为 $f(z)$ 的**不定积分**. 利用原函数, 我们可以推得与牛顿–莱布尼茨 (Newton-Leibniz) 公式类似的解析函数的积分计算公式.

定理 3.2.5 若函数 $f(z)$ 在单连通区域 D 内解析, $H(z)$ 是 $f(z)$ 的一个原函数, 则

$$\int_{z_0}^{z} f(\zeta)\mathrm{d}\zeta = H(z) - H(z_0) \tag{3.2.3}$$

证明 由题设知

$$H'(z) = f(z)$$

那么就有

$$(F(z) - H(z))' = 0$$

令

$$F(z) - H(z) = u + \mathrm{i}v$$

则有

$$(F(z) - H(z))' = \frac{\partial u}{\partial x} + \mathrm{i}\frac{\partial v}{\partial x} = 0$$

故得

$$\frac{\partial u}{\partial x} = \frac{\partial v}{\partial x} = 0$$

而由 C-R 方程可得

$$\frac{\partial u}{\partial y} = \frac{\partial v}{\partial y} = 0$$

故 u 和 v 必为常数, 即

$$F(z) = \int_{z_0}^{z} f(\zeta)\mathrm{d}\zeta = H(z) + c$$

由 $F(z_0) = 0$, 故 $c = -H(z_0)$, 这样我们就得到

$$\int_{z_0}^{z} f(\zeta)\mathrm{d}\zeta = H(z) - H(z_0)$$

式 (3.2.3) 也可看作一个以原函数表达解析函数积分的公式, 因此许多关于初等函数的积分公式形式上和实函数的相应公式一样. 例如,

$$\int_{z_0}^{z} z^n \mathrm{d}z = \frac{1}{n+1}(z^{n+1} - z_0^{n+1}) \ (n \in \mathbb{N})$$

$$\int_{z_0}^{z} \mathrm{e}^z \mathrm{d}z = \mathrm{e}^z - \mathrm{e}^{z_0}$$

$$\int_{z_0}^{z} \cos z \mathrm{d}z = \sin z - \sin z_0$$

例 3.2.2 计算积分 $\int_C (2 + \mathrm{i}z)^2 \mathrm{d}z$, 其中 C 是从 1 到 i 的直线段.

解 由定理 3.2.5 知

$$\int_C (2+\mathrm{i}z)^2\mathrm{d}z = -\mathrm{i}\int_1^{\mathrm{i}} (2+\mathrm{i}z)^2\mathrm{d}(2+\mathrm{i}z)$$

$$= -\mathrm{i}\frac{(2+\mathrm{i}z)^3}{3}\bigg|_1^{\mathrm{i}} = -\frac{11}{3}+\frac{1}{3}\mathrm{i}$$

3.2.3 复合闭路定理

现在我们来研究把柯西积分定理由单连通区域推广到多连通区域的情形：设函数 $f(z)$ 在多连通区域 D 内解析, C 为 D 内的任一条简单闭曲线, 如果 C 的内部完全含于 D, 则 $f(z)$ 在 C 上及其内部解析, 从而有 $\oint_C f(z)\mathrm{d}z=0$. 如果 C 的内部不完全含于 D, 则 $f(z)$ 沿 C 的积分就不一定为零. 设多连通区域 D 的边界为 $n+1$ 条闭曲线所构成, 其中 $C_1,\ C_2,\ \cdots,\ C_n$ 在 C_0 的内部且它们之间互不相交, 互不包含. 此时关于 D 的正方向的边界曲线组成复合闭路

$$C = C_0 + C_1^- + \cdots + C_n^- \tag{3.2.4}$$

我们有下面的定理.

定理 3.2.6(复合闭路定理) 设函数 $f(z)$ 在以式 (3.2.4) 表示的复合闭路 C 上及以其为边界的区域 D 内解析, 则

$$\oint_C f(z)\mathrm{d}z = 0$$

即

$$\oint_{C_0} f(z)\mathrm{d}z = \sum_{k=1}^{n}\oint_{C_k} f(z)\mathrm{d}z \tag{3.2.5}$$

证明 不妨看 $n=2$ 的情形. 如图 3.2.4 所示. 作辅助曲线 $\gamma_1,\gamma_2,\gamma_3$ 将闭路 C_0,C_1,C_2 连接起来, 区域 D 就被分为两个单连通区域 D_1 和 D_2, $\mathit{\Gamma}_1,\mathit{\Gamma}_2$ 表其边界, 则有

$$\oint_{\mathit{\Gamma}_1} f(z)\mathrm{d}z = 0$$

$$\oint_{\mathit{\Gamma}_2} f(z)\mathrm{d}z = 0$$

因而

$$\oint_{\mathit{\Gamma}_1} f(z)\mathrm{d}z + \oint_{\mathit{\Gamma}_2} f(z)\mathrm{d}z = 0$$

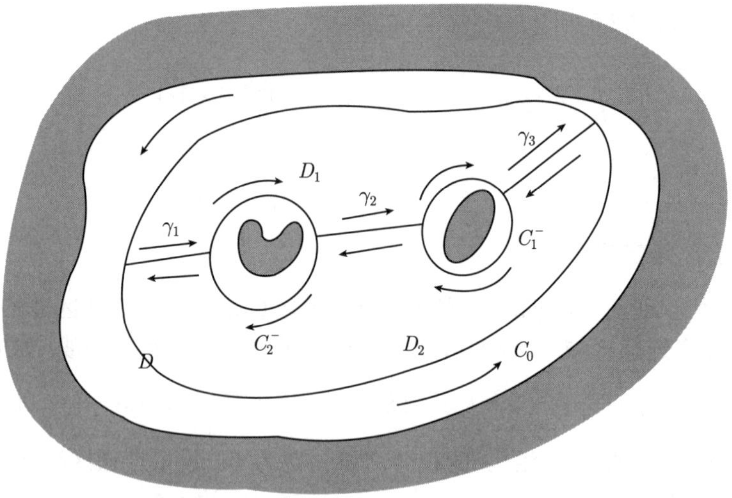

图 3.2.4

在相加时, 沿 $\gamma_1,\gamma_2,\gamma_3$ 部分的积分相互消去, 而沿 C_1^-, C_2^- 的积分则合成为积分

$$-\oint_{C_1} f(z)\mathrm{d}z-\oint_{C_2} f(z)\mathrm{d}z$$

因此有

$$\begin{aligned}\oint_C f(z)\mathrm{d}z&=\oint_{C_0} f(z)\mathrm{d}z-\oint_{C_1} f(z)\mathrm{d}z-\oint_{C_2} f(z)\mathrm{d}z\\&=\oint_{\Gamma_1} f(z)\mathrm{d}z+\oint_{\Gamma_2} f(z)\mathrm{d}z=0\end{aligned}$$

即

$$\oint_{C_0} f(z)\mathrm{d}z=\oint_{C_1} f(z)\mathrm{d}z+\oint_{C_2} f(z)\mathrm{d}z$$

特别地如果 D 是由内外两条闭路 C_0, C_1 所围成的环行域, 而 $f(z)$ 在 D 内及其边界上是解析的, 则有

$$\oint_{C_0} f(z)\mathrm{d}z=\oint_{C_1} f(z)\mathrm{d}z \tag{3.2.6}$$

这个结论很重要, 说明在区域 D 内的一个解析函数沿闭曲线的积分, 不因闭曲线在区域内作连续变形而改变它的值, 这一重要事实, 称为**闭路变形原理**.

例 3.2.3 设 C 为任意一条简单逐段光滑闭曲线, z_0 为 C 内一定点, 求

$$\oint_C \frac{\mathrm{d}z}{z-z_0}$$

解 由于 C 的形状的任意性, 直接计算很不方便, 但是由闭路变形原理, 我们可以在 C 内以 z_0 为圆心, 充分小的正数 r 为半径作圆周 C_1, 则有

$$\oint_C \frac{1}{z-z_0}\mathrm{d}z = \oint_{C_1} \frac{1}{z-z_0}\mathrm{d}z$$

由例 3.1.4 知

$$\oint_C \frac{1}{z-z_0}\mathrm{d}z = 2\pi\mathrm{i}$$

例 3.2.4 计算积分 $\oint_C \frac{\mathrm{d}z}{z^2-z}$, 此处 C 是包含单位圆盘的简单闭曲线.

解 被积函数 $f(z)=\frac{1}{z^2-z}$ 在积分曲线 C 内除 $z_1=0$ 与 $z_2=1$ 两个奇点外处处解析. 在 C 内作内边界 C_1, C_2, 如图 3.2.5 所示, 由复合闭路定理得

$$\begin{aligned}
\oint_C \frac{\mathrm{d}z}{z^2-z} &= \oint_{C_1} \frac{\mathrm{d}z}{z^2-z} + \oint_{C_2} \frac{\mathrm{d}z}{z^2-z} \\
&= \oint_{C_1} \frac{\mathrm{d}z}{z-1} - \oint_{C_1} \frac{\mathrm{d}z}{z} + \oint_{C_2} \frac{\mathrm{d}z}{z-1} - \oint_{C_2} \frac{\mathrm{d}z}{z} \\
&= 0 - 2\pi\mathrm{i} + 2\pi\mathrm{i} - 0 = 0
\end{aligned}$$

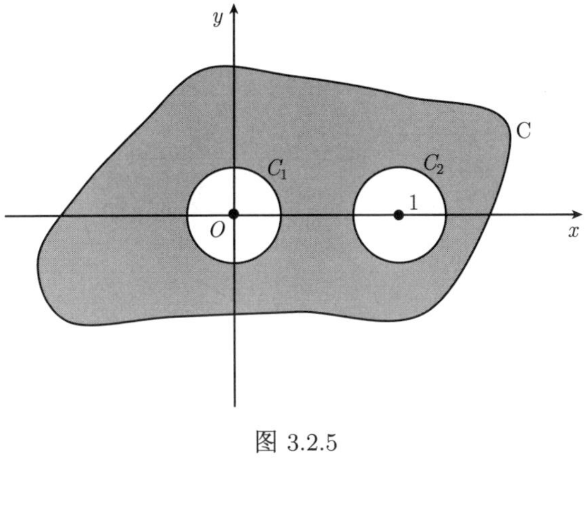

图 3.2.5

3.3 柯西积分公式

3.3.1 柯西积分公式

我们仍旧回到柯西积分定理本身, 在许多情形, 柯西积分定理的作用是通过下面的积分公式表现出来的.

定理 3.3.1(柯西积分公式) 设函数 $f(z)$ 在闭路 C 上及其内部 D 内是解析的, 而点 z_0 是 D 内的任意一点, 则

$$f(z_0)=\frac{1}{2\pi i}\oint_C\frac{f(z)}{z-z_0}dz \tag{3.3.1}$$

柯西积分公式

证明 任给 $\varepsilon>0$, 以 z_0 为圆心, 以正数 ρ 为半径, 作一圆周 K, 使 K 及其内部包含在 D 内, 如图 3.3.1 所示. 由于 $f(z)$ 的连续性, 我们总可取 ρ 充分小, 使 $|z-z_0|\leqslant\rho$ 上的点 z, 满足不等式

$$|f(z)-f(z_0)|<\frac{\varepsilon}{2\pi}$$

在圆 K 和 C 所围成的环形域中, 函数 $\dfrac{f(z)}{z-z_0}$ 是解析的, 因此由闭路变形原理有

$$\begin{aligned}\oint_C\frac{f(z)}{z-z_0}dz&=\oint_K\frac{f(z)}{z-z_0}dz\\&=f(z_0)\oint_K\frac{1}{z-z_0}dz+\oint_K\frac{f(z)-f(z_0)}{z-z_0}dz\\&=2\pi i f(z_0)+\oint_K\frac{f(z)-f(z_0)}{z-z_0}dz\end{aligned}$$

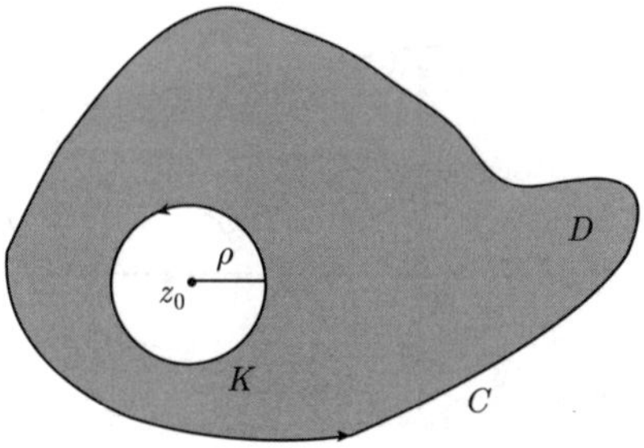

图 3.3.1

从而

$$\left|\oint_C\frac{f(z)}{z-z_0}dz-2\pi i f(z_0)\right|=\left|\oint_K\frac{f(z)-f(z_0)}{z-z_0}dz\right|\leqslant\frac{\varepsilon}{2\pi\rho}\cdot 2\pi\rho=\varepsilon$$

由于 ε 的任意性, 可知

$$f(z_0)=\frac{1}{2\pi i}\oint_C\frac{f(z)}{z-z_0}dz$$

这就是柯西积分公式. 它告诉我们对于解析函数, 只要知道了它在区域边界上的值, 那么通过上述积分, 区域内部的点上的值就完全确定了. 特别地, 从这里我们可以

得到这样一个重要的结论: 如果两个解析函数在区域的边界上处处相等, 则它们在整个区域上也恒等.

柯西积分公式 (3.3.1) 也可以推广到多连通区域, 即在式 (3.2.4) 所给出的复合闭路 C 上仍然成立.

事实上, 设 $n=2$, 如图 3.3.2 所示, 函数 $f(z)$ 在复合闭路 $C=C_0+C_1^-+C_2^-$ 及其所围成的区域 D 内解析, z_0 是 D 内一点, 以 z_0 为圆心, ρ 为半径作小圆 K, 使 K 及其内部全在 D 内. 考虑复合闭路 $C'=C+K^-$, 则根据定理 3.2.6 有

$$\oint_{C'}\frac{f(z)}{z-z_0}\mathrm{d}z=0$$

即

$$\oint_{C}\frac{f(z)}{z-z_0}\mathrm{d}z=\oint_{K}\frac{f(z)}{z-z_0}\mathrm{d}z=2\pi\mathrm{i}f(z_0)$$

所以有

$$\begin{aligned}f(z_0)&=\frac{1}{2\pi\mathrm{i}}\oint_{C}\frac{f(z)}{z-z_0}\mathrm{d}z\\&=\frac{1}{2\pi\mathrm{i}}\left[\oint_{C_0}\frac{f(z)}{z-z_0}\mathrm{d}z-\oint_{C_1}\frac{f(z)}{z-z_0}\mathrm{d}z-\oint_{C_2}\frac{f(z)}{z-z_0}\mathrm{d}z\right]\end{aligned}$$

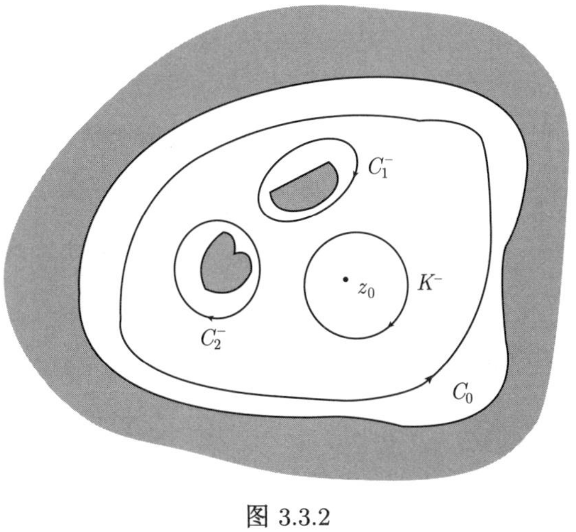

图 3.3.2

例 3.3.1 求积分 $\oint_C\frac{\mathrm{e}^z}{z(z-2\mathrm{i})}\mathrm{d}z$, 其中 C 是圆心在点 3i、半径为 2 的圆周.

解 函数 $f(z)=\mathrm{e}^z/z$ 在这个圆的内部是解析的, 因此, 利用柯西积分公式有

$$\oint_C \frac{e^z dz}{z(z-2i)} = \oint_C \frac{f(z)}{z-2i} dz = 2\pi i f(2i)$$
$$= 2\pi i \cdot \frac{e^{2i}}{2i} = \pi(\cos 2 + i \sin 2)$$

例 3.3.2 设函数 $f(z) = \oint_C \frac{3\xi^2+7\xi+1}{\xi - z} d\xi$, 其中 C 为圆周：$|z| = 3$. 求 $f'(1+i)$ 的值.

解 被积函数 $f(z) = \frac{3\xi^2+7\xi+1}{\xi-z}$ 在复平面上的奇点为 $\xi = z$, 故可知

当 $|z| < 3$ 时, 由柯西积分公式知

$$f(z) = \oint_C \frac{3\xi^2+7\xi+1}{\xi-z} d\xi = 2\pi i (3\xi^2+7\xi+1)|_{\xi=z} = 2\pi i(3z^2+7z+1)$$

当 $|z| > 3$ 时, 被积函数 $\frac{3\xi^2+7\xi+1}{\xi-z}$ 在积分圆周内解析, 由柯西积分定理得

$$f(z) = \oint_C \frac{3\xi^2+7\xi+1}{\xi-z} d\xi = 0$$

因 $|z| = |1+i| = \sqrt{2} < 3$, 由前知 $f(z) = 2\pi i(3z^2+7z+1)$. 从而 $f'(z) = 2\pi i(6z+7)$, 故 $f'(1+i) = 2\pi i(13+6i)$.

例 3.3.3 计算积分 $\oint_C \frac{e^{2z}}{z^2+z} dz$, 其中 C 为圆周, 如图 3.3.3:

(1) $|z| = \frac{1}{5}$; (2) $\left|z - \frac{1}{2}\right| = \frac{1}{5}$; (3) $|z+1| = \frac{1}{5}$; (4) $|z| = 2$

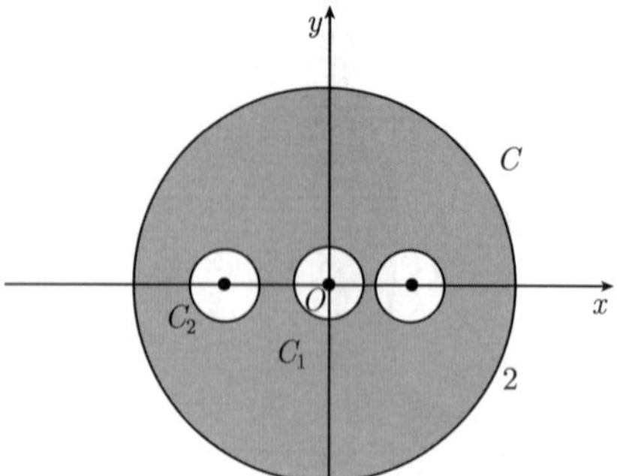

图 3.3.3

解 被积函数 $f(z) = \frac{e^{2z}}{z^2+z}$ 有两个奇点 $z_1 = 0$ 及 $z_2 = -1$.

(1) 由柯西积分公式有 $\oint_C \frac{e^{2z}}{z^2+z} dz = \oint_C \frac{e^{2z}/z+1}{z} dz = 2\pi i \left.\frac{e^{2z}}{z+1}\right|_{z=0} = 2\pi i$;

(2) 由柯西积分公式知 $\oint_C \frac{e^{2z}}{z^2+z} dz = 0$;

(3) 由柯西积分公式有 $\oint_C \frac{e^{2z}}{z^2+z} dz = \oint_C \frac{e^{2z}/z}{z+1} dz = 2\pi i \left.\frac{e^{2z}}{z}\right|_{z=-1} = -2\pi i e^{-2}$;

(4) 由复合闭路定理得

$$\oint_C \frac{e^{2z}}{z^2+z}dz = \oint_{C_1} \frac{e^{2z}}{z^2+z}dz + \oint_{C_2} \frac{e^{2z}}{z^2+z}dz = 2\pi i(1-e^{-2})$$

例 3.3.4 利用积分 $\oint_{|z|=1} \frac{e^z}{z}dz$ 计算实积分

$$\int_0^{2\pi} e^{\cos\theta}\sin(\sin\theta)d\theta, \quad \int_0^{2\pi} e^{\cos\theta}\cos(\sin\theta)d\theta$$

解 由柯西积分公式即知

$$\oint_{|z|=1} \frac{e^z}{z}dz = 2\pi i e^z|_{z=0} = 2\pi i \tag{3.3.2}$$

另一方面, 因为令 $z = e^{i\theta}(0 \leqslant \theta \leqslant 2\pi)$, 有

$$\begin{aligned}\oint_{|z|=1} \frac{e^z}{z}dz &= \int_0^{2\pi} \frac{e^{e^{i\theta}}}{e^{i\theta}} ie^{i\theta}d\theta = \int_0^{2\pi} ie^{\cos\theta + i\sin\theta}d\theta \\ &= -\int_0^{2\pi} e^{\cos\theta}\sin(\sin\theta)d\theta + i\int_0^{2\pi} e^{\cos\theta}\cos(\sin\theta)d\theta\end{aligned}$$

比较实部、虚部, 结合式 (3.3.2) 知

$$\int_0^{2\pi} e^{\cos\theta}\sin(\sin\theta)d\theta = 0, \quad \int_0^{2\pi} e^{\cos\theta}\cos(\sin\theta)d\theta = 2\pi$$

例 3.3.5 设函数 $f(z)$ 在 $|z| \leqslant 1$ 上解析. 当 z 为实数时取实值, 且 $f(0) = 0$. 又设 $v(x,y) = \mathrm{Im}f(x+iy)$, 试证明当 $-1 < a < 1$ 时, 有

$$\int_0^{2\pi} \frac{a\sin\theta}{1-2a\cos\theta+a^2} v(\cos\theta, \ \sin\theta)d\theta = \pi f(a)$$

证明 若 $a = 0$, 等式自然成立.

以下设 $a \neq 0$,

$$\begin{aligned}&\int_0^{2\pi} \frac{a\sin\theta}{1-2a\cos\theta+a^2} v(\cos\theta, \ \sin\theta)d\theta \\ =& \int_0^{2\pi} \frac{a\sin\theta}{1-2a\cos\theta+a^2} \mathrm{Im}f(\cos\theta + i\sin\theta)d\theta \\ =& \mathrm{Im}\int_0^{2\pi} \frac{a\sin\theta}{1-2a\cos\theta+a^2} f(\cos\theta + i\sin\theta)d\theta\end{aligned} \tag{3.3.3}$$

令 $z = e^{i\theta}(0 \leqslant \theta \leqslant 2\pi)$, 则

$$\int_0^{2\pi} \frac{a\sin\theta}{1-2a\cos\theta+a^2} f(\cos\theta + i\sin\theta)d\theta$$

$$= \oint_{|z|=1} \frac{a\frac{1}{2\mathrm{i}}\left(z-\frac{1}{z}\right)}{1-2a\left(z+\frac{1}{z}\right)\frac{1}{2}+a^2} f(z)\frac{1}{\mathrm{i}z}\mathrm{d}z$$

$$= -\frac{a}{2}\oint_{|z|=1} \frac{(z^2-1)f(z)}{(z-a)(1-az)z}\mathrm{d}z \tag{3.3.4}$$

在单位圆 $|z|=1$ 内, 分别以 a, 0 为圆心, 充分小 $r(r>0)$ 为半径作小圆 C_1, C_2, 使 C_1 与 C_2 互不相交且与 $|z|=1$ 也不相交, 则有

$$\oint_{|z|=1} \frac{(z^2-1)f(z)}{(z-a)(1-az)z}\mathrm{d}z$$

$$= \oint_{C_1} \frac{(z^2-1)f(z)/[(1-az)z]}{z-a}\mathrm{d}z + \oint_{C_2} \frac{(z^2-1)f(z)/[(z-a)(1-az)]}{z}\mathrm{d}z$$

$$= 2\pi\mathrm{i}\left[\left.\frac{(z^2-1)f(z)}{(1-az)z}\right|_{z=a} + \left.\frac{(z^2-1)f(z)}{(1-az)(z-a)}\right|_{z=0}\right] = -2\pi\mathrm{i}\frac{f(a)}{a}$$

结合式 (3.3.3) 和式 (3.3.4) 及上式, 于是等式得证.

3.3.2 高阶导数公式

利用柯西积分公式, 我们还可以进一步证明解析函数的一个非常重要的事实: 解析函数在其解析区域内有任意阶导数.

定理 3.3.2 如果函数 $f(z)$ 在闭路 C 上及其所围成的单连通区域 D 内是解析的, 则在 D 内任意一点 z_0, 函数 $f(z)$ 有任意阶导数, 并且在 D 内下列公式成立

$$f^{(n)}(z_0) = \frac{n!}{2\pi\mathrm{i}}\oint_C \frac{f(z)}{(z-z_0)^{n+1}}\mathrm{d}z \quad (n=1,2,\cdots) \tag{3.3.5}$$

证明 如图 3.3.4 所示, 设 z_0 是 D 内任意一点, d 是 z_0 到边界 C 的最短距离. 如果 $|\Delta z| < d/2$, 则点 $z_0+\Delta z$ 也在 D 内, 则由定理 3.3.1 有

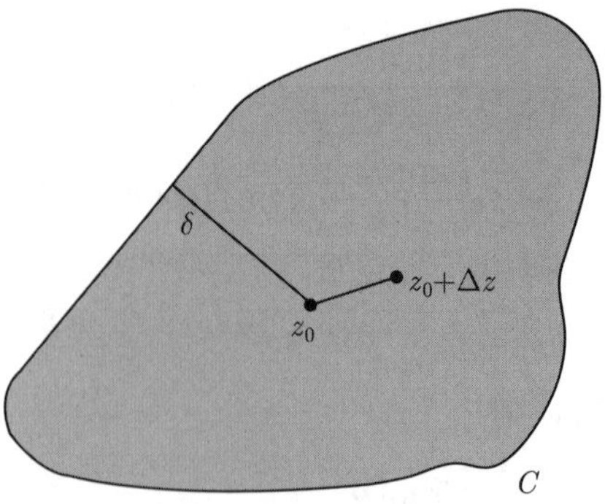

图 3.3.4

$$f(z_0+\Delta z)-f(z_0)=\frac{1}{2\pi i}\oint_C f(z)\left[\frac{1}{z-z_0-\Delta z}-\frac{1}{z-z_0}\right]dz$$
$$=\frac{\Delta z}{2\pi i}\oint_C\frac{f(z)}{(z-z_0-\Delta z)(z-z_0)}dz$$

从而有

$$\frac{f(z_0+\Delta z)-f(z_0)}{\Delta z}=\frac{1}{2\pi i}\oint_C\frac{f(z)}{(z-z_0-\Delta z)(z-z_0)}dz$$

于是

$$\frac{f(z_0+\Delta z)-f(z_0)}{\Delta z}-\frac{1}{2\pi i}\oint_C\frac{f(z)}{(z-z_0)^2}dz$$
$$=\frac{1}{2\pi i}\oint_C f(z)\left[\frac{1}{(z-z_0-\Delta z)(z-z_0)}-\frac{1}{(z-z_0)^2}\right]dz$$
$$=\frac{1}{2\pi i}\oint_C f(z)\frac{(z-z_0)-(z-z_0-\Delta z)}{(z-z_0)^2(z-z_0-\Delta z)}dz$$
$$=\frac{\Delta z}{2\pi i}\oint_C\frac{f(z)}{(z-z_0)^2(z-z_0-\Delta z)}dz$$

当 $z\in C$ 时, 我们有

$$|z-z_0|\geqslant d$$

$$|z-z_0-\Delta z|\geqslant|z-z_0|-|\Delta z|\geqslant d-\frac{d}{2}>\frac{d}{2}$$

此外, 注意到 $|f(z)|$ 在 C 上是连续的, 故存在 $M>0$, 使 $|f(z)|\leqslant M$. 因此当 $0<|\Delta z|<d/2$, 有

$$\left|\frac{f(z_0+\Delta z)-f(z_0)}{\Delta z}-\frac{1}{2\pi i}\oint_C\frac{f(z)}{(z-z_0)^2}dz\right|$$
$$=\left|\frac{\Delta z}{2\pi i}\oint_C\frac{f(z)}{(z-z_0)^2(z-z_0-\Delta z)}dz\right|$$
$$\leqslant\frac{|\Delta z|}{2\pi}\cdot\frac{M}{\delta^2\left(\dfrac{\delta}{2}\right)}L=\frac{ML}{\pi\delta^3}|\Delta z|$$

其中 L 为曲线 C 的长度. 于是, 对于 $\forall\varepsilon>0$, 取 $\delta=\min\left\{\dfrac{d}{2},\ \dfrac{\pi d^3}{ML}\varepsilon\right\}>0$, 当 $|\Delta z|<\delta$ 时, 有

$$\left|\frac{f(z_0+\Delta z)-f(z_0)}{\Delta z}-\frac{1}{2\pi i}\oint_C\frac{f(z)}{(z-z_0)^2}dz\right|\leqslant\frac{ML}{\pi\delta^3}|\Delta z|$$
$$<\frac{ML}{\pi\delta^3}\frac{\pi\delta^3}{ML}\varepsilon=\varepsilon$$

则有

$$\lim_{\Delta z\to 0}\frac{f(z_0+\Delta z)-f(z_0)}{\Delta z}=\frac{1}{2\pi i}\oint_C\frac{f(z)}{(z-z_0)^2}dz$$

即

$$f'(z_0)=\frac{1}{2\pi i}\oint_C\frac{f(z)}{(z-z_0)^2}dz$$

这说明 $n=1$ 时导数公式成立, 本命题的数学归纳法的第二步可类似证明.

定理中的闭路换成式 (3.2.4) 中的复合闭路仍然成立.

对于 D 内任意点 z, 公式 (3.3.1) 及式 (3.3.5) 也可写成

$$f(z)=\frac{1}{2\pi i}\oint_C\frac{f(\zeta)}{\zeta-z}d\zeta$$

$$f^{(n)}(z)=\frac{n!}{2\pi i}\oint_C\frac{f(\zeta)}{(\zeta-z)^{n+1}}d\zeta$$

例 3.3.6 求积分 $\oint_C\frac{\cos z dz}{(z-i)^3}$, 其中 C 是包含点 i 的任意简单光滑闭曲线.

解 将式 (3.3.5) 用于函数 $f(z)=\cos z$, 得

$$\oint_C\frac{\cos z}{(z-i)^3}dz=\frac{2\pi i}{2!}\cdot\frac{d^2}{dz^2}(\cos z)\bigg|_{z=i}=-\pi i\cos i=\frac{-\pi(e+e^{-1})i}{2}$$

例 3.3.7 计算下列积分, 其中 C 为圆周 $|z|=2$.

(1) $\oint_C\frac{e^z}{(z^2+1)^2}dz$; (2) $\oint_C\frac{\cos \pi z}{z^3(z-1)^2}dz$.

解 (1) 在 C 内作两个圆周: C_1: $|z-i|=\frac{1}{4}$ 及 C_2: $|z+i|=\frac{1}{4}$, 如图 3.3.5 所示. 由复合闭路定理及高阶导数公式得

$$\begin{aligned}
&\oint_C\frac{e^z}{(z^2+1)^2}dz\\
&=\oint_{C_1}\frac{\frac{e^z}{(z+i)^2}}{(z-i)^2}dz+\oint_{C_2}\frac{\frac{e^z}{(z-i)^2}}{(z+i)^2}dz\\
&=\frac{2\pi i}{(2-1)!}\left[\frac{e^z}{(z+i)^2}\right]'_{z=i}+\frac{2\pi i}{(2-1)!}\left[\frac{e^z}{(z-i)^2}\right]'_{z=-i}\\
&=\frac{(1-i)e^i}{2}\pi-\frac{(1+i)e^{-i}}{2}\pi\\
&=\frac{\pi}{2}(1-i)(e^i-ie^{-i})\\
&=\frac{\pi}{2}(1-i)^2(\cos 1-\sin 1)\\
&=i\pi\sqrt{2}\sin\left(1-\frac{\pi}{4}\right)
\end{aligned}$$

(2) 在 C 内作两个圆周：C_1：$|z|=\dfrac{1}{4}$ 与 C_2：$|z-1|=\dfrac{1}{4}$，如图 3.3.6 所示由复合闭路定理知

$$\begin{aligned}&\oint_C \frac{\cos \pi z}{z^3(z-1)^2}\mathrm{d}z\\&=\oint_{C_1} \frac{\cos \pi z}{z^3(z-1)^2}\mathrm{d}z+\oint_{C_2} \frac{\cos \pi z}{z^3(z-1)^2}\mathrm{d}z\end{aligned}$$

由高阶导数公式有

$$\begin{aligned}\oint_{C_1} \frac{\cos \pi z}{z^3(z-1)^2}\mathrm{d}z&=\oint_{C_1} \frac{\dfrac{\cos \pi z}{(z-1)^2}}{z^3}\mathrm{d}z=\frac{2\pi\mathrm{i}}{2!}\left(\frac{\cos \pi z}{(z-1)^2}\right)''\Bigg|_{z=0}\\&=\pi\mathrm{i}\left[\frac{-\pi^2\cos \pi z}{(z-1)^2}+\frac{4\pi\sin \pi z}{(z-1)^3}+\frac{6\cos \pi z}{(z-1)^4}\right]\Bigg|_{z=0}\\&=(6-\pi^2)\pi\mathrm{i}\end{aligned}$$

同理可得
$$\begin{aligned}\oint_{C_2} \frac{\cos \pi z}{z^3(z-1)^2}\mathrm{d}z&=\oint_{C_2} \frac{\dfrac{\cos \pi z}{z^3}}{(z-1)^2}\mathrm{d}z=2\pi\mathrm{i}\left(\frac{\cos \pi z}{z^3}\right)'\Bigg|_{z=1}\\&=2\pi\mathrm{i}\left(\frac{-\pi\sin \pi z}{z^3}-\frac{3\cos \pi z}{z^4}\right)\Bigg|_{z=1}=6\pi\mathrm{i}\end{aligned}$$

从而有 $\displaystyle\oint_C \frac{\cos \pi z}{z^3(z-1)^2}\mathrm{d}z=(6-\pi^2)\pi\mathrm{i}+6\pi\mathrm{i}=(12-\pi^2)\pi\mathrm{i}.$

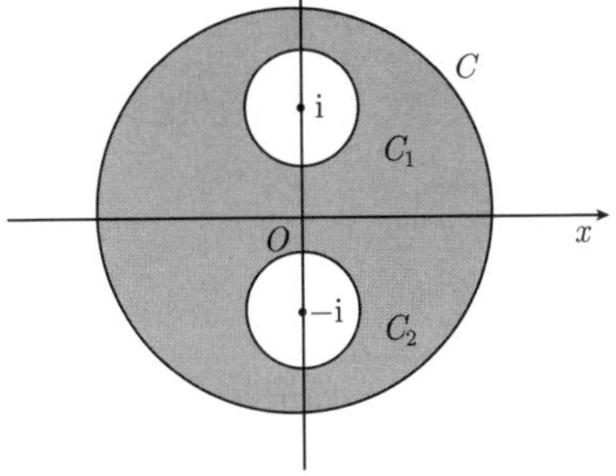

图 3.3.5

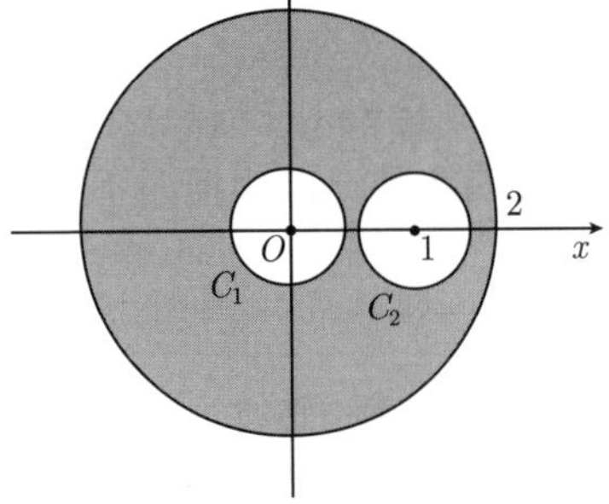

图 3.3.6

3.3.3 几个重要的推论

从柯西积分公式出发，还可以得出关于解析函数的几个重要结论.

平均值公式 现在假设 C 是以点 z_0 为圆心、R 为半径的一个圆周. 设 $f(z)$ 在 C 上及其内部解析. 我们知道 C 上的点可表成

$$z = z_0 + Re^{i\theta} \ (0 \leqslant \theta \leqslant 2\pi), \quad dz = Rie^{i\theta}d\theta$$

由柯西积分公式有

$$f(z_0) = \frac{1}{2\pi i}\oint_C \frac{f(z)}{z-z_0}dz = \frac{1}{2\pi}\int_0^{2\pi} f(z_0 + Re^{i\theta})d\theta$$

此公式告诉我们, 解析函数 $f(z)$ 在圆心的值, 恰好等于它在圆周上的值的平均. 因此这个公式称为**平均值公式**.

柯西不等式 设 M 是 $|f(z)|$ 在上述周圆 C 上的上界, 那么利用定理 3.3.2 可得

$$\begin{aligned}\left|f^{(n)}(z_0)\right| &= \left|\frac{n!}{2\pi i}\oint_C \frac{f(z)}{(z-z_0)^{n+1}}dz\right| = \frac{n!}{2\pi}\left|\oint_C \frac{f(z)}{(z-z_0)^{n+1}}dz\right| \\ &\leqslant \frac{n!}{2\pi}\cdot\frac{M}{R^{n+1}}2\pi R = \frac{n!M}{R^n}\end{aligned}$$

这个关系式称为柯西不等式. 特别当 $n=1$ 时, 有

$$|f'(z_0)| \leqslant \frac{M}{R}$$

由柯西不等式可得出关于整函数的一个有用的结果.

定义 3.3.1 **整函数**是指在 z-平面上解析的函数.

例如, 多项式函数、$\sin z$、e^z 等都是整函数. 现在给出关于整函数的刘维尔 (Liouville) 定理.

定理 3.3.3 如果整函数 $f(z)$ 在 z-平面上是有界的, 即满足不等式 $|f(z)| \leqslant M$, 则 $f(z)$ 必定是一个常数.

证明 对于 $\forall z \in \mathbb{C}$, 作一个以 z 为圆心、以任意正数 R 为半径的圆. 则 $|f(z)|$ 在该圆周上有上界 M, 由柯西不等式, 有

$$|f'(z)| \leqslant \frac{M}{R}$$

由于 R 是任意正数, 必有 $|f'(z)| \equiv 0$, 因而 $f'(z) \equiv 0$, $f(z)$ 必是常数.

作为刘维尔定理的一个应用, 我们证明下面的定理.

代数学基本定理 任意一个复系数多项式

$$f(z) = a_0 z^n + a_1 z^{n-1} + \cdots + a_{n-1}z + a_n \quad (n \geqslant 1, \ a_0 \neq 0)$$

在 z-平面上必有零点, 即方程 $f(z) = 0$ 必有根.

证明 假如不然, 因为 $f(z)$ 在全平面解析, 且处处不为零, 所以 $F(z)=1/f(z)$ 也是整函数. 因为

$$\lim_{z\to\infty}F(z)=\lim_{z\to\infty}\frac{1}{f(z)}=0$$

故 $F(z)$ 在全平面有界. 由定理 3.3.3 知, $F(z)$ 必为常数, 因而 $f(z)$ 也必为常数, 这与假设矛盾, 所以, 至少存在一个复数 z_1, 使 $f(z_1)=0$.

下面的定理可视为柯西积分定理的逆定理.

定理 3.3.4(莫累拉 (Morrera) 定理) 设 $f(z)$ 是区域 D 内的连续函数, 并且对于 D 内任意一条其内部属于 D 的简单光滑闭曲线 C, 都有

$$\oint_C f(z)\mathrm{d}z=0$$

则 $f(z)$ 是 D 内的解析函数.

证明 既然 $f(z)$ 沿 D 内任意闭路 C 的积分为零, 当 z_0 为 D 中一定点时, 积分

$$F(z)=\int_{z_0}^{z}f(\zeta)\mathrm{d}\zeta$$

只与 z 有关, 是 D 内一个单值函数. 用证明定理 3.2.4 用过的方法可以证明, $F(z)$ 在 D 内解析, 并且 $F'(z)=f(z)$.

而由定理 3.3.2 可知, 解析函数有任意阶导数, 所以 $f(z)$ 是 D 内的解析函数.

在第 2 章我们已经看到, 调和函数和解析函数有着密切联系. 任何一个在单连域内调和函数都可以看成某个解析函数的实部, 只要找到一个和它共轭的调和函数来相配就行了. 作为柯西积分公式的重要应用, 我们介绍一个对研究调和函数的性质起重要作用的所谓的泊松 (Poisson) 公式.

设函数 $f(z)$ 在以 z_0 点为圆心, R 为半径的圆 C 内和 C 上是解析的, 对于圆 C 内任一点 $z=z_0+r\mathrm{e}^{\mathrm{i}\theta}$, 由柯西积分公式

$$\begin{aligned}f(z)&=\frac{1}{2\pi\mathrm{i}}\oint_C\frac{f(\zeta)}{\zeta-z}\mathrm{d}\zeta\\&=\frac{1}{2\pi}\int_0^{2\pi}f(z_0+R\mathrm{e}^{\mathrm{i}\varphi})\frac{R\mathrm{e}^{\mathrm{i}\varphi}}{R\mathrm{e}^{\mathrm{i}\varphi}-r\mathrm{e}^{\mathrm{i}\theta}}\mathrm{d}\varphi\end{aligned}\tag{3.3.6}$$

考虑点 $z^*=z_0+\dfrac{R^2}{r}\mathrm{e}^{\mathrm{i}\theta}$. 由于 $|z^*-z_0|=\dfrac{R^2}{r}>R$, 它在圆 C 的外部, 因此函数 $\dfrac{f(\zeta)}{\zeta-z^*}$ 在圆 C 的内部及其周界上都是解析的. 根据柯西积分定理, 我们有

$$0=\frac{1}{2\pi\mathrm{i}}\oint_C\frac{f(\zeta)}{\zeta-z^*}\mathrm{d}\zeta=\frac{1}{2\pi}\int_0^{2\pi}f(z_0+R\mathrm{e}^{\mathrm{i}\varphi})\frac{R\mathrm{e}^{\mathrm{i}\varphi}}{R\mathrm{e}^{\mathrm{i}\varphi}-\dfrac{R^2}{r}\mathrm{e}^{\mathrm{i}\theta}}\mathrm{d}\varphi$$

$$= \frac{1}{2\pi}\int_0^{2\pi} f(z_0 + R\mathrm{e}^{\mathrm{i}\varphi})\frac{r\mathrm{e}^{\mathrm{i}\varphi}}{r\mathrm{e}^{\mathrm{i}\varphi} - R\mathrm{e}^{\mathrm{i}\theta}}\mathrm{d}\varphi \tag{3.3.7}$$

将式 (3.3.6) 与式 (3.3.7) 的左右两边相减可得

$$\begin{aligned} f(z) &= \frac{1}{2\pi}\int_0^{2\pi} f(z_0 + R\mathrm{e}^{\mathrm{i}\varphi})\left[\frac{R\mathrm{e}^{\mathrm{i}\varphi}}{R\mathrm{e}^{\mathrm{i}\varphi} - r\mathrm{e}^{\mathrm{i}\theta}} - \frac{r\mathrm{e}^{\mathrm{i}\varphi}}{r\mathrm{e}^{\mathrm{i}\varphi} - R\mathrm{e}^{\mathrm{i}\theta}}\right]\mathrm{d}\varphi \\ &= \frac{1}{2\pi}\int_0^{2\pi} f(z_0 + R\mathrm{e}^{\mathrm{i}\varphi})\frac{R^2 - r^2}{R^2 - 2Rr\cos(\varphi - \theta) + r^2}\mathrm{d}\varphi \end{aligned} \tag{3.3.8}$$

若记 $f(z) = f(z_0 + r\mathrm{e}^{\mathrm{i}\varphi}) = u(r, \varphi) + \mathrm{i}v(r, \varphi)$, 比较式 (3.3.8) 两端的实部, 即得公式

$$u(r, \theta) = \frac{1}{2\pi}\int_0^{2\pi} u(R, \varphi)\frac{R^2 - r^2}{R^2 - 2Rr\cos(\varphi - \theta) + r^2}\mathrm{d}\varphi \tag{3.3.9}$$

这个公式称为**泊松积分公式.** 它告诉我们, 任何一个在圆内调和且在闭圆盘上的调和函数, 其在圆内的值都可以用圆周上的值的积分来表示.

特别地, 在泊松公式中若取 $z = z_0$ 即 $r = 0$, 式 (3.1.10) 就变成

$$u(z_0) = \frac{1}{2\pi}\int_0^{2\pi} u(R, \varphi)\mathrm{d}\varphi = \frac{1}{2\pi R}\oint_C u\mathrm{d}s$$

其中, C 表圆周, $\mathrm{d}s$ 是圆周上的弧长单元, 而 u 则是函数在 C 上的值, 这个公式称为**调和函数的平均值公式.**

第 3 章小结

本章在引入复变函数积分概念与基本性质的基础上, 给出了复变函数积分存在的充分性条件及计算方法. 给出了复变函数论的基本定理 —— 柯西积分定理, 并将其推广到多连通区域得到复合闭路定理. 进而给出了计算解析函数复积分的柯西积分公式及高阶导数公式, 建立了闭区域上解析函数的函数值、导数值与其在边界曲线上的积分之间的联系, 从而刻画了解析函数的内在性质. 由柯西积分公式及高阶导数公式可以给出一些有理论和应用价值的结论, 如平均值公式、柯西不等式及刘维尔定理等. 解析函数的导数仍是解析函数, 它给出了解析函数的无限可微性.

一、复变函数积分的计算方法与性质

1. 复变函数积分的计算方法

复变函数积分是定义在复平面上的简单光滑或分段光滑的有向曲线 (此类曲线以后简称为曲线或路径) 上的积分. 设 $f(z) = u(x, y) + \mathrm{i}v(x, y)$ 在曲线 C 上连续, 曲线 C: $z = z(t)$ $(\alpha \leqslant t \leqslant \beta)$, 起点为 $z(\alpha)$, 终点为 $z(\beta)$, 则有

$$\int_C f(z)\mathrm{d}z = \int_C u\mathrm{d}x - v\mathrm{d}y + \mathrm{i}\int_C v\mathrm{d}x + u\mathrm{d}y$$

$$\int_C f(z)\mathrm{d}z = \int_{t_1}^{t_2} f(z(t))z'(t)\mathrm{d}t$$

其中 t_1, t_2 分别是曲线 C 的起点和终点所对应的参数.

2. 积分的性质

$\int_C \{\alpha f(z)+\beta g(z)\}\mathrm{d}z = \alpha\int_C f(z)\mathrm{d}z + \beta\int_C g(z)\mathrm{d}z \quad (\alpha,\beta$ 为任意复常数).

$\int_{C^-} f(z)\mathrm{d}z = -\int_C f(z)\mathrm{d}z$, 其中 C^- 表示只与 C 方向相反的曲线.

$\int_C f(z)\mathrm{d}z = \int_{C_1} f(z)\mathrm{d}z + \int_{C_2} f(z)\mathrm{d}z$, 其中曲线 C 由曲线 C_1 与 C_2 首尾相接而成.

$\left|\int_C f(z)\mathrm{d}z\right| \leqslant \int_C |f(z)||\mathrm{d}z| = \int_C |f(z)|\mathrm{d}s \leqslant ML$, 其中, L 为曲线 C 之长度, M 为 $|f(z)|$ 在 C 上的上界.

二、柯西积分定理及推论

1. 柯西积分定理

若函数 $f(z)$ 在简单光滑或分段光滑的正向闭曲线 (此类曲线以后简称为闭曲线或闭路)C 上及其内部解析, 则 $\oint_C f(z)\mathrm{d}z = 0$.

若函数 $f(z)$ 在单连通区域 D 内解析, C 为 B 内的任一条闭路, 则 $\oint_C f(z)\mathrm{d}z=0$.

2. 不定积分与原函数

设 $f(z)$ 为单连通区域 D 内的一解析函数, 而 C_1 和 C_2 为在 B 内连接点 z_0 与 z 的任意两条路径, 则有 $\int_{C_1} f(z)\mathrm{d}z = \int_{C_2} f(z)\mathrm{d}z$, 即单连通区域 D 内解析函数的积分与积分路径无关.

设 $f(z)$ 在单连通区域 D 内解析, 则 $F(z) = \int_{z_0}^{z} f(\zeta)\mathrm{d}\zeta$(因此积分与路径无关, 故当 $z_0 \in B$ 固定时, $F(z)$ 为 z 的单值函数) 也在 B 内解析, 且 $F'(z) = f(z)$.

同实函数的情形一样, 我们称 $F(z)$ 为 $f(z)$ 的一个原函数, $F(z)+c$(c 为复常数) 称为 $f(z)$ 的不定积分.

牛顿–莱布尼茨公式: 若 $f(z)$ 在单连通区域 D 内解析, $H(z)$ 是 $f(z)$ 的一个原函数, 则

$$\int_{z_1}^{z_2} f(z)\mathrm{d}z = H(z_2) - H(z_1)\ (z_1, z_2 \in D)$$

3. 复合闭路定理

设闭路 $C_1, C_2, \cdots, C_n$ 在闭路 C_0 的内部, 闭路 $C_1, C_2, \cdots, C_n$ 互不相交也互不包含, 则称

$$C = C_0 + C_1^- + C_2^- + \cdots + C_n^-$$

为一个复合闭路. 那么我们有

复合闭路定理: 设 $f(z)$ 在复合闭路 $C = C_0 + C_1^- + C_2^- + \cdots + C_n^-$ 上及以其为边界的区域 D 内解析, 则

$$\oint_C f(z)\mathrm{d}z = 0$$

即

$$\oint_{C_0} f(z)\mathrm{d}z = \sum_{k=1}^{n} \oint_{C_k} f(z)\mathrm{d}z$$

4. 柯西积分公式

设 $f(z)$ 在闭路 C 上及其内部 D 内解析, 而 z_0 是 D 内的任意一点, 则

$$f(z_0) = \frac{1}{2\pi \mathrm{i}} \oint_C \frac{f(z)}{z - z_0}\mathrm{d}z$$

5. 高阶求导公式

若 $f(z)$ 在闭路 C 上及其内部 D 内解析, 则在 D 内任意一点 $z_0, f(z)$ 有任意阶导数, 且有

$$f^{(n)}(z_0) = \frac{n!}{2\pi \mathrm{i}} \oint_C \frac{f(z)}{(z - z_0)^{n+1}}\mathrm{d}z \ \ (n = 1, 2, \cdots)$$

三、几个重要推论

1. 平均值公式: 设闭路 C: $z = z_0 + R\mathrm{e}^{\mathrm{i}\theta}(0 \leqslant \theta \leqslant 2\pi, R > 0), f(z)$ 在 C 上及其内部解析, 则有

$$f(z_0) = \frac{1}{2\pi} \int_0^{2\pi} f(z_0 + R\mathrm{e}^{\mathrm{i}\theta})\mathrm{d}\theta = \frac{1}{2\pi R} \oint_C f(z)\mathrm{d}s$$

其中 $\mathrm{d}s$ 是 C 上的弧长微分.

2. 柯西不等式: 设 M 是 $|f(z)|$ 在上述 (1) 中的圆周 C 上的一个上界, 则有

$$|f^{(n)}(z_0)| \leqslant \frac{n!M}{R^n}$$

特别地当 $n = 1$ 时, 有

$$|f'(z_0)| \leqslant \frac{M}{R}$$

3. 刘维尔定理: 若 $f(z)$ 在整个复平面上解析且有界, 则 $f(z)$ 必为一常数.

4. 代数学基本定理: 任一复系数多项式

$$f(z) = a_0 z^n + a_1 z^{n-1} + \cdots + a_{n-1} z + a_n \ \ (n \geqslant 1, a_0 \neq 0)$$

在复平面上必有零点, 即方程 $f(z) = 0$ 必有复根.

5. 莫累拉定理

设 $f(z)$ 在区域 D 内连续, 且对于 D 内任意一条其内部含于 D 的简单光滑闭曲线 C 都有

$$\oint_C f(z)\mathrm{d}z = 0$$

则 $f(z)$ 在 D 内必解析.

习　题　3

1. 沿下列路线计算积分 $\int_0^{3+\mathrm{i}} z^2\mathrm{d}z$.

(1) 自原点到 $3+\mathrm{i}$ 的直线段;

(2) 自原点沿实轴至 3, 再由 3 沿垂直向上至 $3+\mathrm{i}$;

(3) 自原点沿虚轴至 i, 再由 i 水平方向右至 $3+\mathrm{i}$.

2. 分别沿 $y=x$ 与 $y=x^2$ 算出积分 $\int_0^{1+\mathrm{i}}(x^2+\mathrm{i}y)\mathrm{d}z$ 的值.

3. 计算积分 $\oint_C |z|\bar{z}\mathrm{d}z$, 其中 C 是一条闭路, 由直线段: $-1\leqslant x\leqslant 1$, $y=0$ 与上半单位圆周组成.

4. 设 $f(z)$ 在单连通区域 D 内解析, C 为 D 内任何一条正向简单闭曲线, 问

$$\oint_C \mathrm{Re}[f(z)]\mathrm{d}z = \oint_C \mathrm{Im}[f(z)]\mathrm{d}z = 0$$

是否成立. 如果成立, 给出证明; 如果不成立, 举例说明.

5. 设函数 $f(z)$ 在 $0<|z|<1$ 内解析, 且沿任何圆周 C: $|z|=r$, $0<r<1$ 的积分为零, 问 $f(z)$ 是否必须在 $z=0$ 处解析? 试举例说明.

6. 设 $f(z)$ 是单连通区域 D 内除 z_0 点以外解析的函数, 且 $\lim\limits_{z\to z_0}(z-z_0)f(z)=0$, 则对于任一属于 D 而不通过 z_0 的简单光滑闭曲线 C, 恒有 $\oint_C f(z)\mathrm{d}z=0$

7. 利用在单位圆上 $\bar{z}=1/z$ 的性质及柯西积分公式说明 $\oint_C \bar{z}\mathrm{d}z=2\pi\mathrm{i}$, 其中 C 表示单位圆周 $|z|=1$, 且沿正向积分.

8. 计算积分 $\oint_C \dfrac{\bar{z}}{|z|}\mathrm{d}z$ 的值, 其中 C 为正向圆周:

(1) $|z|=2$;　　(2) $|z|=4$.

9. 直接得出下列积分的结果, 并说明理由.

(1) $\oint_{|z|=1}\dfrac{3z+5}{z^2+2z+4}\mathrm{d}z$;　　(2) $\oint_{|z|=1}\dfrac{\mathrm{e}^z}{\cos z}\mathrm{d}z$;

(3) $\oint_{|z|=2}\mathrm{e}^z(z^2+1)\mathrm{d}z$;　　(4) $\oint_{|z|=\frac{1}{2}}\dfrac{\mathrm{d}z}{(z^2-1)(z^3-1)}$.

10. 沿指定曲线的正向计算下列各积分.

(1) $\oint_C \frac{e^z}{z-2}dz$, C: $|z-2|=1$;

(2) $\oint_C \frac{\cos \pi z}{(z-1)^5}dz$, C: $|z|=r>1$;

(3) $\oint_C \frac{\sin z}{\left(z-\frac{\pi}{2}\right)^2}dz$, C: $|z|=2$;

(4) $\oint_C \frac{dz}{(z^2+1)(z^2+4)}$, C: $|z|=\frac{3}{2}$;

(5) $\oint_C \frac{dz}{z^2-a^2}$, C: $|z-a|=a\ (a>0)$;

(6) $\oint_C \frac{\cos z}{z^3}dz$, 其中 $C=C_1+C_2^-$, C_1: $|z|=2$, C_2:$|z|=3$;

(7) $\oint_C \frac{e^{-z}\sin z}{z^2}dz$, C: $|z-i|=2$;

(8) $\oint_C \frac{3z+2}{(z^4-1)}dz$, C: $|z-(1+i)|=\sqrt{2}$.

11. 设 C 为不经过 a 与 $-a$ 的正向简单闭曲线, a 为不等于零的任何复数, 试就 a 与 $-a$ 同 C 的各种不同位置, 计算积分

$$\oint_C \frac{z}{z^2-a^2}dz$$

12. 设 $f(z)$ 与 $g(z)$ 在区域 D 内处处解析, C 为 D 内任何一条简单光滑闭曲线, 它的内部全属于 D. 如果 $f(z)=g(z)$ 在 C 上所有点都成立, 试证在 C 的内部所有处点 $f(z)=g(z)$ 也成立.

13. 设 $f(z)$ 在单连通区域 D 内解析, 且不为零, C 为 D 内任何一条简单闭曲线, 问积分 $\oint_C \frac{f'(z)}{f(z)}dz$ 是否为零? 为什么?

14. 设 C 为一内部包含实轴上线段 $[a,b]$ 的简单光滑闭曲线, 函数 $f(z)$ 在 C 内及其上解析且在 $[a,b]$ 上取实值. 证明对于两点 z_1, $z_2\in[a,b]$, 总有点 $z_0\in[a,b]$ 使

$$\oint_C \frac{f(z)}{(z-z_1)(z-z_2)}dz=\oint_C \frac{f(z)}{(z-z_0)^2}dz$$

15. 如果 $f(z)$ 在单位圆盘上及其内部解析, 那么证明

$$f(re^{i\varphi})=\frac{1}{2\pi}\int_0^{2\pi}\frac{f(e^{i\theta})}{1-re^{i(\varphi-\theta)}}d\theta, \qquad r<1$$

16. 设 $f(z)$ 在区域 D 内解析, C 是 D 上的一条闭曲线. 证明对任意不在 C 上的点 $z_0\in D$,

$$\oint_C \frac{f'(z)}{z-z_0}dz=\oint_C \frac{f(z)}{(z-z_0)^2}dz$$

17. 证明: 若 $f(z)$ 在单位圆 $|z|<1$ 内解析, 且 $|f(z)| \leqslant \dfrac{1}{1-|z|}$, 则 $|f^{(n)}(0)| < \mathrm{e}(n+1)!$, $n=1,2,\cdots$.

18. 设函数 $f(z)$ 在 $|z| \leqslant 1$ 上解析, 且 $f(0)=1$. 计算积分

$$\frac{1}{2\pi\mathrm{i}}\oint_{|z|=1}\left[2\pm\left(z+\frac{1}{z}\right)\right]f(z)\frac{\mathrm{d}z}{z}$$

再利用极坐标导出下式

$$\frac{2}{\pi}\int_0^{2\pi} f(\mathrm{e}^{\mathrm{i}\theta})\cos^2\frac{\theta}{2}\mathrm{d}\theta = 2+f'(0)$$

$$\frac{2}{\pi}\int_0^{2\pi} f(\mathrm{e}^{\mathrm{i}\theta})\sin^2\frac{\theta}{2}\mathrm{d}\theta = 2-f'(0)$$

第4章 级数

本章把级数作为工具来研究解析函数. 首先给出有关级数的一些基本概念和性质, 通过建立解析函数的柯西积分公式, 给出解析函数的级数表示 —— 泰勒级数和洛朗级数. 从而得到函数在一点的解析性等价于函数在该点的邻域内可展开为幂级数. 而有关洛朗级数的讨论为第 5 章研究解析函数的孤立奇点的分类及函数在孤立奇点的邻域内的性质提供了必要的准备.

4.1 复变函数项级数

4.1.1 复数序列

给定一列无穷多个有序的复数

$$z_1 = a_1 + \mathrm{i}b_1, z_2 = a_2 + \mathrm{i}b_2, \cdots, z_n = a_n + \mathrm{i}b_n, \cdots$$

称为**复数序列**, 简记作 $\{z_n\}$.

定义 4.1.1 给定一个复数序列 $\{z_n\}$, 设 $z_0 = a + \mathrm{i}b$ 是一个复常数. 对于任意给定的正数 $\varepsilon > 0$, 存在一个充分大的正整数 N, 当 $n > N$ 时, 有

$$|z_n - z_0| < \varepsilon$$

则称 $\{z_n\}$ 当 n 趋向于 $+\infty$ 时, 以 z_0 为极限. 或者称复数序列 $\{z_n\}$ 收敛于极限 z_0, 记作

$$\lim_{n\to\infty} z_n = z_0 \quad 或 \quad z_n \to z_0;\ n \to +\infty$$

如果复数序列 $\{z_n\}$ 不收敛, 则称 $\{z_n\}$ 是发散的.

定理 4.1.1 给定一个复数序列 $\{z_n\}$, 其中 $z_n = a_n + \mathrm{i}b_n, n = 1, 2, \cdots, z_0 = a + \mathrm{i}b$, 则 $\lim\limits_{n\to\infty} z_n = z_0$ 的充要条件为

$$\lim_{n\to\infty} a_n = a \quad 和 \quad \lim_{n\to\infty} b_n = b$$

证明 必要性. 若 $\lim\limits_{n\to\infty} z_n = z_0$, 由定义 4.1.1 知对于 $\forall\varepsilon > 0$, $\exists N \in \mathbb{N}$, 当 $n > N$ 时, 有

$$|z_n - z_0| < \varepsilon$$

因此, 当 $n > N$ 时, 有

$$|a_n - a| \leqslant |z_n - z_0| < \varepsilon \quad 和 \quad |b_n - b| \leqslant |z_n - z_0| < \varepsilon$$

由实数序列收敛性定义知

$$\lim_{n\to\infty} a_n = a \quad 和 \quad \lim_{n\to\infty} b_n = b$$

充分性. 若 $\lim\limits_{n\to\infty} a_n = a$ 和 $\lim\limits_{n\to\infty} b_n = b$, 则对于 $\forall\varepsilon > 0$, $\exists N \in \mathbb{N}$, 当 $n > N$ 时, 有

$$|a_n - a| < \frac{\varepsilon}{\sqrt{2}} \quad 和 \quad |b_n - b| < \frac{\varepsilon}{\sqrt{2}}$$

因此, 当 $n > N$ 时, 有

$$\begin{aligned} |z_n - z_0| &= |(a_n + \mathrm{i}b_n) - (a + \mathrm{i}b)| \\ &= \sqrt{(a_n - a)^2 + (b_n - b)^2} < \varepsilon \end{aligned}$$

从而由定义 4.1.1 知

$$\lim_{n\to\infty} z_n = z_0$$

定理 4.1.1 的结论使得我们可以把有关实数序列极限的运算理论转移到复数序列上.

定理 4.1.2 如果 $\lim\limits_{n\to\infty} z'_n = z'$, $\lim\limits_{n\to\infty} z''_n = z''$, 则有

$$\lim_{n\to\infty} (z'_n \pm z''_n) = z' \pm z''$$

$$\lim_{n\to\infty} z'_n z''_n = z' z''$$

$$\lim_{n\to\infty} z'_n / z''_n = z'/z'', \quad z''_n \neq 0 \quad (n = 1, 2, \cdots), \quad z'' \neq 0$$

4.1.2 复数项级数

定义 4.1.2 给定一个复数序列 $\{z_n\}$, 称表达式

$$z_1 + z_2 + \cdots + z_n + \cdots \tag{4.1.1}$$

为一个**复数项级数**, 记作 $\sum\limits_{n=1}^{\infty} z_n$.

同实数项级数一样, 可以给出复数项级数收敛的概念.

定义 4.1.3 记复数项级数 $\sum_{n=1}^{\infty} z_n$ 的前 n 项和为

$$s_n = z_1 + z_2 + \cdots + z_n$$

称为**部分和**. 若 n 分别取自然数, 可得一复数序列 $\{s_n\}$. 当部分和序列 $\{s_n\}$ 存在极限时, 称复数项级数 $\sum_{n=1}^{\infty} z_n$ 是**收敛的**. 称极限

$$s = \lim_{n\to\infty} s_n$$

为复数项级数 $\sum_{n=1}^{\infty} z_n$ 的**和**, 记作 $s = \sum_{n=1}^{\infty} z_n$. 反之, 若部分和序列 $\{s_n\}$ 不收敛, 则称复数项级数 $\sum_{n=1}^{\infty} z_n$ 是**发散的**.

例 4.1.1 考查下列复数项级数的敛散性.

(1) $\sum_{n=1}^{\infty} \left(\frac{1}{1+\mathrm{i}}\right)^{n-1}$; (2) $\sum_{n=1}^{\infty} (n+\mathrm{i})$

解 (1) 由于 $s_n = 1 + \frac{1}{1+\mathrm{i}} + \left(\frac{1}{1+\mathrm{i}}\right)^2 + \cdots + \left(\frac{1}{1+\mathrm{i}}\right)^{n-1} = \dfrac{1-\left(\frac{1}{1+\mathrm{i}}\right)^n}{1-\left(\frac{1}{1+\mathrm{i}}\right)}$,

且 $\left|\frac{1}{1+\mathrm{i}}\right| = \frac{1}{\sqrt{2}} < 1$, 从而有

$$\lim_{n\to\infty} s_n = \lim_{n\to\infty} \frac{1-\left(\frac{1}{1+\mathrm{i}}\right)^n}{1-\left(\frac{1}{1+\mathrm{i}}\right)} = \frac{1+\mathrm{i}}{\mathrm{i}} = 1-\mathrm{i}$$

故级数 $\sum_{n=1}^{\infty} \left(\frac{1}{1+\mathrm{i}}\right)^{n-1}$ 收敛, 且 $\sum_{n=1}^{\infty} \left(\frac{1}{1+\mathrm{i}}\right)^{n-1} = 1-\mathrm{i}$.

(2) 由于 $s_n = (1+\mathrm{i}) + (2+\mathrm{i}) + \cdots + (n+\mathrm{i}) = \frac{n(n+1)}{2} + \mathrm{i}n$, 从而有

$$\lim_{n\to\infty} s_n = \lim_{n\to\infty} \left[\frac{n(n+1)}{2} + \mathrm{i}n\right] = \infty$$

故级数 $\sum_{n=1}^{\infty} (n+\mathrm{i})$ 发散.

由复数项级数收敛的概念结合定理 4.1.1, 我们可以把复数项级数的敛散问题转变成相应的实数项级数的敛散问题.

定理 4.1.3 复数项级数 $\sum\limits_{n=1}^{\infty} z_n (z_n = a_n + \mathrm{i}b_n, n = 1, 2, \cdots)$ 收敛的充分必要条件是实数项级数 $\sum\limits_{n=1}^{\infty} a_n$ 和级数 $\sum\limits_{n=1}^{\infty} b_n$ 同时收敛.

证明 注意到 $\sum\limits_{n=1}^{\infty} z_n$ 的部分和为

$$\begin{aligned} s_n &= z_1 + z_2 + \cdots + z_n \\ &= (a_1 + a_2 + \cdots + a_n) + \mathrm{i}(b_1 + b_2 + \cdots + b_n) = \sigma_n + \mathrm{i}\tau_n \end{aligned}$$

这里 $\sigma_n = \sum\limits_{k=1}^{n} a_k, \tau_n = \sum\limits_{k=1}^{n} b_k$ 分别为 $\sum\limits_{n=1}^{\infty} a_n$ 和 $\sum\limits_{n=1}^{\infty} b_n$ 的前 n 项和. 由定义 4.1.3 及定理 4.1.1, 知复数项级数 $\sum\limits_{n=1}^{\infty} z_n$ 收敛 $\Leftrightarrow$ 部分和序列 $\{s_n\}$ 收敛 $\Leftrightarrow$ 实数序列 $\{\sigma_n\}$,$\{\tau_n\}$ 同时收敛 $\Leftrightarrow$ 实数项级数 $\sum\limits_{n=1}^{\infty} a_n, \sum\limits_{n=1}^{\infty} b_n$ 同时收敛.

假定复数项级数 $\sum\limits_{n=1}^{\infty} z_n$ 收敛, 由定理 4.1.3 必有实数项级数 $\sum\limits_{n=1}^{\infty} a_n, \sum\limits_{n=1}^{\infty} b_n$ 同时收敛, 由实数项级数收敛的必要条件, 可得

$$\lim_{n\to\infty} a_n = 0 \quad 和 \quad \lim_{n\to\infty} b_n = 0$$

从而有

$$\lim_{n\to\infty} z_n = \lim_{n\to\infty} a_n + \mathrm{i} \lim_{n\to\infty} b_n = 0$$

于是得到下述结论.

定理 4.1.4 复数项级数 $\sum\limits_{n=1}^{\infty} z_n$ 收敛的必要条件是 $\lim\limits_{n\to\infty} z_n = 0$.

例 4.1.2 考查下列级数的敛散性.

(1) $\sum\limits_{n=1}^{\infty} \left(\frac{1}{n} + \mathrm{i}\frac{1}{2^n}\right)$; (2) $\sum\limits_{n=1}^{\infty} \frac{\mathrm{i}^n}{n}$; (3) $\sum\limits_{n=0}^{\infty} \frac{\mathrm{ch}n}{2^n}$.

解 (1) $\sum\limits_{n=1}^{\infty} \left(\frac{1}{n} + \mathrm{i}\frac{1}{2^n}\right) = \sum\limits_{n=1}^{\infty} \frac{1}{n} + \mathrm{i}\sum\limits_{n=1}^{\infty} \frac{1}{2^n}$. 从而由调和级数 $\sum\limits_{n=1}^{\infty} \frac{1}{n}$ 发散, 可知此级数发散.

(2) $\sum\limits_{n=1}^{\infty} \frac{\mathrm{i}^n}{n} = -\left(\frac{1}{2} - \frac{1}{4} + \frac{1}{6} - \frac{1}{8}\right) + \mathrm{i}\left(1 - \frac{1}{3} + \frac{1}{5} - \frac{1}{7} + \cdots\right)$. 由于该级数的实部与虚部所构成的实数项级数均为收敛的交错级数, 故此复数项级数收敛.

(3) 由双曲余弦的定义式, 有如下不等式成立

$$\left|\frac{\mathrm{ch}n}{2^n}\right| = \frac{\mathrm{e}^n + \mathrm{e}^{-n}}{2^{n+1}} = \frac{1}{2}\left[\left(\frac{\mathrm{e}}{2}\right)^n + \left(\frac{1}{2\mathrm{e}}\right)^n\right] > \frac{1}{2}\left(\frac{\mathrm{e}}{2}\right)^n > \frac{1}{2}$$

从而有 $\lim\limits_{n\to\infty}\dfrac{\mathrm{ch}n}{2^n} \neq 0$, 故复数项级数 $\sum\limits_{n=0}^{\infty}\dfrac{\mathrm{ch}n}{2^n}$ 发散.

例 4.1.3 考查复数项级数 $\sum\limits_{n=1}^{\infty} z^{n-1}$ 的敛散性.

解 当 $|z| < 1$ 时, 由于 $s_n = 1+z+z^2+\cdots+z^{n-1} = \dfrac{1-z^n}{1-z}$, 可知 $\lim\limits_{n\to\infty} z^n = 0$, 从而有

$$\lim_{n\to\infty} s_n = \lim_{n\to\infty}\frac{1-z^n}{1-z} = \lim_{n\to\infty}\left(\frac{1}{1-z} - \frac{z^n}{1-z}\right) = \frac{1}{1-z}$$

故级数 $\sum\limits_{n=1}^{\infty} z^{n-1}$ 收敛, 且有 $\sum\limits_{n=1}^{\infty} z^{n-1} = \dfrac{1}{1-z}$.

当 $|z| \geqslant 1$ 时, 由 $\lim\limits_{n\to\infty} z^n \neq 0$ 及定理 4.1.4 知, 此时级数 $\sum\limits_{n=1}^{\infty} z^{n-1}$ 发散.

定义 4.1.4 给定复数项级数 $\sum\limits_{n=1}^{\infty} z_n$, 其中 $z_n = a_n + \mathrm{i}b_n, n = 1, 2, \cdots$. 若正项级数 $\sum\limits_{n=1}^{\infty} |z_n|$ 收敛, 称级数 $\sum\limits_{n=1}^{\infty} z_n$ 是绝对收敛的. 若级数 $\sum\limits_{n=1}^{\infty} z_n$ 收敛, 而正项级数 $\sum\limits_{n=1}^{\infty} |z_n|$ 发散, 称级数 $\sum\limits_{n=1}^{\infty} z_n$ 是条件收敛的.

由下述二重不等式

$$\left.\begin{matrix}|a_n|\\|b_n|\end{matrix}\right\} \leqslant |z_n| \leqslant |a_n| + |b_n|, \qquad n = 1, 2, \cdots$$

可推出级数 $\sum\limits_{n=1}^{\infty} z_n$ 绝对收敛等价于相应的实数项级数 $\sum\limits_{n=1}^{\infty} a_n, \sum\limits_{n=1}^{\infty} b_n$ 同时绝对收敛, 进而推出 $\sum\limits_{n=1}^{\infty} a_n$ 和 $\sum\limits_{n=1}^{\infty} b_n$ 同时收敛. 再由定理 4.1.3 知级数 $\sum\limits_{n=1}^{\infty} z_n$ 收敛, 于是得到如下定理.

定理 4.1.5 每个绝对收敛的复数项级数其本身一定是收敛的.

此定理的逆是不成立的, 如交错级数 $\sum\limits_{n=1}^{\infty} (-1)^{n-1}\dfrac{1}{n}$ 收敛, 但正项级数 $\sum\limits_{n=1}^{\infty}\left|(-1)^{n-1}\dfrac{1}{n}\right| = \sum\limits_{n=1}^{\infty}\dfrac{1}{n}$ 却是发散的.

例 4.1.4 判别下列级数的绝对收敛性与条件收敛性.

(1) $\sum\limits_{n=2}^{\infty}\dfrac{\mathrm{i}^n}{\ln n}$;　　(2) $\sum\limits_{n=1}^{\infty}\dfrac{(3+5\mathrm{i})^n}{n!}$.

解 (1) 已知
$$z_n=\frac{\mathrm{i}^n}{\ln n}=\frac{1}{\ln n}\left(\cos\frac{\pi}{2}+\mathrm{i}\sin\frac{\pi}{2}\right)^n=\frac{1}{\ln n}\left(\cos\frac{n\pi}{2}+\mathrm{i}\sin\frac{n\pi}{2}\right)$$

于是有 $\sum\limits_{n=2}^{\infty}\dfrac{\mathrm{i}^n}{\ln n}=\sum\limits_{n=2}^{\infty}\dfrac{\cos\frac{n\pi}{2}}{\ln n}+\mathrm{i}\sum\limits_{n=2}^{\infty}\dfrac{\sin\frac{n\pi}{2}}{\ln n}=\sum\limits_{k=1}^{\infty}\dfrac{(-1)^k}{\ln(2k)}+\mathrm{i}\sum\limits_{k=1}^{\infty}\dfrac{(-1)^k}{\ln(2k+1)}$. 可见 $\sum\limits_{n=2}^{\infty}\dfrac{\mathrm{i}^n}{\ln n}$ 的实部和虚部级数均为收敛的交错级数, 故级数本身是收敛的.

已知 $\sum\limits_{n=2}^{\infty}\left|\dfrac{\mathrm{i}^n}{\ln n}\right|=\sum\limits_{n=2}^{\infty}\dfrac{1}{\ln n}$, 且 $\ln n=\ln[1+(n-1)]<n-1(n>1)$, 故有 $\dfrac{1}{\ln n}>\dfrac{1}{n-1}$. 而 $\sum\limits_{n=2}^{\infty}\dfrac{1}{n-1}$ 为调和级数, 故是发散的. 由正项级数的比较判别法可知, 级数 $\sum\limits_{n=2}^{\infty}\dfrac{1}{\ln n}$ 是发散的.

综上所述可知 $\sum\limits_{n=2}^{\infty}\dfrac{\mathrm{i}^n}{\ln n}$ 是条件收敛的.

(2) 已知 $3+5\mathrm{i}=\sqrt{34}(\cos\theta+\mathrm{i}\sin\theta),\theta=\arctan\dfrac{5}{3}$, 于是有
$$z_n=\frac{1}{n!}(3+5\mathrm{i})^n=\frac{(\sqrt{34})^n}{n!}(\cos\theta+\mathrm{i}\sin\theta)^n=\frac{(\sqrt{34})^n}{n!}(\cos n\theta+\mathrm{i}\sin n\theta)$$

由 $\left|\dfrac{z_{n+1}}{z_n}\right|=\dfrac{(\sqrt{34})^{n+1}}{(n+1)!}\dfrac{n!}{(\sqrt{34})^n}=\dfrac{\sqrt{34}}{n+1}\to 0(n\to\infty)$, 可知 $\sum\limits_{n=1}^{\infty}\left|\dfrac{(3+5\mathrm{i})^n}{n!}\right|$ 收敛, 故原级数绝对收敛.

4.1.3 复变函数项级数

给定一个复变函数序列 $\{f_n(z)\}$, 其中 $f_n(z),n=1,2,\cdots$, 均在集合 E 上有定义, 称下述表达式
$$f_1(z)+f_2(z)+\cdots+f_n(z)+\cdots$$
为**复变函数项级数**, 记作 $\sum\limits_{n=1}^{\infty}f_n(z)$.

设 z_0 为 E 上固定点, 则 $\sum\limits_{n=1}^{\infty}f_n(z_0)$ 为一复数项级数. 若 $\sum\limits_{n=1}^{\infty}f_n(z_0)$ 收敛, 则称

$\sum_{n=1}^{\infty} f_n(z)$ 在点 z_0 处收敛. 反之, 则称 $\sum_{n=1}^{\infty} f_n(z)$ 在点 z_0 处发散. 复变函数项级数 $\sum_{n=1}^{\infty} f_n(z)$ 可能在集合 E 上的一些点处收敛, 而在另一些点处发散. 级数 $\sum_{n=1}^{\infty} f_n(z)$ 的收敛点的全体称为它的**收敛域**, 记作 D. 另记 $\sum_{n=1}^{\infty} f_n(z)$ 的部分和为

$$s_n(z) = f_1(z) + f_2(z) + \cdots + f_n(z)$$

于是在收敛域 D 上得到一个复变函数

$$s(z) = \lim_{n\to\infty} s_n(z), \quad z \in D$$

称为复变函数项级数 $\sum_{n=1}^{\infty} f_n(z)$ 的**和函数**, 记作 $s(z) = \sum_{n=1}^{\infty} f_n(z)$.

下面引入复变函数项级数一致收敛的概念, 它是研究复变函数项级数的有力工具.

定义 4.1.5 给定复变函数项级数 $\sum_{n=1}^{\infty} f_n(z)$, 其中复变函数 $f_n(z)(n = 1, 2, \cdots)$ 均定义在集合 E 上. 若对于 $\forall \varepsilon > 0$, 存在一个充分大的且仅与 ε 有关的正整数 $N = N(\varepsilon)$, 当 $n > N$ 时, 有

$$|s(z) - s_n(z)| < \varepsilon$$

在 E 上恒成立. 称级数 $\sum_{n=1}^{\infty} f_n(z)$ 在集合 E 上一致收敛于和函数 $s(z)$.

定理 4.1.6 若复变函数 $f_n(z)(n = 1, 2, \cdots)$ 均定义在集合 E 上, 且有不等式 $|f_n(z)| \leqslant M_n(n = 1, 2, \cdots)$ 成立. 如果正项级数 $\sum_{n=1}^{\infty} M_n$ 收敛, 则复变函数项级数 $\sum_{n=1}^{\infty} f_n(z)$ 在集合 E 上一致收敛.

证明 对于集合 E 上任意固定点 z, 由定理中的条件有 $|f_n(z)| \leqslant M_n, n = 1, 2, \cdots$, 且正项级数 $\sum_{n=1}^{+\infty} M_n$ 收敛. 由正项级数的比较判别法知 $\sum_{n=1}^{\infty} f_n(z)$ 在集合 E 上处处收敛, 其和为定义在 E 上的函数 $s(z)$. 另一方面, 由 $\sum_{n=1}^{\infty} M_n$ 的收敛性, 对于 $\forall \varepsilon > 0, \exists N = N(\varepsilon) \in \mathbb{N}$, 当 $n > N$ 时, 有

$$\sum_{k=n+1}^{\infty} M_k < \varepsilon$$

于是

$$\begin{aligned}|s(z)-s_n(z)|&=\left|\sum_{k=1}^{\infty}f_k(z)-\sum_{k=1}^{n}f_k(z)\right|=|f_{n+1}(z)+f_{n+2}(z)+\cdots|\\&\leqslant|f_{n+1}(z)|+|f_{n+2}(z)|+\cdots\leqslant\sum_{k=n+1}^{\infty}M_k<\varepsilon,\quad z\in E\end{aligned}$$

由定义 4.1.5 知, 此时复变函数项级数 $\sum_{n=1}^{\infty}f_n(z)$ 在集合 E 上一致收敛.

定理 4.1.7 若复变函数 $f_n(z)(n=1,2,\cdots)$ 均在区域 D 内连续, 且级数 $\sum_{n=1}^{\infty}f_n(z)$ 在 D 内一致收敛于和函数 $s(z)$, 则 $s(z)$ 在 D 内处处连续.

证明 设 z_0 是 D 内的任意一点, 由级数 $\sum_{n=1}^{\infty}f_n(z)$ 在 D 内一致收敛于 $s(z)$ 以及定义 4.1.5 知, 对于 $\forall\varepsilon>0, \exists N\in\mathbb{N}$, 当 $n>N$ 时, 有

$$\left|\sum_{k=1}^{\infty}f_k(z)-s_n(z)\right|<\frac{\varepsilon}{4},\quad z\in D$$

成立. 另一方面, 对于固定的 $n(>N)$, 由 $s_n(z)=f_1(z)+f_2(z)+\cdots+f_n(z)$ 的连续性可知, $\exists\delta>0$, 当 $|z-z_0|<\delta$ 时 (当然要求 δ 充分小, 使得 $N(z_0,\delta)\subset D$), 有

$$|s_n(z)-s_n(z_0)|<\frac{\varepsilon}{2}$$

成立. 于是当 $|z-z_0|<\delta$ 时, 有如下不等式:

$$\begin{aligned}|s(z)-s(z_0)|&\leqslant|s(z)-s_n(z)|+|s_n(z)-s_n(z_0)|+|s_n(z_0)-s(z_0)|\\&\leqslant\frac{\varepsilon}{4}+\frac{\varepsilon}{2}+\frac{\varepsilon}{4}=\varepsilon\end{aligned}$$

成立. 由复变函数的连续性定义, 知 $s(z)$ 在 z_0 点连续. 而 z_0 是 D 内的任意点, 故函数 $s(z)$ 在区域 D 内处处连续.

定理 4.1.8 若复变函数 $f_n(z)(n=1,2,\cdots)$ 均在光滑或逐段光滑曲线 C 上连续, 且级数 $\sum_{n=1}^{\infty}f_n(z)$ 在 C 上一致收敛于和函数 $s(z)$, 则 $s(z)$ 在 C 上可积, 并且有

$$\int_C\sum_{n=1}^{\infty}f_n(z)\mathrm{d}z=\int_C s(z)\mathrm{d}z=\sum_{n=1}^{\infty}\int_C f_n(z)\mathrm{d}z\tag{4.1.2}$$

成立.

证明 由定理 4.1.7, 可知函数 $s(z)$ 在曲线 C 上连续. 因为 $\sum\limits_{n=1}^{\infty} f_n(z)$ 在 C 上一致收敛于和函数 $s(z)$, 所以对于 $\forall\varepsilon>0$, $\exists N\in\mathbb{N}$, 使得当 $n>N$ 时, 有

$$\left|\sum_{k=1}^{n} f_k(z)-s(z)\right|<\frac{\varepsilon}{L}$$

在 C 上成立, 其中 L 是曲线 C 的长度.

从而当 $n>N$ 时, 有

$$\begin{aligned}\left|\sum_{k=1}^{n}\int_C f_n(z)\mathrm{d}z-\int_C s(z)\mathrm{d}z\right| &= \left|\int_C\left[\sum_{k=1}^{n} f_k(z)-s(z)\right]\mathrm{d}z\right| \\ &\leqslant \int_C\left|\sum_{k=1}^{n} f_k(z)-s(z)\right|\mathrm{d}s<\frac{\varepsilon}{L}\cdot L=\varepsilon\end{aligned}$$

即

$$\sum_{n=1}^{\infty}\int_C f_n(z)\mathrm{d}z=\int_C s(z)\mathrm{d}z$$

式 (4.1.2) 表明, 在定理 4.1.8 的条件下, 求和与求积分可以交换次序, 即可**逐项积分**.

定理 4.1.9 若复变函数 $f_n(z)=1,2,\cdots$ 均在区域 D 内解析, 且级数 $\sum\limits_{n=1}^{\infty} f_n(z)$ 在 D 内一致收敛于和函数 $s(z)$, 则 $s(z)$ 在 D 内解析, 并且有

$$s^{(p)}(z)=\sum_{n=1}^{\infty} f_n^{(p)}(z)\quad z\in D, p=1,2,\cdots \tag{4.1.3}$$

成立.

证明 对于 $\forall z_0\in D, \exists\overline{N(z_0,\delta)}=\{z:|z-z_0|\leqslant\delta\}\subset D$. 若 C 为开圆盘 $N(z_0,\delta)$ 内任一闭曲线, 则由柯西积分定理, 得

$$\int_C f_n(z)\mathrm{d}z=0,\quad n=1,2,\cdots$$

再由条件知 $\sum\limits_{n=1}^{\infty} f_n(z)$ 在 $\overline{N(z_0,\delta)}\subset D$ 上一致收敛, 且 $f_n(z)$ 是连续的. 由定理 4.1.7 知, 和函数 $s(z)$ 在 $\overline{N(z_0,\delta)}$ 上连续. 从而由定理 4.1.8 得

$$\int_C s(z)\mathrm{d}z=\sum_{n=1}^{\infty}\int_C f_n(z)\mathrm{d}z=0$$

由定理 3.3.4(莫累拉定理) 知, 和函数 $s(z)$ 在 $N(z_0,\delta)$ 内解析, 特别 $s(z)$ 在点 z_0 处解析. 由 z_0 的任意性, 故 $s(z)$ 在区域 D 内解析.

下面证明式 (4.1.3). 对于 $\forall z_0\in D, \exists\overline{N(z_0,\delta)}\subset D$, 其中 $\overline{N(z_0,\delta)}$ 的边界是圆周 $C{:}|z-z_0|=\delta$. 由定理 3.3.2, 有

$$\left.\begin{aligned}s^{(p)}(z_0)&=\frac{p!}{2\pi\mathrm{i}}\int_C\frac{s(\zeta)}{(\zeta-z_0)^{p+1}}\mathrm{d}\zeta\\ f_n^{(p)}(z_0)&=\frac{p!}{2\pi\mathrm{i}}\int_C\frac{f_n(\zeta)}{(\zeta-z_0)^{p+1}}\mathrm{d}\zeta\end{aligned}\right.\qquad p=1,2,\cdots$$

由假设知, 在曲线 C 上级数

$$\sum_{n=1}^{\infty}\frac{f_n(\zeta)}{(\zeta-z_0)^{p+1}}=\frac{s(\zeta)}{(\zeta-z_0)^{p+1}}$$

是一致收敛的. 于是由定理 4.1.8, 有

$$\sum_{n=1}^{\infty}\int_C\frac{f_n(\zeta)}{(\zeta-z_0)^{p+1}}\mathrm{d}\zeta=\int_C\frac{s(\zeta)}{(\zeta-z_0)^{p+1}}\mathrm{d}\zeta$$

将等式两边同乘以 $\dfrac{p!}{2\pi\mathrm{i}}$, 从而得

$$s^{(p)}(z_0)=\sum_{n=1}^{\infty}f_n^{(p)}(z_0)\quad(p=1,2,\cdots)$$

可见在定理 4.1.9 条件下, 式 (4.1.3) 表明求和与求导可以交换次序, 即**可逐项求导**.

4.2 幂 级 数

本节我们研究一种特殊类型的复变函数项级数 —— 幂级数的一般性质及运算.

4.2.1 幂级数的概念

如果在复变函数项级数 $\sum\limits_{n=1}^{\infty}f_n(z)$ 中取 $f_n(z)=a_{n-1}(z-z_0)^{n-1}$, 其中 $z_0,a_n,n=0,1,2,\cdots$, 均为复常数, 则得如下类型的函数项级数

$$a_0+a_1(z-z_0)+a_2(z-z_0)^2+\cdots+a_n(z-z_0)^n+\cdots\tag{4.2.1}$$

称为**幂级数**, 简记作 $\sum\limits_{n=0}^{\infty} a_n(z-z_0)^n$. 令 $z_0=0$, 得幂级数

$$\sum_{n=0}^{\infty} a_n z^n = a_0 + a_1 z + a_2 z^2 + \cdots + a_n z^n + \cdots \tag{4.2.2}$$

此处主要讨论幂级数 (4.2.2). 事实上, 我们只需作平移变换, 有关幂级数 (4.2.2) 的一切结论都可以转移到幂级数 (4.2.1) 上去.

下面的阿贝尔 (Abel) 定理展示了幂级数的收敛特性.

定理 4.2.1 (1) 若级数 (4.2.2) 在点 $z_0(\neq 0)$ 处收敛, 则它在以原点为圆心、$|z_0|$ 为半径的圆周内收敛且绝对收敛, 在所有半径小于 $|z_0|$ 的闭同心圆盘 $|z| \leqslant \rho|z_0|$ $(0<\rho<1)$ 上一致收敛; (2) 若级数 (4.2.2) 在点 $z_0(\neq 0)$ 处发散, 则它在满足 $|z|>|z_0|$ 的点 z 处发散.

证明 (1) 若 $z_0 \neq 0$, 且级数 $\sum\limits_{n=0}^{\infty} a_n z_0^n$ 收敛, 则它的一般项 $a_n z_0^n$ 趋于零, 于是序列 $\{a_n z_0^n\}$ 有界, 即存在常数 $M>0$, 使得 $|a_n z_0^n| \leqslant M, n=1,2,\cdots$. 当 $|z|<|z_0|$ 时, 有

$$|a_n z^n| = \left|a_n z_0^n \frac{z^n}{z_0^n}\right| = |a_n z_0^n| \left|\frac{z}{z_0}\right|^n \leqslant M q^n$$

这里 $q=|z/z_0|<1$, 故级数 $\sum\limits_{n=0}^{\infty} M q^n$ 收敛. 所以 $\sum\limits_{n=0}^{\infty} a_n z^n$ 在 $|z|<|z_0|$ 内绝对收敛, 而绝对收敛的级数其本身一定收敛. 当 $|z| \leqslant \rho|z_0|(0<\rho<1)$ 时, 则有

$$|a_n z^n| \leqslant M \rho^n$$

由定理 4.1.6 知 $\sum\limits_{n=0}^{\infty} a_n z^n$ 在闭圆盘 $|z| \leqslant \rho|z_0|$ 上一致收敛.

(2) 反证法: 若级数 (4.2.2) 在点 $z_0 \neq 0$ 发散, 且对于 $|z|>|z_0|$ 内的某一点 $z'(|z'|>|z_0|)$ 处收敛, 由 (1) 的结论知 $\sum\limits_{n=0}^{\infty} a_n z^n$ 必在点 z_0 处收敛, 此与假设矛盾, 故 (2) 得证.

4.2.2 幂级数的收敛圆与收敛半径

利用定理 4.2.1, 可以确定幂级数的收敛范围. 对于任何一个形如式 (4.2.2) 的幂级数而言, 它的收敛情况有下述三种.

(1) 对于正实轴上的所有点处处都是发散的, 根据定理 4.2.1 可知级数 (4.2.2) 在复平面上除原点外处处发散;

(2) 对于正实轴上的所有点处处都是收敛的, 根据定理 4.2.1 可知级数 (4.2.2) 在整个复平面上处处收敛, 而且是绝对收敛的;

(3) 对于正实轴上的点, 既有使级数 (4.2.2) 收敛的点, 也有使级数 (4.2.2) 发散的点. 设 $z = R_1(>0)$ 时, 级数 (4.2.2) 收敛, $z = R_2(>0)$ 时, 级数 (4.2.2) 发散. 根据定理 4.2.1, 级数 (4.2.2) 在以原点为圆心, 正数 R_1 为半径的圆周 C_{R_1} 内是处处收敛的, 而且是绝对收敛的, 在以原点为圆心, 正数 R_2 为半径的圆周 C_{R_2} 外处处发散. 显然, $R_1 < R_2$, 否则级数 (4.2.2) 在 R_1 点处发散. 现在设想把 z 平面上级数收敛的部分染成黄色, 发散的部分染成红色. 由于此时幂级数 (4.2.2) 在正实轴上的收敛点的全体是一个有上界的数集 (R_2 即为这个数集的一个上界), 故必有上确界, 记为 R. 当 R_1 在 R 的左侧逐渐接近于 R 时, C_{R_1} 必定逐渐接近于以原点为圆心, 以 R 为半径的圆周 C_R, 在 C_R 的内部皆为黄色, 外部皆为红色. 这个黄、红两色的分界圆周 C_R 称为幂级数 (4.2.2) 的**收敛圆**(图 4.2.1). 在收敛圆的内部, 幂级数 (4.2.2) 绝对收敛; 在收敛圆的外部, 幂级数 (4.2.2) 发散. 收敛圆的半径 R 称为**收敛半径**, 而在收敛圆周 C_R 上是收敛还是发散的, 不能作出一般的结论, 要对于具体的幂级数进行具体分析.

对于形如式 (4.2.1) 的幂级数, 可知它一定在以 $z = z_0$ 为圆心的某个圆盘内处处收敛, 在圆盘的边界 (收敛圆) 上是收敛还是发散的, 同样不能作出一般的结论, 而在收敛圆的外部则处处发散.

为了统一, 我们也规定情况 (1) 的幂级数的收敛半径为 $R = 0$; 情况 (2) 的幂级数的收敛半径 $R = +\infty$.

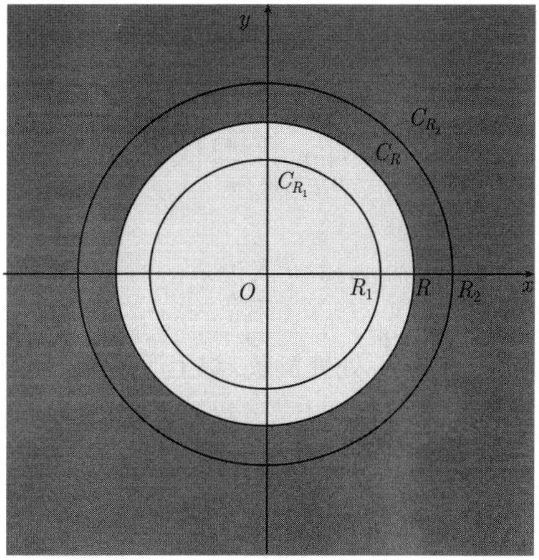

图 4.2.1

说明: ▇代表红色; ▒代表黄色

定理 4.2.2 (达朗贝尔 (d'Alembert) 法则或检比法) 对于幂级数 (4.2.1), 若极限 $\lim\limits_{n\to\infty}\left|\dfrac{a_{n+1}}{a_n}\right| = \lambda$(包括为 0 或 $+\infty$ 的情形), 则它的收敛半径

$$R = \begin{cases} +\infty, & \lambda = 0 \\ \dfrac{1}{\lambda}, & 0 < \lambda < +\infty \\ 0, & \lambda = +\infty \end{cases} \tag{4.2.3}$$

*证明 当 $0 < \lambda < +\infty$ 时, 由于

$$\lim_{n\to\infty}\frac{|a_{n+1}||z-z_0|^{n+1}}{|a_n||z-z_0|^n} = \lim_{n\to\infty}\left|\frac{a_{n+1}}{a_n}\right||z-z_0| = \lambda|z-z_0|$$

故知当 $|z-z_0| < \dfrac{1}{\lambda}$ 时, 级数 $\sum\limits_{n=0}^{\infty}|a_n||z-z_0|^n$ 收敛. 根据定理 4.1.5, 幂级数 $\sum\limits_{n=0}^{\infty}a_n(z-z_0)^n$ 在圆 $|z-z_0| = \dfrac{1}{\lambda}$ 内处处收敛.

再证当 $|z-z_0| > \dfrac{1}{\lambda}$ 时, 级数 $\sum\limits_{n=0}^{\infty}a_n(z-z_0)^n$ 发散. 设在圆 $|z-z_0| = \dfrac{1}{\lambda}$ 外有一点 z', 使级数 $\sum\limits_{n=0}^{\infty}a_n(z'-z_0)^n$ 收敛. 在圆外再取一点 z'', 使 $|z''-z_0| < |z'-z_0|$, 那么根据阿贝尔定理, 级数 $\sum\limits_{n=0}^{\infty}|a_n||z''-z_0|^n$ 收敛, 然而 $|z''-z_0| > \dfrac{1}{\lambda}$, 所以

$$\lim_{n\to\infty}\frac{|a_{n+1}||z''-z_0|^{n+1}}{|a_n||z''-z_0|^n} = \lim_{n\to\infty}\left|\frac{a_{n+1}}{a_n}\right||z''-z_0| = \lambda|z''-z_0| > 1$$

从而 $\lim\limits_{n\to\infty}|a_n||z''-z_0|^n \neq 0$, 这与级数 $\sum\limits_{n=0}^{\infty}|a_n||z''-z_0|^n$ 收敛相矛盾, 因而级数 $\sum\limits_{n=0}^{\infty}a_n(z-z_0)^n$ 在圆 $|z-z_0| = \dfrac{1}{\lambda}$ 处处发散. 综上所述, 知幂级数 (4.2.1) 的收敛半径 $R = \dfrac{1}{\lambda}$.

当 $\lambda = 0$ 时, 对于任何复数 z, 极限

$$\lim_{n\to\infty}\frac{|a_{n+1}||z-z_0|^{n+1}}{|a_n||z-z_0|^n} = \lim_{n\to\infty}\left|\frac{a_{n+1}}{a_n}\right||z-z_0| = \lambda|z-z_0| = 0$$

从而知级数 $\sum_{n=0}^{\infty}|a_n||z-z_0|^n$ 收敛, 从而级数 $\sum_{n=0}^{\infty}a_n(z-z_0)^n$ 在复平面内处处收敛, 即 $R=+\infty$.

当 $\lambda=+\infty$ 时, 对于任何复数 $z\neq z_0$, 极限

$$\lim_{n\to\infty}\frac{|a_{n+1}||z-z_0|^{n+1}}{|a_n||z-z_0|^n}=\lim_{n\to\infty}\left|\frac{a_{n+1}}{a_n}\right||z-z_0|=+\infty$$

从而知 $\lim_{n\to\infty}a_n(z-z_0)^n\neq 0$. 根据定理 4.1.4, 级数 $\sum_{n=0}^{\infty}a_n(z-z_0)^n$ 发散, 即 $R=0$.

定理 4.2.3(柯西法则或检根法)　对于幂级数 (4.2.1), 若极限 $\lim_{n\to\infty}\sqrt[n]{|a_n|}=\lambda$(包括 λ 为 0 或 $+\infty$ 的情形), 则它的收敛半径

$$R=\begin{cases}+\infty, & \lambda=0\\ \dfrac{1}{\lambda}, & 0<\lambda<+\infty\\ 0, & \lambda=+\infty\end{cases}$$

证明从略.

例 4.2.1　试求 $\sum_{n=0}^{\infty}z^n$ 的收敛半径 R.

解　由例 4.1.3, 知幂级数 $\sum_{n=0}^{\infty}z^n$ 在 $|z|<1$ 内处处收敛于和函数 $s(z)=\dfrac{1}{1-z}$, 当 $|z|\geqslant 1$ 时处处发散, 因此 $\sum_{n=0}^{\infty}z^n$ 的收敛圆为以 $z=0$ 为圆心的单位圆盘, 故 $R=1$.

例 4.2.2　试求 $\sum_{n=1}^{\infty}\dfrac{n^n}{n!}z^n$ 的收敛半径 R.

解　因为

$$\lim_{n\to\infty}\left|\frac{a_{n+1}}{a_n}\right|=\lim_{n\to\infty}\left(1+\frac{1}{n}\right)^n=\mathrm{e}$$

故由定理 4.2.2 得收敛半径 $R=\dfrac{1}{\mathrm{e}}$. 或者由于

$$\begin{aligned}\frac{n^n}{n!}&<1+\frac{n}{1!}+\frac{n^2}{2!}+\cdots+\frac{n^{n-1}}{(n-1)!}+\frac{n^n}{n!}\left[1+\frac{n}{n+1}+\frac{n^2}{(n+1)(n+2)}+\cdots\right]\\&=\mathrm{e}^n<n\frac{n^n}{n!}+\frac{n^n}{n!}\left[1+\frac{n}{n+1}+\left(\frac{n}{n+1}\right)^2+\cdots\right]=n\frac{n^n}{n!}+\frac{n^n}{n!}(n+1)\\&=(2n+1)\frac{n^n}{n!}\end{aligned}$$

从而

$$\frac{\mathrm{e}^n}{2n+1} < \frac{n^n}{n!} < \mathrm{e}^n$$

$$\mathrm{e} = \lim_{n\to\infty} \sqrt[n]{\frac{\mathrm{e}^n}{2n+1}} \leqslant \lim_{n\to\infty} \sqrt[n]{\frac{n^n}{n!}} \leqslant \lim_{n\to\infty} \sqrt[n]{\mathrm{e}^n} = \mathrm{e}$$

即 $\lim\limits_{n\to\infty} \sqrt[n]{\dfrac{n^n}{n!}} = \mathrm{e}$. 由定理 4.2.3 得收敛半径 $R = \dfrac{1}{\mathrm{e}}$.

例题讲解

例 4.2.3 试求 $\sum\limits_{n=1}^{\infty} \dfrac{z^n}{n^3}$ 的收敛半径 R.

解 因为

$$\lim_{n\to\infty} \left|\frac{a_{n+1}}{a_n}\right| = \lim_{n\to\infty} \left(\frac{n}{n+1}\right)^3 = 1$$

故由定理 4.2.2 得收敛半径 $R = 1$.

由上面例子可知, $\sum\limits_{n=0}^{\infty} z^n$ 的收敛半径 $R = 1$, 但是在收敛圆 $|z| = 1$ 上处处发散. 另一方面, $\sum\limits_{n=1}^{\infty} \dfrac{z^n}{n^3}$ 的收敛半径 $R = 1$, 但是在收敛圆 $|z| = 1$ 上级数却是处处收敛的. 这是因为 $|z| = 1$ 时, P 级数 $\sum\limits_{n=1}^{\infty} \left|\dfrac{z^n}{n^3}\right| = \sum\limits_{n=1}^{\infty} \dfrac{1}{n^3}$ 是收敛的. 我们再考虑 $\sum\limits_{n=1}^{\infty} \dfrac{z^n}{n}$, 它的收敛半径 $R = \dfrac{1}{\lim\limits_{n\to\infty} |a_{n+1}/a_n|} = \lim\limits_{n\to\infty} \dfrac{n+1}{n} = 1$, 它在收敛圆上的点 $z = 1$ 处是发散的, 而在点 $z = -1$ 处却是收敛的. 可见幂级数在它的收敛圆上的敛散情况的复杂性.

4.2.3 幂级数的性质

在 4.2.1 节中我们已经知道幂级数的和函数是定义在收敛圆盘内的一个函数. 下面我们继续讨论幂级数的和函数在收敛圆盘内所具有的性质.

定理 4.2.4 设级数 (4.2.2) 的收敛半径为 $R > 0$, 则它的和函数 $s(z)$ 在 $|z| < R$ 内解析, 并且

$$s^{(k)}(z) = k!a_k + \frac{(k+1)!}{1!} a_{k+1} z + \frac{(k+2)!}{2!} a_{k+2} z^2 + \cdots, \quad k = 1, 2, 3, \cdots \tag{4.2.4}$$

证明 对于收敛圆盘内的任一点 $z_0(|z_0| < R)$, 一定存在常数 $r(|z_0| < r < R)$. 当 $|z| \leqslant r$ 时有

$$|a_n z^n| \leqslant |a_n| r^n, \quad n = 0, 1, 2, \cdots$$

且级数 (4.2.2) 在 $z=r$ 处绝对收敛. 由定理 4.1.6 可推出级数 (4.2.2) 在 $|z|\leqslant r$ 上一致收敛. 再由定理 4.1.9 可进一步推出其和函数 $s(z)$ 在 $|z|<r$ 内解析, 并且

$$s'(z)=a_1+\frac{2!}{1!}a_2z+\frac{3!}{2!}a_3z^2+\cdots,\quad |z|<r$$

重复上面的讨论可得

$$s^{(k)}(z)=k!a_k+\frac{(k+1)!}{1!}a_{k+1}z+\frac{(k+2)!}{2!}a_{k+2}z^2+\cdots,\quad |z|<r$$

由于 $|z_0|<r$, 故知 $s(z)$ 在 z_0 点解析, 并且

$$s^{(k)}(z_0)=k!a_k+\frac{(k+1)!}{1!}a_{k+1}z_0+\frac{(k+2)!}{2!}a_{k+2}z_0^2+\cdots$$

由 z_0 的任意性, 可推出 $s(z)$ 在 $|z|<R$ 内解析, 并且有式 (4.2.4) 成立.

定理 4.2.5 设级数 (4.2.2) 的收敛半径为 $R>0, C$ 为收敛圆盘 $|z|<R$ 内的任一条光滑曲线, 则级数 (4.2.2) 的和函数 $s(z)$ 在 C 上可积, 并且

$$\int_C\sum_{n=0}^{\infty}a_nz^n\mathrm{d}z=\int_C s(z)\mathrm{d}z=\sum_{n=0}^{\infty}\int_C a_nz^n\mathrm{d}z \tag{4.2.5}$$

证明 $a_nz^n(n=0,1,2,\cdots)$ 在 C 上的连续性显然. 与定理 4.2.4 的证明类似, 我们总可找到一个以原点为圆心、某一正数 $r(0<r<R)$ 为半径的闭圆盘, 使得级数 (4.2.2) 在其上一致收敛, 并且 C 落在该圆盘上, 从而级数 (4.2.2) 在 C 上必定一致收敛. 根据定理 4.1.8 知和函数 $s(z)$ 在 C 上可积, 并且有式 (4.2.5) 成立.

例 4.2.4 将函数 $f(z)=\ln(1-z)$ 表示成形如 $\sum\limits_{n=0}^{\infty}a_nz^n$ 的幂级数.

解 已知当 $|z|<1$ 时有

$$\frac{1}{1-z}=1+z+z^2+\cdots+z^n+\cdots$$

C 为从原点出发到点 z 且完全落在单位圆盘内的任一光滑曲线. 由定理 4.2.5 得

$$\begin{aligned}\ln(1-z)&=-\int_C\frac{\mathrm{d}z}{1-z}=-\int_C(1+z+z^2+\cdots+z^n+\cdots)\mathrm{d}z\\&=-\int_C\sum_{n=0}^{\infty}z^n\mathrm{d}z=-\sum_{n=0}^{\infty}\int_C z^n\mathrm{d}z\\&=-\sum_{n=0}^{\infty}\frac{z^{n+1}}{n+1},\quad |z|<1\end{aligned}$$

例 4.2.5 将函数 $f(z)=\dfrac{-1}{(1+z)^2}$ 表示成形如 $\sum\limits_{n=0}^{\infty}a_nz^n$ 的幂级数.

解 由求导公式可知 $\dfrac{-1}{(1+z)^2}=\left(\dfrac{1}{1+z}\right)'$, 且当 $|z|<1$ 时, 有如下展开式

$$\frac{1}{1+z}=1-z+z^2-\cdots+(-1)^nz^n+\cdots$$

根据定理 4.2.4 得

$$\begin{aligned}\frac{-1}{(1+z)^2}&=\left(\frac{1}{1+z}\right)'=[1-z+z^2-\cdots+(-1)^nz^n+\cdots]'\\&=\left[\sum_{n=0}^{\infty}(-1)^nz^n\right]'=\sum_{n=0}^{\infty}[(-1)^nz^n]'\\&=\sum_{n=0}^{\infty}(-1)^{n+1}(n+1)z^n,\quad |z|<1\end{aligned}$$

4.2.4 幂级数的运算

设级数 $\sum\limits_{n=0}^{\infty}\alpha_nz^n$ 的收敛半径为 $R_1>0$, 级数 $\sum\limits_{n=0}^{\infty}\beta_nz^n$ 的收敛半径为 $R_2>0$, 定义幂级数的运算如下:

加减法
$$\left(\sum_{n=0}^{\infty}\alpha_nz^n\right)\pm\left(\sum_{n=0}^{\infty}\beta_nz^n\right)=\sum_{n=0}^{\infty}(\alpha_n\pm\beta_n)z^n \tag{4.2.6}$$

记 $\sum\limits_{n=0}^{\infty}(\alpha_n\pm\beta_n)z^n$ 的部分和为 $s_n(z)=\sum\limits_{k=0}^{n}(\alpha_k\pm\beta_k)z^k$, 则当 $|z|<\min\{R_1,R_2\}$ 时, $\lim\limits_{n\to\infty}s_n(z)=\lim\limits_{n\to\infty}\sum\limits_{k=0}^{n}(\alpha_k\pm\beta_k)z^k=\lim\limits_{n\to\infty}\sum\limits_{k=0}^{n}\alpha_kz^k\pm\lim\limits_{n\to\infty}\sum\limits_{k=0}^{n}\beta_kz^k$ 存在, 式 (4.2.6) 的右端级数此时是收敛的. 因而幂级数和或差的收敛半径 $R\geqslant\min\{R_1,R_2\}$.

乘法
$$\left(\sum_{n=0}^{\infty}\alpha_nz^n\right)\left(\sum_{n=0}^{\infty}\beta_nz^n\right)=\sum_{n=0}^{\infty}(\alpha_0\beta_n+\alpha_1\beta_{n-1}+\cdots+\alpha_n\beta_0)z^n \tag{4.2.7}$$

式 (4.2.7) 的右端级数称为级数 $\sum\limits_{n=0}^{\infty}\alpha_nz^n$ 与级数 $\sum\limits_{n=0}^{\infty}\beta_nz^n$ 的柯西乘积, 它的收敛半径 $R\geqslant\min\{R_1,R_2\}$. 柯西乘积的运算可由下面系数运算的无穷阵列式 (4.2.8) 表示.

	α_0	α_1	α_2	α_3	$\cdot$	$\cdot$	$\cdot$	α_n	$\cdot$	$\cdot$	$\cdot$
β_0	$\alpha_0\beta_0$	$\alpha_1\beta_0$	$\alpha_2\beta_0$	$\alpha_3\beta_0$	$\cdot$	$\cdot$	$\cdot$	$\alpha_n\beta_0$	$\cdot$	$\cdot$	$\cdot$
β_1	$\alpha_0\beta_1$	$\alpha_1\beta_1$	$\alpha_2\beta_1$	$\alpha_3\beta_1$	$\cdot$	$\cdot$	$\cdot$	$\alpha_n\beta_1$	$\cdot$	$\cdot$	$\cdot$
β_2	$\alpha_0\beta_2$	$\alpha_1\beta_2$	$\alpha_2\beta_2$	$\alpha_3\beta_2$	$\cdot$	$\cdot$	$\cdot$	$\alpha_n\beta_2$	$\cdot$	$\cdot$	$\cdot$
β_3	$\alpha_0\beta_3$	$\alpha_1\beta_3$	$\alpha_2\beta_3$	$\alpha_3\beta_3$	$\cdot$	$\cdot$	$\cdot$	$\alpha_n\beta_3$	$\cdot$	$\cdot$	$\cdot$
$\cdot$	$\cdot$	$\cdot$	$\cdot$	$\cdot$	$\cdot$	$\cdot$	$\cdot$	$\cdot$	$\cdot$	$\cdot$	$\cdot$
$\cdot$	$\cdot$	$\cdot$	$\cdot$	$\cdot$	$\cdot$	$\cdot$	$\cdot$	$\cdot$	$\cdot$	$\cdot$	$\cdot$
$\cdot$	$\cdot$	$\cdot$	$\cdot$	$\cdot$	$\cdot$	$\cdot$	$\cdot$	$\cdot$	$\cdot$	$\cdot$	$\cdot$
β_n	$\alpha_0\beta_n$	$\alpha_1\beta_n$	$\alpha_2\beta_n$	$\alpha_3\beta_n$	$\cdot$	$\cdot$	$\cdot$	$\alpha_n\beta_n$	$\cdot$	$\cdot$	$\cdot$
$\cdot$	$\cdot$	$\cdot$	$\cdot$	$\cdot$	$\cdot$	$\cdot$	$\cdot$	$\cdot$	$\cdot$	$\cdot$	$\cdot$
$\cdot$	$\cdot$	$\cdot$	$\cdot$	$\cdot$	$\cdot$	$\cdot$	$\cdot$	$\cdot$	$\cdot$	$\cdot$	$\cdot$
$\cdot$	$\cdot$	$\cdot$	$\cdot$	$\cdot$	$\cdot$	$\cdot$	$\cdot$	$\cdot$	$\cdot$	$\cdot$	$\cdot$

(4.2.8)

稍加观察, 可见柯西乘积中的 z 的幂的系数依次是 (4.2.8) 斜线上的元素之和, 例如, z^3 的系数为第三条斜线上的元素之和 $\alpha_0\beta_3+\alpha_1\beta_2+\alpha_2\beta_1+\alpha_3\beta_0$.

例 4.2.6 将函数 $f(z)=\dfrac{1}{z^3+z^2-z-1}$ 表示成形如 $\sum\limits_{n=0}^{\infty}a_nz^n$ 的幂级数.

解 由于

$$\frac{1}{z^3+z^2-z-1}=\frac{1}{z-1}\cdot\frac{1}{(1+z)^2}$$

$$\frac{1}{1-z}=\sum_{n=0}^{\infty}z^n,\quad \frac{-1}{(1+z)^2}=\sum_{n=0}^{\infty}(-1)^{n+1}(n+1)z^n,\quad |z|<1$$

下面求 $\dfrac{1}{1-z}$ 与 $\dfrac{-1}{(1+z)^2}$ 的幂级数展示式的柯西乘积, 利用式 (4.2.8) 得

	1	1	1	1	1	$\cdot$	$\cdot$	$\cdot$
-1	-1	-1	-1	-1	-1	$\cdot$	$\cdot$	$\cdot$
2	2	2	2	2	2	$\cdot$	$\cdot$	$\cdot$
-3	-3	-3	-3	-3	-3	$\cdot$	$\cdot$	$\cdot$
4	4	4	4	4	4	$\cdot$	$\cdot$	$\cdot$
-5	-5	-5	-5	-5	-5	$\cdot$	$\cdot$	$\cdot$
$\cdot$	$\cdot$	$\cdot$	$\cdot$	$\cdot$	$\cdot$	$\cdot$	$\cdot$	$\cdot$
$\cdot$	$\cdot$	$\cdot$	$\cdot$	$\cdot$	$\cdot$	$\cdot$	$\cdot$	$\cdot$
$\cdot$	$\cdot$	$\cdot$	$\cdot$	$\cdot$	$\cdot$	$\cdot$	$\cdot$	$\cdot$

$$\frac{1}{z^3+z^2-z-1}=-1+z-2z^2+2z^3-3z^4+3z^5+\cdots+(n+1)(z^{2n+1}-z^{2n})+\cdots$$
$$=\sum_{n=0}^{\infty}(n+1)(z^{2n+1}-z^{2n}),\quad |z|<1$$

除法 设级数 $\sum_{n=0}^{\infty}\alpha_n z^n$ 的收敛半径 $R_1>0$, 级数 $\sum_{n=0}^{\infty}\beta_n z^n$ 的收敛半径 $R_2>0$, 并且 $\beta_0\neq 0$. 若有幂级数 $\sum_{n=0}^{\infty}\gamma_n z^n$ 满足

$$\sum_{n=0}^{\infty}\alpha_n z^n=\left(\sum_{n=0}^{\infty}\beta_n z^n\right)\left(\sum_{n=0}^{\infty}\gamma_n z^n\right)$$

称级数 $\sum_{n=0}^{\infty}\gamma_n z^n$ 为级数 $\sum_{n=0}^{\infty}\alpha_n z^n$(被除式) 和级数 $\sum_{n=0}^{\infty}\beta_n z^n$(除式) 的商, 而求级数 $\sum_{n=0}^{\infty}\gamma_n z^n$ 的运算称为级数的除法. 由于 $\beta_0\neq 0$, 那么在点 $z=0$ 附近必有

$$\frac{\alpha_0+\alpha_1 z+\alpha_2 z^2+\cdots+\alpha_n z^n+\cdots}{\beta_0+\beta_1 z+\beta_2 z^2+\cdots+\beta_n z^n+\cdots}$$
$$=\gamma_0+\gamma_1 z+\gamma_2 z^2+\cdots+\gamma_n z^n+\cdots$$

下面我们采用长除法进行幂级数的除法, 得到商

$$\frac{\alpha_0}{\beta_0}+\frac{\alpha_1\beta_0-\alpha_0\beta_1}{\beta_0^2}z+\frac{\alpha_2\beta_0^2-\alpha_0\beta_0\beta_2-\alpha_1\beta_0\beta_1+\alpha_0\beta_1^2}{\beta_0^3}z^2+\cdots$$

经验算

$$\begin{aligned}
&(\beta_0+\beta_1 z+\beta_2 z^2+\beta_3 z^3+\cdots)\\
&\cdot\left(\frac{\alpha_0}{\beta_0}+\frac{\alpha_1\beta_0-\alpha_0\beta_1}{\beta_0^2}z+\frac{\alpha_2\beta_0^2-\alpha_0\beta_0\beta_2-\alpha_1\beta_0\beta_1+\alpha_0\beta_1^2}{\beta_0^3}z^2+\cdots\right)\\
=&\beta_0\frac{\alpha_0}{\beta_0}+\left(\beta_1\frac{\alpha_0}{\beta_0}+\beta_0\frac{\alpha_1\beta_0-\alpha_0\beta_1}{\beta_0^2}\right)z\\
&+\left(\beta_2\frac{\alpha_0}{\beta_0}+\beta_1\frac{\alpha_1\beta_0-\alpha_0\beta_1}{\beta_0^2}+\beta_0\frac{\alpha_2\beta_0^2-\alpha_0\beta_0\beta_2-\alpha_1\beta_0\beta_1+\alpha_0\beta_1^2}{\beta_0^3}\right)z^2+\cdots\\
=&\alpha_0+\alpha_1 z+\alpha_2 z^2+\cdots
\end{aligned}$$

知幂级数

$$\frac{\alpha_0}{\beta_0}+\frac{\alpha_1\beta_0-\alpha_0\beta_1}{\beta_0^2}z+\frac{\alpha_2\beta_0^2-\alpha_0\beta_0\beta_2-\alpha_1\beta_0\beta_1+\alpha_0\beta_1^2}{\beta_0^3}z^2+\cdots$$

为幂级数 $\sum\limits_{n=0}^{\infty}\alpha_n z^n$ 和幂级数 $\sum\limits_{n=0}^{\infty}\beta_n z^n$ 的商.

长除法的竖式为

$$
\begin{array}{l|l}
\alpha_0+\alpha_1 z+\alpha_2 z^2+\alpha_3 z^3+\cdots & \dfrac{\beta_0+\beta_1 z+\beta_2 z^2+\beta_3 z^3+\cdots}{\frac{\alpha_0}{\beta_0}+\frac{\alpha_1\beta_0-\alpha_0\beta_1}{\beta_0^2}z+\frac{\alpha_2\beta_0^2-\alpha_0\beta_0\beta_2-\alpha_1\beta_0\beta_1+\alpha_0\beta_1^2}{\beta_0^3}z^2+\cdots} \\
\alpha_0+\frac{\alpha_0\beta_1}{\beta_0}z+\frac{\alpha_0\beta_2}{\beta_0}z^2+\frac{\alpha_0\beta_3}{\beta_0}z^3+\cdots & \\
\hline
\frac{\alpha_1\beta_0-\alpha_0\beta_1}{\beta_0}z+\frac{\alpha_2\beta_0-\alpha_0\beta_2}{\beta_0}z^2+\frac{\alpha_3\beta_0-\alpha_0\beta_3}{\beta_0}z^3+\cdots & \\
\frac{\alpha_1\beta_0-\alpha_0\beta_1}{\beta_0}z+\frac{\alpha_1\beta_0-\alpha_0\beta_1}{\beta_0^2}\beta_1 z^2+\frac{\alpha_1\beta_0-\alpha_0\beta_1}{\beta_0^2}\beta_2 z^3+\cdots & \\
\hline
\frac{\alpha_2\beta_0^2-\alpha_0\beta_0\beta_2-\alpha_1\beta_0\beta_1+\alpha_0\beta_1^2}{\beta_0^2}z^2+\frac{\alpha_3\beta_0^2-\alpha_0\beta_0\beta_3-\alpha_1\beta_0\beta_2+\alpha_0\beta_1\beta_2}{\beta_0^2}z^3+\cdots &
\end{array}
$$

例 4.2.7 将函数 $f(z)=\dfrac{\ln(1+z)}{1-z+z^2}$ 表示成形如 $\sum\limits_{n=0}^{\infty}\alpha_n z^n$ 的幂级数.

解 已知

$$
\ln(1+z)=z-\frac{z^2}{2}+\frac{z^3}{3}-\cdots+(-1)^{n-1}\frac{z^n}{n}+\cdots,\quad |z|<1
$$

进行长除法

$$
\begin{array}{l|l}
z-\frac{1}{2}z^2+\frac{1}{3}z^3-\frac{1}{4}z^4+\cdots & \dfrac{1-z+z^2}{z+\frac{1}{2}z^2-\frac{1}{6}z^3-\frac{11}{12}z^4\cdots} \\
z-z^2+z^3 & \\
\hline
\quad\frac{1}{2}z^2-\frac{2}{3}z^3-\frac{1}{4}z^4+\cdots & \\
\quad\frac{1}{2}z^2-\frac{1}{2}z^3+\frac{1}{2}z^4 & \\
\hline
\qquad-\frac{1}{6}z^3-\frac{3}{4}z^4+\frac{1}{5}z^5\cdots & \\
\qquad-\frac{1}{6}z^3+\frac{1}{6}z^4-\frac{1}{6}z^5 & \\
\hline
\qquad\quad-\frac{11}{12}z^4+\frac{11}{30}z^5-\cdots & \\
\qquad\quad-\frac{11}{12}z^4+\frac{11}{12}z^5+\frac{11}{12}z^6 & \\
\hline
\qquad\qquad-\frac{11}{20}z^5+\cdots &
\end{array}
$$

故有

$$
\frac{\ln(1+z)}{1-z+z^2}=z+\frac{z^2}{2}-\frac{z^3}{6}-\frac{11}{12}z^4-\cdots,\quad |z|<1
$$

4.3 泰勒级数

4.3.1 泰勒 (Taylor) 展开定理

在 4.2 节里已经证明了任一幂级数的和函数在其收敛圆盘内解析. 现在借助于柯西积分公式, 我们可以证明任一在圆域内解析的函数都可以用幂级数来表示.

定理 4.3.1(泰勒展开定理) 设 $f(z)$ 在区域 D 内解析, z_0 是 D 内的一点, R 为 z_0 到 D 的边界的距离, 则当 $|z-z_0|<R$ 时, 有

$$f(z)=a_0+a_1(z-z_0)+a_2(z-z_0)^2+\cdots+a_n(z-z_0)^n+\cdots \tag{4.3.1}$$

其中, $a_n=\dfrac{1}{2\pi\mathrm{i}}\displaystyle\oint_{C_r}\frac{f(z)}{(z-z_0)^{n+1}}\mathrm{d}z=\frac{f^{(n)}(z_0)}{n!}$, $n=1,2,\cdots,C_r$ 为以 z_0 为圆心且落在 $|z-z_0|<R$ 内的任一圆周.

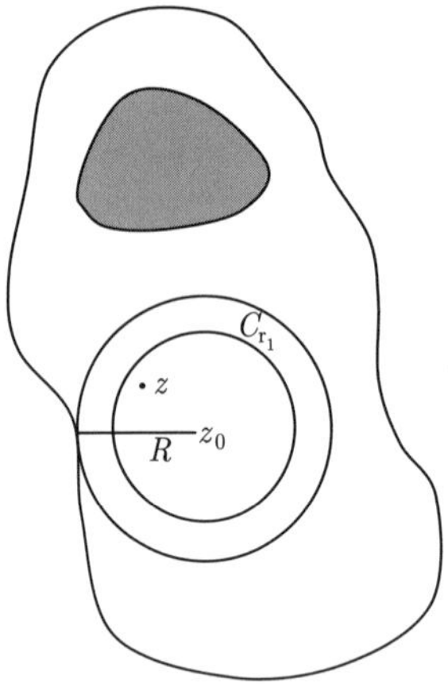

图 4.3.1

证明 设 z 是 $|z-z_0|<R$ 内的任一点, 考虑将 z 包含在其内的以 z_0 为圆心的圆周 $C_{r_1}\subset\{z:|z-z_0|<R\}$(图 4.3.1), 由柯西积分公式有

$$f(z)=\frac{1}{2\pi\mathrm{i}}\oint_{C_{r_1}}\frac{f(\zeta)}{\zeta-z}\mathrm{d}\zeta$$

而且

$$\begin{aligned}\frac{1}{\zeta-z}&=\frac{1}{\zeta-z_0+z_0-z}=\frac{1}{\zeta-z_0}\cdot\frac{1}{1-\dfrac{z-z_0}{\zeta-z_0}}\\&=\sum_{n=0}^{\infty}\frac{(z-z_0)^n}{(\zeta-z_0)^{n+1}}\\\frac{f(\zeta)}{\zeta-z}&=\sum_{n=0}^{\infty}f(\zeta)\frac{(z-z_0)^n}{(\zeta-z_0)^{n+1}}\end{aligned} \tag{4.3.2}$$

因为当 $\zeta\in C_{r_1}$ 时有

$$\begin{aligned}\left|f(\zeta)\frac{(z-z_0)^n}{(\zeta-z_0)^{n+1}}\right|&=|f(\zeta)|\frac{|z-z_0|^n}{|\zeta-z_0|^{n+1}}\\&\leqslant\max_{\zeta\in C_{r_1}}|f(\zeta)|\frac{|z-z_0|^n}{r_1^{n+1}}=M\frac{|z-z_0|^n}{r_1^{n+1}}\end{aligned}$$

其中 $M=\max\limits_{\zeta\in C_{r_1}}|f(\zeta)|$. 而等比级数 $\displaystyle\sum_{n=0}^{\infty}M\frac{|z-z_0|^n}{r_1^{n+1}}$ 收敛 $\left(\text{公比 }\dfrac{|z-z_0|}{r_1}<1\right)$, 由定理 4.1.6 知式 (4.3.2) 的右端函数项级数在 C_{r_1} 上一致收敛于函数 $\dfrac{f(\zeta)}{\zeta-z}$. 再根据

定理 4.1.8, 我们有

$$f(z)=\frac{1}{2\pi i}\oint_{C_{r_1}}\frac{f(\zeta)}{\zeta-z}d\zeta=\frac{1}{2\pi i}\oint_{C_{r_1}}\sum_{n=0}^{\infty}f(\zeta)\frac{(z-z_0)^n}{(\zeta-z_0)^{n+1}}d\zeta$$
$$=\sum_{n=0}^{\infty}\frac{1}{2\pi i}\oint_{C_{r_1}}\frac{f(\zeta)}{(\zeta-z_0)^{n+1}}d\zeta(z-z_0)^n$$

上述幂级数系数中的积分不依赖于半径 r_1. 事实上, 若 $r\neq r_1(0<r<R)$, 则由于复合闭路定理可以证明

$$\oint_{C_r}\frac{f(\zeta)}{(\zeta-z_0)^{n+1}}d\zeta=\oint_{C_{r_1}}\frac{f(\zeta)}{(\zeta-z_0)^{n+1}}d\zeta$$

于是得到

$$f(z)=\sum_{n=0}^{\infty}\frac{1}{2\pi i}\oint_{C_r}\frac{f(\zeta)}{(\zeta-z_0)^{n+1}}d\zeta(z-z_0)^n \tag{4.3.3}$$

这个等式对于圆 $|z-z_0|<R$ 内的任意点均成立. 那么根据解析函数的高阶导数公式, 即完成了定理 4.3.1 的证明.

同工科数学分析的情形相类似, 如果函数 $f(z)$ 在 z_0 点附近的某一圆域内表示成式 (4.3.3), 称式 (4.3.3) 为 $f(z)$ 在点 z_0 附近的泰勒展开式, 而式 (4.3.3) 的右端的幂级数称为 $f(z)$ 在点 z_0 的**泰勒级数**.

定理 4.3.1 表明 $f(z)$ 在点 z_0 解析, 则 $f(z)$ 在点 z_0 附近一定可以展开成幂级数. 反之, 若 $f(z)$ 在点 z_0 附近可用幂级数表示, 根据定理 4.2.4, $f(z)$ 在点 z_0 解析. 于是, 我们又得到函数在一点解析的充要条件.

定理 4.3.2 函数 $f(z)$ 在点 z_0 的解析当且仅当 $f(z)$ 在点 z_0 附近可用幂级数表示.

定理 4.3.3 若 $f(z)$ 在点 z_0 附近可用形如 $\sum\limits_{n=0}^{\infty}a_n(z-z_0)^n$ 的幂级数表示, 则此幂级数只能是 $f(z)$ 在点 z_0 的泰勒级数.

证明 设 $f(z)$ 在点 z_0 附近展开为幂级数

$$f(z)=a_0+a_1(z-z_0)+\cdots+a_n(z-z_0)^n+\cdots$$

令 $z=z_0$, 得 $f(z_0)=a_0$. 根据定理 4.2.4, 得

$$f'(z)=a_1+2a_2(z-z_0)+\cdots+na_n(z-z_0)^{n-1}+\cdots$$

令 $z=z_0$, 得 $f'(z_0)=a_1$. 同理可得

$$a_n = \frac{f^{(n)}(z_0)}{n!}, \quad n = 0, 1, 2, \cdots \tag{4.3.4}$$

定理 4.3.3 所刻画的性质称为解析函数的幂级数展开式的唯一性. 我们经常利用这一性质而采用多种多样的方法来求解析函数的幂级数展开式. 4.2 节里已通过举例介绍过几种方法, 如逐项积分、求导的方法, 利用幂级数的运算的方法等. 希望读者阅读本章有关内容时仔细体会、总结, 通过练习, 掌握展开的基本方法和基本技巧.

4.3.2 几个初等函数的幂级数展开式

由前已知下列常用函数的幂级数展开式

$$\frac{1}{1+z} = 1 - z + z^2 - \cdots + (-1)^n z^n + \cdots, \quad |z| < 1$$

$$\frac{1}{1-z} = 1 + z + z^2 + \cdots + z^n + \cdots, \quad |z| < 1$$

$$\ln(1+z) = z - \frac{z^2}{2} + \frac{z^3}{3} - \cdots + (-1)^{n-1}\frac{z^n}{n} + \cdots, \quad |z| < 1$$

下面我们通过求几个初等函数的幂级数展开式, 再介绍几种展开方法.

利用泰勒展开式 这是一个最基本的方法. 利用泰勒展开式求解析函数 $f(z)$ 在点 z_0 附近的幂级数展开式

$$f(z) = f(z_0) + \frac{f'(z_0)}{1!}(z - z_0) + \cdots + \frac{f^{(n)}(z_0)}{n!}(z - z_0)^n + \cdots$$

其本质问题是计算级数的系数 $\dfrac{f^{(n)}(z_0)}{n!}, n = 1, 2, \cdots$, 即计算函数 $f(z)$ 在点 z_0 处的各阶的导数.

例 4.3.1 求函数 $\mathrm{e}^z, \sin z$ 和 $\cos z$ 在点 $z_0 = 0$ 处的泰勒展开式.

解 由于 $(\mathrm{e}^z)^{(n)}|_{z=0} = \mathrm{e}^z|_{z=0} = 1, n = 0, 1, 2, \cdots$, 故

$$\mathrm{e}^z = 1 + \frac{z}{1!} + \frac{z^2}{2!} + \cdots + \frac{z^n}{n!} + \cdots \tag{4.3.5}$$

注意到 e^z 在整个 z 平面上处处解析, 故 e^z 的解析区域的边界为 ∞, 而原点到 ∞ 的距离 $R = +\infty$. 所以式 (4.3.5) 在整个 z 平面上处处成立.

由于

$$(\sin z)' = \cos z = \sin\left(z + \frac{\pi}{2}\right)$$

$$(\sin z)'' = \cos\left(z + \frac{\pi}{2}\right) = \sin\left(z + 2\frac{\pi}{2}\right), \cdots, (\sin z)^{(n)} = \sin\left(z + \frac{n\pi}{2}\right), \cdots$$

从而

$$(\sin z)^{(n)}|_{z=0} = \begin{cases} 0, & n = 2m \\ (-1)^m, & n = 2m+1 \end{cases}$$

于是

$$\sin z = z - \frac{z^3}{3!} + \frac{z^5}{5!} - \cdots + (-1)^m \frac{z^{2m+1}}{(2m+1)!} + \cdots, \quad |z| < +\infty$$

同理可求

$$\cos z = 1 - \frac{z^2}{2!} + \frac{z^4}{4!} - \cdots + (-1)^m \frac{z^{2m}}{(2m)!} + \cdots, \quad |z| < +\infty$$

待定系数法: 下面通过举例说明这种方法.

例 4.3.2 求函数 $f(z) = \tan z$ 在点 $z_0 = 0$ 处的泰勒展开式.

解 由于 $\tan z = \dfrac{\sin z}{\cos z}$, 且 $\sin z, \cos z$ 在点 $z_0 = 0$ 处的泰勒展开式分别为

$$\sin z = z - \frac{z^3}{3!} + \frac{z^5}{5!} - \cdots, \quad |z| < +\infty$$

$$\cos z = 1 - \frac{z^2}{2!} + \frac{z^4}{4!} - \cdots, \quad |z| < +\infty$$

设 $\tan z = a_0 + a_1 z + a_2 z^2 + a_3 z^3 + a_4 z^4 + \cdots$, 得

$$\begin{aligned} z - \frac{z^3}{3!} + \frac{z^5}{5!} - \cdots &= (a_0 + a_1 z + a_2 z^2 + a_3 z^3 + a_4 z^4 + \cdots) \cdot \left(1 - \frac{z^2}{2!} + \frac{z^4}{4!} - \cdots\right) \\ &= a_0 + a_1 z + \left(a_2 - \frac{a_0}{2!}\right) z^2 + \left(a_3 - \frac{a_1}{2!}\right) z^3 \\ &\quad + \left(a_4 - \frac{a_2}{2!} + \frac{a_0}{4!}\right) z^4 + \left(a_5 - \frac{a_3}{2!} + \frac{a_1}{4!}\right) z^5 + \cdots \end{aligned}$$

比较同次幂项系数, 得

$$\begin{cases} a_0 = 0 \\ a_1 = 1 \\ a_2 - \dfrac{a_0}{2!} = 0 \\ a_3 - \dfrac{a_1}{2!} = -\dfrac{1}{3!} \\ a_4 - \dfrac{a_2}{2!} + \dfrac{a_0}{4!} = 0 \\ a_5 - \dfrac{a_3}{2!} + \dfrac{a_1}{4!} = \dfrac{1}{5!} \\ \quad \cdots\cdots \end{cases}$$

解出

$$\begin{cases} a_0 = 0 \\ a_1 = 1 \\ a_2 = 0 \\ a_3 = -\dfrac{1}{3!} + \dfrac{a_1}{2!} = \dfrac{1}{3} \\ a_4 = 0 \\ a_5 = \dfrac{2}{15} \\ \cdots\cdots \end{cases}$$

于是得展开式

$$\tan z = z + \frac{1}{3}z^3 + \frac{2}{15}z^5 + \cdots \tag{4.3.6}$$

注意到 $\tan z$ 在 $|z| < \pi/2$ 内解析, 在 $z = \pm\pi/2$ 点处有奇点. 因此由原点到 $\tan z$ 的解析区域边界的距离 $R = \pi/2$, 故式 (4.3.6) 在 $|z| < \pi/2$ 内成立.

级数代入法 设有复合函数 $f(z) = F[g(z)]$, 其中

$$F(\zeta) = a_0 + a_1\zeta + a_2\zeta^2 + \cdots + a_n\zeta^n + \cdots \tag{4.3.7}$$

的收敛圆盘为 $|\zeta| < r$.

$$g(z) = \beta_0 + \beta_1 z + \beta_2 z^2 + \cdots + \beta_n z^n + \cdots \tag{4.3.8}$$

的收敛圆盘为 $|z| < R$, 并且当 $|z| < R$ 时, $|g(z)| < r$. 于是复合函数 $f(z) = F[g(z)]$ 在 $|z| < R$ 内解析. 由定理 4.3.1 知 $f(z)$ 在 $|z| < R$ 内有幂级数展开式. 下面将求解 $f(z)$ 的幂级数展开式的方法称为级数代入法.

将式 (4.3.8) 代入式 (4.3.7) 得到表达式

$$f(z) = \sum_{k=0}^{\infty} \alpha_k \left(\sum_{n=0}^{\infty} \beta_n z^n\right)^k, \quad |z| < R \tag{4.3.9}$$

将 $\left(\sum\limits_{n=0}^{\infty} \beta_n z^n\right)^k$ $(k = 1, 2, \cdots)$ 按照柯西乘积展开成幂级数, 再代入式 (4.3.9) 中, 然后同次幂项相加即得 $f(z)$ 的幂级数展开式.

例 4.3.3 求函数 $f(z) = \mathrm{e}^{\frac{z}{1-z}}$ 在点 $z_0 = 0$ 处的泰勒展开式.

解 令 $F(\zeta) = \mathrm{e}^{\zeta}, g(z) = \dfrac{z}{1-z}$, 则它们分别有展开式

$$F(\zeta) = 1 + \frac{\zeta}{1!} + \frac{\zeta^2}{2!} + \frac{\zeta^3}{3!} + \cdots + \frac{\zeta^n}{n!} + \cdots, \quad |\zeta| < +\infty$$

$$g(z) = z(1 + z + z^2 + \cdots + z^n + \cdots), \quad |z| < 1$$

将 $g(z)$ 的展开式代入 $F(\zeta)$ 的展开式中, 经计算得

$$\begin{aligned}
e^{\frac{z}{1-z}} &= 1+\frac{z}{1!}(1+z+z^2+z^3+z^4+\cdots) \\
&\quad +\frac{z^2}{2!}(1+z+z^2+z^3+z^4+\cdots)^2 \\
&\quad +\frac{z^3}{3!}(1+z+z^2+\cdots)^3+\frac{z^4}{4!}(1+z+z^2+\cdots)^4+\cdots \\
&= 1+z(1+z+z^2+z^3+z^4+z^5+\cdots) \\
&\quad +\frac{z^2}{2!}(1+2z+3z^2+4z^3+5z^4+\cdots) \\
&\quad +\frac{z^3}{3!}(1+3z+6z^2+10z^3+\cdots) \\
&\quad +\frac{z^4}{4!}(1+4z+10z^2+\cdots)+\cdots \\
&= 1+z+\left(1+\frac{1}{2!}\right)z^2+\left(1+\frac{2}{2!}+\frac{1}{3!}\right)z^3 \\
&\quad +\left(1+\frac{3}{2!}+\frac{3}{3!}+\frac{1}{4!}\right)z^4+\cdots \\
&= 1+z+\frac{3}{2}z^2+\frac{13}{6}z^3+\frac{73}{24}z^4+\cdots, \qquad |z|<1
\end{aligned}$$

例 4.3.4 求函数 $f(z)=e^{\frac{1}{1-z}}$ 在点 $z_0=0$ 处的泰勒展开式.

解 函数 $f(z)=e^{\frac{1}{1-z}}$ 有奇点 $z=1$, 故可在 $|z|<1$ 内展开为泰勒级数. 泰勒系数计算如下:

令 $f(z)=e^{\frac{1}{1-z}}$, 两端求导得 $f'(z)=e^{\frac{1}{1-z}}\dfrac{1}{(1-z)^2}$, 从而有

$$(1-z)^2f'(z)-f(z)=0$$

类似逐次求导可得如下方程

$$\begin{aligned}
&(1-z)^2f''(z)+(2z-3)f'(z)=0\\
&(1-z)^2f'''(z)+(4z-5)f''(z)+2f'(z)=0\\
&\cdots\cdots
\end{aligned}$$

由 $f(0)=e$, 可由上述方程得

$$f'(0)=e, \quad f''(0)=3e, \quad f'''(0)=13e, \quad \cdots$$

从而有

$$f(z)=e\left(1+z+\frac{3}{2!}z^2+\frac{13}{3!}z^3+\cdots\right), \quad |z|<1$$

例 4.3.5 设 $f(z)=\dfrac{z-a}{z+a}, a\neq 0$. 求 $\oint_C \dfrac{f(z)}{z^{n+1}}\mathrm{d}z$, 其中 C 为任一条包含原点且落在圆周: $|z|=|a|$ 内的简单闭曲线.

解 已知 $f(z)=\dfrac{z-a}{z+a}$ 在复平面以 $z=-a$ 为奇点, 故在 $|z|<|a|$ 内解析. 积分曲线 C 落在圆周 $|z|=|a|$ 内, 由高阶导数公式及泰勒展开定理可知

$$\oint_C \frac{f(z)}{z^{n+1}}\mathrm{d}z=\frac{2\pi\mathrm{i}}{n!}f^{(n)}(0)=2\pi\mathrm{i}\frac{f^{(n)}(0)}{n!}=2\pi\mathrm{i}\alpha_n$$

其中 α_n 为函数 $f(z)$ 在解析区域 $|z|<|a|$ 内的泰勒系数. 进而将函数 $f(z)=\dfrac{z-a}{z+a}$ 在 $|z|<|a|$ 内展开为泰勒级数

$$\begin{aligned}f(z)&=\frac{z-a}{z+a}=1-\frac{2a}{z+a}=1-2\frac{1}{1+z/a}=1-2\sum_{n=0}^{\infty}\left(-\frac{z}{a}\right)^n\\&=-1+\sum_{n=1}^{\infty}\frac{2}{a^n}(-1)^{n-1}z^n,\qquad |z|<|a|\end{aligned}$$

由展开式可得泰勒系数 α_n

$$\alpha_n=\begin{cases}-1, & n=0\\ (-1)^{n-1}\dfrac{2}{a^n}, & n=1,\ 2,\ \cdots\end{cases}$$

进而可知所求积分为

$$\oint_C \frac{f(z)}{z^{n+1}}\mathrm{d}z=\begin{cases}-2\pi\mathrm{i}, & n=0\\ (-1)^{n-1}\dfrac{4\pi\mathrm{i}}{a^n}, & n=1,\ 2,\cdots\end{cases}$$

4.4 洛朗级数

本节我们讨论一种比幂级数稍微复杂的含有正幂项和负幂项的级数 —— 洛朗 (Laurent) 级数. 从这种级数的结构上看, 它是幂级数的推广, 同时它也是一种相对简单的函数项级数. 另一方面, 从 4.3 节的讨论中我们知道, 若函数 $f(z)$ 在 z_0 点解析, 那么 $f(z)$ 在 z_0 点的附近可用幂级数表示. 然而在实际问题中, 常遇到函数 $f(z)$ 在 z_0 点不解析, 但却在以点 z_0 为圆心的某个圆环域内解析. 此时 $f(z)$ 不能仅用含有 $z-z_0$ 的正幂项的级数表示. 在本节中, 我们将看到这种在圆环域内解析的函数可用某个洛朗级数表示, 因而洛朗级数也是研究解析函数的重要工具, 尤其在研究解析函数局部性质方面扮演了重要角色.

4.4.1 洛朗级数的概念及性质

定义 4.4.1 称形如

$$\sum_{n=-\infty}^{\infty} a_n(z-z_0)^n \tag{4.4.1}$$

的级数为洛朗级数, 其中 $z_0, a_n, n=0,\pm1,\pm2,\cdots$ 均为复常数.

显然在洛朗级数的定义中当 $a_{-1}=a_{-2}=\cdots=a_{-n}=\cdots=0$, 式 (4.4.1) 就是幂级数.

我们把洛朗级数 (4.4.1) 分成含有正幂项和负幂项的级数:

$$\begin{aligned}&\sum_{n=0}^{\infty} a_n(z-z_0)^n\\ =\ &a_0+a_1(z-z_0)+a_2(z-z_0)^2+\cdots+a_n(z-z_0)^n+\cdots\end{aligned} \tag{4.4.2}$$

$$\begin{aligned}&\sum_{n=1}^{\infty} a_{-n}(z-z_0)^{-n}\\ =\ &a_{-1}(z-z_0)^{-1}+a_{-2}(z-z_0)^{-2}+\cdots+a_{-n}(z-z_0)^{-n}+\cdots\end{aligned} \tag{4.4.3}$$

若级数 (4.4.2) 和级数 (4.4.3) 同时在点 z 处收敛, 称洛朗级数 (4.4.1) 在点 z 处是收敛的. 这样根据定义, 有

$$\sum_{n=-\infty}^{\infty} a_n(z-z_0)^n=\lim_{n\to\infty}\sum_{k=0}^{n} a_k(z-z_0)^k+\lim_{m\to\infty}\sum_{k=1}^{m} a_{-k}(z-z_0)^{-k} \tag{4.4.4}$$

下面讨论洛朗级数 (4.4.1) 在 z 平面上的敛散情况. 级数 (4.4.2) 是一个幂级数, 设其收敛半径为 R_2. 若 $R_2>0$, 则根据幂级数的性质, 级数 (4.4.2) 在 $|z-z_0|<R_2$ 内收敛并且绝对收敛, 它的和函数在 $|z-z_0|<R_2$ 内解析. 对于级数 (4.4.3), 若令 $\zeta=\dfrac{1}{z-z_0}$, 则将级数 (4.4.3) 化为幂级数

$$\sum_{n=1}^{\infty} a_{-n}\zeta^n=a_{-1}\zeta+a_{-2}\zeta^2+\cdots+a_{-n}\zeta^n+\cdots \tag{4.4.5}$$

设其收敛半径为 r_1, 若 $r_1>0$, 则幂级数 (4.4.5) 在 $|\zeta|<r_1$ 内收敛并且绝对收敛, 它的和函数在 $|\zeta|<r_1$ 内解析. 因此级数 (4.4.3) 在 $R_1<|z-z_0|<+\infty$ $(R_1=1/r_1)$ 内收敛并且绝对收敛, 它的和函数在 $R_1<|z-z_0|<+\infty$ 内解析. 显然当且仅当 $R_1<R_2$ 时, 级数 (4.4.2) 与 (4.4.3) 才能有公共的收敛域. 因此, 洛朗级数 (4.4.1) 的收敛域是圆环域: $R_1<|z-z_0|<R_2$. 在特殊情况, 这个圆环域的内圆周的半径 R_1 可能等于零, 外圆周的半径 R_2 可能等于 $+\infty$. 综上所述, 我们有如下定理.

定理 4.4.1 若洛朗级数 (4.4.1) 有收敛域, 则该域必为圆环域 D: $R_1 < |z-z_0| < R_2(0 \leqslant R_1 < R_2 \leqslant +\infty)$, 且级数 (4.4.1) 在 D 内绝对收敛, 在闭圆环域 $D' : R_1' \leqslant |z-z_0| \leqslant R_2'(R_1 < R_1' < R_2' < R_2)$ 上一致收敛, 其和函数在 D 内解析, 而且可以逐项积分, 逐项求导.

例 4.4.1 求洛朗级数 $\sum\limits_{n=1}^{\infty}\dfrac{2^n}{(z-3)^n}+\sum\limits_{n=0}^{\infty}(-1)^n\left(1-\dfrac{z}{3}\right)^n$ 的收敛圆环域.

解 由于

$$\begin{aligned}&\sum_{n=1}^{\infty}\frac{2^n}{(z-3)^n}+\sum_{n=0}^{\infty}(-1)^n\left(1-\frac{z}{3}\right)^n\\=&\sum_{n=1}^{\infty}2^n(z-3)^{-n}+\sum_{n=0}^{\infty}\frac{1}{3^n}(z-3)^n\end{aligned}$$

由此知

$$R_1=\lim_{n\to\infty}\sqrt[n]{2^n}=2$$

$$R_2=1\Bigg/\left(\lim_{n\to\infty}\sqrt[n]{\frac{1}{3^n}}\right)=3$$

故原级数的收敛圆环为 $2<|z-3|<3$.

若洛朗级数 $\sum\limits_{n=-\infty}^{\infty}a_n(z-z_0)^n$ 在圆环域 $R_1<|z-z_0|<R_2$ 内收敛, 记

$$\varphi(z)=a_0+a_1(z-z_0)+\cdots+a_n(z-z_0)^n+\cdots$$

$$\psi(z)=a_{-1}(z-z_0)^{-1}+a_{-2}(z-z_0)^{-2}+\cdots+a_{-n}(z-z_0)^{-n}+\cdots$$

则 $\varphi(z)$ 在 $|z-z_0|<R_2$ 内解析. 因此我们称级数 (4.4.2) 为洛朗级数 (4.4.1) 的**解析部分**. 而 $\psi(z)$ 在 $R_1<|z-z_0|<+\infty$ 内解析, 且当 $\psi(z)=0$ 时洛朗级数 (4.4.1) 退化为幂级数. 所以, 我们称级数 (4.4.3) 为洛朗级数 (4.4.1) 的**主要部分**.

4.4.2 洛朗展开定理

我们已经知道洛朗级数的收敛区域为圆环域, 其和函数在圆环域内解析. 现在我们讨论相反的问题 —— 在圆环域内解析的函数可否表示成一个洛朗级数, 回答是肯定的.

定理 4.4.2(洛朗展开定理) 若函数 $f(z)$ 在圆环域 D: $R_1<|z-z_0|<R_2$ $(0\leqslant R_1<R_2\leqslant+\infty)$ 内解析, 则

$$f(z)=\sum_{n=-\infty}^{\infty}a_n(z-z_0)^n \tag{4.4.6}$$

其中

$$a_n = \frac{1}{2\pi i}\oint_C \frac{f(z)}{(z-z_0)^{n+1}}dz, \quad n = 0, \pm1, \pm2, \cdots \tag{4.4.7}$$

这里 C 为任意的圆周: $|z-z_0| = R, R_1 < R < R_2$.

证明 设 z 是圆环域 D 内的任意一点, 在 D 内作任意一个新圆环域 D': $r_1 < |z-z_0| < r_2$, 其内部包含着点 z. 再作圆心为 z、半径为 r 的圆周 $C_r : |\zeta - z| = r$, 并且使 $C_r \subset D'$(图 4.4.1). 根据柯西积分公式及复合闭路定理, 我们有

$$\begin{aligned} f(z) &= \frac{1}{2\pi i}\oint_{C_r} \frac{f(\zeta)}{\zeta - z}d\zeta \\ &= \frac{1}{2\pi i}\oint_{C_{r_2}} \frac{f(\zeta)}{\zeta - z}d\zeta - \frac{1}{2\pi i}\oint_{C_{r_1}} \frac{f(\zeta)}{\zeta - z}d\zeta \end{aligned} \tag{4.4.8}$$

其中 C_{r_1}: $|z-z_0| = r_1, C_{r_2}$: $|z-z_0| = r_2$.

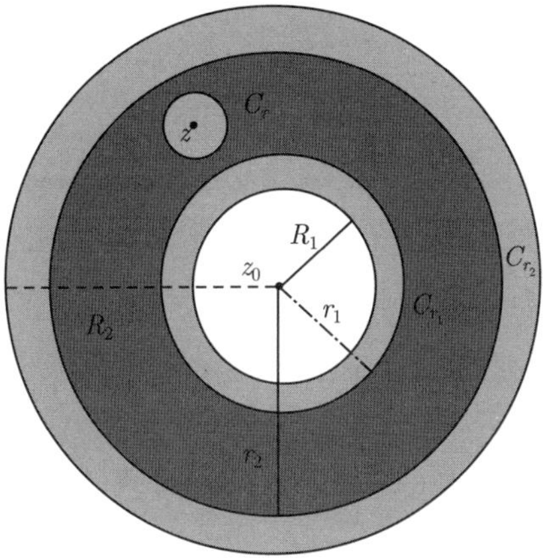

图 4.4.1

在式 (4.4.8) 右端的第一个积分中, 当 $\zeta \in C_{r_2}$ 时有

$$\left|\frac{z-z_0}{\zeta - z_0}\right| = \frac{|z-z_0|}{r_2} = q < 1$$

得到

$$\frac{1}{\zeta - z} = \frac{1}{\zeta - z_0} \cdot \frac{1}{1 - \dfrac{z-z_0}{\zeta - z_0}} = \sum_{n=0}^{\infty} \frac{(z-z_0)^n}{(\zeta - z_0)^{n+1}} \tag{4.4.9}$$

级数 (4.4.9) 的一般项的模为

$$\left|\frac{(z-z_0)^n}{(\zeta - z_0)^{n+1}}\right| = \frac{1}{r_2}q^n \quad (0 < q < 1)$$

根据定理 4.1.6 知级数 (4.4.9) 在 C_{r_2} 上一致收敛. 将式 (4.4.9) 的两端同乘以解析函数 $\dfrac{f(\zeta)}{2\pi i}$, 所得级数仍然在 C_{r_2} 上一致收敛, 即有

$$\frac{1}{2\pi i}\cdot\frac{f(\zeta)}{\zeta-z}=\frac{1}{2\pi i}\sum_{n=0}^{\infty}\frac{f(\zeta)}{(\zeta-z_0)^{n+1}}(z-z_0)^n$$

根据一致收敛的函数项级数可以逐项积分的性质, 得到

$$\frac{1}{2\pi i}\oint_{C_{r_2}}\frac{f(\zeta)}{\zeta-z}d\zeta=\sum_{n=0}^{\infty}\frac{1}{2\pi i}\oint_{C_{r_2}}\frac{f(\zeta)}{(\zeta-z_0)^{n+1}}d\zeta(z-z_0)^n \tag{4.4.10}$$

转而计算式 (4.4.8) 右端的第二个积分. 当 $\zeta\in C_{r_1}$ 时有

$$\left|\frac{\zeta-z_0}{z-z_0}\right|=\frac{r_1}{|z-z_0|}=p<1$$

得到

$$-\frac{1}{\zeta-z}=\frac{1}{z-z_0}\cdot\frac{1}{1-\dfrac{\zeta-z_0}{z-z_0}}=\sum_{n=0}^{\infty}\frac{(\zeta-z_0)^n}{(z-z_0)^{n+1}}=\sum_{n=1}^{\infty}\frac{(z-z_0)^{-n}}{(\zeta-z_0)^{-n+1}} \tag{4.4.11}$$

级数 (4.4.11) 的一般项的模为

$$\left|\frac{(\zeta-z_0)^n}{(z-z_0)^{n+1}}\right|=\frac{1}{|z-z_0|}p^n\quad(0<p<1)$$

我们知级数 (4.4.11) 在 C_{r_1} 上一致收敛. 同理将式 (4.4.11) 两端同乘以解析函数 $f(\zeta)/(2\pi i)$ 而逐项积分, 得到

$$-\frac{1}{2\pi i}\oint_{C_{r_1}}\frac{f(\zeta)}{\zeta-z}d\zeta=\sum_{n=1}^{\infty}\frac{1}{2\pi i}\oint_{C_{r_1}}\frac{f(\zeta)}{(\zeta-z_0)^{-n+1}}d\zeta(z-z_0)^{-n} \tag{4.4.12}$$

在式 (4.4.10) 和式 (4.4.12) 右端的积分中, 取任意圆周 C: $|z-z_0|=R$, $R_1<R<R_2$. 根据复合闭路定理, 这些积分都可以转变成沿圆周 C 的积分, 即

$$\frac{1}{2\pi i}\oint_{C_{r_2}}\frac{f(\zeta)}{(\zeta-z_0)^{n+1}}d\zeta=\frac{1}{2\pi i}\oint_{C}\frac{f(\zeta)}{(\zeta-z_0)^{n+1}}d\zeta,\quad n=0,1,2,\cdots$$

$$\frac{1}{2\pi i}\oint_{C_{r_1}}\frac{f(\zeta)}{(\zeta-z_0)^{-n+1}}d\zeta=\frac{1}{2\pi i}\oint_{C}\frac{f(\zeta)}{(\zeta-z_0)^{-n+1}}d\zeta,\quad n=1,2,\cdots \tag{4.4.13}$$

把求得的式 (4.4.10)、式 (4.4.12) 和式 (4.4.13) 代入式 (4.4.8) 的右端, 我们得到了 $f(z)$ 关于任意的点 $z(R_1<|z-z_0|<R_2)$ 的洛朗级数展开式

$$
\begin{aligned}
f(z) &= \sum_{n=-1}^{-\infty} a_n(z-z_0)^n + \sum_{n=0}^{\infty} a_n(z-z_0)^n \\
&= \sum_{n=-\infty}^{\infty} a_n(z-z_0)^n
\end{aligned}
$$

其中

$$
a_n = \frac{1}{2\pi i}\oint_C \frac{f(\zeta)}{(\zeta-z_0)^{n+1}}d\zeta, \qquad n=0,\pm 1,\pm 2,\cdots
$$

从而完成了定理 4.4.2 的证明.

同幂级数情形一样, 在圆环域内解析的函数的洛朗级数展开式也具有唯一性, 即有下面的定理.

定理 4.4.3 若函数 $f(z)$ 在圆环域 $R_1 < |z-z_0| < R_2$ 内解析, 则 $f(z)$ 在这个圆环域内的洛朗级数展开是唯一的, 即, 若 $f(z)$ 在 $R_1 < |z-z_0| < R_2$ 内具有形如式 (4.4.6) 的展开式, 则其系数 a_n 只能由式 (4.4.7) 表达.

证明 设 $f(z)$ 在圆环域: $R_1 < |z-z_0| < R_2$ 有洛朗级数展开式

$$
f(z) = \sum_{n=-\infty}^{\infty} a_n(z-z_0)^n \tag{4.4.14}
$$

C 为任意的圆周: $|z-z_0| = R, R_1 < R < R_2$. 在式 (4.4.14) 中令 $z=\zeta$, 有

$$
f(\zeta) = \sum_{n=-\infty}^{\infty} a_n(\zeta-z_0)^n \tag{4.4.15}
$$

当 $\zeta \in C$ 时, 以 $\dfrac{1}{(\zeta-z_0)^{m+1}}(m=0,\pm 1,\pm 2,\cdots)$ 去乘式 (4.4.15) 的两端, 然后沿着 C 积分, 得到

$$
\oint_C \frac{f(\zeta)}{(\zeta-z_0)^{m+1}}d\zeta = \sum_{n=-\infty}^{\infty} a_n \oint_C (\zeta-z_0)^{n-m-1}d\zeta = 2\pi i a_m
$$

于是

$$
a_m = \frac{1}{2\pi i}\oint_C \frac{f(\zeta)}{(\zeta-z_0)^{m+1}}d\zeta, \qquad m=0,\pm 1,\pm 2,\cdots
$$

此为式 (4.4.7).

4.4.3 求解析函数的洛朗展开式的一些方法

求在圆环域内解析的函数的洛朗展开式, 我们可以从式 (4.4.6) 出发, 直接通过计算洛朗展开式的系数来获得. 然而从计算公式 (4.4.7) 可见, 这要涉及复积分的计

算, 通常计算是很复杂的. 因此, 一般求函数的洛朗展开式不是直接从式 (4.4.6) 出发, 而是利用洛朗展开式的唯一性, 通过其他方法来间接获得, 这往往是很便利的.

例如, 求有理函数的洛朗展开式, 只需利用部分分式法把有理函数分解成多项式与若干个最简分式之和, 然后再利用已知的几何级数, 经计算把它们展开成需要的形式.

例 4.4.2 求下列函数在指定圆环域内的洛朗展开式.

(1) $f(z)=\dfrac{2z^2-z+5}{z^3-3z^2+z-3}$, ① $1<|z|<3$; ② $3<|z|<+\infty$.

(2) $f(z)=\dfrac{1}{(z^2+1)(z-2)}$, $1<|z|<2$.

解 (1) 利用部分分式法可得

$$f(z)=\frac{2z^2-z+5}{z^3-3z^2+z-3}=\frac{2}{z-3}-\frac{1}{z^2+1}$$

① 当 $1<|z|<3$ 时, 有 $|\frac{z}{3}|<1$, $|\frac{1}{z^2}|<1$ 成立. 故可展开为

$$\begin{aligned}f(z)&=-\frac{2}{3}\cdot\frac{1}{1-\frac{z}{3}}-\frac{1}{z^2}\cdot\frac{1}{1+\frac{1}{z^2}}=-\frac{2}{3}\sum_{n=0}^{\infty}\left(\frac{z}{3}\right)^n-\frac{1}{z^2}\sum_{n=0}^{\infty}\left(-\frac{1}{z^2}\right)^n\\&=-\sum_{n=0}^{\infty}\frac{2}{3^{n+1}}z^n+\sum_{n=1}^{\infty}(-1)^n\frac{1}{z^{2n}}\end{aligned}$$

② 当 $3<|z|<+\infty$ 时, 有 $|\frac{3}{z}|<1$, $|\frac{1}{z^2}|<1$ 成立. 故有展开式

$$\begin{aligned}f(z)&=\frac{2}{z}\cdot\frac{1}{1-3/z}-\frac{1}{z^2}\cdot\frac{1}{1-\left(-\frac{1}{z^2}\right)}=\frac{2}{z}\sum_{n=0}^{\infty}\left(\frac{3}{z}\right)^n-\frac{1}{z^2}\sum_{n=0}^{\infty}\left(-\frac{1}{z^2}\right)^n\\&=\sum_{n=0}^{\infty}2\cdot3^n\frac{1}{z^{n+1}}+\sum_{n=0}^{\infty}(-1)^{n+1}\frac{1}{z^{2(n+1)}}=\sum_{n=1}^{\infty}2\cdot3^{n-1}\frac{1}{z^n}+\sum_{n=1}^{\infty}(-1)^n\frac{1}{z^{2n}}\\&=\sum_{n=1}^{\infty}\frac{c_{-n}}{z^n}\end{aligned}$$

其中

$$c_{-n}=\begin{cases}2\cdot3^{2m}, & n=2m+1\\2\cdot3^{2m-1}+(-1)^m, & n=2m\end{cases}$$

(2) 首先利用部分分式法可得

$$f(z)=\frac{1}{(z^2+1)(z-2)}=-\frac{1}{5}\cdot\frac{z}{z^2+1}-\frac{2}{5}\cdot\frac{1}{z^2+1}+\frac{1}{5}\cdot\frac{1}{z-2}$$

当 $1<|z|<2$ 时, 有 $|\frac{z}{2}|<1, |\frac{1}{z^2}|<1$ 成立. 故可展开为

$$\begin{aligned}
f(z)&=\frac{1}{(z^2+1)(z-2)}=-\frac{z}{5}\cdot\frac{1}{z^2}\cdot\frac{1}{1+1/z^2}-\frac{2}{5}\cdot\frac{1}{z^2}\cdot\frac{1}{1+1/z^2}-\frac{1}{10}\cdot\frac{1}{1-z/2}\\
&=-\frac{z}{5}\cdot\frac{1}{z^2}\sum_{n=0}^{\infty}(-1)^n\frac{1}{z^{2n}}-\frac{2}{5}\cdot\frac{1}{z^2}\sum_{n=0}^{\infty}(-1)^n\frac{1}{z^{2n}}-\frac{1}{10}\sum_{n=0}^{\infty}\left(\frac{z}{2}\right)^n\\
&=-\frac{1}{5}\sum_{n=0}^{\infty}(-1)^n\frac{1}{z^{2n+1}}-\frac{2}{5}\sum_{n=0}^{\infty}(-1)^n\frac{1}{z^{2(n+1)}}-\frac{1}{10}\sum_{n=0}^{\infty}\left(\frac{z}{2}\right)^n\\
&=\cdots+\frac{2}{5}\cdot\frac{1}{z^4}+\frac{1}{5}\cdot\frac{1}{z^3}-\frac{2}{5}\cdot\frac{1}{z^2}-\frac{1}{5}\cdot\frac{1}{z}-\frac{1}{10}-\frac{z}{20}-\frac{z^2}{40}-\cdots,\quad 1<|z|<2
\end{aligned}$$

再如求无理数函数及其他初等函数的洛朗展开式, 通常可以利用已知基本初等函数的泰勒展开式, 经代换、逐项求导、逐项积分等计算来获得.

例 4.4.3 求函数 $f(z)=z^2\mathrm{e}^{\frac{1}{z}}$ 在 $0<|z|<+\infty$ 内的洛朗展开式.

解 注意到当 $|\zeta|<+\infty$ 时, 有

$$\mathrm{e}^{\zeta}=1+\frac{1}{1!}\zeta+\frac{1}{2!}\zeta^2+\cdots+\frac{1}{n!}\zeta^n+\cdots$$

而当 $0<|z|<+\infty$ 时, $0<\left|\frac{1}{z}\right|<+\infty$. 故在上式中令 $\zeta=1/z$, 得

$$\mathrm{e}^{\frac{1}{z}}=1+\frac{1}{1!}\cdot\frac{1}{z}+\frac{1}{2!}\cdot\frac{1}{z^2}+\cdots+\frac{1}{n!}\cdot\frac{1}{z^n}+\cdots$$

从而

$$z^2\mathrm{e}^{\frac{1}{z}}=z^2+z+\frac{1}{2!}+\frac{1}{3!}\cdot\frac{1}{z}+\cdots+\frac{1}{(n+2)!}\cdot\frac{1}{z^n}+\cdots,\quad 0<|z|<+\infty$$

例 4.4.4 将函数 $f(z)=\cos\dfrac{z}{z-1}$ 在圆环域 $0<|z-1|<+\infty$ 内展开成洛朗级数.

解 函数 $f(z)=\cos\dfrac{z}{z-1}$ 有唯一奇点 $z=1$, 在 $0<|z-1|<+\infty$ 内解析, 且有

$$\cos\frac{z}{z-1}=\cos\left(1+\frac{1}{z-1}\right)=\cos 1\cos\frac{1}{z-1}-\sin 1\sin\frac{1}{z-1}$$

由 $0<|z-1|<+\infty$ 知 $0<|\frac{1}{z-1}|<+\infty$. 由正弦函数与余弦函数的幂级数展开式可得

$$\begin{aligned}f(z)&=\cos 1\cos\frac{1}{z-1}-\sin 1\sin\frac{1}{z-1}\\&=\cos 1\cdot\left[1-\frac{1}{2!(z-1)^2}+\cdots+(-1)^n\frac{1}{(2n)!(z-1)^{2n}}+\cdots\right]\\&\quad-\sin 1\cdot\left[\frac{1}{z-1}-\frac{1}{3!(z-1)^3}+\cdots+(-1)^n\frac{1}{(2n+1)!(z-1)^{2n+1}}+\cdots\right]\\&=\cos 1-\frac{\sin 1}{z-1}-\frac{\cos 1}{2!(z-1)^2}+\frac{\sin 1}{3!(z-1)^3}+\cdots\\&\quad+\frac{(-1)^n\cos 1}{(2n)!(z-1)^{2n}}+\frac{(-1)^{n+1}\sin 1}{(2n+1)!(z-1)^{2n+1}}+\cdots\end{aligned}$$

例 4.4.5 设函数 $f(z)=\cos\left(z+\dfrac{1}{z}\right)$ 在 $z=0$ 点的洛朗展开式为 $\sum\limits_{n=-\infty}^{\infty}\alpha_n z^n$. 证明展开式的系数为 $\alpha_n=\dfrac{1}{2\pi}\displaystyle\int_0^{2\pi}\cos(2\cos\theta)\cos n\theta\mathrm{d}\theta,\quad n\in\mathbb{Z}$.

证明 由洛朗展开定理可知, 洛朗系数为

$$\begin{aligned}\alpha_n&=\frac{1}{2\pi\mathrm{i}}\oint_C\frac{\cos(z+\frac{1}{z})}{z^{n+1}}\mathrm{d}z\quad C\text{: }|z|=1\\&=\frac{1}{2\pi\mathrm{i}}\int_0^{2\pi}\frac{\cos(2\cos\theta)}{\mathrm{e}^{\mathrm{i}(n+1)\theta}}\mathrm{i}\mathrm{e}^{\mathrm{i}\theta}\mathrm{d}\theta\\&=\frac{1}{2\pi}\int_0^{2\pi}\frac{\cos(2\cos\theta)}{\mathrm{e}^{\mathrm{i}n\theta}}\mathrm{d}\theta\\&=\frac{1}{2\pi}\int_0^{2\pi}\cos(2\cos\theta)(\cos n\theta-\mathrm{i}\sin n\theta)\mathrm{d}\theta\end{aligned}$$

由于 $\displaystyle\int_0^{2\pi}\cos(2\cos\theta)\sin n\theta\mathrm{d}\theta=\int_{-\pi}^{\pi}\cos(2\cos\theta)\sin n\theta\mathrm{d}\theta=0$. 故

$$\alpha_n=\frac{1}{2\pi}\int_0^{2\pi}\cos(2\cos\theta)\cos n\theta\mathrm{d}\theta,\quad n\in\mathbb{Z}$$

第 4 章小结

一、对复数序列及复数项级数的讨论, 可转化为对相应的实数序列及实数项级数的讨论.

1. 记 $z_n=a_n+\mathrm{i}b_n, z_0=a+\mathrm{i}b$, 则

$$\lim_{n\to\infty}z_n=z_0\Leftrightarrow\lim_{n\to\infty}a_n=a;\ \lim_{n\to\infty}b_n=b$$

2. 设 $z_n=a_n+\mathrm{i}b_n, z_0=a+\mathrm{i}b$, 则 $\sum_{n=1}^{\infty}z_n$ 收敛, 且和为 $z_0 \Leftrightarrow \sum_{n=1}^{\infty}a_n$ 与 $\sum_{n=1}^{\infty}b_n$ 同时收敛, 其和分别为 a 与 b.

3. $\sum_{n=1}^{\infty}z_n$ 收敛 $\Rightarrow \lim_{n\to\infty}z_n=0$.

4. 设 $z_n=a_n+\mathrm{i}b_n$, 则 $\sum_{n=1}^{\infty}|z_n|$ 收敛 $\Leftrightarrow \sum_{n=1}^{\infty}|a_n|$ 与 $\sum_{n=1}^{\infty}|b_n|$ 同时收敛.

5. 绝对收敛的级数本身必收敛.

二、复变函数项级数与幂级数.

我们已知复变函数论研究的主要对象是解析函数, 在本章里讨论了幂级数与解析函数的联系, 一方面幂级数在某一圆域内收敛于一个解析函数.

1. 复变函数项级数

若复变函数 $f_n(z)(n=1,2,\cdots)$ 均定义于点集 E 上, 且有 $|f_n(z)|\leqslant M_n$ $(n=1,2,\cdots)$, 而正项级数 $\sum_{n=1}^{\infty}M_n$ 收敛, 则 $\sum_{n=1}^{\infty}f_n(z)$ 在 E 上一致收敛.

若 $f_n(z)(n=1,2,\cdots)$ 在区域 D 内连续, 级数 $\sum_{n=1}^{\infty}f_n(z)$ 在 D 内一致收敛于函数 $S(z)$, 则 $S(z)$ 在 D 内连续.

若 $f_n(z)(n=1,2,\cdots)$ 均在光滑或分段光滑曲线 C 上连续, 级数 $\sum_{n=1}^{\infty}f_n(z)$ 在 C 上一致收敛于函数 $S(z)$, 则 $S(z)$ 在 C 上可积, 且有

$$\int_C S(z)\mathrm{d}z=\sum_{n=1}^{\infty}\int_C f_n(z)\mathrm{d}z$$

若 $f_n(z)(n=1,2,\cdots)$ 均在区域 D 内解析, 且 $\sum_{n=1}^{\infty}f_n(z)$ 在 D 内一致收敛于函数 $S(z)$, 则 $S(z)$ 在 D 内解析且有

$$S'(z)=\sum_{n=1}^{\infty}f_n'(z)\ \ (z\in D)$$

2. 幂级数

阿贝尔定理: 若级数 $\sum_{n=0}^{\infty}a_nz^n$ 在 $z_0(\neq 0)$ 点收敛, 则它在以原点为圆心、$|z_0|$ 为半径的圆盘内绝对收敛, 在所有半径小于 $|z_0|$ 的闭同心圆盘 $|z|\leqslant\rho|z_0|(0<\rho<1)$ 上一致收敛; 若级数 $\sum_{n=0}^{\infty}a_nz^n$ 在 $z_0(\neq 0)$ 点发散, 则它在满足 $|z|>|z_0|$ 的点 z 处发散.

幂级数的收敛半径的求法:

检比法: 对于幂级数 $\sum\limits_{n=0}^{\infty}a_n(z-z_0)^n$, 若 $\lim\limits_{n\to\infty}\left|\dfrac{a_{n+1}}{a_n}\right|=\lambda$, 则它的收敛半径为

$$R=\begin{cases}+\infty, & \lambda=0\\ \dfrac{1}{\lambda}, & 0<\lambda<+\infty\\ 0, & \lambda=+\infty\end{cases}$$

检根法: 对于幂级数 $\sum\limits_{n=0}^{\infty}a_n(z-z_0)^n$, 若 $\lim\limits_{n\to\infty}\sqrt[n]{|a_n|}=\lambda$, 则它的收敛半径为

$$R=\begin{cases}+\infty, & \lambda=0\\ \dfrac{1}{\lambda}, & 0<\lambda<+\infty\\ 0, & \lambda=+\infty\end{cases}$$

幂级数的性质:

设幂级数 $\sum\limits_{n=0}^{\infty}a_n(z-z_0)^n$ 的收敛半径 $R>0$, 则它的和函数 $S(z)$ 在 $|z-z_0|<R$ 内解析, 且

$$S^{(k)}(z)=k!a_k+\frac{(k+1)!}{1!}a_{k+1}(z-z_0)+\frac{(k+2)!}{2!}a_{k+2}(z-z_0)^2+\cdots,$$
$$k=1,2,3,\cdots$$

设幂级数 $\sum\limits_{n=0}^{\infty}a_n(z-z_0)^n$ 的收敛半径 $R>0, C$ 为收敛圆盘 $|z-z_0|<R$ 内的任一条光滑或分段光滑曲线, 则它的和函数 $S(z)$ 在 C 上可积, 且

$$\int_C S(z)\mathrm{d}z=\sum_{n=0}^{\infty}\int_C a_n(z-z_0)^n\mathrm{d}z$$

三、泰勒级数

解析函数在其解析点的邻域内能展开成幂级数, 所以幂级数是我们研究解析函数在解析点邻域的性质时所必不可少的有力工具. 而且在实际计算中, 把函数展开成幂级数, 应用起来也比较方便, 所以幂级数在复变函数论中有着特别重要的意义. 解析函数的幂级数展开有直接展开法与间接展开法. 通常的做法是以唯一性为依据, 借助于变量代换、逐项求导、逐项积分等手段对函数进行间接展开.

泰勒展开定理: 设 $f(z)$ 在区域 D 内解析, $z_0\in D, R$ 为 z_0 到 D 的边界的距离, 则当 $|z-z_0|<R$ 时有

$$f(z)=a_0+a_1(z-z_0)+a_2(z-z_0)^2+\cdots+a_n(z-z_0)^n+\cdots$$

其中

$$a_n = \frac{1}{2\pi i}\oint_{C_r}\frac{f(z)}{(z-z_0)^{n+1}}dz = \frac{f^{(n)}(z_0)}{n!}\ \ (n=1,2,\cdots)$$

C_r 为以 z_0 为圆心且含于 $|z-z_0|<R$ 内的任一圆周.

唯一性定理: 若 $f(z)$ 在点 z_0 附近可用形如 $\sum\limits_{n=0}^{\infty}a_n(z-z_0)^n$ 的幂级数表示, 则这个幂级数只能是 $f(z)$ 在 z_0 点的泰勒级数.

四、洛朗级数

洛朗级数是幂级数的进一步推广形式, 它实际上是由一个通常 (非负次) 幂级数同一个只含负次幂级数组合而成的. 洛朗级数的性质可以由幂级数的性质推导出来, 特别可以推导出: 洛朗级数可用来表示圆环域内的解析函数, 同幂级数一样, 我们也研究了相反的问题, 即任意一个在某圆环域内解析的函数一定可以展开为洛朗级数. 函数的洛朗展开式在不同的圆环域内是不同的. 而在给定的圆环域内, 不论用何种方法, 所得到的洛朗级数都是唯一的. 因此, 可以利用已有幂级数的展开式, 将所给解析函数在指定圆环域内展开为洛朗级数.

1. 洛朗级数和函数的性质: 若洛朗级数 $\sum\limits_{n=-\infty}^{+\infty}a_n(z-z_0)^n$ 有收敛区域, 则该区域必为圆环域

$$D: R_1<|z-z_0|<R_2\ \ (0\leqslant R_1<R_2\leqslant+\infty)$$

且 $\sum\limits_{n=-\infty}^{+\infty}a_n(z-z_0)^n$ 在 D 内绝对收敛, 和函数在 D 内解析, 而且可以逐项积分, 逐项求导.

2. 洛朗展开定理: 若 $f(z)$ 在圆环域 $D: R_1<|z-z_0|<R_2\ \ (0\leqslant R_1<R_2\leqslant+\infty)$ 内解析, 则在 D 内有

$$f(z)=\sum_{n=-\infty}^{+\infty}a_n(z-z_0)^n$$

其中

$$a_n = \frac{1}{2\pi i}\oint_{C}\frac{f(z)}{(z-z_0)^{n+1}}dz\ \ (n=0,\pm1,\pm2,\cdots)$$

C 为任意圆周:

$$|z-z_0|=R(R_1<R<R_2)$$

3. 唯一性定理: 若 $f(z)$ 在圆环域 $R_1<|z-z_0|<R_2$ 内解析, 则 $f(z)$ 在这个圆环域内的洛朗级数展开式是唯一的, 即若 $f(z)$ 在 $R_1<|z-z_0|<R_2$ 内具有形如

$f(z)=\sum\limits_{n=-\infty}^{+\infty}a_n(z-z_0)^n$ 的展开式, 则其系数

$$a_n=\frac{1}{2\pi i}\oint_C\frac{f(z)}{(z-z_0)^{n+1}}dz\ \ (n=0,\pm1,\pm2,\cdots)$$

C 为任意圆周: $|z-z_0|=R(R_1<R<R_2)$.

圆环的一种蜕化情形是一点的去心邻域, 而当函数在一点的去心邻域内解析, 但并不在该点解析的时候, 这一点就是函数的孤立奇点. 所以洛朗级数就很自然地成为研究解析函数的孤立奇点的有力工具.

习 题 4

1. 求下列级数的收敛半径.

(1) $\sum\limits_{n=0}^{\infty}\frac{n}{2^n}z^n$; (2) $\sum\limits_{n=0}^{\infty}\frac{z^n}{n!}$; (3) $\sum\limits_{n=0}^{\infty}\frac{n!}{n^n}z^n$.

2. 证明级数 $\sum\limits_{n=0}^{\infty}\frac{z^n}{n^2}$ 在收敛圆内一致收敛.

3. 下列结论是否正确? 为什么?

(1) 每一个幂级数在它的收敛圆内与收敛圆周上均收敛;

(2) 每一个幂级数收敛于一个解析函数;

(3) 每一个在 z_0 连续的函数一定可以在 z_0 的某个邻域内展开成泰勒级数.

4. 幂级数 $\sum\limits_{n=0}^{\infty}a_n(z-2)^n$ 能否在 $z=0$ 收敛而在 $z=3$ 发散?

5. 如果 $\sum\limits_{n=0}^{\infty}a_nz^n$ 的收敛半径为 R, 证明级数 $\sum\limits_{n=0}^{\infty}(\mathrm{Re}a_n)z^n$ 的收敛半径 $\geqslant R$.

6. 函数 $\frac{1}{1+x^2}$ 当 x 为任何实数时, 都有确定的值, 但它的泰勒展开式: $\frac{1}{1+x^2}=1-x^2+x^4-\cdots$ 仅当 $|x|<1$ 时成立. 试说明其原因.

7. 设幂级数 $\sum\limits_{n=0}^{\infty}a_nz^n$ 的收敛半径 $R>0$, 和函数为 $f(z)$, 证明:

$$|a_n|\leqslant\frac{M(r)}{r^n},\quad n=0,1,2,\cdots$$

其中, $0<r<R, M(r)=\max\limits_{0\leqslant\theta\leqslant2\pi}|f(re^{i\theta})|$.

8. 求证如下不等式.

(1) 对任意的复数 z 有

$$|e^z-1|\leqslant e^{|z|}-1\leqslant|z|e^{|z|}$$

(2) 当 $0<|z|<1$ 时, 证

$$\frac{1}{4}|z|<|\mathrm{e}^z-1|<\frac{7}{4}|z|$$

9. 设 $f(z)=\dfrac{z-a}{z+a}, a\neq 0$ 求 $\displaystyle\oint_C \frac{f(z)}{z^{n+1}}\mathrm{d}z$, 其中 C 为任一条包含原点且落在圆周: $|z|=|a|$ 内的简单闭曲线.

10. 把下列各函数展成 z 的幂级数, 并指出它们的收敛半径.

(1) $\dfrac{1}{1+z^3}$; (2) $\dfrac{1}{(1+z^2)^2}$; (3) $\cos z^2$;

(4) $\operatorname{sh} z$; (5) $\mathrm{e}^{z^2}\sin z^2$; (6)$\sin\dfrac{1}{1-z}$.

$\left(提示: \sin\dfrac{1}{1-z}=\sin\left(1+\dfrac{z}{1-z}\right)=\sin 1\cos\dfrac{z}{1-z}+\cos 1\sin\dfrac{z}{1-z}\right)$

11. 求下列函数在指定点 z_0 处的泰勒展开式, 并指出它们的收敛半径.

(1) $\dfrac{z-1}{z+1}, z_0=1$; (2)$\dfrac{z}{(z+1)(z+2)}, z_0=2$;

(3) $\dfrac{1}{z^2}, z_0=-1$; (4) $\dfrac{1}{4-3z}, z_0=1+\mathrm{i}$;

(5) $f(z)=\displaystyle\int_0^z \mathrm{e}^{\zeta^2}\mathrm{d}\zeta,\ \ z_0=0$; (6) $\sin(2z-z^2),\ z_0=1$;

(7) $\ln z,\ \ z_0=\mathrm{i}$; (8) $\mathrm{e}^{\frac{1}{2-z}},\ \ z_0=1$.

12. 把下列各函数在指定的圆环域内展开成洛朗级数.

(1) $\dfrac{1}{(z^2+1)(z-3)},\ \ 1<|z|<3$;

(2) $\dfrac{1}{z(1-z)^2},\ \ 0<|z|<1,\ \ 0<|z-1|<1$;

(3) $\dfrac{1}{(z-1)(z-2)},\ \ 0<|z-1|<1,\ \ 1<|z-2|<+\infty$;

(4) $\sin\dfrac{1}{1-z},\ \ 0<|z-1|<+\infty$;

(5) $\dfrac{1}{z(\mathrm{i}-z)},\ \ 0<|z-\mathrm{i}|<1$;

(6) $\dfrac{z^2-2z+5}{(z-2)(z^2+1)}$; $1<|z|<2,\ 2<|z|<+\infty$;

(7) $\dfrac{1}{z(z+2)^3},\ \ 0<|z+2|<2$;

(8) $\dfrac{\mathrm{e}^z}{z(z^2+1)},\ \ 0<|z|<1$;

第5章 留　数

第 4 章讨论了解析函数的级数表示, 本章在此基础上对解析函数的孤立奇点进行分类并讨论其性质. 解析函数在孤立奇点处的留数是解析函数论中的重要概念之一, 本章简要地给出留数概念及其一般理论, 最后介绍留数理论的一些应用.

5.1 孤立奇点

5.1.1 解析函数的孤立奇点及分类

若函数 $f(z)$ 在 z_0 点的邻域内除去 z_0 点外是处处解析的, 即 $f(z)$ 在去心圆域 $D:\ 0<|z-z_0|<\delta\ (\delta>0)$ 内处处解析, 则称 z_0 点是 $f(z)$ 的一个**孤立奇点.** 由定理 4.4.2, 我们可以在 D 内将 $f(z)$ 展开成洛朗级数

$$\begin{aligned} f(z) = & \cdots + a_{-m}(z-z_0)^{-m} + \cdots + a_{-1}(z-z_0)^{-1} \\ & + a_0 + a_1(z-z_0) + \cdots + a_n(z-z_0)^n + \cdots, \quad z \in D \end{aligned} \tag{5.1.1}$$

根据函数 $f(z)$ 展开成洛朗级数的不同情况我们将对孤立奇点作如下的分类.

(1) 如果式 (5.1.1) 中的 $(z-z_0)$ 的负幂项系数 $a_{-1}, a_{-2}, \cdots, a_{-m}, \cdots$ 均为零, 那么孤立奇点 z_0 称为函数 $f(z)$ 的**可去奇点.**

此时, 由式 (5.1.1) 可知 $f(z)$ 在 z_0 点的邻域 D 内的洛朗级数实际上就是一个普通的幂级数, 即

$$f(z) = a_0 + a_1(z-z_0) + \cdots + a_n(z-z_0)^n + \cdots, \quad z \in D \tag{5.1.2}$$

若记式 (5.1.2) 右端的幂级数的和函数为 $F(z)$, 则 $F(z)$ 是在点 z_0 处解析的函数, 且当 $z \in D$ 时, $F(z) = f(z)$; 当 $z = z_0$ 时, $F(z_0) = a_0$. 但是, 我们注意到

$$\lim_{z \to z_0} f(z) = \lim_{z \to z_0} F(z) = F(z_0) = a_0$$

所以不论 $f(z)$ 在 z_0 点是否有定义, 如果我们令 $f(z_0)=a_0$, 那么在 $|z-z_0|<\delta$ 内就有

$$f(z)=F(z)=a_0+a_1(z-z_0)+\cdots+a_n(z-z_0)^n+\cdots$$

从而函数 $f(z)$ 在 z_0 点就成为解析了. 正是由于这个原因, 所以点 z_0 被称为**可去奇点**.

例如, $z=0$ 是函数 $\dfrac{e^z-1}{z}$ 的可去奇点, 因为这个函数的洛朗级数

$$\begin{aligned}\frac{e^z-1}{z}&=\frac{1}{z}\left(z+\frac{z^2}{2!}+\cdots+\frac{z^n}{n!}+\cdots\right)\\&=1+\frac{z}{2!}+\cdots+\frac{z^{n-1}}{n!}+\cdots,\qquad 0<|z|<+\infty\end{aligned}$$

中不含 z 的负幂项, 如果我们令 $\dfrac{e^z-1}{z}$ 在 $z=0$ 的值为 1, $\dfrac{e^z-1}{z}$ 在 $z=0$ 就成为解析的了.

(2) 如果式 (5.1.1) 中只有有限个 $(z-z_0)$ 的负幂项的系数不为零, 那么孤立奇点 z_0 称为函数 $f(z)$ 的极点. 特别关于 $(z-z_0)^{-1}$ 的最高幂为 $(z-z_0)^{-m}$, 即

$$\begin{aligned}f(z)=&a_{-m}(z-z_0)^{-m}+\cdots+a_{-2}(z-z_0)^{-2}+a_{-1}(z-z_0)^{-1}\\&+a_0+a_1(z-z_0)+\cdots+a_n(z-z_0)^n+\cdots\quad(m\geqslant 1,\ \ a_{-m}\neq 0)\end{aligned}\tag{5.1.3}$$

那么孤立奇点 z_0 称为函数 $f(z)$ 的 **m阶极点.** 上式也可写成

$$f(z)=\frac{1}{(z-z_0)^m}g(z)\tag{5.1.4}$$

其中 $g(z)=a_{-m}+a_{-m+1}(z-z_0)+\cdots+a_0(z-z_0)^m+a_1(z-z_0)^{m+1}+\cdots$ 在 $|z-z_0|<\delta$ 内是解析的函数, 且 $g(z_0)\neq 0$. 反过来, 当任何一个函数 $f(z)$ 能表示成式 (5.1.4) 的形式时, 将 $g(z)$ 展开成幂级数, 代入式 (5.1.4) 中, 可见 $f(z)$ 有形如式 (5.1.3) 的展开式, 故 z_0 必为 $f(z)$ 的 m 阶极点. 所以, 我们有如下结论.

定理 5.1.1 设函数 $f(z)$ 在 $0<|z-z_0|<\delta$ 内解析, 则 z_0 是 $f(z)$ 的 m 阶极点的充要条件是 $f(z)$ 在 $0<|z-z_0|<\delta$ 内可表示成

$$f(z)=\frac{1}{(z-z_0)^m}g(z)$$

的形式, 其中函数 $g(z)$ 在 $|z-z_0|<\delta$ 内解析且 $g(z_0)\neq 0$.

例如, 函数 $f(z)=\dfrac{\cos z}{z^3(z-1)^4}$ 在点 $z=0$ 处有三阶极点, 这是因为

$$f(z)=\frac{1}{z^3}g(z)$$

其中 $g(z)=\dfrac{\cos z}{(z-1)^4}$ 在 $z=0$ 点解析且 $g(0)=\cos 0=1\neq 0$. 根据定理 5.1.1 有上述结论. 同理, 可得 $z=1$ 是 $f(z)$ 的四阶极点.

(3) 如果式 (5.1.1) 中 $(z-z_0)$ 的负幂项系数有无穷多个不为零, 那么孤立奇点 z_0 称之为 $f(z)$ 的本性奇点.

例如, 函数 $f(z)=\mathrm{e}^{1/z}$ 在 $z=0$ 点的邻域 $0<|z|+\infty$ 内的洛朗展开式为

$$\mathrm{e}^{\frac{1}{z}}=1+z^{-1}+\frac{1}{2!}z^{-2}+\cdots+\frac{1}{m!}z^{-m}+\cdots$$

可见式中含有的 z 的负幂项系数有无穷多个不为零, 故 $z=0$ 为 $\mathrm{e}^{1/z}$ 的本性奇点.

5.1.2 解析函数在有限孤立奇点的性质

我们先证明下述定理.

定理 5.1.2 设函数 $f(z)$ 在 $0<|z-z_0|<\delta$ 内解析, 则 z_0 是 $f(z)$ 的可去奇点的充要条件是: 存在着有限极限 $\lim\limits_{z\to z_0} f(z)$.

证明 必要性. 由假设, 在 $0<|z-z_0|<\delta$ 内, $f(z)$ 有洛朗展开式

$$f(z)=a_0+a_1(z-z_0)+\cdots+a_n(z-z_0)^n+\cdots$$

因为上式右边幂级数的收敛半径至少应是 δ, 所以它的和函数 $F(z)$ 在 $|z-z_0|<\delta$ 内解析. 显然 $\lim\limits_{z\to z_0} f(z)=\lim\limits_{z\to z_0} F(z)=F(z_0)=a_0$ 且 a_0 为有限数.

充分性. 设在 $0<|z-z_0|<\delta$ 内, $f(z)$ 有洛朗展开式 (5.1.1), 由假设, 存在着两个正数 M 及 $\rho_0<\delta$, 使得在 $0<|z-z_0|<\rho_0$ 内存在

$$|f(z)|<M$$

那么由洛朗级数系数的积分表达式可知

$$\begin{aligned}|a_n|&=\frac{1}{2\pi}\left|\oint_C\frac{f(\zeta)}{(\zeta-z_0)^{n+1}}\mathrm{d}\zeta\right|\leqslant\frac{1}{2\pi}\oint_C\frac{|f(\zeta)|}{\rho^{n+1}}\mathrm{d}s\\&\leqslant\frac{1}{2\pi\rho^{n+1}}\oint_C M\mathrm{d}s=\frac{M}{2\pi\rho^{n+1}}2\pi\rho=\frac{M}{\rho^n}\quad(n=0,\ \pm1,\ \pm2,\cdots)\end{aligned}\tag{5.1.5}$$

这里 $C:\ |z-z_0|=\rho\ (0<\rho<\rho_0)$. 由于当 $n=-1,\ -2,\ -3,\ \cdots$ 时, 在式 (5.1.5) 中令 $\rho\to 0$, 就得到 $a_n=0\ (n=-1,-2,-3,\cdots)$. 可见 z_0 是 $f(z)$ 的可去奇点, 条件的充分性得证.

定理 5.1.3 设函数 $f(z)$ 在 $0<|z-z_0|<\delta\ (0<\delta\leqslant+\infty)$ 内解析, 则 z_0 是 $f(z)$ 的极点的充要条件是 $\lim\limits_{z\to z_0} f(z)=\infty$.

证明 必要性. 因为从式 (5.1.4) 立即可得

$$\lim_{z\to z_0} f(z)=\lim_{z\to z_0}\frac{1}{(z-z_0)^m}g(z)=\infty$$

这里 $g(z)$ 在 z_0 点解析且 $g(z_0)\neq 0$, $m=1,2,\cdots$.

充分性. 若 $\lim\limits_{z\to z_0} f(z)=\infty$, 则一定存在着某一正数 $\rho_0\leqslant\delta$, 使得当 $0<|z-z_0|<\rho_0$ 时, $f(z)$ 不等于 0, 于是 $F(z)=1/f(z)$ 在 $0<|z-z_0|<\rho_0$ 内解析且 $\lim\limits_{z\to z_0} F(z)=\lim\limits_{z\to z_0}\dfrac{1}{f(z)}=0$. 由定理 5.1.2 知 $F(z)$ 在 z_0 点有可去奇点, 因而 $F(z)$ 在 $0<|z-z_0|<\rho_0$ 内有展开式

$$F(z)=a_0+a_1(z-z_0)+a_2(z-z_0)^2+\cdots$$

而 $a_0=\lim\limits_{z\to z_0}F(z)=0$ 且 $F(z)$ 在 $0<|z-z_0|<\rho_0$ 内不恒为 0, 故上式关于 $(z-z_0)$ 幂的系数中至少有一个不为 0. 不妨设 $a_0=a_1=\cdots=a_{m-1}=0$, $a_m\neq 0$, 则

$$\begin{aligned}F(z)&=a_m(z-z_0)^m+a_{m+1}(z-z_0)^{m+1}+\cdots\\&=(z-z_0)^m[a_m+a_{m+1}(z-z_0)+\cdots]=(z-z_0)^mG(z)\end{aligned}$$

这里, $G(z)=a_m+a_{m+1}(z-z_0)+\cdots$ 在 $|z-z_0|<\rho_0$ 内解析且 $G(z_0)=a_m\neq 0$, 从而

$$f(z)=\frac{1}{(z-z_0)^m}\cdot\frac{1}{G(z)}=\frac{1}{(z-z_0)^m}g(z)$$

这里, $g(z)=1/G(z)$ 在 $|z-z_0|<\rho_0$ 内解析且 $g(z_0)=\dfrac{1}{G(z_0)}=\dfrac{1}{a_m}\neq 0$, 由定理 5.1.1 知 z_0 是 $f(z)$ 的极点, 充分性得证.

综合定理 5.1.2 和定理 5.1.3, 可得如下结论.

定理 5.1.4 设函数 $f(z)$ 在 $0<|z-z_0|<\delta$ $(0<\delta\leqslant+\infty)$ 内解析, 那么 z_0 是 $f(z)$ 的本性奇点的充要条件是: 不存在有限或无穷的极限 $\lim\limits_{z\to z_0} f(z)$.

例 5.1.1 讨论下列各函数在有限 z 平面上有何种奇点.

(1) $\dfrac{\sin 2z}{z}$; (2) $\dfrac{z+1}{z(z^2+4)^2(z+2\mathrm{i})^2}$; (3) $\mathrm{e}^{\frac{1}{z}}$.

解 (1) 注意到 $\dfrac{\sin 2z}{z}$ 在 $0<|z|<+\infty$ 内解析, 因而 $z=0$ 是它的孤立奇点, 而

$$\lim_{z\to 0}\frac{\sin 2z}{z}=2$$

由定理 5.1.2 知 $z=0$ 是 $\dfrac{\sin 2z}{z}$ 的可去奇点.

(2) 因为此式分子、分母均为 z 的多项式且无公共零点, 故分母 $z(z^2+4)(z+2\mathrm{i})^2$

的零点 $z_1=0$, $z_2=2\mathrm{i}$ 和 $z_3=-2\mathrm{i}$ 即为函数的极点. 根据定理 5.1.1 可判断出它们分别是 $\dfrac{z+1}{z(z^2+4)^2(z+2\mathrm{i})^2}$ 的一阶、二阶和四阶极点.

(3) 因为 $\mathrm{e}^{1/z}$ 在 $0<|z|<+\infty$ 内解析, 故 $z=0$ 是 $\mathrm{e}^{1/z}$ 的孤立奇点. 而

$$\lim_{z=x\to 0^+}\mathrm{e}^{1/z}=\infty,\qquad \lim_{z=x\to 0^-}\mathrm{e}^{1/z}=0$$

所以 $\lim\limits_{x\to 0}\mathrm{e}^{1/z}$ 不存在. 由定理 5.1.4 知 $z=0$ 是 $\mathrm{e}^{1/z}$ 的本性奇点, 这个结论也可由 $\mathrm{e}^{1/z}$ 的洛朗展开式的形式而获得, 因为

$$\mathrm{e}^{1/z}=1+\frac{1}{z}+\frac{1}{2!}\cdot\frac{1}{z^2}+\cdots+\frac{1}{n!}\cdot\frac{1}{z^n}+\cdots,\quad 0<|z|<+\infty$$

5.1.3 解析函数的零点与极点的关系

设函数 $f(z)$ 在 z_0 的邻域 $N(z_0,\delta)=\{z:\ |z-z_0|<\delta\}$ 内解析, 并且 $f(z_0)=0$, 那么点 z_0 称为解析函数 $f(z)$ 的一个**零点**.设 $f(z)$ 在 $N(z_0,\delta)$ 内的泰勒展开式为

$$f(z)=a_1(z-z_0)+a_2(z-z_0)^2+\cdots+a_n(z-z_0)^n+\cdots$$

如果 $a_n=0$, $n=1,2,\cdots$, 那么 $f(z)$ 在 $N(z_0,\delta)$ 内恒等于零.

如果 $a_1,a_2,\cdots,a_n,\cdots$ 中不全为零, 则存在正整数 m, $a_m\neq 0$, 而对于 $n=1,2,\cdots,m-1$, $a_n=0$, 那么称 z_0 是 $f(z)$ 的 ***m*阶零点.** 于是

$$f(z)=(z-z_0)^m\varphi(z)\tag{5.1.6}$$

其中 $\varphi(z)=a_m+a_{m+1}(z-z_0)+a_{m+2}(z-z_0)^2+\cdots$ 在 $N(z_0,\delta)$ 内解析且 $\varphi(z_0)\neq 0$. 因而可以找到一个正数 ε, 使得当 $0<|z-z_0|<\varepsilon$ 时, $\varphi(z)\neq 0$, 于是 $f(z)\neq 0$. 换句话说, 存在着 z_0 的一个邻域, 其中 z_0 是 $f(z)$ 的唯一零点.

例 5.1.2 $z=0$ 与 $z=1$ 均为函数 $f(z)=z(z-1)^3$ 的零点, 又注意到

$$f(z)=z(z-1)^3=-z+3z^2-3z^3+z^4,\quad |z|<+\infty$$

$$\begin{aligned}f(z)&=z(z-1)^3=[1+(z-1)](z-1)^3\\&=(z-1)^3+(z-1)^4,\quad |z-1|<+\infty\end{aligned}$$

可知 $z=0,1$ 分别是 $f(z)$ 的一阶和三阶零点.

定理 5.1.5 函数 $f(z)$ 在点 z_0 处解析, 则 z_0 是 $f(z)$ 的 m 阶零点的充分必要条件是: $f(z_0)=f'(z_0)=\cdots=f^{(m-1)}(z_0)=0$, $f^{(m)}(z_0)\neq 0$.

注意到解析函数的泰勒展开式的系数与导数之间的关系及解析函数零点的定义, 定理 5.1.5 是显然的, 所以证明从略.

解析函数的零点与极点, 有下面的关系.

定理 5.1.6 z_0 是 $f(z)$ 的 m 阶极点的充分必要条件是: z_0 是 $\dfrac{1}{f(z)}$ 的 m 阶零点.

证明 必要性. 如果 z_0 是 $f(z)$ 的 m 阶极点, 有

$$\begin{aligned}f(z)=&a_{-m}(z-z_0)^{-m}+\cdots+a_1(z-z_0)^{-1}+a_0\\&+a_1(z-z_0)+\cdots+a_n(z-z_0)^n+\cdots\quad(a_{-m}\neq 0)\end{aligned}$$

得到

$$\begin{aligned}(z-z_0)^m f(z)=&a_{-m}+\cdots+a_1(z-z_0)^{m-1}+a_0(z-z_0)^m\\&+a_1(z-z_0)^{m+1}+\cdots+a_n(z-z_0)^{m+n}+\cdots\end{aligned}$$

令 $g(z)$ 为上式的右端幂级数的和函数, 则 $g(z)$ 在 z_0 点解析且 $g(z_0)=a_{-m}\neq 0$. 因此存在 z_0 的一个邻域 $N(z_0,\delta)$, 使得 $g(z)$ 在 $N_\delta(z_0)$ 内解析且 $g(z)$ 不等于 0, 从而 $\dfrac{1}{g(z)}$ 也在 $N(z_0,\delta)$ 内解析且 $\dfrac{1}{g(z_0)}=\dfrac{1}{a_{-m}}\neq 0$. 设解析函数 $\dfrac{1}{g(z)}$, 有幂级数展开式 $\dfrac{1}{g(z)}=\displaystyle\sum_{n=0}^{\infty}\beta_n(z-z_0)^n$, $|z-z_0|<\delta$. 从而

$$\begin{aligned}\frac{1}{f(z)}&=(z-z_0)^m\frac{1}{g(z)}=(z-z_0)^m[\beta_0+\beta_1(z-z_0)+\cdots]\\&=\beta_0(z-z_0)^m+\beta_1(z-z_0)^{m+1}+\cdots\end{aligned}$$

$\left(\beta_0=\dfrac{1}{g(z_0)}=\dfrac{1}{a_{-m}}\neq 0\right)$ 在 $N_\delta(z_0)$ 内解析, 并在点 z_0 处有一个 m 阶零点.

对于充分性的证明只要将上述步骤反推回去即可.

例 5.1.3 试求函数 (1) $f(z)=\dfrac{1}{\sin z}$ 和 (2)$f(z)=\dfrac{1}{(1+z^2)(1+\mathrm{e}^{\pi z})\sin\left(\dfrac{\pi}{z}\right)}$ 的有限孤立奇点.

解 (1) 函数 $1/\sin z$ 的奇点显然是使 $\sin z=0$ 的点. 这些奇点是 $z=k\pi$, $k=0, \pm1, \pm2, \cdots$. 事实上从 $\sin z=\dfrac{\mathrm{e}^{\mathrm{i}z}-\mathrm{e}^{-\mathrm{i}z}}{2\mathrm{i}}=0$ 得 $\mathrm{e}^{2\mathrm{i}z}=1$, 从而有 $2\mathrm{i}z=2k\pi\mathrm{i}$, $z=k\pi$. 它们是 $\dfrac{1}{\sin z}$ 的孤立奇点. 再由于

$$(\sin z)'|_{z=k\pi}=\cos(k\pi)=(-1)^k\neq 0$$

所以 $z=k\pi$ 都是 $\sin z$ 的一阶零点, 从而也就是 $\dfrac{1}{\sin z}$ 的一阶极点.

应当注意的是, 我们在求函数的奇点时, 决不能只看函数的表面形式就作出判断. 例如, 函数 $(\cos z-1)/z^4$, 似乎 $z=0$ 是它的四阶极点, 其实是二阶极点. 因为

$$\begin{aligned}\frac{\cos z-1}{z^4}&=\frac{1}{z^4}\left(1-\frac{z^2}{2!}+\frac{z^4}{4!}-\frac{z^6}{6!}+\cdots-1\right)\\&=-\frac{1}{2!}z^{-2}+\frac{1}{4!}-\frac{1}{6!}z^2+\cdots\end{aligned}$$

(2) 因为 $(1+z^2)\big|_{z=\pm\mathrm{i}}=0,\quad (1+z^2)'\big|_{z=\pm\mathrm{i}}\neq 0$, 故 $z=\pm\mathrm{i}$ 是 $1+z^2$ 的一阶零点. 同理可证 $z_k=(2k+1)\mathrm{i},\ k=0,\pm1,\pm2,\cdots$ 是 $1+\mathrm{e}^{\pi z}$ 的一阶零点, $z_k=\dfrac{1}{k},\ k=\pm1,\pm2,\cdots$ 是 $\sin\dfrac{\pi}{z}$ 的一阶零点. 又 $z_k=(2k+1)\mathrm{i}$ 当 $k=0$ 和 -1 时为 $\pm\mathrm{i}$, 所以, $z=\pm\mathrm{i}$ 是 $f(z)$ 的二阶极点, $z_k=(2k+1)\mathrm{i},\ k=1,\pm2,\cdots$ 及 $z_k=\dfrac{1}{k},\ k=\pm1,\pm2,\cdots$ 均为 $f(z)$ 的一阶极点.

又 $z=0$ 是 $\sin\dfrac{\pi}{z}$ 的奇点, 故也是 $f(z)$ 的奇点, 但 $f(z)$ 的极点 $z_k=\dfrac{1}{k}$ 当 $k\to\infty$ 时, 以 $z=0$ 为极限, 所以 $z=0$ 不是 $f(z)$ 的孤立奇点, 事实上 $z=0$ 是 $f(z)$ 的极点 $z_k=\dfrac{1}{k}$, 当 $k\to\infty$ 的极限点.

5.1.4 解析函数在无穷孤立奇点的性质

以上讨论了有限孤立奇点邻域内函数的性质, 现在我们来讨论解析函数在无穷远点邻域内的性质.

若函数 $f(z)$ 在域 $D: R<|z|<+\infty\ (R>0)$ 内解析, 则称 $z=\infty$ 为 $f(z)$ 的一个孤立奇点.

设 $z=\infty$ 是 $f(z)$ 的一个孤立奇点. 为了研究 $f(z)$ 在 $z=\infty$ 邻域内的性质, 我们作变换 $\zeta=1/z$, 将 $z=\infty$ 的邻域变为点 $\zeta=0$ 的邻域, 函数

$$g(\zeta)=f\left(\frac{1}{\zeta}\right)$$

在 $D':\ 0<|\zeta|<\dfrac{1}{R}$ 内解析, $\zeta=0$ 是它的一个孤立奇点.

我们规定如果 $\zeta=0$ 是函数 $g(\zeta)$ 的可去奇点, (m 阶) 极点或本性奇点, 则 $z=\infty$ 是函数 $f(z)$ 的可去奇点、(m 阶) 极点或本性奇点.

由于 $f(z)$ 在区域 $D: R<|z|<+\infty$ 内解析, 所以它在 D 内可以展开成洛朗级数, 根据定理 4.4.2, 我们有

$$f(z)=\sum_{n=1}^{\infty}a_{-n}z^{-n}+a_0+\sum_{n=1}^{\infty}a_nz^n$$

$$a_n = \frac{1}{2\pi \mathrm{i}} \oint_C \frac{f(\zeta)}{\zeta^{n+1}} \mathrm{d}\zeta, \quad n = 0, \pm 1, \pm 2, \cdots \tag{5.1.7}$$

其中 C为在 D 内绕原点的任何一条正向简单闭曲线. 因此 $g(\zeta)$ 在圆环域 D' : $0 < |\zeta| < \dfrac{1}{R}$ 内的洛朗级数可根据式 (5.1.7) 得到, 即

$$g(\zeta) = \sum_{n=1}^{\infty} a_{-n}\zeta^n + a_0 + \sum_{n=1}^{\infty} a_n \zeta^{-n} \tag{5.1.8}$$

我们知道, 如果在级数 (5.1.8) 中, 不含负幂项、含有有限多的负幂项并且 $a_m\zeta^{-m}$ 为出现的最高负幂项和有无限多的负幂项, 那么 $\zeta = 0$ 是 $g(\zeta)$ 的可去奇点, m 阶极点和本性奇点. 这样根据上面的规定, 有:

(1) 当 $a_n = 0, \ n = 1, 2, \cdots$ 时, $z = \infty$ 是函数 $f(z)$ 的可去奇点;

(2) 当 $a_m \neq 0, \ a_{m+1} = a_{m+2} = \cdots = 0 \ (m \in N), \ z = \infty$ 是函数 $f(z)$ 的 m 阶极点;

(3) 当有无穷多个自然数 n, 使得 $a_n \neq 0, \ z = \infty$ 是函数 $f(z)$ 的本性奇点.

与级数 (5.1.8) 的情形相对应, 级数

$$\varphi(z) = \sum_{n=0}^{\infty} \frac{a_{-n}}{z^n}, \quad \psi(z) = \sum_{n=1}^{\infty} a_n z^n$$

分别称为洛朗级数 (5.1.7) 的解析部分和主要部分.

注意到 $\lim\limits_{z \to \infty} f(z) = \lim\limits_{\zeta \to 0} \varphi(\zeta)$, 定理 5.1.2~ 定理 5.1.4 可以立即转移到无穷远点的情形.

定理 5.1.7 设 $z = \infty$ 是函数 $f(z)$ 的孤立奇点, 则 $z = \infty$ 是 $f(z)$ 的可去奇点、极点或本性奇点的充分必要条件是: 极限 $\lim\limits_{z \to \infty} f(z)$ 存在有限、无穷大或不存在也不为无穷大.

例如, 函数 $f(z) = \dfrac{1}{z - z^3}$ 在圆环域 $1 < |z| < +\infty$ 内可以展开成

$$f(z) = \frac{1}{z - z^3} = -\frac{1}{z^3} \cdot \frac{1}{1 - \dfrac{1}{z^2}} = -\frac{1}{z^3} - \frac{1}{z^5} - \frac{1}{z^7} - \cdots$$

它的正幂项系数全部为零, 所以 ∞ 是 $f(z)$ 的可去奇点.

又如, 函数 $f(z) = a_0 + a_1 z + \cdots + a_k z^k, \ a_k \neq 0$, 含有正幂项, 且 $f(z)$ 含有的关于 z 的最高正幂项为 $a_k z^k$, 所以 $z = \infty$ 为它的 k 阶极点. 函数 $f(z) = \dfrac{1}{1+z}$ 在 $z = \infty$ 处为可去奇点. 函数 $\cos z$ 的展开式

$$\cos z = 1 - \frac{z^2}{2!} + \frac{z^4}{4!} - \cdots + (-1)^m \frac{z^{2m}}{(2m)!} + \cdots, \quad |z| < +\infty$$

它的正幂项的系数有无穷多个不为零, 所以 ∞ 是它的本性奇点. 函数 $f(z)=\mathrm{e}^{\frac{1}{1-z}}$, 令 $z=\dfrac{1}{\zeta}$, 得 $g(\zeta)=f\left(\dfrac{1}{\zeta}\right)=\mathrm{e}^{\frac{1}{1-\frac{1}{\zeta}}}=\mathrm{e}^{\frac{\zeta}{\zeta-1}}$, 而 $\lim\limits_{\zeta\to0}g(\zeta)=\lim\limits_{\zeta\to0}\mathrm{e}^{\frac{\zeta}{\zeta-1}}=\mathrm{e}^0=1$, 所以 $\zeta=0$ 是 $g(\zeta)$ 的可去奇点, 故 $z=\infty$ 是 $f(z)=\mathrm{e}^{\frac{1}{1-z}}$ 的可去奇点. 又函数 $f(z)=\cot z=\dfrac{\cos z}{\sin z}$, $z_n=n\pi\ (n=0,\pm1,\cdots)$ 是其孤立奇点. 当 $n\to\infty$ 时, $z=\infty$ 是 z_n 的极限点, 所以 $z=\infty$ 不是 $f(z)=\cot z$ 的孤立奇点.

5.2 留　数

5.2.1 留数的定义及其计算规则

设函数 $f(z)$ 在 z_0 点的去心邻域 $D:\ 0<|z-z_0|<\delta$ 内解析, z_0 是 $f(z)$ 的孤立奇点. 函数 $f(z)$ 在孤立奇点 z_0 的留数定义为

$$\frac{1}{2\pi\mathrm{i}}\oint_C f(z)\mathrm{d}z \tag{5.2.1}$$

记作 $\mathrm{Res}[f(z),\ z_0]$. 其中 C 包含在 D 内且围绕 z_0 的任何一条正向简单闭曲线.

根据定理 $f(z)$ 在 D 内可展开为洛朗级数

$$f(z)=\sum_{n=-\infty}^{\infty}a_n(z-z_0)^n$$

其中

$$a_n=\frac{1}{2\pi\mathrm{i}}\oint_C\frac{f(z)}{(z-z_0)^{n+1}}\mathrm{d}z,\ \ n=0,\pm1,\ \pm2,\ \cdots$$

因此

$$\mathrm{Res}[f(z),\ z_0]=\frac{1}{2\pi\mathrm{i}}\oint_C f(z)\mathrm{d}z=a_{-1} \tag{5.2.2}$$

若 $z=\infty$ 是 $f(z)$ 的孤立奇点, 即 $f(z)$ 在 $R<|z|<+\infty$ 内解析, 我们定义 $f(z)$ 在 $z=\infty$ 的留数为

$$\mathrm{Res}[f(z),\infty]=-\frac{1}{2\pi\mathrm{i}}\oint_C f(z)\mathrm{d}z=\frac{1}{2\pi\mathrm{i}}\oint_{C^-}f(z)\mathrm{d}z \tag{5.2.3}$$

其中, C 为包含在区域 $D:\ R<|z|<+\infty$ 内且围绕原点的任意一条正向简单闭曲线.

由于 $f(z)$ 在 $R<|z|<+\infty$ 内可展开为洛朗级数

$$f(z)=\sum_{n=-\infty}^{\infty}a_nz^n$$

其中

$$a_n = \frac{1}{2\pi i}\oint_C \frac{f(z)}{z^{n+1}}dz,\ \ n = 0, \pm 1,\ \pm 2,\ \cdots$$

所以

$$\text{Res}[f(z),\ \infty] = -\frac{1}{2\pi i}\oint_C f(z)dz = -a_{-1} \tag{5.2.4}$$

于是, 如果我们知道函数 $f(z)$ 在孤立奇点 z_0(有限点或无穷远点) 附近的洛朗展开式, 那么我们就知道了 $f(z)$ 在 z_0 点的留数.

通过上面的讨论可知, 若 z_0 是 $f(z)$ 的可去奇点, 且 $z_0 \neq \infty$, 则 $\text{Res}[f(z),\ z_0] = 0$; 但是若 $z_0 = \infty$, 那么 $\text{Res}[f(z),\ \infty]$ 不一定为零. 例如, $f(z) = 1+1/z$, 显见 $z = \infty$ 是 $f(z) = 1 + \dfrac{1}{z}$ 的可去奇点. 可是根据式 (5.2.4), 知 $\text{Res}\left[1 + \dfrac{1}{z},\ \infty\right] = -1 \neq 0$.

下面我们讨论留数的计算.

定理 5.2.1　如果 $z_0 \in \mathbb{C}$ 为 $f(z)$ 的 m 阶极点, 则

$$\text{Res}[f(z),\ z_0] = \frac{1}{(m-1)!}\lim_{z\to z_0}\frac{d^{m-1}}{dz^{m-1}}\{(z-z_0)^m f(z)\} \tag{5.2.5}$$

证明　由于

$$\begin{aligned} f(z) = &\ a_{-m}(z-z_0)^{-m} + \cdots + a_{-2}(z-z_0)^{-2} \\ &+ a_{-1}(z-z_0)^{-1} + a_0 + a_1(z-z_0) + \cdots \end{aligned}$$

以 $(z-z_0)^m$ 乘上式的两端, 得

$$\begin{aligned} (z-z_0)^m f(z) = &\ a_{-m} + \cdots + a_{-2}(z-z_0)^{m-2} + a_{-1}(z-z_0)^{m-1} \\ &+ a_0(z-z_0)^m + a_1(z-z_0)^{m+1} + \cdots \end{aligned}$$

两边求 $(m-1)$ 阶导数, 得

$$\frac{d^{m-1}}{dz^{m-1}}\{(z-z_0)^m f(z)\} = (m-1)!a_{-1} + \{\text{含有 } (z-z_0) \text{ 正幂的项}\}$$

令 $z \to z_0$, 两端求极限, 右端的极限是 $(m-1)!a_{-1}$, 根据式 (5.2.2), 除以 $(m-1)!$, 就得 $\text{Res}[f(z), z_0]$, 即式 (5.2.5).

推论 5.2.1　如果 $z_0 \in \mathbb{C}$ 为 $f(z)$ 的一阶极点, 那么

$$\text{Res}[f(z), z_0] = \lim_{z\to z_0}(z-z_0)f(z) \tag{5.2.6}$$

证明　在式 (5.2.5) 中取 $m = 1$ 即得式 (5.2.6).

推论 5.2.2　设 $f(z) = P(z)/Q(z)$, $P(z)$ 及 $Q(z)$ 在 $z_0 \in \mathbb{C}$ 点解析, 如果 $P(z_0) \neq 0,\ Q(z_0) = 0,\ Q'(z_0) \neq 0$, 那么 z_0 为 $f(z)$ 的一阶极点, 并且

$$\text{Res}[f(z),\ z_0] = \frac{P(z_0)}{Q'(z_0)} \tag{5.2.7}$$

证明 因为 $Q(z_0)=0$ 及 $Q'(z_0)\neq 0$, 所以 z_0 为 $Q(z)$ 的一阶零点, 从而 z_0 为 $1/Q(z)$ 的一阶极点. 因此

$$\frac{1}{Q(z)}=\frac{1}{z-z_0}\varphi(z)$$

其中 $\varphi(z)$ 在 z_0 点解析, 且 $\varphi(z_0)\neq 0$. 于是

$$f(z)=\frac{1}{z-z_0}g(z)$$

这里, $g(z)=\varphi(z)P(z)$ 在 z_0 解析, 且 $g(z_0)=\varphi(z_0)P(z_0)\neq 0$. 故 z_0 为 $f(z)$ 的一阶极点.

由推论 5.2.1, $\mathrm{Res}[f(z),\ z_0]=\lim\limits_{z\to z_0}(z-z_0)f(z)$, 而 $Q(z_0)=0$, 所以

$$(z-z_0)f(z)=\frac{P(z)}{\dfrac{Q(z)-Q(z_0)}{z-z_0}}$$

令 $z\to z_0$, 即得式 (5.2.7).

以上我们讨论了有限点 z_0 为可去奇点、极点的留数的计算问题. 对于求解析函数在本性奇点的留数 (当然也不排斥极点的情形), 通常将函数在该点的去心邻域内展开成洛朗级数, 其负一次幂项系数 a_{-1} 即为所求. 关于求解析函数在无穷孤立奇点处的留数的计算问题将在 5.2.2 小节讨论.

例 5.2.1 函数 $f(z)=\dfrac{\mathrm{e}^{\mathrm{i}z}}{1+z^2}$ 有两个一阶极点 $z=\pm\mathrm{i}$, 记 $P(z)=\mathrm{e}^{\mathrm{i}z},\ Q(z)=1+z^2$, 这时

$$P(z)/Q'(z)=\frac{1}{2z}\mathrm{e}^{\mathrm{i}z}$$

由式 (5.2.7), 得

$$\mathrm{Res}[f(z),\ \mathrm{i}]=-\frac{\mathrm{i}}{2\mathrm{e}},\ \ \mathrm{Res}[f(z),\ -\mathrm{i}]=\frac{\mathrm{i}}{2}\mathrm{e}$$

例 5.2.2 函数 $f(z)=\dfrac{z\mathrm{e}^z}{z^2-1}$ 有两个一阶极点, 由推论 1 得

$$\mathrm{Res}[f(z),\ 1]=\lim_{z\to 1}(z-1)\frac{z\mathrm{e}^z}{z^2-1}=\lim_{z\to 1}\frac{z\mathrm{e}^z}{z+1}=\frac{\mathrm{e}}{2}$$

$$\mathrm{Res}[f(z),\ -1]=\lim_{z\to 1}(z+1)\frac{z\mathrm{e}^z}{z^2-1}=\lim_{z\to 1}\frac{z\mathrm{e}^z}{z-1}=\frac{1}{2\mathrm{e}}$$

例 5.2.3 函数 $f(z)=\sec z/z^3$ 在 $z=0$ 有三阶极点, 经计算

$$\sec z=1+\frac{1}{2!}z^2+\frac{5}{4!}z^4+\cdots$$

$$\frac{\sec z}{z^3}=\frac{1}{z^3}+\frac{1}{2!}\cdot\frac{1}{z}+\frac{5}{4!}z+\cdots$$

因此 $\mathrm{Res}[f(z),\ 0] = 1/2$.

由定理 5.2.1 的式 (5.2.5) 也可由下列公式求得

$$\mathrm{Res}[f(z),\ 0] = \frac{1}{2}\lim_{z\to 0}\frac{\mathrm{d}^2}{\mathrm{d}z^2}\left\{z^3\cdot\frac{\sec z}{z^3}\right\} = \frac{1}{2}$$

例 5.2.4 $f(z) = \cos\dfrac{1}{z}$, $z = 0$ 点是它的本性奇点, 由洛朗展开式

$$f(z) = \sum_{n=0}^{\infty}\frac{(-1)^n}{(2n)!}z^{-2n}$$

可得 $\mathrm{Res}[f(z),\ 0] = a_{-1} = 0$.

例 5.2.5 $f(z) = \dfrac{\mathrm{e}^{\frac{1}{z}}}{1-z}$, $z = 0$ 点是它的本性奇点, 由于

$$\begin{aligned}
f(z) = \frac{\mathrm{e}^{\frac{1}{z}}}{1-z} &= (1+z+z^2+\cdots+z^n+\cdots)\cdot\left(1+\frac{1}{z}+\frac{1}{2}\cdot\frac{1}{z^2}+\cdots+\frac{1}{n!}\cdot\frac{1}{z^n}+\cdots\right)\\
&= \left(1+\frac{1}{z}+\frac{1}{2!}\cdot\frac{1}{z^2}+\cdots+\frac{1}{n!}\cdot\frac{1}{z^n}+\cdots\right)\\
&\quad+\left(z+1+\frac{1}{2!}\cdot\frac{1}{z}+\cdots+\frac{1}{n!}\cdot\frac{1}{z^{n-1}}+\cdots\right)+\cdots\\
&\quad+\left(z^{n-1}+z^{n-2}+\cdots+\frac{1}{n!}\cdot\frac{1}{z}+\cdots\right)+\cdots\\
&= \cdots+\left(1+\frac{1}{2!}+\cdots+\frac{1}{n!}+\cdots\right)\frac{1}{z}+\left(1+1+\frac{1}{2!}+\cdots+\frac{1}{n!}+\cdots\right)\\
&\quad+\left(1+1+\frac{1}{2!}+\cdots+\frac{1}{n!}+\cdots\right)z+\cdots
\end{aligned}$$

故

$$\mathrm{Res}\left[\frac{\mathrm{e}^{\frac{1}{z}}}{1-z},\ 0\right] = 1+\frac{1}{2!}+\cdots+\frac{1}{n!}+\cdots = \sum_{n=1}^{\infty}\frac{1}{n!} = \mathrm{e}-1$$

例 5.2.6 计算积分 $I = \displaystyle\oint_{|z|=\frac{1}{2}}\frac{\sin z}{z^2(1-\mathrm{e}^z)}\mathrm{d}z$.

解 由于 $f(z) = \dfrac{\sin z}{z^2(1-\mathrm{e}^z)}$ 在 $0 < |z| < 2\pi$ 内解析, 根据留数定义, 知 $I = 2\pi\mathrm{i}\mathrm{Res}[f(z),0]$. 另一方面, 由于

$$1-\mathrm{e}^z = -\left(z+\frac{1}{2!}z^2+\cdots+\frac{1}{n!}z^n+\cdots\right),\quad |z| < +\infty$$

$$\sin z = z-\frac{1}{3!}z^3+\cdots+(-1)^n\frac{z^{2n+1}}{(2n+1)!}+\cdots$$

故

$$\frac{\sin z}{z^2(1-\mathrm{e}^z)}=\frac{z\left(1-\dfrac{1}{3!}z^2+\dfrac{1}{5!}z^4-\cdots\right)}{-z^3\left(1+\dfrac{1}{2!}z+\dfrac{1}{3!}z^2+\cdots\right)}=\frac{1}{z^2}\varphi(z)$$

这里, $\varphi(z)=-\dfrac{1-\dfrac{1}{3!}z^2+\dfrac{1}{5!}z^4-\cdots}{1+\dfrac{1}{2!}z+\dfrac{1}{3!}z^2+\cdots}$ 在 $z=0$ 点解析, 且 $\varphi(0)=-1\neq 0$. 根据定理 5.1.1 知 $z=0$ 为 $f(z)$ 的二阶极点, 而

$$\begin{aligned}\mathrm{Res}[f(z),0]&=\lim_{z\to 0}\frac{\mathrm{d}}{\mathrm{d}z}z^2f(z)=\lim_{z\to 0}\frac{\mathrm{d}}{\mathrm{d}z}\varphi(z)\\&=\lim_{z\to 0}\frac{-\left(-\dfrac{2}{3!}z+\dfrac{4}{5!}z^3-\cdots\right)\left(1+\dfrac{1}{2!}z+\dfrac{1}{3!}z^2+\cdots\right)}{\left(1+\dfrac{1}{2!}z+\dfrac{1}{3!}z^2+\cdots\right)^2}\\&\quad+\frac{\left(1-\dfrac{1}{3!}z^2+\dfrac{1}{5!}z^4-\cdots\right)\left(\dfrac{1}{2!}+\dfrac{2}{3!}z+\cdots\right)}{\left(1+\dfrac{1}{2!}z+\dfrac{1}{3!}z^2+\cdots\right)}=\frac{1}{2}\end{aligned}$$

于是

$$I=2\pi\mathrm{i}\mathrm{Res}[f(z),\ 0]=\pi\mathrm{i}$$

5.2.2 留数的基本定理

下面我们来叙述关于留数的基本定理.

定理 5.2.2(留数基本定理) 设 C 是一条正向的简单闭曲线, 若函数 $f(z)$ 在 C 上及 C 的内部 D 除去有限个孤立奇点 $z_1,z_2,\cdots,z_n$ 外处处解析, 那么

$$\oint_C f(z)\mathrm{d}z=2\pi\mathrm{i}\sum_{k=1}^{n}\mathrm{Res}[f(z),\ z_k] \tag{5.2.8}$$

证明 在 D 内以 $z_k(k=1,2,\cdots,n)$ 为圆心作小圆周 C_k, 使得每一个 C_k 都在其余圆周的外部 (图 5.2.1), 由复合闭路的柯西定理, 有

$$\oint_C f(z)\mathrm{d}z=\sum_{k=1}^{n}\oint_{C_k}f(z)\mathrm{d}z$$

由留数的定义, 得

$$\oint_C f(z)\mathrm{d}z=2\pi\mathrm{i}\sum_{k=1}^{n}\mathrm{Res}[f(z),\ z_k]$$

所以式 (5.2.1) 得证.

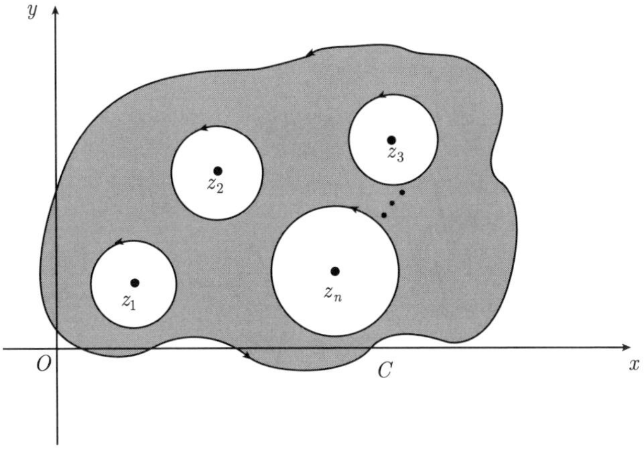

图 5.2.1

定理 5.2.3(推广的留数基本定理) 如果函数 $f(z)$ 在扩充的复平面内只有有限个孤立奇点, 那么 $f(z)$ 在各孤立奇点 (包括 ∞ 点) 的留数之和等于零.

证明 设 $f(z)$ 的有限孤立奇点为 z_k $(k=1,2,\cdots,n)$. 以原点为圆心, 作半径为 R 的充分大的圆周 C, 使得 C 的内部包含 $z_1,z_2,\cdots,z_n$, 从而由留数基本定理

$$\oint_C f(z)\mathrm{d}z = 2\pi\mathrm{i}\sum_{k=1}^{n}\mathrm{Res}[f(z),\ z_k]$$

又因

$$\frac{1}{2\pi\mathrm{i}}\oint_C f(z)\mathrm{d}z = -\mathrm{Res}[f(z),\ \infty]$$

所以

$$\begin{aligned}&\mathrm{Res}[f(z),\ \infty]+\sum_{k=1}^{n}\mathrm{Res}[f(z),\ z_k]\\&=-\frac{1}{2\pi\mathrm{i}}\oint_C f(z)\mathrm{d}z+\frac{1}{2\pi\mathrm{i}}\oint_C f(z)\mathrm{d}z\\&=0\end{aligned} \tag{5.2.9}$$

利用留数基本定理, 可以得到如下的关于无穷远点的留数计算法则.

定理 5.2.4

$$\mathrm{Res}[f(z),\ \infty] = -\mathrm{Res}\left[f\left(\frac{1}{z}\right)\frac{1}{z^2},\ 0\right] \tag{5.2.10}$$

证明 在无穷远点的留数定义中, 取正向简单闭曲线 C 为半径足够大的正向

圆周：$|z|=R$. 令 $z=1/\zeta$, 并设 $z=R\mathrm{e}^{\mathrm{i}\varphi}$, $\zeta=r\mathrm{e}^{\mathrm{i}\theta}$, 则 $R=1/r$, $\varphi=-\theta$, 于是有

$$\begin{aligned}\mathrm{Res}[f(z),\ \infty]&=-\frac{1}{2\pi\mathrm{i}}\oint_C f(z)\mathrm{d}z=\frac{1}{2\pi\mathrm{i}}\oint_{C^-} f(z)\mathrm{d}z\\&=\frac{1}{2\pi\mathrm{i}}\int_0^{-2\pi} f(R\mathrm{e}^{\mathrm{i}\varphi})R\mathrm{i}\mathrm{e}^{\mathrm{i}\varphi}\mathrm{d}\varphi\\&=\frac{1}{2\pi\mathrm{i}}\int_0^{2\pi} f(R\mathrm{e}^{-\mathrm{i}\theta})R\mathrm{i}\mathrm{e}^{-\mathrm{i}\theta}(-\mathrm{d}\theta)\\&=\frac{-1}{2\pi\mathrm{i}}\int_0^{2\pi} f\left(\frac{1}{r\mathrm{e}^{\mathrm{i}\theta}}\right)\frac{1}{(r\mathrm{e}^{\mathrm{i}\theta})^2}\mathrm{d}(r\mathrm{e}^{\mathrm{i}\theta})\\&=-\frac{1}{2\pi\mathrm{i}}\oint_{|\zeta|=\frac{1}{R}} f\left(\frac{1}{\zeta}\right)\frac{1}{\zeta^2}\mathrm{d}\zeta\quad(|\zeta|=1/R\text{为正向})\end{aligned}$$

由于 $f(z)$ 在 $R\leqslant|z|<+\infty$ 内解析, 从而 $f(1/\zeta)$ 在 $0<|\zeta|\leqslant 1/R$ 内解析, 因此 $f\left(\dfrac{1}{\zeta}\right)\dfrac{1}{\zeta^2}$ 在 $|\zeta|\leqslant 1/R$ 上除 $\zeta=0$ 外没有其他奇点, 由留数定义, 得

$$\frac{1}{2\pi\mathrm{i}}\oint_{|\zeta|=\frac{1}{R}} f\left(\frac{1}{\zeta}\right)\frac{1}{\zeta^2}\mathrm{d}\zeta=\mathrm{Res}\left[f\left(\frac{1}{\zeta}\right)\frac{1}{\zeta^2},\ 0\right]$$

所以式 (5.2.10) 成立.

例 5.2.7 $f(z)=\dfrac{1}{1+z^2}\mathrm{e}^{\mathrm{i}mz}$, $m\neq 0$ 是实常数. $z=\pm\mathrm{i}$ 是 $f(z)$ 的一阶极点, $z=\infty$ 是 $f(z)$ 的本性奇点.

$$\mathrm{Res}[f(z),\ \mathrm{i}]=\lim_{z\to\mathrm{i}}(z-\mathrm{i})\frac{\mathrm{e}^{\mathrm{i}mz}}{z^2+1}=\left.\frac{\mathrm{e}^{\mathrm{i}mz}}{z+\mathrm{i}}\right|_{z=\mathrm{i}}=\frac{\mathrm{e}^{-m}}{2\mathrm{i}}=-\frac{\mathrm{i}}{2}\mathrm{e}^{-m}$$

$$\mathrm{Res}[f(z),\ -\mathrm{i}]=\frac{\mathrm{i}}{2}\mathrm{e}^{m}$$

再由式 (5.2.9) 得

$$\mathrm{Res}[f(z),\ \infty]=-\frac{\mathrm{i}}{2}(\mathrm{e}^{m}-\mathrm{e}^{-m})$$

例 5.2.8 $f(z)=\dfrac{\mathrm{e}^{1/z}}{1-z}$, $z=1$ 是 $f(z)$ 的一阶极点, $z=0$ 是 $f(z)$ 的本性奇点, $z=\infty$ 是 $f(z)$ 的可去奇点.

$$\mathrm{Res}[f(z),\ 1]=\lim_{z\to 1}(z-1)\frac{\mathrm{e}^{\frac{1}{z}}}{1-z}=-\mathrm{e}$$

由于当 $1<|z|<\infty$ 时有

$$\begin{aligned}f(z)&=\frac{\mathrm{e}^{\frac{1}{z}}}{1-z}=-\frac{1}{z}\cdot\frac{1}{1-\dfrac{1}{z}}\mathrm{e}^{\frac{1}{z}}\\&=-\frac{1}{z}\left(1+\frac{1}{z}+\frac{1}{z^2}+\cdots\right)\left(1+\frac{1}{1!}\cdot\frac{1}{z}+\frac{1}{2!}\cdot\frac{1}{z^2}+\cdots\right)\\&=-\frac{1}{z}+\cdots\end{aligned}$$

所以

$$\mathrm{Res}[f(z),\ \infty]=-a_{-1}=1$$

$$\mathrm{Res}[f(z),\ 0]=-\mathrm{Res}[f(z),1]-\mathrm{Res}[f(z),\ \infty]=\mathrm{e}-1$$

这也是例 5.2.5 中的结果.

从上面几例看出, 如果函数 $f(z)$ 满足定理 5.2.3 中的条件, 当求 $f(z)$ 在各孤立奇点的留数时, 我们总是求出比较容易计算的孤立奇点的留数, 然后利用式 (5.2.9) 便可求出较难计算的留数. 当然如果有好几个点上的留数都比较难计算, 可能无法利用式 (5.2.9).

下面几个例子展示了留数基本定理在计算复积分中的应用.

例 5.2.9 计算积分 $\oint_C\dfrac{z}{z^4-1}\mathrm{d}z$, C 为正向圆周: $|z|=2$.

解法 1 被积函数 $f(z)=\dfrac{z}{z^4-1}$ 的四个一阶极点 ±1、$\pm\mathrm{i}$ 都在圆 $|z|=2$ 内, 所以由留数基本定理有

$$\oint_C\frac{z}{z^4-1}\mathrm{d}z=2\pi\mathrm{i}\{\mathrm{Res}[f(z),\ 1]+\mathrm{Res}[f(z),\ -1]+\mathrm{Res}[f(z),\mathrm{i}]+\mathrm{Res}[f(z),\ -\mathrm{i}]\}$$

记 $P(z)=z,\ Q(z)=z^4-1,\ \dfrac{P(z)}{Q'(z)}=\dfrac{z}{4z^3}=\dfrac{1}{4z^2}$, 故由推论 5.2.2 得

$$\oint_C\frac{z}{z^4-1}\mathrm{d}z=2\pi\mathrm{i}\left\{\frac{1}{4}+\frac{1}{4}-\frac{1}{4}-\frac{1}{4}\right\}=0$$

解法 2 函数 $\dfrac{z}{z^4-1}$ 在 $|z|=2$ 的外部, 除 ∞ 点外没有其他奇点, 因此根据式 (5.2.9) 知

$$\mathrm{Res}[f(z),1]+\mathrm{Res}[f(z),-1]+\mathrm{Res}[f(z),\mathrm{i}]+\mathrm{Res}[f(z),-\mathrm{i}]+\mathrm{Res}[f(z),\infty]=0$$

从而

$$\oint_C \frac{z}{z^4-1}\mathrm{d}z = 2\pi\mathrm{i}\{\mathrm{Res}[f(z),1]+\mathrm{Res}[f(z),\ -1]+\mathrm{Res}[F(z),\mathrm{i}]+\mathrm{Res}[f(z),-\mathrm{i}]\}$$
$$= -2\pi\mathrm{Res}[f(z),\ \infty] = 2\pi\mathrm{i}\mathrm{Res}\left[f\left(\frac{1}{z}\right)\frac{1}{z^2},\ 0\right]$$
$$= 2\pi\mathrm{i}\mathrm{Res}\left(\frac{z}{1-z^4},\ 0\right) = 0$$

例 5.2.10 计算积分 $\oint_C \frac{\mathrm{d}z}{(z+\mathrm{i})^{10}(z-1)^5(z-4)}$, C 为正向圆周: $|z|=2$.

解 除 ∞ 点外, 被积函数的奇点是 $-\mathrm{i}$, 1 和 4. 根据式 (5.2.9), 有

$$\mathrm{Res}[f(z),\ -\mathrm{i}]+\mathrm{Res}[f(z),1]+\mathrm{Res}[f(z),4]+\mathrm{Res}[f(z),\infty]=0$$

其中

$$f(z)=\frac{1}{(z+\mathrm{i})^{10}(z-1)^5(z-4)}$$

由于 $-\mathrm{i}$ 与 1 在 C 之内部, 由留数基本定理与推广的留数基本定理得到

$$\oint_C \frac{\mathrm{d}z}{(z+\mathrm{i})^{10}(z-1)^5(z-4)}$$
$$= 2\pi\mathrm{i}\{\mathrm{Res}[f(z),\ -\mathrm{i}]+\mathrm{Res}[f(z),1]\}$$
$$= -2\pi\mathrm{i}\{\mathrm{Res}[f(z),4]+\mathrm{Res}[f(z),\infty]\}$$

另一方面,

$$\mathrm{Res}[f(z),4]=\lim_{z\to 4}(z-4)\frac{1}{(z+\mathrm{i})^{10}(z-1)^5(z-4)}=\frac{1}{3^5(4+\mathrm{i})^{10}}$$

$$\mathrm{Res}[f(z),\infty]=\mathrm{Res}\left[\frac{1}{\left(\frac{1}{z}+\mathrm{i}\right)^{10}\left(\frac{1}{z}-1\right)^5\left(\frac{1}{z}-4\right)}\frac{1}{z^2},\ 0\right]$$
$$=\mathrm{Res}\left[\frac{z^{14}}{(1+\mathrm{i}z)^{10}(1-z)^5(1-4z)},\ 0\right]=0$$

从而

$$\oint_C \frac{\mathrm{d}z}{(z+\mathrm{i})^{10}(z-1)^5(z-4)}=-2\pi\mathrm{i}\left\{\frac{1}{3^5(4+\mathrm{i})^{10}}+0\right\}=\frac{-2\pi\mathrm{i}}{243(4+\mathrm{i})^{10}}$$

如果用 5.2.1 小节的方法, 由于 $-\mathrm{i}$ 是 $f(z)$ 的十阶极点, 1 是 $f(z)$ 的五阶极点, 并且均在 C 的内部, 它们的留数计算是十分烦琐的.

5.3 留数在定积分计算中的应用

本节, 我们讲述如何应用留数基本定理计算某些类型实函数的积分. 这种方法的大致思想是: 为了求实函数 $f(x)$ 在实轴上或实轴上的某一线段 I 上的积分, 我们在 I 上适当附加某一曲线使其构成一简单闭曲线 C, 其内部为 D, 选取适当函数 $F(z)$(通常是将 $f(x)$ 的自变量 x 扩充到复平面上), 然后在 $\bar{D}$ 上对 $F(z)$ 应用留数定理, 这样就把实轴上 $f(x)$ 的积分转化为计算 $F(z)$ 在 D 内奇点的留数与那部分附加曲线上的积分, 将问题大大简化了. 当然利用留数计算积分也有其局限性, 不可能应用它来解决所有的复杂积分的计算问题. 下面我们来阐述怎样利用留数求某几种特殊形式的定积分的值.

5.3.1 形如 $\int_0^{2\pi} R(\sin\theta,\ \cos\theta)\mathrm{d}\theta$ 积分

$R(\sin\theta,\ \cos\theta)$ 为 $\sin\theta$ 和 $\cos\theta$ 的有理函数且 $R(x,y)$ 在 $x^2+y^2=1$ 上无奇点. 这类积分可以化为单位圆周上的复积分. 设 $z=\mathrm{e}^{\mathrm{i}\theta}$, 则

$$\cos\theta=\frac{1}{2}(\mathrm{e}^{\mathrm{i}\theta}+\mathrm{e}^{-\mathrm{i}\theta})=\frac{1}{2}\left(z+\frac{1}{z}\right)=\frac{1}{2z}(z^2+1)$$
$$\sin\theta=\frac{1}{2\mathrm{i}}(\mathrm{e}^{\mathrm{i}\theta}-\mathrm{e}^{-\mathrm{i}\theta})=\tfrac{1}{2\mathrm{i}}\left(z-\frac{1}{z}\right)=\frac{1}{2\mathrm{i}z}(z^2-1)$$
$$\mathrm{d}\theta=\frac{1}{\mathrm{i}\mathrm{e}^{\mathrm{i}\theta}}\mathrm{d}\mathrm{e}^{\mathrm{i}\theta}=\frac{1}{\mathrm{i}z}\mathrm{d}z$$

于是

$$\int_0^{2\pi} R(\sin\theta,\ \cos\theta)\mathrm{d}\theta=\oint_{|z|=1} R\left[\frac{1}{2\mathrm{i}}\left(z-\frac{1}{z}\right),\ \frac{1}{2}\left(z+\frac{1}{z}\right)\right]\frac{\mathrm{d}z}{\mathrm{i}z}$$

设

$$F(z)=\frac{1}{\mathrm{i}z}R\left[\frac{1}{2\mathrm{i}}\left(z-\frac{1}{z}\right),\ \frac{1}{2}\left(z+\frac{1}{z}\right)\right]$$

$F(z)$ 是 z 的有理函数. 若 $a_1,a_2,\cdots,a_n$ 是 $F(z)$ 在圆 $|z|<1$ 内的极点, 则由留数的基本定理, 得

$$\int_0^{2\pi} R(\sin\theta,\cos\theta)\mathrm{d}\theta=2\pi\mathrm{i}\sum_{k=1}^{n}\mathrm{Res}[F(z),\ a_k] \tag{5.3.1}$$

例 5.3.1 计算积分

$$I=\int_0^{2\pi}\frac{\sin^2\theta}{a+b\cos\theta}\mathrm{d}\theta \quad (a>b>0)$$

解 设 $z=\mathrm{e}^{\mathrm{i}\theta}$, 则

$$\frac{\sin^2\theta}{a+b\cos\theta}=\left(\frac{z^2-1}{2\mathrm{i}z}\right)^2\frac{1}{a+\dfrac{b}{2z}(z^2+1)}=\frac{z(z^2-1)^2}{-2bz^2\left(z^2+\dfrac{2a}{b}z+1\right)}$$

于是

$$\begin{aligned}I&=\int_0^{2\pi}\frac{\sin^2\theta}{a+b\cos\theta}\mathrm{d}\theta=\oint_{|z|=1}\frac{z(z^2-1)^2}{-2bz^2\left(z^2+\dfrac{2a}{b}z+1\right)}\frac{\mathrm{d}z}{\mathrm{i}z}\\&=\frac{\mathrm{i}}{2b}\oint_{|z|=1}\frac{(z^2-1)^2}{z^2\left(z^2+2\dfrac{a}{b}z+1\right)}\mathrm{d}z=\oint_{|z|=1}F(z)\mathrm{d}z\end{aligned}$$

其中, $F(z)=\dfrac{(z^2-1)^2\mathrm{i}}{z^2\left(z^2+2\dfrac{a}{b}z+1\right)2b}=\dfrac{(z^2-1)^2\mathrm{i}}{z^2(z-\alpha)(z-\beta)2b}$, α,β 是方程 $z^2+\dfrac{2a}{b}z+1=0$ 的两个根, 即

$$\alpha=\frac{-a+\sqrt{a^2-b^2}}{b},\quad \beta=\frac{-a-\sqrt{a^2-b^2}}{b},\quad \alpha\cdot\beta=1$$

$F(z)$ 在圆 $|z|<1$ 内有两个孤立奇点: $z=0$, $z=\alpha$. 它们分别是 $F(z)$ 的二阶极点和一阶极点. 并且

$$\begin{aligned}\mathrm{Res}[F(z),\ 0]&=\lim_{z\to0}\frac{\mathrm{d}}{\mathrm{d}z}\left\{z^2\frac{(z^2-1)^2\mathrm{i}}{z^2(z-\alpha)(z-\beta)2b}\right\}\\&=\lim_{z\to0}\frac{\mathrm{d}}{\mathrm{d}z}\left\{\frac{(z^2-1)^2\mathrm{i}}{(z-\alpha)(z-\beta)2b}\right\}\\&=\lim_{z\to0}\frac{\mathrm{d}}{\mathrm{d}z}\left\{\frac{1}{\alpha-\beta}(z^2-1)^2\left(\frac{1}{z-\alpha}-\frac{1}{z-\beta}\right)\frac{\mathrm{i}}{2b}\right\}\\&=\lim_{z\to0}\frac{\mathrm{d}}{\mathrm{d}z}\left\{\frac{1}{\alpha-\beta}(z^4-2z^2+1)\left[\left(\frac{1}{\beta}-\frac{1}{\alpha}\right)+\left(\frac{1}{\beta^2}-\frac{1}{\alpha^2}\right)z+\cdots\right]\frac{\mathrm{i}}{2b}\right\}\\&=\frac{1}{\alpha-\beta}\left(\frac{1}{\beta^2}-\frac{1}{\alpha^2}\right)\frac{\mathrm{i}}{2b}=\frac{\mathrm{i}}{2b}(\alpha+\beta)\end{aligned}$$

$$\begin{aligned}\mathrm{Res}[F(z),\alpha]&=\lim_{z\to\alpha}\left\{(z-\alpha)\frac{(z^2-1)^2\mathrm{i}}{z^2(z-\alpha)(z-\beta)2b}\right\}\\&=\frac{(\alpha^2-1)^2\mathrm{i}}{\alpha^2(\alpha-\beta)2b}=\frac{\alpha^2(\alpha-\beta)^2\mathrm{i}}{\alpha^2(\alpha-\beta)2b}=\frac{\mathrm{i}}{2b}(\alpha-\beta)\end{aligned}$$

由式 (5.3.1), 得到

$$\begin{aligned}I&=2\pi\mathrm{i}\{\mathrm{Res}[F(z),\ 0]+\mathrm{Res}[F(z),\ \alpha]\}\\&=2\pi\mathrm{i}\frac{\mathrm{i}}{2b}[(\alpha+\beta)+(\alpha-\beta)]=-\frac{2\pi}{b}\alpha=\frac{2\pi}{b^2}(a-\sqrt{a^2-b^2})\end{aligned}$$

例 5.3.2 计算 $I=\int_0^{2\pi}\frac{\cos 2\theta}{1-2p\cos\theta+p^2}\mathrm{d}\theta\ (0<p<1)$ 的值.

解 由于 $0<p<1$, 被积函数的分母 $1-2p\cos\theta+p^2=(1-p)^2+2p(1-\cos\theta)$ 在 $0\leqslant\theta\leqslant 2\pi$ 上不为零, 因而积分是有意义的. 设 $z=\mathrm{e}^{\mathrm{i}\theta}$, 则

$$\cos 2\theta=\frac{1}{2}(\mathrm{e}^{2\mathrm{i}\theta}+\mathrm{e}^{-2\mathrm{i}\theta})=\frac{1}{2}(z^2+z^{-2})$$

$$\begin{aligned}I&=\oint_{|z|=1}\frac{z^2+z^{-2}}{2}\cdot\frac{1}{1-2p\dfrac{z+z^{-1}}{2}+p^2}\cdot\frac{\mathrm{d}z}{\mathrm{i}z}\\&=\oint_{|z|=1}\frac{1+z^4}{2\mathrm{i}z^2(1-pz)(z-p)}\mathrm{d}z=\oint_{|z|=1}F(z)\mathrm{d}z\end{aligned}$$

被积函数的三个极点中只有两个在圆 $|z|=1$ 内, 其中, $z=0$ 为二阶极点, $z=p$ 为一阶极点, 而

$$\begin{aligned}\mathrm{Res}[F(z),\ 0]&=\lim_{z\to 0}\frac{\mathrm{d}}{\mathrm{d}z}\left\{z^2\frac{1+z^4}{2\mathrm{i}z^2(1-pz)(z-p)}\right\}\\&=\lim_{z\to 0}\frac{(z-pz^2-p+p^2z)4z^3-(1+z^4)(1-2pz+p^2)}{2\mathrm{i}(z-pz^2-p+p^2z)^2}\\&=-\frac{1+p^2}{2\mathrm{i}p^2}\end{aligned}$$

$$\mathrm{Res}[F(z),\ p]=\lim_{z\to p}\left[(z-p)\frac{1+z^4}{2\mathrm{i}z^2(1-pz)(z-p)}\right]=\frac{1+p^4}{2\mathrm{i}p^2(1-p^2)}$$

从而

$$\begin{aligned}I&=2\pi\mathrm{i}\{\mathrm{Res}[F(z),\ 0]+\mathrm{Res}[F(z),\ p]\}\\&=2\pi\mathrm{i}\left\{-\frac{1+p^2}{2\mathrm{i}p^2}+\frac{1+p^4}{2\mathrm{i}p^2(1-p^2)}\right\}=\frac{2\pi p^2}{1-p^2}\end{aligned}$$

5.3.2 形如 $\int_{-\infty}^{+\infty}R(x)\mathrm{d}x$ 的积分

当被积函数 $R(x)$ 是 x 的有理函数, 而分母的次数至少比分子的次数高二次, 并且 $R(x)$ 在实轴上没有奇点时, 积分是存在的. 若设 $R(z)$ 在上半平面 $\mathrm{Im}\ z>0$ 的极点为 $a_1,a_2,\cdots,a_p$, 则

$$\int_{-\infty}^{+\infty}R(x)\mathrm{d}x=2\pi\mathrm{i}\sum_{k=1}^{p}\mathrm{Res}[R(z),\ a_k]\tag{5.3.2}$$

事实上, 不失一般性, 设

$$R(z)=\frac{z^n+a_1z^{n-1}+\cdots+a_n}{z^m+b_1z^{m-1}+\cdots+b_m},\ \ m-n\geqslant 2$$

我们取积分路线如图 5.3.1 所示, 其中 C_R 是以原点为圆心、R 为半径的在上半平面的半圆周, 取 R 适当大, 使 $R(z)$ 所有的在上半平面 $\mathrm{Im}z>0$ 的极点 $a_1,a_2,\cdots,a_p$ 都包含在这积分路线之内. 根据留数基本定理, 得

$$\int_{-R}^{R}R(x)\mathrm{d}x+\int_{C_R}R(z)\mathrm{d}z=2\pi\mathrm{i}\sum_{k=1}^{p}\mathrm{Res}[R(z),\ a_k] \tag{5.3.3}$$

这个等式, 不因 C_R 半径 R 不断增大而有所改变. 又注意到

$$\begin{aligned}|R(z)|&=\frac{1}{|z|^{m-n}}\cdot\frac{|1+a_1z^{-1}+\cdots+a_nz^{-n}|}{|1+b_1z^{-1}+\cdots+b_mz^{-m}|}\\&\leqslant\frac{1}{|z|^{m-n}}\cdot\frac{1+|a_1z^{-1}+\cdots+a_nz^{-n}|}{1-|b_1z^{-1}+\cdots+b_mz^{-m}|}\end{aligned}$$

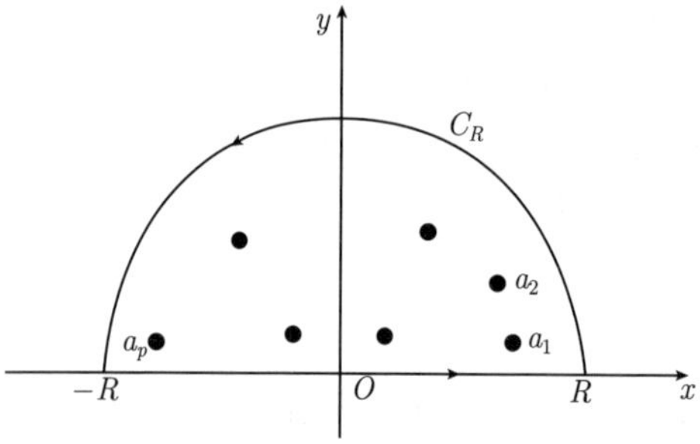

图 5.3.1

而当 $|z|$ 充分大时, 总可使

$$|a_1z^{-1}+\cdots+a_nz^{-n}|<\frac{1}{2}$$

$$|b_1z^{-1}+\cdots+b_mz^{-m}|<\frac{1}{2}$$

由于 $m-n\geqslant 2$, 故有

$$|R(z)|<\frac{1}{|z|^{m-n}}\cdot\frac{1+\frac{1}{2}}{1-\frac{1}{2}}<\frac{3}{|z|^2}$$

因此, 在半径 R 充分大的 C_R 上, 有

$$\left|\int_{C_R}R(z)\mathrm{d}z\right|\leqslant\int_{C_R}|R(z)|\mathrm{d}s\leqslant\frac{3}{R^2}\pi R=\frac{3\pi}{R}$$

所以, 当 $R\to+\infty$ 时, $\displaystyle\int_{C_R}R(z)\mathrm{d}z\to 0$, 从而在式 (5.3.3) 中令 $R\to+\infty$, 得到式 (5.3.2). 特别若 $R(x)$ 为偶函数, 那么

$$\int_{0}^{+\infty}R(x)\mathrm{d}x=\pi\mathrm{i}\sum_{k=1}^{p}\mathrm{Res}[R(z),\ a_k] \tag{5.3.4}$$

例 5.3.3 计算 $I_n=\displaystyle\int_0^{+\infty}\frac{\mathrm{d}x}{(1+x^2)^{n+1}}\ (n=0,1,2,\cdots)$.

解 $R(z)=\dfrac{1}{(1+z^2)^{n+1}}$ 为偶函数, 且满足本小节开头对 $R(z)$ 所提到的条件.

$R(z)$ 在 $\mathrm{Im}z>0$ 内以 $z=\mathrm{i}$ 为 $n+1$ 阶极点, 经计算

$$\begin{aligned}\mathrm{Res}[R(z),\ \mathrm{i}] &= \frac{1}{n!}\lim_{z\to\mathrm{i}}\frac{\mathrm{d}^n}{\mathrm{d}z^n}\left\{(z-\mathrm{i})^{n+1}\frac{1}{(1+z^2)^{n+1}}\right\}\\ &= \frac{1}{n!}\lim_{z\to\mathrm{i}}\frac{\mathrm{d}^n}{\mathrm{d}z^n}(z+\mathrm{i})^{-n-1}\\ &= \frac{(-1)^n(n+1)(n+2)\cdots(2n)}{n!(2\mathrm{i})^{2n+1}} = \frac{(2n)!}{2^{2n}(n!)^2 2\mathrm{i}}\end{aligned}$$

由式 (5.3.4), 知

$$I_n = \pi\mathrm{i}\mathrm{Res}[R(z),\ \mathrm{i}] = \pi\mathrm{i}\frac{(2n)!}{2^{2n}(n!)^2 2\mathrm{i}} = \frac{\pi}{2}\cdot\frac{(2n-1)!!}{(2n)!!},\quad n\in\mathbb{N}$$

$$I_0 = \int_0^{+\infty}\frac{\mathrm{d}x}{1+x^2} = \frac{\pi}{2}$$

例 5.3.4 计算积分 $I=\displaystyle\int_{-\infty}^{+\infty}\frac{x^2\mathrm{d}x}{(x^2+a^2)(x^2+b^2)}\ (a>0,\ b>0)$ 的值.

解 在函数

$$R(z) = \frac{z^2}{(z^2+a^2)(z^2+b^2)}$$

中, $m=4,\ n=2,\ m-n=2$, 因此积分是存在的. 由于 $R(z)$ 在上半平面 $\mathrm{Im}z>0$ 内只有一阶极点 $a\mathrm{i}$ 和 $b\mathrm{i}$. 而

$$\mathrm{Res}[R(z),\ a\mathrm{i}] = \lim_{z\to a\mathrm{i}}\left\{(z-a\mathrm{i})\frac{z^2}{(z^2+a^2)(z^2+b^2)}\right\} = \frac{a\mathrm{i}}{2(b^2-a^2)}$$

$$\mathrm{Res}[R(z),\ b\mathrm{i}] = \frac{b\mathrm{i}}{2(a^2-b^2)}$$

所以由式 (5.3.1), 得

$$\begin{aligned}I &= 2\pi\mathrm{i}\{\mathrm{Res}[R(z),\ a\mathrm{i}]+\mathrm{Res}[R(z),\ b\mathrm{i}]\}\\ &= 2\pi\mathrm{i}\left[\frac{a\mathrm{i}}{2(b^2-a^2)}+\frac{b\mathrm{i}}{2(a^2-b^2)}\right] = \frac{\pi}{a+b}\end{aligned}$$

5.3.3 形如 $\displaystyle\int_{-\infty}^{+\infty}R(x)\mathrm{e}^{\mathrm{i}ax}\mathrm{d}x\,(a>0)$ 的积分

当被积函数 $R(x)$ 是 x 的有理函数, 而分母次数至少比分子的次数高一次, 并且 $R(x)$ 在实轴上没有奇点时, 积分是存在的. 若设 $R(z)$ 在上半平面 $\mathrm{Im}z>0$ 内的极点为 $a_1,a_2,\cdots,a_p$, 则

$$\int_{-\infty}^{+\infty}R(x)\mathrm{e}^{\mathrm{i}ax}\mathrm{d}x = 2\pi\mathrm{i}\sum_{k=1}^{p}\mathrm{Res}[R(z)\mathrm{e}^{\mathrm{i}az},\ a_k] \tag{5.3.5}$$

同本小节开头对 $R(z)$ 的处理一样, 由于 $m-n\geqslant 1$, 故对于充分大的 $|z|$, 有

$$|R(z)|<\frac{3}{|z|}$$

因此, 在半径充分大的半圆周 C_R 上, 有

$$\begin{aligned}\left|\int_{C_R}R(z)\mathrm{e}^{\mathrm{i}az}\mathrm{d}z\right|&\leqslant\int_{C_R}|R(z)|\,|\mathrm{e}^{\mathrm{i}az}|\mathrm{d}s<\frac{3}{R}\int_{C_R}\mathrm{e}^{-ay}\mathrm{d}s^{①}\\&=3\int_0^{\pi}\mathrm{e}^{-aR\sin\theta}\mathrm{d}\theta=6\int_0^{\frac{\pi}{2}}\mathrm{e}^{-aR\sin\theta}\mathrm{d}\theta^{②}\\&\leqslant 6\int_0^{\frac{\pi}{2}}\mathrm{e}^{-aR(2\theta/\pi)}\mathrm{d}\theta=\frac{3\pi}{\alpha R}(1-\mathrm{e}^{-aR})\end{aligned}$$

可见

$$\lim_{R\to\infty}\int_{C_R}R(z)\mathrm{e}^{\mathrm{i}az}\mathrm{d}z=0\tag{5.3.6}$$

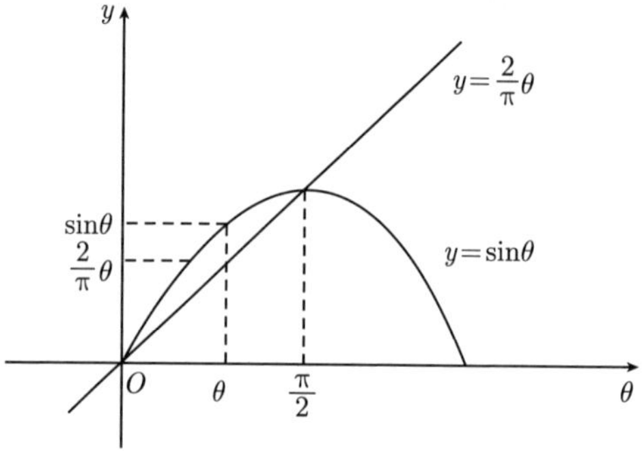

图 5.3.2

另一方面, 由留数基本定理, 有

$$\begin{aligned}&\int_{-R}^{R}R(x)\mathrm{e}^{\mathrm{i}ax}\mathrm{d}x+\int_{C_R}R(z)\mathrm{e}^{\mathrm{i}az}\mathrm{d}z\\&=2\pi\mathrm{i}\sum_{k=1}^{p}\mathrm{Res}[R(z)\mathrm{e}^{\mathrm{i}az},a_k]\end{aligned}$$

注意到式 (5.3.6), 在上式中令 $R\to\infty$, 即得式 (5.3.5).

① 这里令 $z=x+\mathrm{i}y$.

② 在工科数学分析中曾证明, 当 $0\leqslant\theta\leqslant\frac{\pi}{2}$ 时, $\sin\theta\geqslant\frac{2\theta}{\pi}$, 这从图 5.3.2 也可以很清楚地看出.

例 5.3.5 计算积分 (拉普拉斯积分)

$$I=\int_{-\infty}^{+\infty}\frac{\cos ax}{1+x^2}\mathrm{d}x\quad(a>0)$$

解 由于

$$I=\int_{-\infty}^{+\infty}\frac{\cos ax}{1+x^2}\mathrm{d}x=\mathrm{Re}\left\{\int_{-\infty}^{+\infty}\frac{\mathrm{e}^{\mathrm{i}ax}}{1+x^2}\mathrm{d}x\right\}$$

函数 $R(z)=\dfrac{1}{1+z^2}$, $m=2$, $n=0$, $m-n=2>1$, 因此这积分是存在的. $R(z)$ 在上半平面有唯一的孤立奇点 (一阶极点)$z=\mathrm{i}$, 留数

$$\mathrm{Res}[R(z)\mathrm{e}^{\mathrm{i}ax},\ \mathrm{i}]=\lim_{z\to\mathrm{i}}(z-\mathrm{i})\frac{\mathrm{e}^{\mathrm{i}az}}{(1+z^2)}=\frac{1}{2\mathrm{i}}\mathrm{e}^{-a}$$

故由式 (5.3.5), 得

$$I=\mathrm{Re}\left\{2\pi\mathrm{i}\frac{1}{2\mathrm{i}}\mathrm{e}^{-a}\right\}=\pi\mathrm{e}^{-a}$$

同理可得

$$I=\int_{-\infty}^{+\infty}\frac{\sin ax}{1+x^2}\mathrm{d}x=\mathrm{Im}\left\{\int_{-\infty}^{+\infty}\frac{\mathrm{e}^{\mathrm{i}ax}}{1+x^2}\mathrm{d}x\right\}=0$$

例 5.3.6 计算 $I=\displaystyle\int_{0}^{+\infty}\frac{x\sin x}{x^2+a^2}\mathrm{d}x\ (a>0)$ 的值.

解 $m=2$, $n=1$, $m-n=1$, 因而所求积分是存在的. $R(z)=\dfrac{z}{z^2+a^2}$ 在上半平面内有一阶极点 $a\mathrm{i}$, 故

$$\int_{-\infty}^{+\infty}\frac{x}{x^2+a^2}\mathrm{e}^{\mathrm{i}x}\mathrm{d}x=2\pi\mathrm{i}\mathrm{Res}[R(z)\mathrm{e}^{\mathrm{i}z},a\mathrm{i}]=2\pi\mathrm{i}\frac{\mathrm{e}^{-a}}{2}=\pi\mathrm{i}\mathrm{e}^{-a}$$

$$\int_{-\infty}^{+\infty}\frac{x\sin x}{x^2+a^2}\mathrm{d}x=\mathrm{Im}\left\{\int_{-\infty}^{+\infty}\frac{x}{x^2+a^2}\mathrm{e}^{\mathrm{i}x}\mathrm{d}x\right\}=\pi\mathrm{e}^{-a}$$

注意到被积函数为偶函数, 故

$$I=\int_{0}^{+\infty}\frac{x\sin x}{x^2+a^2}\mathrm{d}x=\frac{1}{2}\int_{-\infty}^{+\infty}\frac{x\sin x}{x^2+a^2}\mathrm{d}x=\frac{1}{2}\pi\mathrm{e}^{-a}$$

我们应该注意, 应用 5.3.2 小节和 5.3.3 小节中的方法, 求出的是广义积分的主值. 但在实际问题中, 或者只需要求主值, 或者预先判断出这一广义积分是收敛的, 在此种情形, 所求出的那个主值恰好就是所需要的值.

另一方面, 上面所提到的 5.3.2 小节和 5.3.3 小节两类积分中, 都要求被积函数中的 $R(z)$ 在实轴上无奇点. 对于不满足这个条件的积分应如何计算却未曾涉及. 其实, 这时也往往可适当改变积分路径, 使得积分可求.

当被积函数中的 $R(x)$ 是 x 的有理函数, 而分母的次数至少比分子的次数高一次. 设 $R(z)$ 在实轴上除去有限多个一阶极点 $x_1, x_2, \cdots, x_q$ 外处处解析, 在上半平面 $\mathrm{Im}z > 0$ 内除去有限多个极点 $z_1, z_2, \cdots, z_p$ 外处处解析, 则积分存在且

$$\int_{-\infty}^{+\infty} R(x)\mathrm{e}^{\mathrm{i}ax}\mathrm{d}x = 2\pi\mathrm{i}\sum_{k=1}^{p}\mathrm{Res}[R(z)\mathrm{e}^{\mathrm{i}az}, z_k] + \pi\mathrm{i}\sum_{k=1}^{q}\mathrm{Res}[R(z)\mathrm{e}^{\mathrm{i}az}, x_k] \qquad (5.3.7)$$

因为点 $x_1, x_2, \cdots, x_q$ 是 $R(z)$ 的一阶极点, 为了使积分不通过这些极点, 考虑图 5.3.3 所示路径, 这里要求 ε 充分小, R 充分大以使极点 $z_1, z_2, \cdots, z_p$ 均落在闭曲线 C 内.

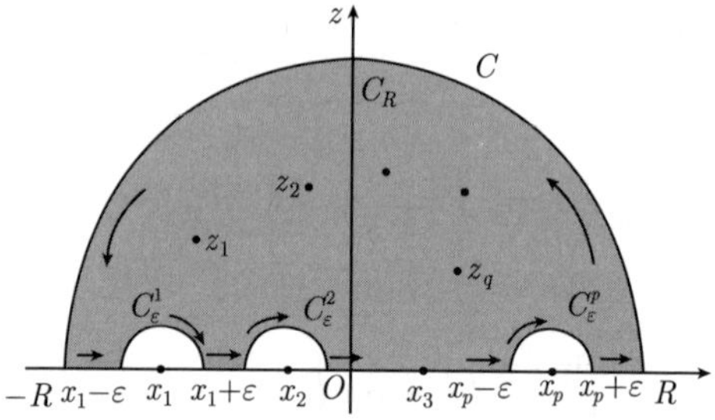

图 5.3.3

根据留数基本定理, 得

$$\oint_C R(z)\mathrm{e}^{\mathrm{i}az}\mathrm{d}z = 2\pi\mathrm{i}\sum_{k=1}^{p}\mathrm{Res}[R(z)\mathrm{e}^{\mathrm{i}az},\ z_k] \qquad (5.3.8)$$

这个等式不因 C_R 的半径增大以及 $C_\varepsilon^k\ (k = 1, 2, \cdots, q)$ 的半径减小而有所改变. 而

$$\oint_C R(z)\mathrm{e}^{\mathrm{i}az}\mathrm{d}z = \left[\int_{C_R} + \int_{-R}^{x_1-\varepsilon} + \int_{x_1+\varepsilon}^{x_2-\varepsilon} + \cdots + \int_{x_q+\varepsilon}^{R} + \int_{C_\varepsilon^1} + \int_{C_\varepsilon^2} + \cdots + \int_{C_\varepsilon^q}\right] R(z)\mathrm{e}^{\mathrm{i}az}\mathrm{d}z \qquad (5.3.9)$$

于是由式 (5.3.8) 及式 (5.3.9) 得

$$\begin{aligned}\int_{-\infty}^{+\infty} R(x)\mathrm{e}^{\mathrm{i}ax}\mathrm{d}x &= \lim_{\varepsilon\to 0^+}\lim_{R\to+\infty}\left[\int_{-R}^{x_1-\varepsilon} + \int_{x_1+\varepsilon}^{x_2-\varepsilon} + \cdots + \int_{x_q+\varepsilon}^{R}\right] R(z)\mathrm{e}^{\mathrm{i}az}\mathrm{d}z \\ &= -\lim_{R\to+\infty}\int_{C_R} R(z)\mathrm{e}^{\mathrm{i}az}\mathrm{d}z - \lim_{\varepsilon\to 0^+}\left[\int_{C_\varepsilon^1} + \int_{C_\varepsilon^2} + \cdots + \int_{C_\varepsilon^q}\right] R(z)\mathrm{e}^{\mathrm{i}az}\mathrm{d}z \\ &\quad + 2\pi\mathrm{i}\sum_{k=1}^{p}\mathrm{Res}[R(z)\mathrm{e}^{\mathrm{i}az},\ z_k]\end{aligned}$$

即

$$\int_{-\infty}^{+\infty} R(x)\mathrm{e}^{\mathrm{i}ax}\mathrm{d}x$$

$$= -\lim_{R\to+\infty}\int_{C_R} R(z)\mathrm{e}^{\mathrm{i}az}\mathrm{d}z - \lim_{\varepsilon\to0^+}\left[\int_{C_\varepsilon^1}+\int_{C_\varepsilon^2}+\cdots+\int_{C_\varepsilon^p}\right]R(z)\mathrm{e}^{\mathrm{i}az}\mathrm{d}z$$

$$+ 2\pi\mathrm{i}\sum_{k=1}^{p}\mathrm{Res}[R(z)\mathrm{e}^{\mathrm{i}az},\ z_k] \tag{5.3.10}$$

同 5.3.2 节中对 $R(z)\mathrm{e}^{\mathrm{i}az}$ 处理方法一样, 当 $m-n>1$, 有

$$\lim_{R\to+\infty}\int_{C_R} R(z)\mathrm{e}^{\mathrm{i}az}\mathrm{d}z = 0 \tag{5.3.11}$$

又因为 x_k 是 $R(z)\mathrm{e}^{\mathrm{i}az}$ 的一阶极点, 则

$$R(z)\mathrm{e}^{\mathrm{i}az} = \frac{C_{-1}^k}{z-x_k}+\varphi_k(z),\quad k=1,2,\cdots,q$$

其中 $\varphi_k(z)$ 在 x_k 点解析, 于是

$$\lim_{\varepsilon\to0^+}\int_{C_\varepsilon^k} R(z)\mathrm{e}^{\mathrm{i}az}\mathrm{d}z = \lim_{\varepsilon\to0^+}\int_{C_\varepsilon^k}\frac{C_{-1}^k}{z-x_k}\mathrm{d}z + \lim_{\varepsilon\to0^+}\int_{C_\varepsilon^k}\varphi_k(z)\mathrm{d}z$$

注意: 函数 $\varphi_k(z)$ 在 x_k 点连续, 因而 $\varphi_k(z)$ 必在 x_k 点附近有界, 即存在 $M>0$, 使得 $|f(z)|\leqslant M(|z|<\delta)$. 于是

$$\lim_{\varepsilon\to0^+}\left|\int_{C_\varepsilon^k}\varphi_k(z)\mathrm{d}z\right| \leqslant \lim_{\varepsilon\to0^+}\int_{C_\varepsilon^k}|\varphi_k(z)|\mathrm{d}s \leqslant \lim_{\varepsilon\to0^+}\int_{C_\varepsilon^k}M\mathrm{d}s = \lim_{\varepsilon\to0^+}M\pi\varepsilon = 0$$

从而

$$\lim_{\varepsilon\to0^+}\int_{C_\varepsilon^k}\varphi_k(z)\mathrm{d}z = 0,\quad k=1,2,\cdots,p$$

而 C_ε^k: $z=x_k+\varepsilon\mathrm{e}^{\mathrm{i}\theta}$, θ 由 π 变到 0, 得

$$\lim_{\varepsilon\to0^+}\int_{C_\varepsilon^k}\frac{C_{-1}^k}{z-x_k}\mathrm{d}z = C_{-1}^k\lim_{\varepsilon\to0^+}\int_{\pi}^{0}\frac{\mathrm{i}\varepsilon\mathrm{e}^{\mathrm{i}\theta}}{\varepsilon\mathrm{e}^{\mathrm{i}\theta}}\mathrm{d}\theta = -\mathrm{i}\pi C_{-1}^k = -\mathrm{i}\pi\mathrm{Res}[R(z)\mathrm{e}^{\mathrm{i}az},x_k]$$

于是

$$\lim_{\varepsilon\to0^+}\int_{C_\varepsilon^k} R(z)\mathrm{e}^{\mathrm{i}az}\mathrm{d}z = -\mathrm{i}\pi\mathrm{Res}[R(z)\mathrm{e}^{\mathrm{i}az},x_k],\quad k=1,2,\cdots,q \tag{5.3.12}$$

将式 (5.3.11) 和式 (5.3.12) 代入式 (5.3.10) 中, 即得式 (5.3.7).

例 5.3.7　计算积分

$$I=\int_{-\infty}^{+\infty}\frac{x\cos x}{x^2-5x+6}\mathrm{d}x$$

解　$m=2,\ n=1,\ m-n=1,\ R(z)=\dfrac{z}{z^2-5z+6}$ 在上半平面 $\mathrm{Im}z>0$ 内无奇点, 在实轴只有两个一阶极点 $x_1=2,\ x_2=3$. 故由式 (5.3.6), 得

$$\begin{aligned}\int_{-\infty}^{+\infty}\frac{z\mathrm{e}^{\mathrm{i}z}}{z^2-5z+6}\mathrm{d}z&=\pi\mathrm{i}\{\mathrm{Res}[R(z)\mathrm{e}^{\mathrm{i}z},2]+\mathrm{Res}[R(z)\mathrm{e}^{\mathrm{i}z},3]\}\\&=\pi\mathrm{i}(-2\mathrm{e}^{2\mathrm{i}}+3\mathrm{e}^{3\mathrm{i}})\end{aligned}$$

于是

$$\int_{-\infty}^{+\infty}\frac{x\cos x}{x^2-5x+6}\mathrm{d}x=\mathrm{Re}[\pi\mathrm{i}(-2\mathrm{e}^{2\mathrm{i}}+3\mathrm{e}^{3\mathrm{i}})]=\pi(2\sin 2-3\sin 3)$$

例 5.3.8　计算狄利克雷 (Dirichlet) 积分

$$I=\int_0^{+\infty}\frac{\sin x}{x}\mathrm{d}x$$

解　由于被积函数是偶函数, 故

$$I=\frac{1}{2}\int_{-\infty}^{+\infty}\frac{\sin x}{x}\mathrm{d}x$$

设 $R(z)=1/z,\ \ R(z)\mathrm{e}^{\mathrm{i}z}=\mathrm{e}^{\mathrm{i}z}/z$. 因为点 $z=0$ 是 $R(z)$ 的一阶极点. 由式 (5.3.6), 得

$$\begin{aligned}I&=\frac{1}{2}\int_{-\infty}^{+\infty}\frac{\sin x}{x}\mathrm{d}x=\frac{1}{2}\mathrm{Im}\left\{\int_{-\infty}^{+\infty}\frac{\mathrm{e}^{\mathrm{i}x}}{x}\mathrm{d}x\right\}=\frac{1}{2}\mathrm{Im}\left\{\pi\mathrm{i}\mathrm{Res}\left[\frac{\mathrm{e}^{\mathrm{i}z}}{z},\ 0\right]\right\}\\&=\frac{1}{2}\mathrm{Im}\{\pi\mathrm{i}\cdot 1\}=\frac{\pi}{2}\end{aligned}$$

*5.4　辐角原理与儒歇定理

5.4.1　对数留数

定理 5.4.1　如果 $f(z)$ 在光滑闭曲线 C 上解析且不为零, 在 C 的内部除去有限个极点 $b_j(j=1,2,\cdots,m)$ 外也处处解析, $a_k(k=1,2,\cdots,n)$ 是 $f(z)$ 在 C 内的零点, 函数 $\varphi(z)$ 在 C 上及 C 的内部处处解析, 则

$$\frac{1}{2\pi\mathrm{i}}\oint_C\varphi(z)\frac{f'(z)}{f(z)}\mathrm{d}z=\sum_{k=1}^{n}\alpha_k\varphi(a_k)-\sum_{j=1}^{m}\beta_j\varphi(b_j)\tag{5.4.1}$$

其中, α_k 是 $f(z)$ 的零点 a_k 的阶数, β_j 是 $f(z)$ 的极点 b_j 的阶数, C 取正方向.

证明 设 $F(z)=\varphi(z)f'(z)/f(z)$, C 的内部为 D. 由假设 $F(z)$ 知在 $\bar{D}$ 上除去 a_k $(k=1,2,\cdots,n)$ 和 b_j $(j=1,2,\cdots,m)$ 外是解析的, 由留数基本定理得

$$\frac{1}{2\pi\mathrm{i}}\oint_C\varphi(z)\frac{f'(z)}{f(z)}\mathrm{d}z=\sum_{k=1}^{n}\mathrm{Res}[F(z),\ a_k]+\sum_{j=1}^{m}\mathrm{Res}[F(z),b_j] \tag{5.4.2}$$

下面求 $\mathrm{Res}[F(z),\ a_k]$. 在 D 内作以 a_k 为圆心的小圆：$|z-a_k|<\delta_k$, $k=1,2,\cdots,n$, 在这小圆内 $f(z)$ 解析且

$$f(z)=(z-a_k)^{\alpha_k}g(z),\quad g(a_k)\neq 0$$

求导数得

$$f'(z)=\alpha_k(z-a_k)^{\alpha_k-1}g(z)+(z-a_k)^{\alpha_k}g'(z)$$

所以在 $0<|z-a_k|<\delta_k$ 内有

$$\frac{f'(z)}{f(z)}=\frac{\alpha_k}{z-a_k}+\frac{g'(z)}{g(z)}$$

可见, 不论 a_k 是 $f(z)$ 的几阶零点, a_k 总是函数 $f'(z)/f(z)$ 的一阶极点. 另一方面, 在圆 $|z-a_k|<\delta_k$ 内 $\varphi(z)$ 解析, 它在其内的泰勒展开式为

$$\varphi(z)=\varphi(a_k)+\varphi'(a_k)(z-a_k)+\cdots=\varphi(a_k)+(z-a_k)\varphi_k(z)$$

其中 $\varphi_k(z)=\varphi'(a_k)+\dfrac{\varphi''(a_k)}{2!}(z-a_k)+\cdots$, 它在 $|z-a_k|<\delta_k$ 内解析. 所以在 $0<|z-a_k|<\delta_k$ 内有

$$F(z)=\varphi(z)\frac{f'(z)}{f(z)}=\frac{\alpha_k\varphi(a_k)}{z-a_k}+S(z)$$

其中 $S(z)=\alpha_k\varphi_k(z)+\varphi(z)\dfrac{g'(z)}{g(z)}$ 在 $|z-a_k|<\delta_k$ 内是解析的. 于是

$$\mathrm{Res}[F(z),\ a_k]=\lim_{z\to a_k}\left\{(z-a_k)\left[\frac{a_k\varphi(a_k)}{z-a_k}+S(z)\right]\right\}=\alpha_k\varphi(a_k) \tag{5.4.3}$$

接下去我们求 $\mathrm{Res}[F(z),\ b_j]$. 做以 b_j 为中心的小圆环

$$0<|z-b_j|<\gamma_{\mathrm{i}}\ \ (j=1,2,\cdots,m)$$

使其内 $f(z)$ 解析且

$$f(z)=\frac{h(z)}{(z-b_j)^{\beta_j}}$$

其中 $h(z)$ 在圆 $|z-b_j|<\gamma_{\rm i}$ 内解析以及 $h(b_j)\neq 0$. 因为

$$f'(z)=-\frac{\beta_j h(z)}{(z-b_j)^{\beta_j+1}}+\frac{h'(z)}{(z-b_j)^{\beta_j}}$$

所以在 $0<|z-b_j|<\gamma_j$ 内有

$$\frac{f'(z)}{f(z)}=-\frac{\beta_j}{z-b_j}+\frac{h'(z)}{h(z)}$$

上式表明, 不论 b_j 是 $f(z)$ 的几阶极点, $z=b_j$ 总是函数 $f'(z)/f(z)$ 的一阶极点. 由 $\varphi(z)$ 在圆 $|z-b_j|<\gamma_j$ 内解析, 则

$$\varphi(z)=\varphi(b_j)+(z-b_j)\psi_j(z)$$

其中 $\psi_j(z)=\varphi'(b_j)+\dfrac{\varphi''(b_j)}{2!}(z-b_j)+\cdots$ 在 $|z-b_j|<\gamma$ 内是解析的. 所以在 $0<|z-b_j|<\gamma_j$ 内有

$$\varphi(z)\frac{f'(z)}{f(z)}=-\frac{\beta_j}{z-b_j}\varphi(b_j)+T(z)$$

其中 $T(z)=-\beta_j\psi_j(z)+\varphi(z)\dfrac{h'(z)}{h(z)}$ 在 $|z-b_j|<\gamma_j$ 内是解析的. 于是

$$\mathrm{Res}[F(z),b_j]=\lim_{z\to b_j}\left\{(z-b_j)\left[-\frac{\beta_j\varphi(b_j)}{z-b_j}+T(z)\right]\right\}=-\beta_j\varphi(b_j) \tag{5.4.4}$$

将式 (5.4.3) 和式 (5.4.4) 代入式 (5.4.2) 立即得到式 (5.4.1).

推论 如果 $f(z)$ 在简单闭曲线 C 上解析且不为零, 在 C 的内部除去有限个极点以外也处处解析, 那么

$$\frac{1}{2\pi\mathrm{i}}\oint_C\frac{f'(z)}{f(z)}\mathrm{d}z=Z-P \tag{5.4.5}$$

其中, Z 为 $f(z)$ 在 C 内零点的总个数, P 为 $f(z)$ 在 C 内极点的总个数, 且 C 取正方向, 在计算零点与极点的个数时, m 阶零点 (或极点) 算作 m 个零点 (或极点).

证明 在式 (5.4.1) 中取 $\varphi(z)\equiv 1$, 则

$$\frac{1}{2\pi\mathrm{i}}\oint_C\frac{f'(z)}{f(z)}\mathrm{d}z=\sum_{k=1}^{n}\alpha_k-\sum_{j=1}^{m}\beta_j$$

由 Z,ρ 定义知 $Z=\sum\limits_{k=1}^{n}\alpha_k$, $P=\sum\limits_{j=1}^{m}\beta_j$, 从而式 (5.4.5) 成立.

5.4.2 辐角原理

式 (5.4.5) 的左端也称为 $f(z)$ 关于闭曲线 C 的**对数留数**. 现在我们来解释式 (5.4.5) 的几何意义. 为此, 考虑映射 $w=f(z)$. 当点 z 沿曲线 C 的正方向绕行一周时, 对应的点 w 就在 w 平面上画出一条连续的闭曲线 (不一定是简单曲线)Γ, 由于 $f(z)\neq 0,\ z\in C$, 所以 Γ 不通过原点, 如图 5.4.1 所示. 于是

$$\frac{1}{2\pi i}\oint_C \frac{f'(z)}{f(z)}dz=\frac{1}{2\pi i}\oint_\Gamma \frac{dw}{w}$$

这时 $dw/w=f'(z)/f(z)dz$. 由于

$$\frac{1}{2\pi i}\oint_\Gamma \frac{dw}{w}=\frac{1}{2\pi i}\oint_\Gamma dLnw=\frac{1}{2\pi i}$$
(当 w 沿 Γ 的方向由起点回到终点时 Lnw 的改变量)

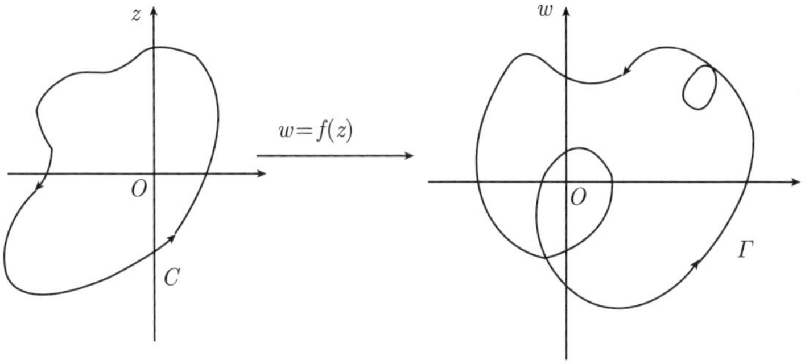

图 5.4.1

下面我们讨论 Lnw 的改变量. 注意到

$$Lnw=Ln|w|+i(\arg w+2k\pi)\quad (k=0,\ \pm1,\ \pm2,\ \cdots) \tag{5.4.6}$$

那么, 当 Γ 是一条简单闭曲线时, 在 Γ 内部含有原点的情况下, 当 w 绕 Γ 一周时, 式 (5.4.6) 右端的第一项 $Ln|w|$ 回到它原来的值, 故这一项无改变量. 而第二项的改变量为 $\pm 2\pi i$ 的整倍数, 逆时针时为正号, 反之带负号; 在 Γ 内部不含有原点的情况下 (5.4.6) 右端的两项改变量均为零. 一般地, 当 Γ 是任意不过原点的闭曲线时, w 沿 Γ 的方向由起点回到终点绕行一次, 式 (5.4.6) 右端的第一项改变量总为零; 而第二项的改变量为 $\pm 2k\pi i$, k 是 w 沿 Γ 转绕原点的圈数, 逆时针时取正号, 反之取负号. 由此可见, $\dfrac{1}{2\pi i}\oint_\Gamma \dfrac{dw}{w}$ 等于曲线 Γ 围绕原点的圈数 (称为 Γ 关于原点的环绕次数), 也就是当 w 沿 Γ 连续变化时, 等于它的辐角的增量除以 2π. 如

果记 w 沿着 Γ 的方向由起点回到终点绕行一次后, 其辐角改变量为 $\Delta_\Gamma \mathrm{Arg}w$, 则

$$\frac{1}{2\pi}\Delta_\Gamma \mathrm{Arg}\ w = \frac{1}{2\pi}\Delta_C \mathrm{Arg}\ f(z)$$

再由式 (5.4.5) 知

$$Z - P = \frac{1}{2\pi}\Delta_C \mathrm{Arg}\ f(z) \tag{5.4.7}$$

当 $f(z)$ 在 C 内解析时, $P=0$, 式 (5.4.7) 成为

$$Z = \frac{1}{2\pi}\Delta_C \mathrm{Arg}\ f(z) \tag{5.4.8}$$

我们可以利用式 (5.4.8) 来计算在 C 内解析的函数 $f(z)$ 在 C 内零点的个数. 于是, 我们得出如下的辐角原理.

定理 5.4.2(辐角原理) 若 $f(z)$ 在简单闭曲线 C 上与 C 的内部解析, 且在 C 上不等于零, 那么 $f(z)$ 在 C 内零点的个数等于当 z 沿 C 的正方向绕行一周 $f(z)$ 的辐角的改变量除以 2π.

下面我们从辐角原理推出儒歇 (Rouché) 定理, 作为辐角原理的应用例子.

5.4.3 儒歇定理

利用辐角原理, 我们还能对两个函数的零点个数进行比较, 这就是著名的儒歇定理.

定理 5.4.3(儒歇定理) 设 $f(z)$ 与 $g(z)$ 在简单闭曲线 C 上和 C 内解析, 在 C 上满足条件

$$|f(z)-g(z)| < |f(z)| \tag{5.4.9}$$

则 $f(z)$ 与 $g(z)$ 在 C 内有相同个数零点.

证明 由式 (5.4.9), 在 C 上 $|f(z)|>0$. 同样 $g(z)$ 在 C 上也不为零. 因为若 $g(z_0)=0,\ z_0\in C$, 则由式 (5.4.9) 得 $|f(z_0)|<|f(z_0)|$, 矛盾.

设 $f(z)$, $g(z)$ 在 C 内部的零点个数分别为 Z_f, Z_g, 由式 (5.4.5) 知

$$Z_f = \frac{1}{2\pi\mathrm{i}}\oint_C \frac{f'(z)}{f(z)}\mathrm{d}z,\quad Z_g = \frac{1}{2\pi\mathrm{i}}\oint_C \frac{g'(z)}{g(z)}\mathrm{d}z$$

所以

$$\begin{aligned} Z_g - Z_f &= \frac{1}{2\pi\mathrm{i}}\oint_C \left[\frac{g'(z)}{g(z)} - \frac{f'(z)}{f(z)}\right]\mathrm{d}z \\ &= \frac{1}{2\pi\mathrm{i}}\oint_C \frac{f(z)g'(z)-f'(z)g(z)}{f(z)g(z)}\mathrm{d}z = \frac{1}{2\pi\mathrm{i}}\oint_C \frac{[g(z)/f(z)]'}{[g(z)/f(z)]}\mathrm{d}z \end{aligned}$$

若设 $F(z)=g(z)/f(z)$, 则

$$Z_g-Z_f=\frac{1}{2\pi i}\oint_C\frac{F'(z)}{F(z)}dz=\frac{1}{2\pi}\Delta_C\text{Arg }F(z)$$

由式 (5.4.9) 知

$$|F(z)-1|<1 \tag{5.4.10}$$

当 z 沿着曲线 C 绕行一周时, $w=F(z)$ 描绘出 w 平面上的闭曲线 Γ. 由式 (5.4.10), Γ 一定位于圆盘 $|w-1|<1$ 内 (图 5.4.2). 因此, Γ 关于原点的环绕次数为零, 所以

$$Z_g-Z_f=\frac{1}{2\pi}\Delta_C\text{Arg}F(z)=0$$

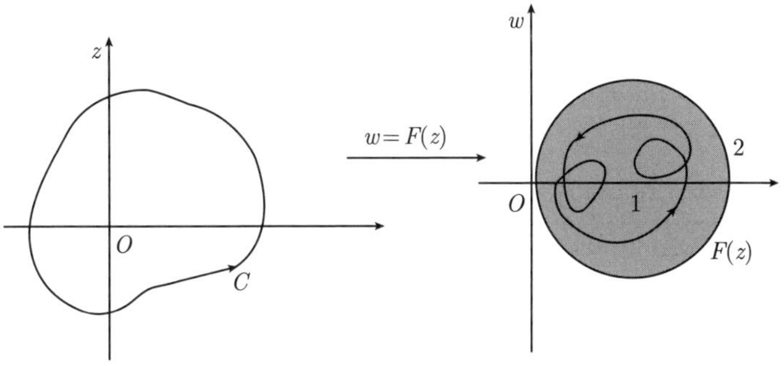

图 5.4.2

例 5.4.1 证明代数学基本定理: n 次代数方程

$$P_n(z)\equiv a_nz^n+a_{n-1}z^{n-1}+\cdots+a_1z+a_0=0\quad(a_n\neq0,\ n=1,2,\cdots)$$

恰有 n 个根.

证明 在 3.3 节我们利用刘维尔定理证明了上述代数学基本定理, 现在用辐角原理来证明它. 因为 $P_n(z)$ 在无穷无点为 n 阶极点, 故 $\lim\limits_{z\to\infty}P_n(z)=\infty$, 于是存在充分大的正数 r, 使得当 $|z|\geqslant r$ 时, $|P_n(z)|>1$, 于是在 $|z|\geqslant r$ 上没有 $P_n(z)$ 的零点. 又由

$$P_n(z)/a_nz^n=1+\frac{a_{n-1}}{a_nz}+\cdots+\frac{a_1}{a_nz^{n-1}}+\frac{a_0}{a_nz^n}$$

可知 $\lim\limits_{z\to\infty}[P_n(z)/a_nz^n]=1$, 所以必存在充分大的正数 R $(R>r)$, 使得当 $|z|=R$ 时, 有

$$\left|\frac{P_n(z)}{a_nz^n}-1\right|<1$$

即

$$|P_n(z)-a_nz^n|<|a_nz^n|,\quad |z|=R$$

由儒歇定理, $P_n(z)$ 和 a_nz^n 在 $|z|<R$ 内有相同个数的零点. 而 a_nz^n 在 $|z|<R$ 内有 n 个零点, 所以 $P_n(z)$ 在圆 $|z|<R$ 内有 n 个零点, 而 $P_n(z)$ 在 $|z|\geqslant R$ 内无零点, 从而可知 $P_n(z)$ 恰有 n 个零点.

例 5.4.2 求方程

$$z^8+5z^5-2z+1=0$$

在 $|z|<1$ 内根的个数.

解 设 $f(z)=5z^5+1,\ g(z)=z^8+5z^5-2z+1$, 则当 $|z|=1$ 时, 有

$$|f(z)-g(z)|=|z^8-2z|\leqslant|z|^8+2|z|=3$$

$$|f(z)|=|5z^5+1|\geqslant 5|z|^5-1=4$$

可见

$$|f(z)-g(z)|<|f(z)|\quad (|z|=1)$$

已知方程 $5z^5+1=0$ 在 $|z|<1$ 内有五个根. 由儒歇定理, 方程 $z^8+5z^5-2z+1=0$ 与方程 $5z^5+1=0$ 在 $|z|<1$ 内的根的个数相同, 即 5 个.

例 5.4.3 求方程 $z^4-6z+3=0$ 在圆 $|z|<1$ 内与圆环域 $1<|z|<2$ 内根的个数.

解 设 $f(z)=-6z,\ g(z)=z^4-6z+3$. 在圆周 $|z|=1$ 上, 有

$$|z^4+3|<|-6z|$$

即

$$|g(z)-f(z)|<|f(z)| \tag{5.4.11}$$

由儒歇定理, $g(z)$ 与 $f(z)$ 在圆 $|z|<1$ 内有相同个数的零点. $f(z)=-6z$ 在圆 $|z|<1$ 内只有一个零点, 所以 $g(z)=z^4-6z+3$ 在圆 $|z|<1$ 内也只有一个零点. 即方程 $z^4-6z+3=0$ 在 $|z|<1$ 内有一个根.

又设 $f_1(z)=z^4$, 在圆周 $|z|=2$ 上有

$$|-6z+3|<|z|^4$$

即

$$|g(z)-f_1(z)|<|f_1(z)|$$

所以 $g(z)$ 在圆 $|z|<2$ 内有四个零点. 又因为在 $|z|=1$ 上有式 (5.4.11) 成立, 从而有 $|f(z)|-|g(z)|<|f(z)|$ 或

$$|g(z)| > 0 \quad (|z| = 1)$$

所以在 $|z| = 1$ 上 $g(z)$ 无零点. 因此, 在圆环域: $1 < |z| < 2$ 内方程 $z^4 - 6z + 3 = 0$ 有三个根.

第 5 章小结

一、解析函数的孤立奇点分类及其在孤立奇点附近的性质

1. 解析函数的孤立奇点分类: 如果函数 $f(z)$ 在点 z_0 处不解析, 但存在 $\delta > 0$, 使 $f(z)$ 在 z_0 的去心邻域 $\mathring{N}(z_0, \delta) = \{z \in C\text{: } 0 < |z - z_0| < \delta\}$ 内解析, 则称 z_0 为 $f(z)$ 的一个孤立奇点. 此时有洛朗展开式

$$f(z) = \sum_{n=1}^{\infty} a_{-n}(z - z_0)^{-n} + \sum_{n=0}^{\infty} a_n (z - z_0)^n, \quad z \in \mathring{N}(z_0, \delta)$$

若 $a_{-1} = \cdots = a_{-n} = \cdots = 0$, 称 z_0 是 $f(z)$ 的可去奇点;

若 $a_{-1}, \cdots, a_{-n}, \cdots$ 中只有有限个不为零, 称 z_0 是 $f(z)$ 的极点, 特别若 $a_{-n} \neq 0$, $a_{-(n+1)} = a_{-(n+2)} = \cdots = 0$, 称 z_0 是 $f(z)$ 的 n 阶极点;

若 $a_{-1}, a_{-2}, \cdots, a_{-n}, \cdots$ 中有无限多个不为零, 称 z_0 是 $f(z)$ 的本性奇点.

2. 解析函数在有限孤立奇点附近有如下性质:

z_0 是解析函数 $f(z)$ 的可去奇点 $\Leftrightarrow \lim\limits_{z \to z_0} f(z)$ 存在且有限;

z_0 是解析函数 $f(z)$ 的极点 $\Leftrightarrow \lim\limits_{z \to z_0} f(z) = \infty$. 特别 z_0 是 $f(z)$ 的 m 阶极点 $\Leftrightarrow f(z) = \dfrac{\varphi(z)}{(z - z_0)^m}$, 其中 $\varphi(z)$ 在点 z_0 处解析且 $\varphi(z_0) \neq 0$;

z_0 是解析函数 $f(z)$ 的本性奇点 $\Leftrightarrow \lim\limits_{z \to z_0} f(z)$ 不存在也不为 ∞.

3. 若函数 $f(z)$ 在无穷远点的邻域 $R < |z| < +\infty$ 内解析, 则称 $z = \infty$ 为 $f(z)$ 的孤立奇点. 此时有洛朗展开式:

$$f(z) = \sum_{n=0}^{\infty} a_{-n} z^{-n} + \sum_{n=1}^{\infty} a_n z^n, \quad R < |z| < +\infty.$$

若 $a_1 = a_2 = \cdots = a_n = \cdots = 0$, 称 $z = \infty$ 为 $f(z)$ 的可去奇点;

若 $a_1, a_2, \cdots, a_n, \cdots$ 中只有限多个不为零, 称 $z = \infty$ 为 $f(z)$ 的极点, 特别若 $a_n \neq 0, a_{n+1} = a_{n+2} = \cdots = 0$, 称 $z = \infty$ 是 $f(z)$ 的 n 阶极点;

若 $a_1, a_2, \cdots, a_n, \cdots$ 中有无穷多个不为零, 称 $z = \infty$ 为 $f(z)$ 的本性奇点.

解析函数在无穷孤立奇点附近有如下性质:

设函数 $f(z)$ 在 $R < |z| < \infty$ $(R \geqslant 0)$ 内解析, 则 $z = \infty$ 是 $f(z)$ 的可去奇点、极点或本性奇点 $\Leftrightarrow$ 极限 $\lim\limits_{z \to \infty} f(z)$ 存在且有限, 无穷大或不存在也不为无穷大.

二、留数概念、计算及留数的基本定理

1. 留数概念: 设函数 $f(z)$ 在 $0<|z-z_0|<R\ (R>0)$ 内解析, 则 $f(z)$ 在孤立奇点 z_0 处的留数定义为

$$\mathrm{Res}[f(z),\ z_0]=\frac{1}{2\pi\mathrm{i}}\oint_C f(z)\mathrm{d}z$$

其中 C 为围绕 z_0 且落在 $\overset{\circ}{N}(z_0,R)$ 内的任一闭曲线.

由洛朗展开定理, 可设

$$f(z)=\sum_{n=-\infty}^{\infty}a_n(z-z_0)^n,\quad 0<|z-z_0|<R$$

则 $\mathrm{Res}[f(z),z_0]=a_{-1}$.

设函数 $f(z)$ 在 $R<|z|<+\infty$ 内解析, 则 $f(z)$ 在 $z=\infty$ 处的留数定义为

$$\mathrm{Res}[f(z),\ \infty]=\frac{1}{2\pi\mathrm{i}}\oint_{C^-} f(z)\mathrm{d}z$$

其中 C 为围绕 $z=\infty$ 且落入 $R<|z|<+\infty$ 内的任一闭曲线.

2. 留数的计算: 由洛朗展开定理, 可设

$$f(z)=\sum_{n=-\infty}^{\infty}a_n z^n,\quad R<|z|<+\infty$$

则 $\mathrm{Res}[f(z),\ \infty]=-a_{-1}$.

若点 z_0 是 $f(z)$ 的可去奇点, 则 $\mathrm{Res}[f(z),\ z_0]=0$;

若点 z_0 是 $f(z)$ 的 n 阶极点, 则

$$\mathrm{Res}[f(z),\ z_0]=\frac{1}{(n-1)!}\lim_{z\to z_0}\frac{\mathrm{d}^{n-1}}{\mathrm{d}z^{n-1}}[(z-z_0)^n f(z)]$$

特别地, 点 z_0 是 $f(z)$ 的一阶极点, 则

$$\mathrm{Res}[f(z),z_0]=\lim_{z\to z_0}(z-z_0)f(z)$$

进一步 $f(z)=\dfrac{P(z)}{Q(z)}$, 其中 $P(z)$, $Q(z)$ 均在点 z_0 处解析, 且 $P(z_0)\neq 0$, $Q(z_0)=0$, $Q'(z_0)\neq 0$, 则点 z_0 是 $f(z)$ 的一阶极点, 且

$$\mathrm{Res}\left[\frac{P(z)}{Q(z)},z_0\right]=\frac{P(z_0)}{Q'z_0}$$

若 z_0 是 $f(z)$ 的本性奇点, 则 $\mathrm{Res}[f(z),\ z_0]=a_{-1}$;

若 $z=\infty$ 是 $f(z)$ 的孤立奇点, 则 $\text{Res}[f(z),\infty]=-\text{Res}\left[f\left(\dfrac{1}{z}\right)\dfrac{1}{z^2},0\right]$.

3. 留数基本定理

留数基本定理把解析函数闭曲线的积分计算问题与计算该函数在闭曲线内部的孤立奇点处的留数联系起来, 这为解析函数的复积分计算转化为留数的计算成为可能, 但在某些情况将加大在的简化积分计算的难度, 对此应该有充分的认识.

留数基本定理: 若函数 $f(z)$ 在闭曲线 C 上及 C 的内部除有限个孤立奇点 $z_1,\cdots,z_n$ 外处处解析, 则

$$\oint_C f(z)\mathrm{d}z=2\pi\mathrm{i}\sum_{k=1}^{n}\text{Res}[f(z),z_k]$$

扩充的留数基本定理: 若函数$f(z)$在扩充的复平面上除有限个孤立奇点$z_1,\cdots,z_n$, ∞ 外处处解析, 则

$$\sum_{k=1}^{n}\text{Res}[f(z),\ z_k]+\text{Res}[f(z),\infty]=0$$

三、留数在定积分计算中的应用

留数基本定理为工科数学分析中的某些类型的定积分的计算提供了方便. 本章主要给出四种类型的积分或广义积分的计算.

1. 若被积函数 $R(\sin\theta,\ \cos\theta)$ 为 $\sin\theta,\ \cos\theta$ 的有理函数, 可令 $z=\mathrm{e}^{\mathrm{i}\theta}$, 此有 $\sin\theta=\dfrac{1}{2\mathrm{i}z}(z^2-1),\ \cos\theta=\dfrac{1}{2z}(z^2+1),\mathrm{d}\theta=\dfrac{\mathrm{d}z}{\mathrm{i}z}$. 记 $F(z)=\dfrac{1}{\mathrm{i}z}R\left(\dfrac{1}{2\mathrm{i}z}(z^2-1),\dfrac{1}{2z}(z^2+1)\right)$, 若有理函数 $F(z)$ 在 $|z|=1$ 上解析, 在 $|z|<1$ 内除去孤立奇点 $z_1,\cdots,z_n$ 外处处解析, 则

$$\int_0^{2\pi}R(\sin\theta,\ \cos\theta)\mathrm{d}\theta=\oint_{|z|=1}R\left(\frac{1}{2\mathrm{i}z}(z^2-1),\ \frac{1}{2z}(z^2+1)\right)\frac{1}{\mathrm{i}z}\mathrm{d}z=\sum_{k=1}^{n}\text{Res}[F(z),\ z_k]$$

2. 若被积函数 $R(x)$ 是 x 的有理函数, 且分母次数至少比分子的次数高 2 次, 且 $R(x)$ 在实轴上无奇点. 设 $R(z)$ 在上半 z-平面 $\text{Im}z>0$ 内除去极点 $z_1,\cdots,z_n$ 外处处解析, 则

$$\int_{-\infty}^{+\infty}R(x)\mathrm{d}x=2\pi\mathrm{i}\sum_{k=1}^{n}\text{Res}[R(z),\ z_k]$$

3. 若被积函数 $R(x)$ 除分母的次数至少在分子的次数高 1 次外其他条件同 2 的情形, 则

$$\int_{-\infty}^{+\infty}R(x)\mathrm{e}^{\mathrm{i}ax}\mathrm{d}x=2\pi\mathrm{i}\sum_{k=1}^{n}\text{Res}[R(z)\mathrm{e}^{\mathrm{i}az},\ z_k]$$

这里 $a > 0$.

4. 若被积函数 $R(x)$ 除在实轴上有一阶极点 $x_1, \cdots, x_m$ 外其他条件同 (3) 的情形, 则

$$\int_{-\infty}^{+\infty} R(x)\mathrm{e}^{\mathrm{i}ax}\mathrm{d}x = 2\pi\mathrm{i}\sum_{k=1}^{n}\mathrm{Res}[R(z)\mathrm{e}^{\mathrm{i}az},\ z_k] + \pi\mathrm{i}\sum_{k=1}^{m}\mathrm{Res}[R(z)\mathrm{e}^{\mathrm{i}az},\ x_k]$$

以上四种类型积分的计算采用了围道积分法. 所谓的围道积分法就是把实函数的定积分化为某一解析函数沿闭曲线的积分, 然后应用留数的基本定理, 使沿闭曲线积分计算, 归结为计算留数. 一般地, 辅助的解析函数 $F(z)$ 总要使当 $z = x$ 为实数时, $F(z) = f(x)$, ($f(x)$ 是原积分中的被积函数); 辅助的闭曲线的选取原则是使添加的曲线上的积分能够计算出来, 或者能够转化为原来的积分. 此外积分曲线上有奇点, 还要作小半圆周绕过去.

四、对数留数与辐角原理

1. 对数留数: 若函数在闭曲线 C 上解析且不为零, 称形如 $\dfrac{1}{2\pi\mathrm{i}}\oint_C \dfrac{f'(z)}{f(z)}\mathrm{d}z$ 的积为 $f(z)$ 关于 C 的对数留数. 关于对数留数有如下定理.

2. 对数留数定理: 若函数 $f(z)$ 在闭曲线 C 上解析且不为零, 在 e 的内部除有限个极点外处处解析, 则

$$\frac{1}{2\pi\mathrm{i}}\oint_C \frac{f'(z)}{f(z)}\mathrm{d}z = N - P$$

其中, N 为 $f(z)$ 在 C 内的重点总个数, P 为 $f(t)$ 在 C 内的极点总个数, 在计算要点 δ 极点总个数时, m 阶的要点或极点算作 m 个零点和极点.

作为留数定理的直接推论, 可得辐角原理.

3. 辐角原理: 有对数留数定理的条件下, 有

$$N - P = \frac{1}{2\pi}\Delta_c \arg f(z)$$

特别当 $f(z)$ 又在 C 内处处解析, 有

$$N = \frac{1}{2\pi}\Delta_c \arg f(z)$$

这里 $\Delta_c \arg f(z)$ 表示当点 z 沿 C 之正方向绕行一周后辐角 $\arg f(z)$ 的改变量.

4. 儒歇定理: 若函数 $f(z)$ 与 $g(z)$ 在闭曲线 C 上及 C 内解析, 且 $|f(z)| > |g(z)|$, $z \in C$, 则在 C 内 $f(z)$ 与 $f(z) + g(z)$ 有相同个数的零点.

利用辐角原理可帮助判断一个方程 $f(z) = 0$ 各个根所在的范围. 而儒歇定理给我们提供了利用已知函数的零点位置面去考查复杂的函数的零点位置的方法, 这些方法对于研究控制系统的稳定性等领域是非常有用的.

习 题 5

1. 问下列各函数有哪些孤立奇点？各属于哪一类型？如果是极点，指出它的阶数.

(1) $\dfrac{1}{z^3(z^2+1)^2}$；(2) $\dfrac{e^z\sin z}{z^2}$；(3) $\dfrac{1}{z^3-z^2-z+1}$；

(4) $\dfrac{1}{\sin z}$；(5) $\dfrac{z}{(1+z^2)(1+e^z)}$；(6) $\sin\dfrac{1}{1-z}$；

(7) $e^{z-\frac{1}{z}}$；(8) $\sin\dfrac{1}{z}+\dfrac{1}{z^2}$；(9) $e^{\frac{z}{1-z}}$；

(10) $\dfrac{z^{2n}}{1+z^n}$；(11) $\dfrac{\ln(z+1)}{z}$；(12) $\dfrac{e^{\frac{1}{1-z}}}{e^z-1}$.

2. 指出下列函数在无穷远点的性质.

(1) $\dfrac{1}{z-z^3}$；(2) $\dfrac{z^4}{1+z^4}$；(3) $\dfrac{z^6}{(z^2-3)^2\cos\dfrac{1}{z-2}}$；

(4) $\dfrac{1}{e^z-1}-\dfrac{1}{z}$；(5) $\dfrac{e^z}{z(1-e^{-z})}$；(6) $e^{-z}\cos\dfrac{1}{z}$.

3. 讨论下列各函数在扩充的复平面上有哪些孤立奇点？各属于哪一种类型？如果是极点，请指出它的阶数.

(1) $\sin\dfrac{z}{z+1}$；(2) $e^{z+\frac{1}{z}}$；(3) $\sin z\cdot\sin\dfrac{1}{z}$；

(4) $\dfrac{\operatorname{sh} z}{\operatorname{ch} z}$；(5) $\sin\left[\dfrac{1}{\sin\dfrac{1}{z}}\right]$；(6) $\tan^2 z$；

(7) $\dfrac{1}{\sin z-\sin a}$；(8) $e^{\tan\frac{1}{z}}$.

4. 若 $f(t)$ 与 $g(z)$ 分别以 $z=z_0$ 为 m 阶与 n 阶极点，试问下列函数在 $z=z_0$ 点有何性质？

(1) $f(z)+g(z)$；(2) $f(z)\cdot g(z)$；(3) $f(z)/g(z)$.

5. 若 $f(z)$ 在 z_0 解析，$g(z)$ 在 z_0 点有本性奇点，试问

(1) $f(z)+g(z)$；(2) $f(z)\cdot g(z)$；(3) $f(z)/g(z)$.

在 z_0 有何性质？

6. 求证：如果 z_0 是 $f(z)$ 的 m $(m\geqslant 2)$ 阶零点，那么 z_0 是 $f'(z)$ 的 $m-1$ 阶零点.

7. 函数 $f(z)=\dfrac{1}{(z-1)(z-2)^3}$ 在 $z=2$ 处有一个三阶极点，这个函数又有如下的洛朗展开式：

$$\frac{1}{(z-1)(z-2)^3}=\cdots+\frac{1}{(z-2)^6}-\frac{1}{(z-2)^5}+\frac{1}{(z-2)^4},\quad |z-2|>1$$

所以“$z=2$ 又是 $f(z)$ 的一个本性奇点”. 又因上式不含有 $(z-2)^{-1}$ 幂项，因此 $\operatorname{Res}[f(z),2]=0$. 这些结论对否？

8. 求下列各函数 $f(z)$ 在孤立奇点 (不考虑无穷远点) 的留数.

(1) $\dfrac{1}{z^3-z^5}$; (2) $\dfrac{z^2}{(1+z^2)^2}$; (3) $\dfrac{z^{2n}}{1+z^n}, n\in\mathbb{N}$;

(4) $\dfrac{1-\mathrm{e}^{2z}}{z^4}$; (5) $\dfrac{1}{\sin z}$; (6) $\tan z$.

9. 计算下列各积分 (利用留数).

(1) $\displaystyle\oint_C \frac{z\mathrm{d}z}{(z-1)(z-2)^2},\ C:\ |z-2|=\frac{1}{2}$; (2) $\displaystyle\oint_C \frac{\mathrm{d}z}{1+z^4},\ C:\ x^2+y^2=2x$;

(3) $\displaystyle\oint_C \frac{\sin z}{z}\mathrm{d}z,\ C:\ |z|=\frac{3}{2}$; (4) $\displaystyle\oint_C \frac{3z^3+2}{(z-1)(z^2+9)}\mathrm{d}z,\ C:\ |z|=4$;

(5) $\displaystyle\oint_C \frac{\mathrm{e}^{2z}}{(z-1)^2}\mathrm{d}z,\ C:\ |z|=2$ (6) $\displaystyle\oint_C \frac{1-\cos z}{z^m}\mathrm{d}z,\ C:\ |z|=\frac{3}{2},\ m\in\mathbb{Z}$.

10. 求 $\mathrm{Res}[f(z),\infty]$ 的值, 如果

(1) $f(z)=\dfrac{\mathrm{e}^z}{z^2-1}$; (2) $f(z)=\dfrac{1}{z(z+1)^4(z-4)}$; (3) $f(z)=\dfrac{2z}{3+z^2}$.

11. 设函数 $f(z)$ 在 $z=\infty$ 有可去奇点, 求 $\mathrm{Res}[f(z),\ \infty]$.

12. 计算下列各积分, C 为正向圆周.

(1) $\displaystyle\oint_C \frac{\mathrm{d}z}{z^3(z^{10}-2)}, C:|z|=2$; (2) $\displaystyle\oint_C \frac{z^3}{1+z}\mathrm{e}^{\frac{1}{z}}\mathrm{d}z,\ C:\ |z|=2$.

13. 试求下列各积分的值.

(1) $\displaystyle\int_0^{2\pi} \frac{\mathrm{d}\theta}{a+\cos\theta}\ (a>1)$; (2) $\displaystyle\int_0^{\pi} \frac{\cos 2\theta}{1-2a\cos\theta+a^2}\mathrm{d}\theta\ \ (a^2<1)$;

(3) $\displaystyle\int_{-\infty}^{+\infty} \frac{\mathrm{d}x}{x^2+2x+2}$; (4) $\displaystyle\int_{-\infty}^{+\infty} \frac{x\mathrm{d}x}{(1+x^2)(x^2+2x+2)}$;

(5) $\displaystyle\int_0^{+\infty} \frac{x\sin x}{1+x^2}\mathrm{d}x$; (6) $\displaystyle\int_{-\infty}^{+\infty} \frac{(1+x^2)\cos ux}{1+x^2+x^4}\mathrm{d}x$.

14. 假设解析函数 $f(z)$ 在 z_0 点有 m 阶零点, 试问函数 $F(z)=\displaystyle\int_{z_0}^{z} f(\xi)\mathrm{d}\xi$ 在点 z_0 的性质如何?

15. 设 $f(z)$ 在 z 平面上解析, $f(z)=\displaystyle\sum_{n=0}^{\infty} a_n z^n$, 则对任一正数 k, 求 $\mathrm{Res}\left[\dfrac{f(z)}{z^k},\ 0\right]$.

16. 若 $f(z)$ 和 $g(z)$ 在点 z_0 处解析, 而且 $f(z_0)\neq 0$, $g(z)$ 以 z_0 为二阶零点, 证明:

$$\mathrm{Res}\left[\frac{f(z)}{g(z)},\ z_0\right]=\frac{a_1b_2-a_0b_3}{b_2^2}$$

其中, $a_k=\dfrac{1}{k!}f^{(k)}(z_0)$, $b_k=\dfrac{1}{k!}g^{(k)}(z_0)$, $k=0,1,2,3$.

17. 若 $f(z)$ 在 $|z|\leqslant 1$ 上解析且 $|f(z)|<1$, 试问方程 $f(z)=z$ 在 $|z|<1$ 内有几个根.

18. 试证明, 若在简单闭曲线 C 上有

$$|a_kz^k|>|a_0+a_1z+\cdots+a_{k-1}z^{k-1}+a_{k+1}z^{k+1}+\cdots+a_nz^n|$$

则当 $z=0$ 位于 C 内时, 多项式

$$a_0 + a_1 z + \cdots + a_n z^n$$

在 C 内有 k 个零点. 又问, 当 $z=0$ 位于 C 的外部时, 将有什么结论?

19. 证明方程 $z^7 - z^3 + 12 = 0$ 的根都在圆环域 $1 \leqslant |z| \leqslant 2$ 内.

20. 证明若 $a > \mathrm{e}$, 则方程 $\mathrm{e}^z = az^n$ 在圆 $|z| < 1$ 内有 n 个根.

21. 若 $|a_k| < 1$ $(k = 1, 2, \cdots, n)$, $|b| < 1$, 且

$$f(z) = \prod_{k=1}^{n} \left[\frac{z - a_k}{1 - \bar{a}_k z} \right]$$

则方程 $f(z) = b$ 在圆 $|z| < 1$ 内有 n 个根; 若 $|b| > 1$, 则方程 $f(z) = b$ 在圆 $|z| > 1$ 内恰有 n 个根.

第6章 保形映射

在第 1 章中我们曾提及复变函数 $w = f(z)$ 在几何上可以看作是把 z 平面上的点集 G(定义集合) 变到 w 平面上的一个点集 G^*(函数值集合) 的映射. 本章研究解析函数 $f(z)$ 所构成的映射的几何性质. 我们首先分析解析函数导数的几何意义, 引出保形映射的概念, 然后进一步研究分式线性函数和若干个初等函数所构造成的保形映射的性质. 这些内容在流体力学、电学、弹性力学等方面有着广泛的应用.

6.1 保形映射的概念

我们首先讨论解析函数导数的辐角的几何意义.

设函数 $w = f(z)$ 在区域 D 内解析, $z_0 \in D, f'(z_0) \neq 0$(若 $f'(z_0) = 0$, 则 $\operatorname{Arg} f'(z_0)$ 不确定), D 内过点 z_0 一条光滑曲线 $C : z = z(t), \alpha \leqslant t \leqslant \beta$, $z(t_0) = z_0$. 我们规定: 通过 C 上两点 z_0 与 $z(= z(t))$ 的割线的正向对应于参数 t 的增加的方向, 那么这个方向与表示

$$\frac{z(t_0 + \Delta t) - z(t_0)}{\Delta t} \quad (t = t_0 + \Delta t)$$

的向量方向相同. 我们知道, 当 z 点沿着曲线 C 无限趋近于 z_0 点时, 割线 $\overline{z_0 z}$ 的极限位置就是曲线在 z_0 点的切线. 因此, 表示

$$z'(t_0) = \lim_{\Delta t \to 0} \frac{z(t_0 + \Delta t) - z(t_0)}{\Delta t} z(t)$$

的向量与 C 相切于点 $z_0 = z(t_0)$, 从而 $C : z = z(t)$ 在点 z_0 的切线的正向与正实轴方向的夹角为 $\operatorname{Arg} z'(t_0)$. $w = f(z)$ 把 $C : z = z(t)$ 映射为 w 平面上过点 $w_0 = f(z_0)$ 的光滑曲线 $\Gamma : w = w(t) = f[z(t)], \alpha \leqslant t \leqslant \beta$, $w'(t) = f'[z(t)]z'(t)$, 同样道理, Γ 在

w_0 点的切线的正向与正实轴方向的夹角为 $\operatorname{Arg} w'(t_0)$, 并且有

$$\operatorname{Arg} w'(t_0) = \operatorname{Arg} f'[z(t_0)] + \operatorname{Arg} z'(t_0)$$

或写成

$$\operatorname{Arg} w'(t_0) - \operatorname{Arg} z'(t_0) = \operatorname{Arg} f'(z_0) \tag{6.1.1}$$

即 Γ 在 w_0 点处的切向量与 C 在 z_0 点处切向量的辐角之差总是 $\operatorname{Arg} f'(z_0)$, 而与曲线 C 形状无关. 称 $\operatorname{Arg} f'(z_0)$ 为 $f(z)$ 在 z_0 点的**旋转角**. 因此, 如果考虑过点 z_0 的任意两条光滑曲线 $C_1: z = z_1(t)$ 与 $C_2: z = z_2(t), \alpha \leqslant t \leqslant \beta$, 并且 $z_0 = z_1(t_0) = z_2(t_0), \alpha < t_0 < \beta$. 它们在映射 $w = f(z)$ 下的像分别通过点 $w_0 = f(z_0)$ 的光滑曲线 $\Gamma_1: w = w_1(t) = f[z_1(t)]$ 与 $\Gamma_2: w = w_2(t) = f[z_2(t)]$. 由上面的讨论有

$$\operatorname{Arg} w_2'(t_0) - \operatorname{Arg} z_2'(t_0) = \operatorname{Arg} w_1'(t_0) - \operatorname{Arg} z_1'(t_0)$$

即

$$\operatorname{Arg} w_2'(t_0) - \operatorname{Arg} w_1'(t_0) = \operatorname{Arg} z_2'(t_0) - \operatorname{Arg} z_1'(t_0) \tag{6.1.2}$$

我们规定, 上式的右边表示 C_1 与 C_2 在 z_0 处的夹角 θ, 左边表示 Γ_1 与 Γ_2 在点 $w_0 = f(z_0)$ 处的夹角 φ, 可见此时有 $\theta = \varphi$(图 6.1.1). 这就是说, 在解析映射 $w = f(z)$ 之下, 在导数不为零的点处, 两条曲线的夹角的大小与旋转方向都是保持不变的. 此时, 我们称 $f(z)$ 在 z_0 点处是**保角的**. 于是, 我们有如下定理.

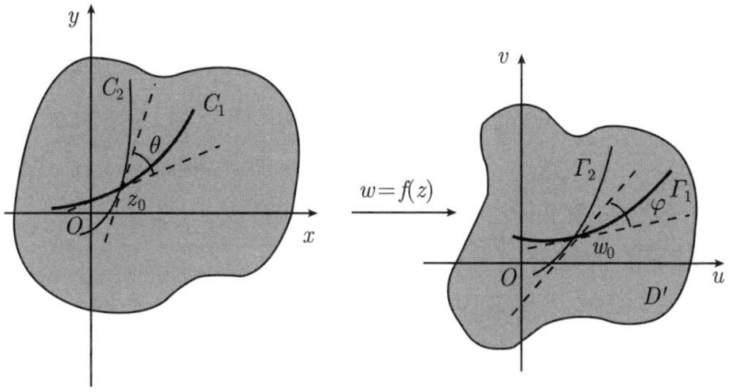

图 6.1.1

定理 6.1.1 若函数 $w = f(z)$ 在区域 D 内解析, 则在 $f'(z) \neq 0$ 的点处映射 $w = f(z)$ 是保角的.

以上对解析函数的导数 $(f'(z) \neq 0)$ 的辐角作了几何解释, 现在再说明它的模的几何意义.

因为

$$f'(z_0) = \lim_{z\to z_0} \frac{f(z)-f(z_0)}{z-z_0}$$

所以, 若任取过 z_0 的曲线 $C: z = z(t),\ \alpha \leqslant t \leqslant \beta$, 则它在 $f(z)$ 下的像为 $\Gamma: w = f[z(t)]$(图 6.1.2). 记 C 上由 z_0 到 z 的弧长为 $\widehat{z_0 z}$, Γ 上由 $w_0(= f[z(t_0)])$ 到 $w(= f[z(t)])$ 的弧长为 $\widehat{w_0 w}$, 则

$$\begin{aligned}|f'(z_0)| &= \lim_{z\to z_0}\left|\frac{f(z)-f(z_0)}{z-z_0}\right| = \lim_{z\to z_0}\left|\frac{w-w_0}{z-z_0}\right| \\ &= \lim_{\substack{z\to z_0\\ z\in C}} \frac{|w-w_0|}{\widehat{w_0 w}}\cdot\frac{\widehat{w_0 w}}{\widehat{z_0 z}}\cdot\frac{\widehat{z_1 z}}{|z-z_0|} = \lim_{\substack{z\to z_0\\ z\in C}} \frac{\widehat{w_0 w}}{\widehat{z_0 z}} \end{aligned} \tag{6.1.3}$$

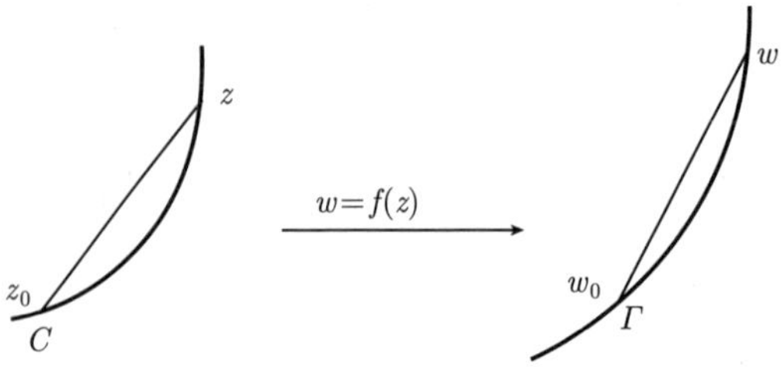

图 6.1.2

注意到 C 是过点 z_0 的任意曲线, 所以式 (6.1.3) 表明像点之间的弧长与原像之间的弧长之比的极限与曲线形状无关, 且总是等于 $|f'(z_0)|$. 当 z 充分接近于 z_0 点处一定有如下近似关系成立

$$\widehat{w_0 w} = |f'(z_0)|\,\widehat{z_0 z}$$

因而, 若 $|f'(z_0)| > 1$, 原像之间的弧长经映射 $w = f(z)$ 后被伸长了, 反之则缩短了; 若 $|f'(z_0)| = 1$, 则弧长大致保持不变. $|f'(z_0)|$ 代表着这种弧长之间伸长或缩短的比例. 所以, 我们称 $|f'(z_0)|$ 为 $f(z)$ 在点 z_0 处的**伸缩率**. 由此可知, 解析函数 $w = f(z)$ 所构成的映射, 在每一个使 $f'(z_0) \neq 0$ 的点 z_0 处都有一个与曲线 C 的形状、方向无关的固定的伸缩率.

从导数的辐角与模的几何意义, 我们看到当 $f'(z_0) \neq 0$ 时, 在点 z_0 的邻域内, 以 z_0 为顶点的小三角形被 $w = f(z)$ 映射成为一个曲边三角形 (图 6.1.3).

这两个三角形对应角相等, 对应边近似地成比例. 因此这两个三角形近似地是相似形. 此处, $w = f(z)$ 还把半径充分小的圆 $|z - z_0| = \varepsilon$ 近似地映射成圆

$$|w - w_0| = |f'(z_0)|\varepsilon \quad (0 < \varepsilon < +\infty)$$

所以解析函数所构成的映射在无穷小的范围内 (临近 z_0 点的 z 且 $f'(z) \neq 0$) 是一保持形状的映射. 根据上述理由, 我们有如下定义.

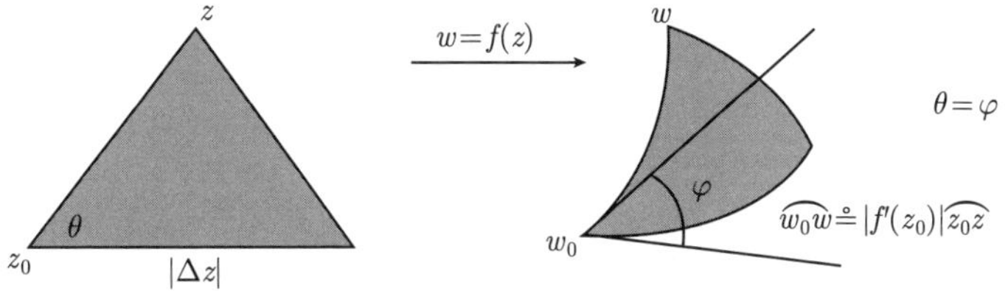

图 6.1.3

定义 6.1.1 凡在区域 D 内处处具有保角性和伸缩率不变性的一一映射称为 D 内的**保形映射**.

综上所述, 我们有如下定理.

定理 6.1.2 若函数 $w=f(z)$ 在 z_0 点处解析, 且 $f'(z_0)\neq 0$, 则 $w=f(z)$ 在 z_0 点附近为保形映射.

例 6.1.1 求函数 $w=z^2+3z$ 在$z_1=-1+\dfrac{\mathrm{i}}{2}$及 $z_2=-\dfrac{3}{2}$ 处的导数值, 说明其几何意义, 并讨论映射 $w=z^2+3z$ 将 z 平面的哪一部分放大? 哪一部分收缩?

解 函数 $w=f(z)=z^2+3z$ 在z 平面上处处解析, 且 $f'(z)=2z+3$. 因为 $f'\left(-1+\dfrac{\mathrm{i}}{2}\right)=2\left(-1+\dfrac{\mathrm{i}}{2}\right)+3=1+\mathrm{i}$, 故在点 $z_1=-1+\dfrac{\mathrm{i}}{2}$ 处的旋转角 $\arg f'\left(-1+\dfrac{\mathrm{i}}{2}\right)=\arg(1+\mathrm{i})=\dfrac{\pi}{4}$, 伸缩率 $\left|f'\left(-1+\dfrac{\mathrm{i}}{2}\right)\right|=|1+\mathrm{i}|=\sqrt{2}$.

对于$z_2=-\dfrac{3}{2}$, $f'(z_2)=2\left(-\dfrac{3}{2}\right)+3=0$, 映射 $w=z^2+3z$ 在 $z_2=-\dfrac{3}{2}$ 处不具有保角性.

又因为$|f'(z)|=|2z+3|=2|z+\dfrac{3}{2}|=2\sqrt{\left(x+\dfrac{3}{2}\right)^2+y^2}$, 这里 $z=x+\mathrm{i}y$. 可见伸缩率 $|f'(z)|<1$ 的充要条件是 $\left(x+\dfrac{3}{2}\right)^2+y^2<\dfrac{1}{4}$.

故映射$w=f(z)=z^2+3z$ 把以 $z=-\dfrac{3}{2}$ 为圆心, $\dfrac{1}{2}$ 为半径的圆周内部收缩. 同理它把该圆周的外部放大.

6.2 分式线性映射

分式线性映射是一类比较简单但又有广泛应用的映射, 它是由下列函数

$$w=\frac{az+b}{cz+d}\quad(ad-bc\neq 0)\tag{6.2.1}$$

来定义的, a,b,c 和 d 是复常数.

这里 $ad-bc\neq 0$ 的限制是必要的, 否则将有

$$\frac{\mathrm{d}w}{\mathrm{d}z}=\frac{ad-bc}{(cz+d)^2}=0$$

这里 $w\equiv$ 常数, 它将整个 z 平面映射成 w 平面上的一点. 所以, 以下我们总是假定分式线性映射式 (6.2.1) 满足限制 $ad-bc\neq 0$.

应当注意的是, 分式线性映射式 (6.2.1) 的逆映射

$$z=\frac{-dw+b}{cw-a}$$

也是一个分式线性映射.

若 $c=0$, 则由 $ad-bc\neq 0$, 得 $d\neq 0$. 此时 $w=Az+B$, 其中, $A=a/d, B=b/d$, 它是一个线性映射, $z=\infty$ 是它的一阶极点. 因而我们规定点 $z=\infty$ 与点 $w=\infty$ 相对应.

若 $c\neq 0$, 则除去点 $z=-d/c$ 外, 式 (6.2.1) 是解析的, 而点 $z=-d/c$ 是式 (6.2.1) 的一阶极点. 另一方面, $\lim\limits_{z\to\infty}\dfrac{az+b}{cz+d}=\dfrac{a}{c}$. 因此我们规定 $z=-d/c$ 与点 $w=\infty$ 相对应, 点 $z=\infty$ 与点 $w=a/c$ 相对应.

进行了上面的补充对应, 其后我们可以证明映射式 (6.2.1) 建立了扩充的 z 平面上的点与扩充的 w 平面上的点之间的一一对应.

事实上, 当 $c=0$ 时, $w=Az+B, A=a/d\neq 0, B=b/d$. 若令 $A=r\mathrm{e}^{i\theta}$, 那么 $w=Az+B$ 可以分解为

$$\zeta=\mathrm{e}^{i\theta}z,\quad \xi=r\zeta,\quad w=\xi+B \tag{6.2.2}$$

当 $c\neq 0$, 有

$$w=\frac{a}{c}+\frac{bc-ad}{c^2}\cdot\frac{1}{z+\dfrac{d}{c}}$$

它可以分解为

$$\zeta=z+\frac{d}{c},\quad \xi=\frac{1}{\zeta},\quad w=\frac{bc-ad}{c^2}\xi+\frac{a}{c}$$

最后一个映射又可按式 (6.2.2) 那样分解为三个变换. 因此, 对于一个一般的分式线性映射式 (6.2.2) 总可以分解为下面四个简单映射的复合

$$w=z+a,\quad w=\mathrm{e}^{\mathrm{i}\theta}z,\quad w=rz,\quad w=\frac{1}{z} \tag{6.2.3}$$

现在我们来说明这四个映射的意义和性质:

(1) $w=z+a$, 这是一个平移 (图 6.2.1(a));

(2) $w=\mathrm{e}^{\mathrm{i}\theta}z;\theta\in\mathbb{R}$, 这是一个旋转 (图 6.2.1(b));

(3) $w=rz,\ r>0$, 这是一个相似映射 (图 6.2.1(c));

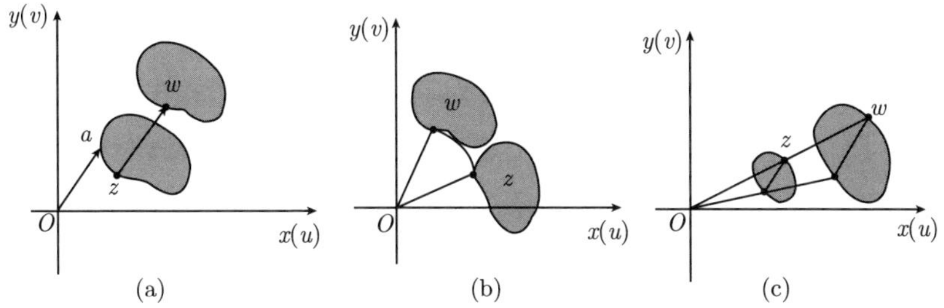

图 6.2.1

(4) $w=1/z$, 这个变换可以分解为 $\zeta=1/\bar{z}$ 和 $w=\bar{\zeta}$.

对于变换 (4), 为了要用几何方法作出 w, 我们首先来研究所谓关于一已知圆周的一对对称点. 设有圆周 $C:|z-z_0|=R$, 若点 z_1,z_2 满足关系式

$$z_2-z_0=\frac{R^2}{\overline{z_1-z_0}} \tag{6.2.4}$$

称点 z_1,z_2 是关于圆周 C 的一对**对称点**.

如果记 $z_1-z_0=r_1\mathrm{e}^{\mathrm{i}\theta}$, 则

$$z_2-z_0=\frac{R^2}{r_1}\mathrm{e}^{\mathrm{i}\theta}$$

$$|z_1-z_0||z_2-z_0|=r_1\frac{R^2}{r_1}=R^2 \tag{6.2.5}$$

因此 z_1,z_2 关于圆周 C 对称, 即为 z 平面上这样的一对点, 它们在以圆心 z_0 为起点的同一射线且满足式 (6.2.5), 如图 6.2.2 所示.

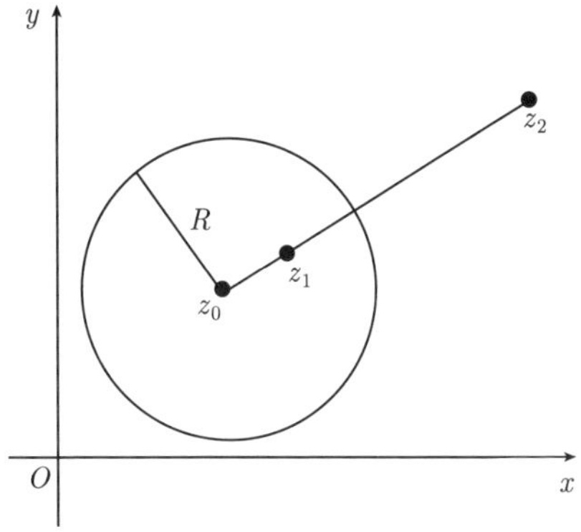

图 6.2.2

我们规定, 无穷远点关于圆周 C 的对称点是圆心 z_0.

若设 $z = re^{i\theta}$, 则 $\zeta = \dfrac{1}{z} = \dfrac{1}{r}e^{i\theta}$, $w = \bar{\zeta}$, 从而$|z||\zeta| = r \cdot \dfrac{1}{r} = 1^2$. 由此可知 z 与 ζ 是关于单位圆周 $|z| = 1$ 的对称点, ζ 与 w 是关于实轴的对称点. 因此, 要从 z 作出$w = \dfrac{1}{z}$, 应先作出关于圆周 $|z| = 1$ 与 z 对称的点 ζ, 然后再作出关于实轴与 ζ 对称的点, 即得 w(图 6.2.3).

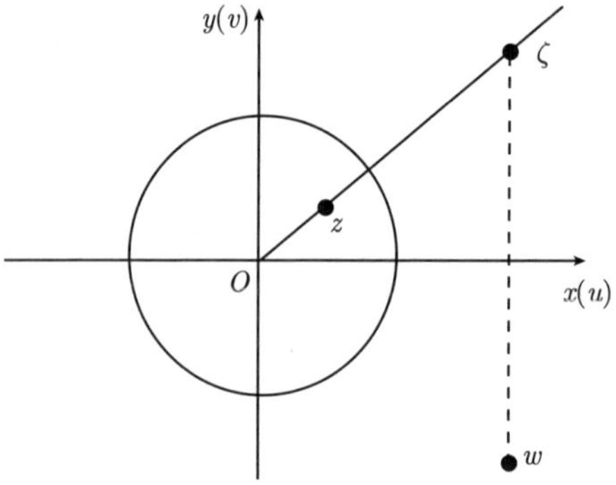

图 6.2.3

下面分别讨论这四种映射的性质.

首先, 根据上面的讨论, 显然映射 (1)~ 映射 (4) 在扩充复平面上是一一对应的. 又因为 $w' = (z + a)' = 1 \neq 0, w' = (e^{i\theta} z)' = e^{i\theta} \neq 0, w' = (rz)' = r \neq 0$, 所以当 $z \neq \infty$ 时, 映射 (1) ~ 映射 (3) 都是保形的. 而

$$w' = \left(\frac{1}{z}\right)' = -\frac{1}{z^2}$$

当 $z \neq 0, z \neq \infty$ 时, $w' \neq 0$, 所以除去 $z = 0$ 和 $z = \infty$ 外, 映射 $w = \dfrac{1}{z}$ 是保形的. 我们再规定, 两条伸向无穷远的曲线在无穷远点的夹角, 等于它们在映射$w = \dfrac{1}{z}$ 下所变成的通过原点的两条像曲线在原点处的夹角. 那么, 映射$w = \dfrac{1}{z}$ 在扩充复平面上是处处保角的.

映射 (1)~ 映射 (3) 显然在扩充复平面上是一一对应的保角映射.

综合上面的讨论, 并且注意到分式线性映射式 (6.2.1) 是由映射 (1)~ 映射 (4) 复合而成, 故有如下结论.

定理 6.2.1 分式线性映射式 (6.2.1) 在扩充复平面上是一一对应的保角映射.

另一方面, 映射 (1)~ 映射 (3) 显然都将 z 平面内的一个圆周或一条直线变为 w 平面内的一个圆周或一条直线. 如果我们把直线看成是半径为无穷大的圆周, 那

么映射 (1)~ 映射 (3) 在扩充复平面上把圆周映射成圆周, 这个性质称为**保圆性**.

下面来说明映射 (4) 也具有保圆性, 为此, 令

$$z = x + \mathrm{i}y, w = \frac{1}{z} = u + \mathrm{i}v$$

将 $z = x + \mathrm{i}y$ 代入 $w = \frac{1}{z}$, 得

$$u = \frac{x}{x^2 + y^2}, v = \frac{-y}{x^2 + y^2}$$

或

$$x = \frac{u}{u^2 + v^2}, y = \frac{v}{u^2 + v^2}$$

因此, 映射 $w = \frac{1}{z}$ 将圆的方程

$$a(x^2 + y^2) + bx + cy + d = 0$$

变为圆的方程

$$d(u^2 + v^2) + bu - cv + a = 0$$

这就是说映射 $w = \frac{1}{z}$ 把圆周映射成圆周, 即映射 $w = \frac{1}{z}$ 具有保圆性.

再根据分式线性映射式 (6.2.1) 是由映射 (1)~ 映射 (4) 复合而成的. 所以我们有如下定理.

定理 6.2.2 分式线性映射式 (6.2.1) 具有保圆性.

根据保圆性, 容易推知: 在分式线性映射下, 如果给定的圆周或直线上没有点映射成无穷远点, 那么它就映射成半径为有限的圆周; 如果有一个点映射成无穷远点, 那么它就映射成直线.

分式线性映射, 除了保圆性之外, 还有所谓保对称性. 这就是下面的结论.

定理 6.2.3 设点 z_1, z_2 是关于圆周 C 的一对对称点, 那么在分式线性映射下, 它们的像点 w_1 和 w_2 也是关于 C 的像曲线圆周 Γ 的一对对称点.

为了证明这个结论, 我们先来阐明对称点的两个重要特征:

(1) 设 z_2 是圆周 $C: |z - z_0| = R$ 外的一点, 从 z_2 作圆周 C 的切线 z_2T(T 为切点), 由 T 作 z_0z_2 的垂线 Tz_1, 与 z_0z_2 交于 z_1, 那么 z_1 与 z_2 即为一对关于圆周 C 的对称点 (见图 6.2.4).

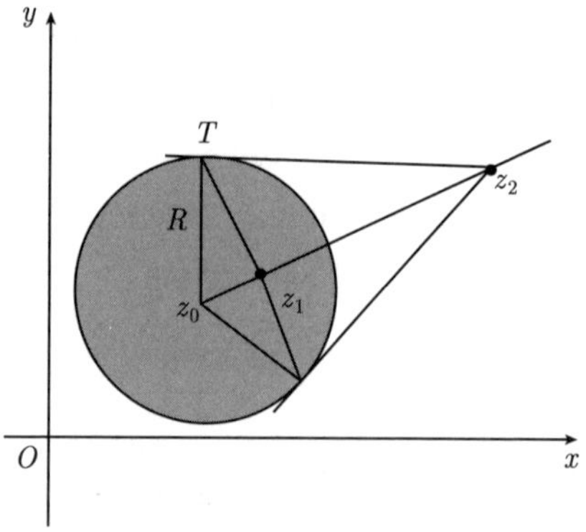

图 6.2.4

事实上, $\Delta z_0z_1T \backsim \Delta z_0z_2T$, 因此 $z_0z_1 : z_0T = z_0T : z_0z_2$ 即

$$|z_1 - z_0||z_2 - z_0| = R^2$$

(2) z_1, z_2 是关于圆周 $C : |z - z_0| = R$ 的一对对称点的充分必要条件是经过 z_1, z_2 的任何圆周 C' 与 C 正交 (图 6.2.5).

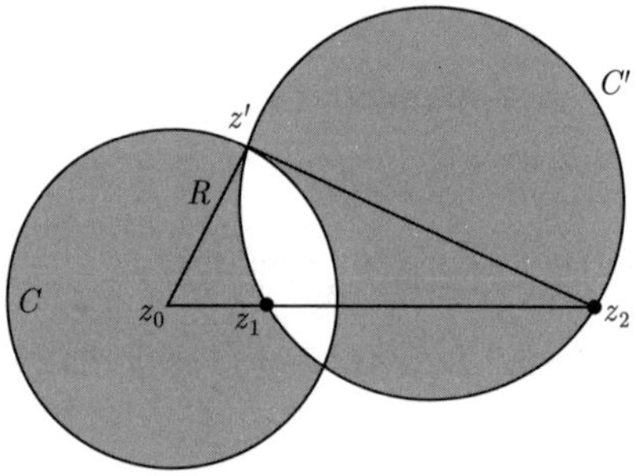

图 6.2.5

从 z_0 作 C' 的切线, 设切点为 z'. 由平面几何学知, 这条切线长度的平方 $|z' - z_0|^2$ 等于 C' 的割线长度 $|z_2 - z_0|$ 和它在 C' 外部分长度 $|z_1 - z_0|$ 的乘积; 而这一乘积根据 z_1, z_2 是关于圆周 C 的对称点的定义, 又等于 R^2. 所以 $|z' - z_0| = R$. 这表明 z' 在 C 上, 而 C' 的切线就是 C 的半径, 因此 $C'C$ 正交.

反过来, 设 C' 是经过 z_1, z_2 且与 C 正交的任一圆周, 那么连接 z_1 与 z_2 的直线作为 C' 的特殊情形 (半径为无穷大) 必与 C 正交, 因而必过 z_0. 又因 C' 与 C 于交点 z' 处正交, 因此 C 的半径 z_0z' 就是 C' 的切线, 所以有

$$|z_1 - z_0||z_2 - z_0| = R^2$$

即 z_1 与 z_2 是关于圆周 C 的一对对称点.

下面我们利用对称点的特征 (2) 来证明定理 6.2.3.

证明 设经过 $w_1(=f(z_1))$ 与 $w_2(=f(z_2))$ 的任一圆周 Γ' 是经过 z_1 与 z_2 的圆周 C' 由分式线性映射式 (6.2.1) 映射过来的. 由于 C' 与 C 正交, 而分式线性映射具有保角性, 所以 Γ' 与 Γ(C 的像) 也必正交, 因此 w_1 与 w_2 是一对关于圆周 Γ 的对称点. 见图 6.2.6.

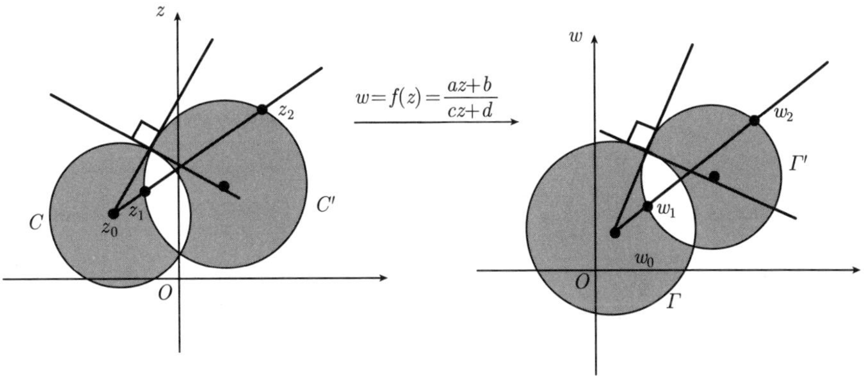

图 6.2.6

6.3 分式线性映射的性质

在分式线性映射的定义式 (6.2.1) 中有四个常数 a, b, c 和 d. 但是, 如果我们用这 4 个数中的一个不为零的数去除分子和分母, 就可将分式中的 4 个常数化为 3 个. 所以式 (6.2.1) 中实际上只有 3 个独立的常数. 因此, 只需给定 3 个条件, 就能唯一决定一个分式线性映射.

定理 6.3.1 对于扩充的 z 平面上任意 3 个相异的点 z_1, z_2, z_3, 以及扩充的 w 平面上任意 3 个相异的点 w_1, w_2, w_3, 存在唯一的分式线性映射, 把 z_1, z_2, z_3 分别映射成 w_1, w_2, w_3.

证明 先考虑已给各点都是有限点情形. 设所求分式线性映射为式 (6.2.1), 它将 $z_k(k=1,2,3)$ 依次映射 $w_k(k=1,2,3)$, 即

$$w_k = \frac{az_k + b}{cz_k + d} \quad (k=1,2,3) \tag{6.3.1}$$

因而有

$$w - w_k = \frac{(z - z_k)(ad - bc)}{(cz + d)(cz_k + d)} \quad (k=1,2)$$

$$w_3 - w_k = \frac{(z_3 - z_k)(ad - bc)}{(cz_3 + d)(cz_k + d)} \quad (k=1,2)$$

消去 a, b, c, d, 就得到

$$\frac{w-w_1}{w-w_2}:\frac{w_3-w_1}{w_3-w_2}=\frac{z-z_1}{z-z_2}:\frac{z_3-z_1}{z_3-z_2} \tag{6.3.2}$$

从式 (6.3.2) 可解出所求的分式线性映射. 因为求这映射时只要求分式线性映射式 (6.2.1) 满足条件式 (6.3.1), 所以它是把 $z_k(k=1,2,3)$ 映射成 $w_k(k=1,2,3)$ 的唯一分式线性映射.

其次, 如果已给各点除 $w_3=\infty$ 外, 都是有限点. 把 $w_3=\infty$ 换成任一有限点 w_3', 我们仍得式 (6.3.2) 型的式子; 在其中令 $w_3'\to\infty$, 就可得到

$$\frac{w-w_1}{w-w_2}=\frac{z-z_1}{z-z_2}:\frac{z_3-z_1}{z_3-z_2} \tag{6.3.3}$$

由此可解出所求函数.

对于其他情形, 也可推出类似结果, 从略.

定理 6.3.2 扩充的 z 平面上的任何一个圆, 可以用一个分式线性函数映射成扩充的 w 平面上任何一个圆.

证明 事实上, 在 z 平面及 w 平面的已给圆上, 分别选出相异三点 z_1, z_2, z_3 及相异三点 w_1, w_2, w_3. 那么由平面几何中过平面上三个相异点只能做出唯一的一个圆及分式线性映射的保圆性, 可知把 z_1, z_2, z_3 分别映射成 w_1, w_2, w_3 的分式线性映射, 就是把过 z_1, z_2, z_3 的圆映射成过 w_1, w_2, w_3 的圆的分式线性映射.

上述定理说明了已知 z 平面上的圆周 C 及 w 平面上的圆周 Γ, 必能找到一个分式线性映射将 C 映射成 Γ. 但是这个映射会把 C 的内部映射成什么呢? 下面我们进行讨论.

首先指出, 在这个分式线性映射下, C 的内部不是映射成 Γ 的内部, 便是映射成 Γ 的外部. 其理由如下:

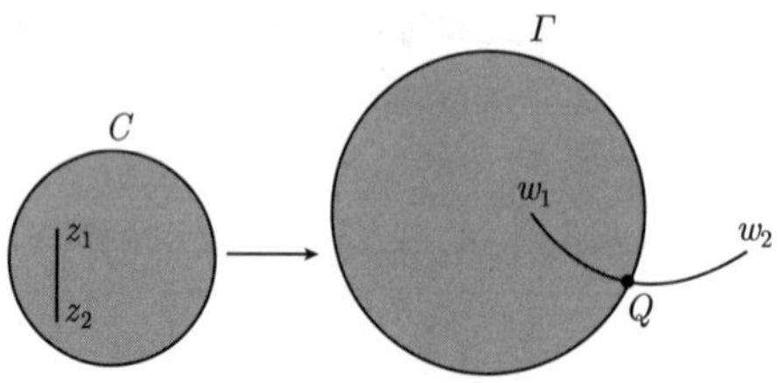

图 6.3.1

设 z_1, z_2 为 C 内的任意两点, 用直线段把这两点联结起来. 结果线段 z_1z_2 的像为圆弧 $\widehat{w_1w_2}$ (或直线段), 且 w_1 在 Γ 之内, w_2 在 Γ 之外, 那么弧必与 Γ 交于一点 Q(图 6.3.1). Q 点在 Γ 上, 所以必须是 C 上某一点的像. 但从假设, Q 又是 z_1z_2 上某一点的像, 因而就有两个不同的点, 一个在圆周 C 上, 另一个在线段 z_1z_2 上, 它们被映射为同一点. 这就与分式线性映射的一一对应性相矛盾. 故上述的论断是正确的.

根据上述论断可知, 在分式线性映射下, 如果在 C 内任取一点 z_0, 而点 z_0 的像在 Γ 的内部, 那么 C 的内部就映射成 Γ 的内部; 如果 z_0 的像在 Γ 的外部, 那么 C 的内部就映射成 Γ 的外部.

我们也可以用下面方法来处理. 在 C 上取定三点 z_1, z_2, z_3, 它们在 Γ 上的像分别为 w_1, w_2, w_3, 如果依 $z_1 \to z_2 \to z_3$ 的绕向与 Γ 依 $w_1 \to w_2 \to w_3$ 的绕向相同时, 那么 C 的内部就映射成 Γ 的内部; 相反时, C 的内部就映射成 Γ 的外部 (图 6.3.2).

事实上, 在过 z_2 的半径上取一点 z 线段 z_2z 的像必为正交于 Γ 的圆弧 $\widehat{w_2w}$. 根据保形映射的性质, 当绕向相同时, w 必在 Γ 内; 相反, w 必在 Γ 外. 这就说明了上述结论是正确的.

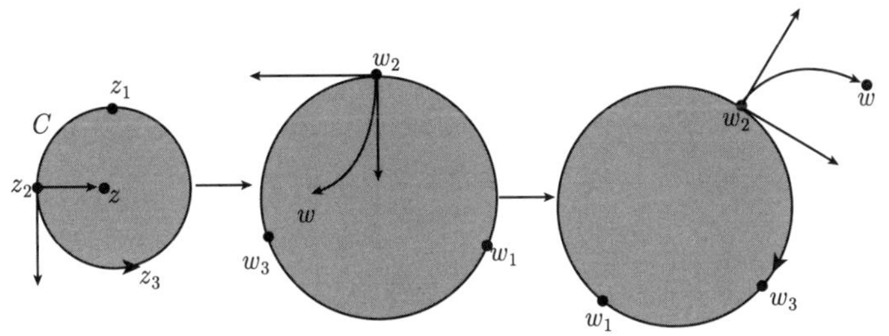

图 6.3.2

我们还要指出, 在 C 为圆周、Γ 为直线的情况下, 上述分式线性映射将 C 的内部映射成 Γ 的某一侧的半平面. 究竟是哪一侧, 由绕向确定. 其他情况, 结论类似.

由前面的讨论, 可以推知在分式线性映射下:

(1) 当二圆周上没有点映射成无穷远点时, 这二圆周的弧所围成的域映射成二圆弧所围成的域;

(2) 当二圆周上有一个点映射成无穷远点时, 这二圆周的弧所围成的域映射成一圆弧与一直线所围成的域;

(3) 当二圆周交点中的一个映射成无穷远点时, 这二圆周的弧所围成的域映射成角形域.

例 6.3.1 圆环区域$1 < |z| < 2$(图 6.3.3), 在映射 $w = \dfrac{z}{z-1}$下映射成什么域?

解 所设的两个圆周 C_1, C_2 无交点, 且 $\mathrm{i}, -1, -\mathrm{i}$ 点经 $w = z/(z-1)$ 映射为 w 平面上的点 $(1-\mathrm{i})/2, 1/2, (1+\mathrm{i})/2$. 由分式线性映射的保圆性, 可知 $C_1 : |z| = 1$ 映射为直线 $\Gamma_2 : \mathrm{Re}\, w = 1/2$. 由于依 $\mathrm{i} \to -1 \to -\mathrm{i}$ 的绕向 $|z| > 1$ 在 C_1 的右侧, 因此它在 $w = z/(z-1)$ 之下的像域在依由 $(1-\mathrm{i})/2 \to 1/2 \to (1+\mathrm{i})/2$ 的绕向的直线 $\mathrm{Re}\, w = 1/2$ 的右侧, 即 $|z| > 1$ 在映射 $w = z/(z-1)$ 之下变为 $\mathrm{Re}\, w = 1/2$ 的右侧

的半平面.

另一方面: $C_2 : |z| = 2$ 在映射 $w = z/(z-1)$ 之下变为圆周 $\Gamma_2 : |w-4/3| = 2/3$, 且 $z = 3/2$ 点变为 w 平面上的点 $w = 3$. 故在映射 $w = z/(z-1)$ 之下域 $|z| < 2$ 变为域 $2/3 < |w - 4/3| < +\infty$.

综上所述, 圆环域 $1 < |z| < 2$ 在映射 $w = z/(z-1)$ 之下变为由直线 $\mathrm{Re}\, w = 1/2$ 与圆 $|w - 4/3| = 2/3$ 所围成的双连通区域.

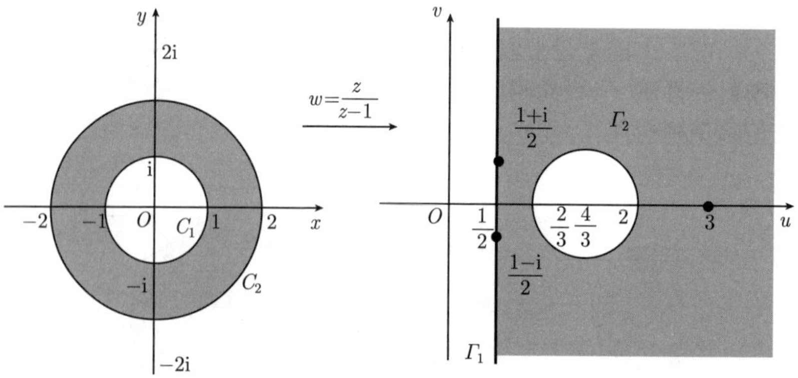

图 6.3.3

例 6.3.2 圆心分别在$z = 1$ 与 $z = -1$、半径为 $\sqrt{2}$ 的二圆弧所围成的域 (图 6.3.4), 映射$w = \dfrac{z-\mathrm{i}}{z+\mathrm{i}}$ 下映射成什么域?

解 所设的两个圆弧与 $C_1:\ (x+1)^2 + y^2 = 2$, $C_2:\ (x-1)^2 + y^2 = 2$ 的交点为 $-\mathrm{i}$ 与 i, 又 C_1 在点 i 处的切线斜率

$$k_1 = -\frac{x+1}{y}\bigg|_{\substack{x=0\\y=1}} = -1$$

C_2 在点 i 处的切线斜率

$$k_2 = -\frac{x-1}{y}\bigg|_{\substack{x=0\\y=1}} = 1$$

由于 $k_1 \cdot k_2 = -1$, 故 C_1 与 C_2 在交点 $z = \mathrm{i}$ 处是正交的. 交点 $-\mathrm{i}$ 映射为无穷远点, i 映射成原点. 因此, 所给的域经映射后映射成以原点为顶点的角形域, 顶角等于 $\pi/2$.

为了要确定角形域位置, 只要定出它的边上异于顶点的任何一点就可以了. 取所给圆弧 C_1 与正实轴的交点 $\sqrt{2}-1$, 它的对应点是

$$w = \frac{\sqrt{2}-1-\mathrm{i}}{\sqrt{2}-1+\mathrm{i}} = \frac{(\sqrt{2}-1-\mathrm{i})^2}{(\sqrt{2}-1)^2+1} = \frac{(1-\sqrt{2})+\mathrm{i}(1-\sqrt{2})}{2-\sqrt{2}}$$

这一点在第三象限的分角线 Γ_1 上. 由保角性 C_2 映射为第二象限的分角线 Γ_2, 从而映射成的角形域如图 6.3.4 所示.

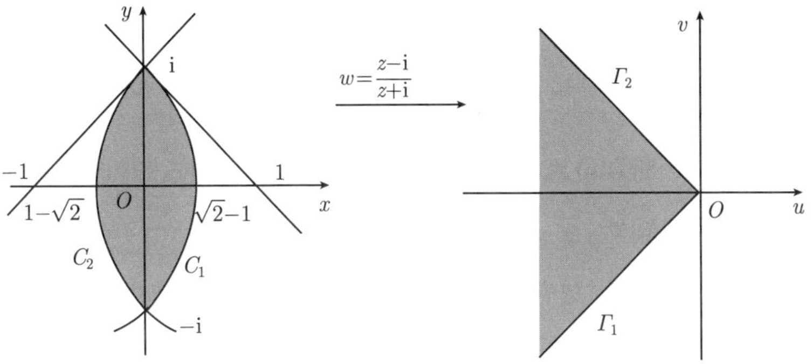

图 6.3.4

例 6.3.3 求 $w=\dfrac{z+1}{1-z}$ 把 z 平面上曲线 $(x-1)^2+y^2=1$ 映射成 w 平面上的曲线方程.

解 在 z 平面上的曲线 $(x-1)^2+y^2=1$ 上取 $z_1=2, z_2=1+\mathrm{i}, z_3=0$, 则 $z_k(k=1,2,3)$ 经 $w=\dfrac{z+1}{1-z}$ 映射下的像分别为

$$w_1=-3,\quad w_2=-1+2\mathrm{i},\quad w_3=1$$

由分式线性映射的保圆性, 曲线 $(x-1)^2+y^2=1$ 经 $w=\dfrac{z+1}{1-z}$ 映射的像为过 w_1,w_2,w_3 的圆周

$$\Gamma:|w+1|=2\quad 或\quad (u+1)^2+v^2=2^2$$

这里 $w=u+\mathrm{i}v$. 如图 6.3.5 所示.

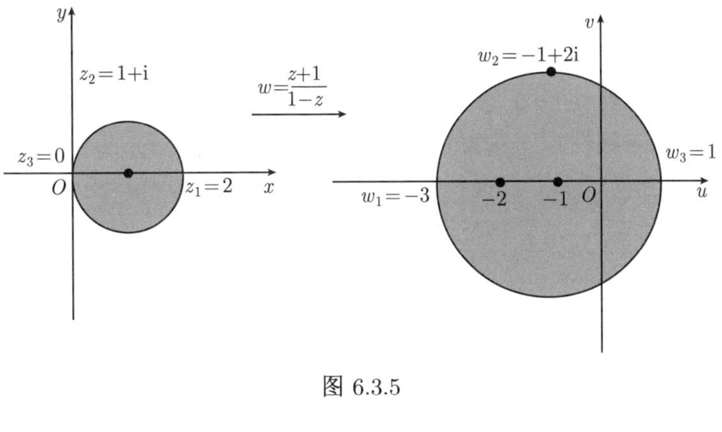

图 6.3.5

例 6.3.4 设分式线性映射 $w=f(z)$ 将点 $z_1=-1,\ z_2=0,\ z_3=1$ 依次映射成点 $w_1=1, w_2=\mathrm{i}, w_3=-1$, 求该映射 $w=f(z)$, 并求 $w=f(z)$ 将 $|z|<1$ 映射成的区域.

解 由定理 6.3.1 知所求映射为

$$\frac{w-1}{w-\mathrm{i}}:\frac{-1-1}{-1-\mathrm{i}}=\frac{z+1}{z-0}:\frac{1+1}{1-0} \quad 或 \quad w=\frac{z-\mathrm{i}}{\mathrm{i}z-1}$$

经计算知$w=\dfrac{z-\mathrm{i}}{\mathrm{i}z-1}$ 将单位圆周 $|z|=1$ 上的点 1, i, -1 依次被映射成点 $-1,0,1$. 由分式线性映射的保圆性, $C:|z|=1$ 的像为 $\varGamma:\mathrm{Im}\,w=0$. 由于依 $1\to\mathrm{i}\to-1$ 的绕向 $|z|<1$ 在 C 的左侧, 故它在$w=\dfrac{z-\mathrm{i}}{\mathrm{i}z-1}$ 之下的像域在依由 $-1\to0\to1$ 的绕向的直线 $\varGamma$ 的左侧. 即$w=\dfrac{z-\mathrm{i}}{\mathrm{i}z-1}$ 将 $|z|<1$ 映射成区域 $\mathrm{Im}\,w>0$(图 6.3.6).

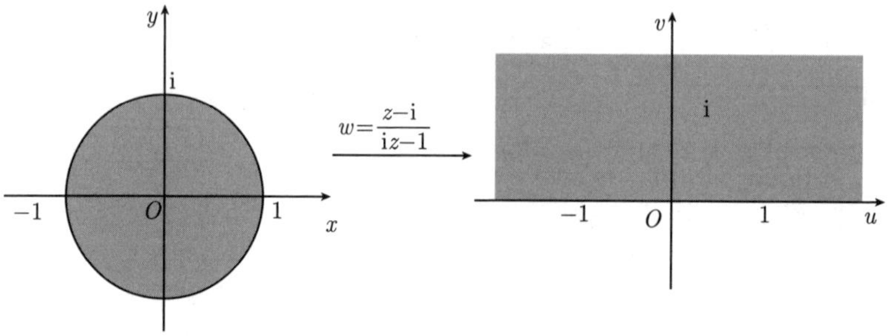

图 6.3.6

6.4 两个重要的分式线性映射

6.4.1 将上半平面 Im$z>0$ 映射成单位圆盘 $|w|<1$ 的分式线性映射

设$w=\dfrac{az+b}{cz+d}$ 为所求分式线性映射 (图 6.4.1), 它将实轴映射为单位圆周 $|w|=1$. 因为上半平面总有一点 $z=\lambda$ 要映射成单位圆周 $|w|=1$ 的圆心 $w=0$, 而 $\bar{\lambda}$ 为 λ 关于实轴的对称点, $w=0$ 与 $w=\infty$ 是关于单位圆周 $|w|=1$ 的对称点. 根据分式线性映射的保对称性, $z=\bar{\lambda}$ 必映射成 ∞.

因此

$$a\lambda+b=0,\quad c\bar{\lambda}+d=0$$

于是

$$w=\frac{a}{c}\cdot\frac{z+\dfrac{b}{a}}{z+\dfrac{d}{c}}=\frac{a}{c}\cdot\frac{z-\lambda}{z-\bar{\lambda}}$$

当 $z=0$ 时, $|w|=1$, 所以 $|a/c|=1$, $a/c=\mathrm{e}^{\mathrm{i}\theta}$($\theta$ 为一实数).
即

$$w=\mathrm{e}^{\mathrm{i}\theta}\frac{z-\lambda}{z-\bar{\lambda}} \tag{6.4.1}$$

分式线性映射式 (6.4.1) 把上半平面内以 $\lambda,\bar{\lambda}$ 为对称点的圆周族

$$\left|\frac{z-\lambda}{z-\bar{\lambda}}\right|=k \quad (0<k<1)$$

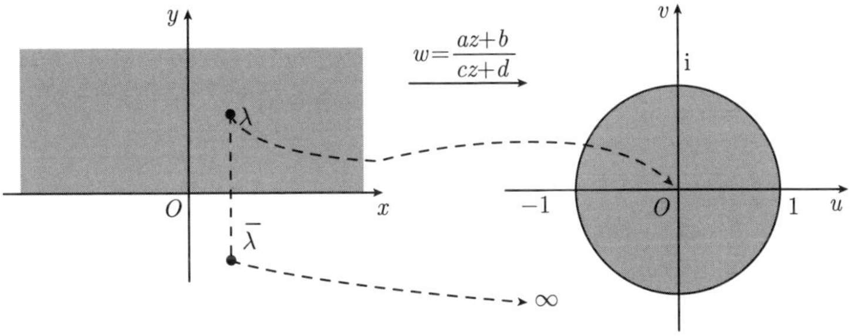

图 6.4.1

映射为 w 平面上以原点为圆心的圆周族 $|w|=k$, 如图 6.4.2 所示.

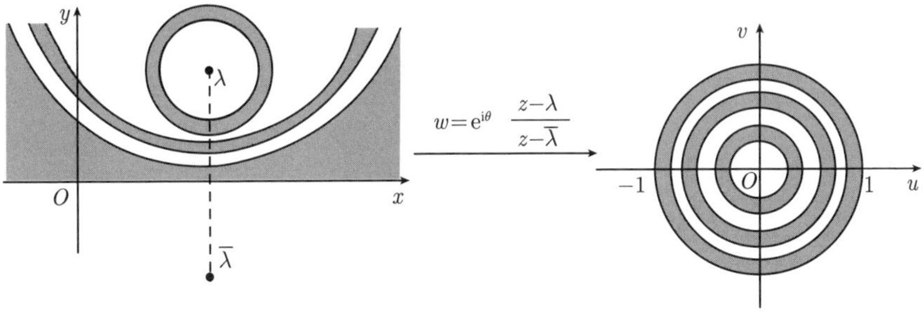

图 6.4.2

例 6.4.1 求出上半平面 $\operatorname{Im} z>0$ 到圆盘 $|w|<R$ 的分式线性映射 $w=f(z)$, 使得 $f(\mathrm{i})=0, f'(\mathrm{i})=1$. 求出 R 的值.

解 设 $w_1=w/R$, 则复合函数 $w_1=g(z)=\dfrac{1}{R}f(z)$ 将 $\operatorname{Im} z>0$ 映射成 $|w_1|<1$, 且 $g(\mathrm{i})=0, g'(\mathrm{i})=1/R$. 由式 (6.4.1) 可知

$$w_1=g(z)=\mathrm{e}^{\mathrm{i}\theta}\frac{z-\mathrm{i}}{z-\bar{\mathrm{i}}}$$

再由条件 $g'(\mathrm{i})=1/R$, 得

$$\frac{1}{R}=g'(\mathrm{i})=\left.\frac{2\mathrm{i}\mathrm{e}^{\mathrm{i}\theta}}{(z+\mathrm{i})^2}\right|_{z=\mathrm{i}}=\frac{\mathrm{e}^{\mathrm{i}\theta}}{2\mathrm{i}}$$

从而 $R=2$ 及 $\theta=\pi/2$. 于是所求分式线性映射为

$$w=f(z)=2\mathrm{i}\frac{z-\mathrm{i}}{z+\mathrm{i}}$$

6.4.2 将单位圆盘 $|z|<1$ 映射为单位圆盘 $|w|<1$ 的分式线性映射

设$w=\dfrac{az+b}{cz+d}$ 是这个分式线性映射 (图 6.4.3), 它把圆周 $|z|=1$ 映射为 $|w|=1$. 由分式线性映射的保对称性可知, 若点 $z=\alpha(|\alpha|<1)$ 对应于点 $w=0$, 那么点 $z=\alpha$ 关于圆周 $|w|=1$ 的对称点 $z=1/\bar{\alpha}$ 对应于点 $w=\infty$. 因此

$$a\alpha+b=0,\quad c\frac{1}{\bar{\alpha}}+d=0$$

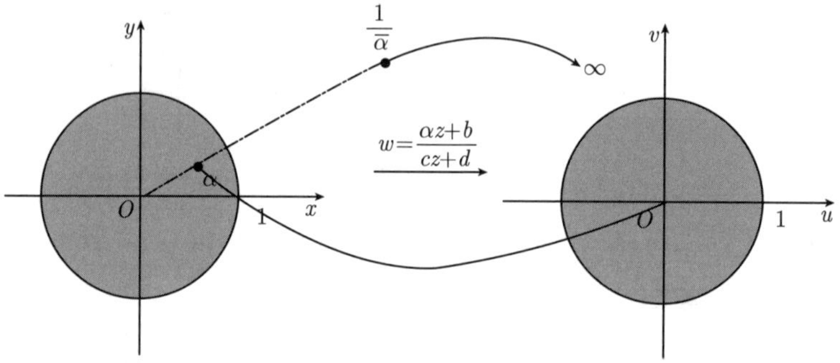

图 6.4.3

于是

$$w=\frac{a}{c}\cdot\frac{z+\dfrac{b}{a}}{z+\dfrac{d}{c}}=\frac{a}{c}\cdot\frac{z-\alpha}{z-\dfrac{1}{\bar{\alpha}}}=k\frac{z-\alpha}{1-\bar{\alpha}z}$$

其中 $k=-a\bar{\alpha}/c$. 由于 z 平面上单位圆周上的点要映射成 w 平面上单位圆周上的点, 所以当 $|z|=1$ 时, $|w|=1$. 又由于 $z\bar{z}=|z|^2$, 所以当 $|z|=1$ 时 $z\bar{z}=1$. 数 $1-\bar{\alpha}z$ 与 $1-\alpha\bar{z}$ 是互为共轭的, 故 $|1-\bar{\alpha}z|=|1-a\bar{z}|$. 如果 $|z|=1$, 那么 $|1-\bar{\alpha}z|=|1-\alpha\bar{z}||z|=|z-\alpha\bar{z}z|=|z-\alpha|$. 于是当 $|z|=1$ 时, 有

$$\left|\frac{z-\alpha}{1-\bar{\alpha}z}\right|=1$$

又由于在 $|z|=1$ 的条件下, $|w|=1$, 故 $|k|=1$, 即 $k=\mathrm{e}^{\mathrm{i}\varphi}$, φ 是实数. 由此可知, 将单位圆盘映射成单位圆盘的映射的一般形式是

$$w=\mathrm{e}^{\mathrm{i}\varphi}\frac{z-\alpha}{1-\bar{\alpha}z}\tag{6.4.2}$$

例 6.4.2 求把单位圆盘映射到自身的分式线性映射：$w=f(z)$，并满足条件

$$f(\mathrm{i}/2)=0,\quad \arg f'(\mathrm{i}/2)=\frac{\pi}{2}$$

解 由式 (6.4.2) 可知所求分式线性映射具有如下形式：

$$w=\mathrm{e}^{\mathrm{i}\varphi}\frac{z-\dfrac{\mathrm{i}}{2}}{1-\dfrac{\bar{\mathrm{i}}}{2}z}$$

再由 $\arg f'(\mathrm{i}/2)=\pi/2$ 知

$$\frac{\pi}{2}=\arg\left[\mathrm{e}^{\mathrm{i}\varphi}\frac{3}{(2+\mathrm{i}z)^2}\right]\Bigg|_{z=\frac{\mathrm{i}}{2}}=\arg\left(\mathrm{e}^{\mathrm{i}\varphi}\frac{4}{3}\right)=\varphi$$

从而所求分式线性映射为

$$w=\frac{2\mathrm{i}z+1}{2+\mathrm{i}z}$$

例 6.4.3 设分式线性映射 $w=f(z)$ 将圆 $|z|<2$ 映射成右半平面 $\mathrm{Re}\,w>0$，并满足 $f(0)=1,\arg f'(0)=\pi/2$，试求该映射 $w=f(z)$.

解 考虑 $w=f(z)$ 的逆映射 $z=f^{-1}(w)$，它也是一个分式线性映射，而 $f^{-1}(1)=0$. $w=1$ 与 $w=-1$ 关于 $\mathrm{Re}\,w=0$ 对称，$z=0$ 与 $z=\infty$ 关于 $|z|=2$ 对称. 由保对称性，有 $f^{-1}(-1)=\infty$，于是

$$z=f^{-1}(w)=k\frac{w-1}{w+1}$$

令 $w=u+\mathrm{i}v$，注意到 $z=f^{-1}(w)$ 将 $\mathrm{Re}\,w=0$ 映射成 $|z|=2$，则当 $w=\mathrm{i}v$ 时，有

$$2=\left|k\frac{\mathrm{i}v-1}{\mathrm{i}v+1}\right|=|k|$$

即 $k=2\mathrm{e}^{\mathrm{i}\theta}$($\theta$ 为一实数)，于是

$$z=2\mathrm{e}^{\mathrm{i}\theta}\frac{w-1}{w+1}\quad 或\quad w=f(z)=-\frac{z+2\mathrm{e}^{\mathrm{i}\theta}}{z-2\mathrm{e}^{\mathrm{i}\theta}}$$

$$f'(z)=\frac{4\mathrm{e}^{\mathrm{i}\theta}}{(z-2\mathrm{e}^{\mathrm{i}\theta})^2}$$

从而由

$$\arg f'(0)=\arg\mathrm{e}^{-\mathrm{i}\theta}=\frac{\pi}{2}$$

得 $\theta=-\pi/2$，故所求映射为

$$w=-\frac{z-2\mathrm{i}}{z+2\mathrm{i}}$$

6.5 几个初等函数所构成的映射

6.5.1 幂函数 $w=z^n(n=2,3,\cdots)$

这个函数在 z 平面上处处可导, 且除去原点外导数不为零. 因此, 在 z 平面上除去原点外, 由 $w=z^n$ 所构成的映射是处处保角的.

设

$$z=r\mathrm{e}^{\mathrm{i}\theta},\quad w=\rho\mathrm{e}^{\mathrm{i}\varphi}$$

那么由 $w=z^n$, 得

$$\rho=r^n,\quad \varphi=n\theta$$

由此可见, 在 $w=z^n$ 映射下, z 平面上的圆周 $|z|=r$ 映射成 w 平面上的圆周 $|w|=r^n$. 特别是单位圆周 $|z|=1$, 映射成单位圆周 $|w|=1$; 射线 $\arg z=\theta$ 映射成射线 $\arg w=n\theta$; 正实轴 $\arg z=0$ 映射成正实轴 $\arg w=0$; 角形域 $0<\arg z<\theta$ $(<2\pi/n)$ 映射成角形域 $0<\arg w<n\theta$. 从这里可以看出, 在 $z=0$ 处的角形域的顶角经过这个映射后变成了原来的 n 倍.

显然, 角形域 $0<\arg z<2\pi/n$ 映射成沿实轴剪开的 w 平面 $0<\arg w<2\pi$(图 6.5.1), 它的一边 $\theta=0$ 映射成 w 平面正实轴的上沿 $\arg w=0$; 另外一边 $\arg z=2\pi/n$ 映射成 w 平面正实轴的下沿 $\arg w=2\pi$. 在这样两个域上的点在所给的映射 $w=z^n$ 或 $z=w^{1/n}=\mathrm{e}^{\frac{1}{n}\ln w}$ 下是一一对应的.

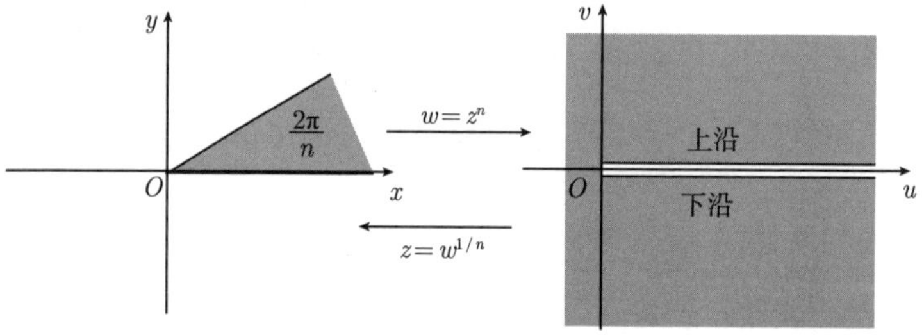

图 6.5.1

由幂函数 $w=z^n$ 所构成的映射的特点是: 把以原点为顶点的角形域映射成以原点为顶点的角形域, 但顶角变成了原来的 n 倍. 因此, 如果要把角形域映射成角形域, 我们经常利用幂函数.

例 6.5.1 将圆 $|z-1|=\sqrt{2}$ 和圆 $|z+1|=\sqrt{2}$ 的公共部分 D 保形地映射为单位圆盘 (图 6.5.2).

解 圆周 $|z-1|=\sqrt{2}$ 和圆周 $|z+1|=\sqrt{2}$ 的交点是 $z=\pm\mathrm{i}$. 用分式线性映射

$$w_1=\frac{z-\mathrm{i}}{z+\mathrm{i}}$$

将圆周 $|z-1|=\sqrt{2}$ 变为直线 $\varGamma_1$, 圆周 $|z+1|=\sqrt{2}$ 变为直线 $\varGamma_2$, 将 D 保形地变为角形域 D_1(图 6.5.2(b)).

作旋转变换

$$w_2=\mathrm{e}^{-\frac{3\pi}{4}\mathrm{i}}w_1$$

它将 D_1 变为角形域 $D_2=\{w_2:0<\arg w_2<\pi/2\}$(图 6.5.2(c)). 用幂函数

$$W_3=W_2^2$$

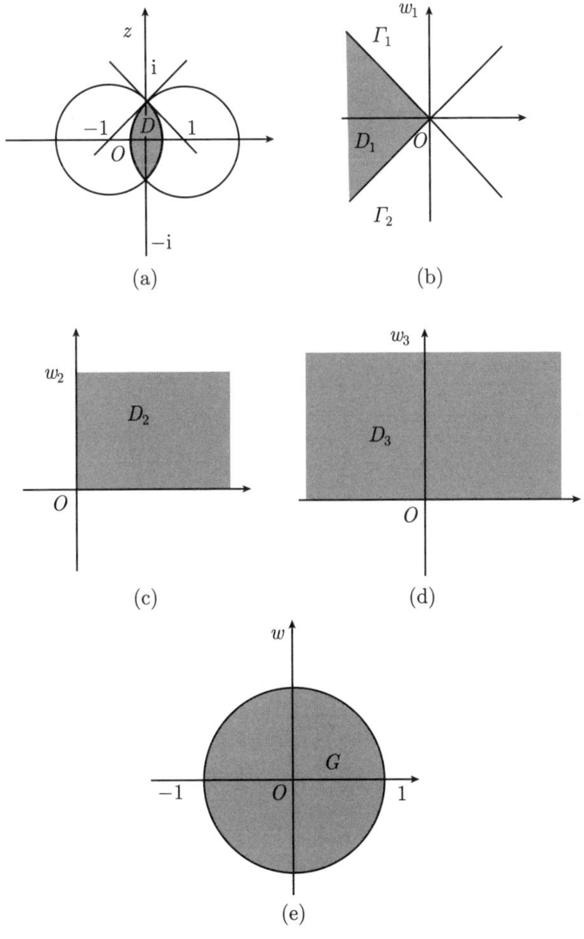

图 6.5.2

将角形域 D_2 变为上半平面 D_3(图 6.5.2(d)). 最后, 用分式线性映射

$$w=\frac{w_3-\mathrm{i}}{w_3+\mathrm{i}}$$

将上半平面 D_3 变为单位圆盘 $G=\{w:|w|<1\}$(图 6.5.2(e)). 复合上述各函数, 得到

$$w=\frac{-2\mathrm{i}z}{z^2-1}$$

将 D 保形映射为单位圆盘.

例 6.5.2 求把图 6.5.3(a) 中由圆弧 C_1 与 C_2 所围成的交角为 α 的月牙形域映射成角形域 $\varphi_0<\arg w<\varphi_0+\alpha$ 的一个保形映射.

解 先求出把 C_1 与 C_2 的交点 i 与 −i 分别映射成 w_1 平面中的 $w_1=0$ 与 $w_1=\infty$, 并使月牙形域 D 映射成角形域 $D_1=\{w_1:0<\arg w<\alpha\}$(图 6.5.3(b)) 的映射; 再把这角形域通过映射 $w=\mathrm{e}^{\mathrm{i}\varphi_0}w_1$ 转过一角度 φ_0, 即得到把所给月牙形域映射成所给角形域 (图 6.5.3(c)) 的映射.

将所给月牙形域 D 映射成 w_1 平面中的角形域 D_1 的映射是具有以下形式的分式线性映射:

$$w_1=k\left(\frac{z-\mathrm{i}}{z+\mathrm{i}}\right)$$

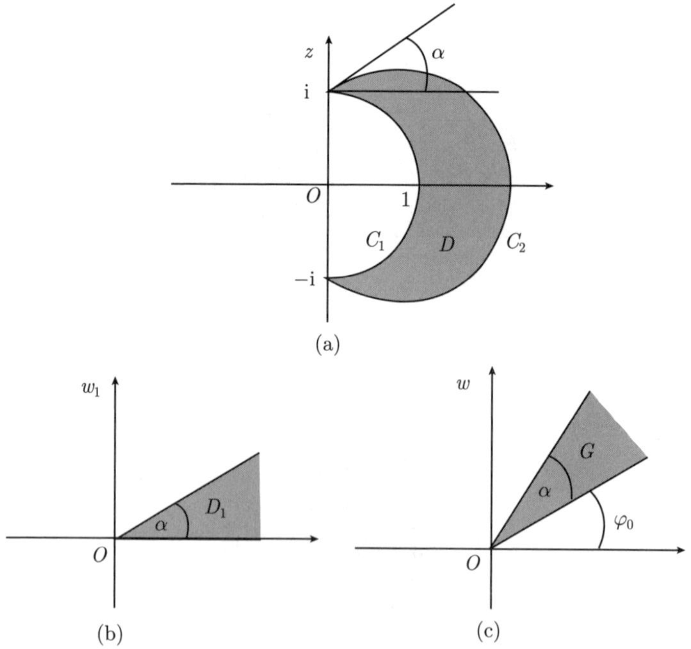

图 6.5.3

其中 k 为待定的复常数. 这个映射把 C_1 上的点 $z=1$ 映射成$w_1=k\left(\frac{1-\mathrm{i}}{1+\mathrm{i}}\right)=-\mathrm{i}k$. 取 $k=\mathrm{i}$ 使 $w_1=1$, 这样, 映射$w_1=\mathrm{i}\left(\frac{z-\mathrm{i}}{z+\mathrm{i}}\right)$ 就把 C_1 映射成 w_1 平面上的正实轴.

根据保角性, 它把所给的月牙域 D 映射成角形域 D_1. 由此得到所求的映射为

$$w = \mathrm{i}\mathrm{e}^{\mathrm{i}\varphi_0}\left(\frac{z-\mathrm{i}}{z+\mathrm{i}}\right) = \mathrm{e}^{\mathrm{i}(\varphi_0+\frac{\pi}{2})}\left(\frac{z-\mathrm{i}}{z+\mathrm{i}}\right)$$

一般地说, 对于图 6.5.4 所示的由两圆弧 (夹角 $\varphi_0 > 0$) 所围成的月牙形域, 我们可用分式线性映射 $w = k(z-\alpha)/(z-\beta)$ 及幂函数将它保形地映射为上半平面或单位圆盘.

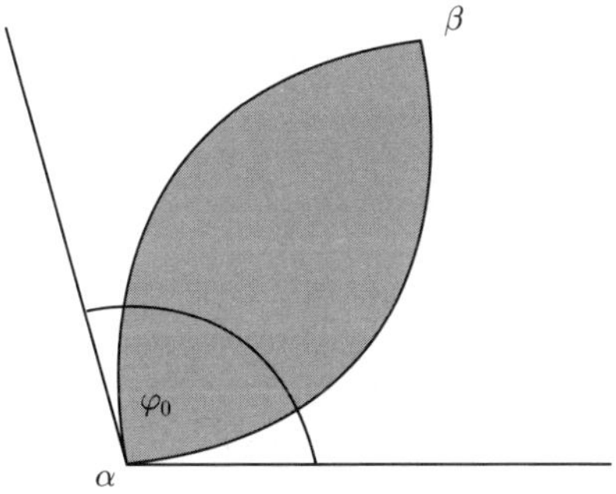

图 6.5.4

例 6.5.3 求把具有割痕 $\mathrm{Re}\,z = a$ (a 为正实数), $0 \leqslant \mathrm{Im}\,z \leqslant h$ 的上半平面映射成上半平面的一个映射 (图 6.5.5).

解 为了要得出所求的映射, 我们利用下述原理: 映射 $w = z^2$ 能把在坐标原点处的角度增大到 2 倍. 因此可以把这个割痕与 x 轴之间的平角展平.

为了实现这个映射, 我们按以下步骤进行:

第一, 把上半平面 $\mathrm{Im}\,z > 0$ 向左作一个距离为 a 的平移: $w_1 = z - a$, 得 w_1 平面上的图形 D_1, 图 6.5.5(b).

第二, 应用映射 $w_2 = w_1^2$, 便得到一个具有割痕 $-h^2 \leqslant \mathrm{Re}\{w_2\} < +\infty, \mathrm{Im}\{w_2\} = 0$ 的 w_2 平面上的区域 D_2, 如图 6.5.5(c) 所示.

第三, 把 w_2 平面向右作一距离为 h^2 的平移: $w_3 = w_2 + h^2$, 便得到去掉了正实轴的 w_3 平面 D_3, 如图 6.5.5(d).

第四, 通过映射 $w_4 = \sqrt{w_3}$(或 $w_3 = w_4^2$), 便得到上半平面 D_4, 如图 6.5.5(e) 所示.

第五, 把 w_4 平面向右作一距离为 a 的平移: $w = w_4 + a$, 便得到 w 平面中的上半平面 G, 如图 6.5.5(f) 所示.

把所有上述步骤中的各函数复合起来就得到所求的映射

$$w = \sqrt{(z-a)^2 + h^2} + a$$

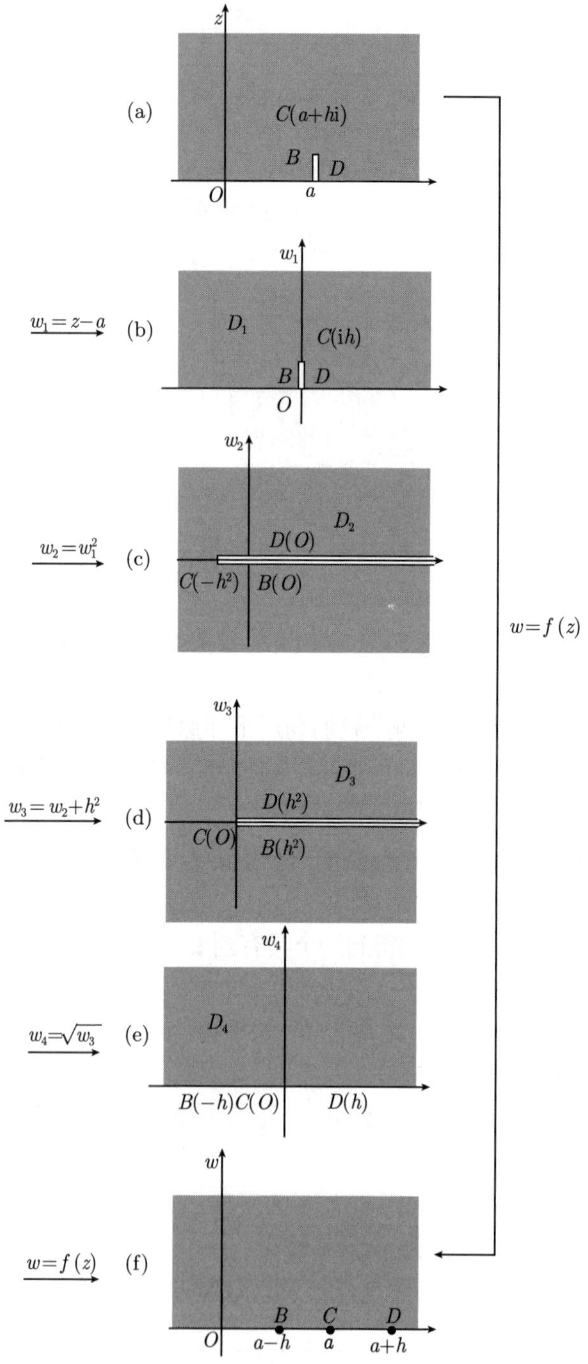

(a)
z
C(a+hi)
B
D
O
a
$w_1 = z-a$
(b)
w_1
D_1
C(ih)
B
D
O
$w_2 = w_1^2$
(c)
w_2
D_2
D(O)
$C(-h^2)$
B(O)
$w_3 = w_2 + h^2$
(d)
w_3
D_3
$D(h^2)$
C(O)
$B(h^2)$
$w_4 = \sqrt{w_3}$
(e)
w_4
D_4
B(−h)
C(O)
D(h)
w = f (z)
(f)
w
B
C
D
O
a−h
a
a+h
w = f (z)

图 6.5.5

6.5.2 指数函数 $w = e^z$

由于 $w=e^z$ 以 $2\pi i$ 为基本周期, 故对于 $w=e^z$ 的映射性质的研究只要在带形域 $0<\operatorname{Im} z<2\pi$ 中进行即可. 设 $z=x+iy, 0<y<2\pi, w=e^z=\rho e^{i\varphi}$, 则

$$\rho = e^x, \quad \varphi = y$$

由此可见, 直线 $y=y_0$ 变为射线 $\varphi=y_0$; 线段 $x=x_0, 0<y<2\pi$ 变为圆周 $|w|=\rho=e^{x_0}$(去掉 $w=e^{x_0}$ 这一点), 如图 6.5.6 所示.

当实轴 $y=0$ 平行移动到直线 $y=2\pi$ 时, 带形域 $0<\operatorname{Im} z<2\pi$ 映射成角形域 $0<\arg w<2\pi$, 直线 $y=0$ 变为正实轴的上沿, 直线 $y=2\pi$ 变为正实轴的下沿, 它们之间的点是一一对应的. 一般地, $w=e^z$ 把带形域 $0<\operatorname{Im} z<h(0<h\leqslant 2\pi)$ 变为角形域 $0<\arg w<h$. 又由于 $(e^z)'=e^z\neq 0$, 所以映射 $w=e^z$ 是保形映射. 因此, 如果要把带形域保形映射成角形域, 我们常利用指数函数.

$$w = e^z.$$

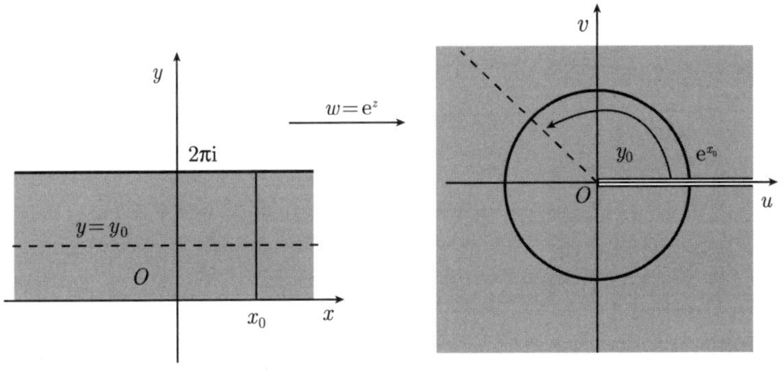

图 6.5.6

例 6.5.4 求把带形域 $a<\operatorname{Re} z<b$ 映射成上半平面 $\operatorname{Im} w>0$ 的一个保形映射 (图 6.5.7).

解 把带形域 $a<\operatorname{Re} z<b$ 经过平移 $w_1=z-a$ 变为区域 $D_1=\{w_1: 0<\operatorname{Re} w_1<b-a\}$(图 6.5.7(b)), 又经过旋转变换 $w_2=e^{i\frac{\pi}{2}}w_1=iw_1$, D_1变为区域 $D_2=\{w_2:0<\operatorname{Im} w_2<(b-a)\}$(图 6.5.7(c)). 再做相似变换 $w_3=\dfrac{\pi}{b-a}w_2$, 将 D_2 变为区域 $D_3=\{w_3:0<\operatorname{Im} w_3<\pi\}$, (图 6.5.7(d)). 最后用指数函数 $w=e^{w_3}$, 就可把带形域 D_3 映射成上半平面 G(图 6.5.7(e)). 把所有的映射复合起来就得到所求的映射为

$$w = e^{\frac{\pi i}{b-a}(z-a)}$$

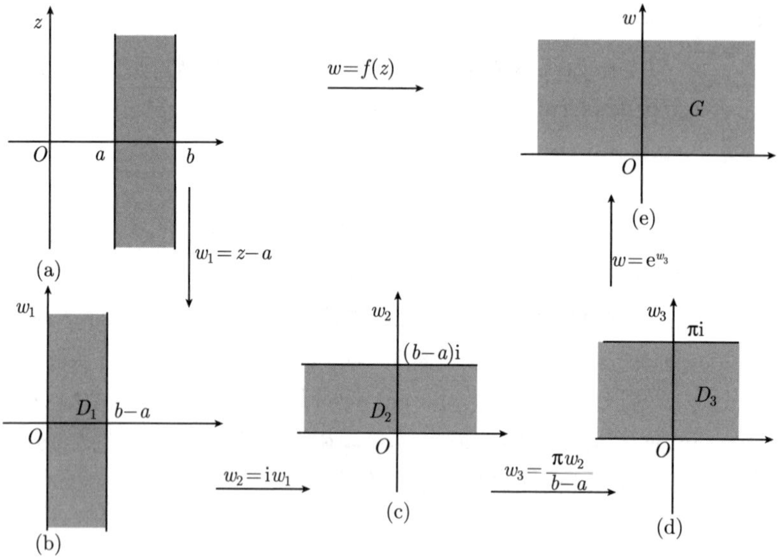

图 6.5.7

例 6.5.5 求把具有割痕：$-\infty < \mathrm{Re}\, z \leqslant a, \mathrm{Im}\, z = H$ 的带形域 $0 < \mathrm{Im}\, z < 2H$ 映射成带形域 $0 < \mathrm{Im}\, w < 2H$ 的一个保形映射 (图 6.5.8).

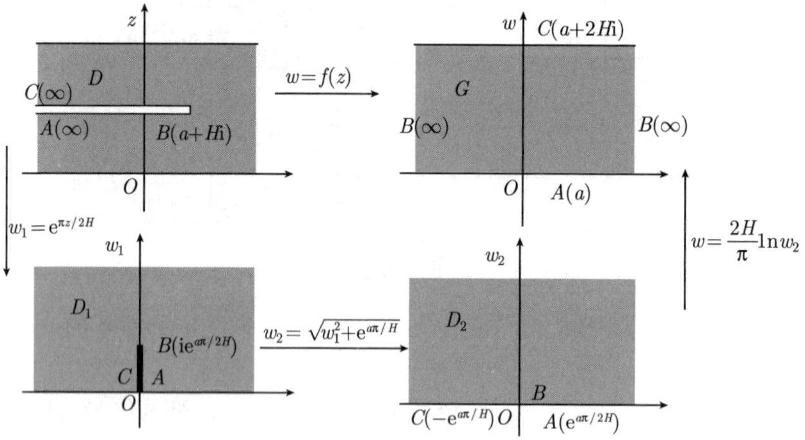

图 6.5.8

解 函数

$$w_1 = e^{\pi z/2H}$$

把 z 平面上具有割痕的带形域映射成去掉了虚轴上一段线段 $0 < \mathrm{Im}\, w_1 < e^{\pi a/2H}$

的上半 w_1 平面. 而映射

$$w_2 = \sqrt{w_1^2 + \mathrm{e}^{a\pi/H}}$$

把去掉了虚轴上一段的上半 w_1 平面映射成上半 w_2 平面. 再利用对数函数, 我们便得到所求的映射

$$w = \frac{2H}{\pi}\ln w_2 = \frac{H}{\pi}\ln(w_1^2 + \mathrm{e}^{a\pi/H}) = \frac{H}{\pi}\ln(\mathrm{e}^{\pi z/H} + \mathrm{e}^{\pi a/H})$$

例 6.5.6 将图 6.5.9(a) 所示的域保形映射为上半平面.

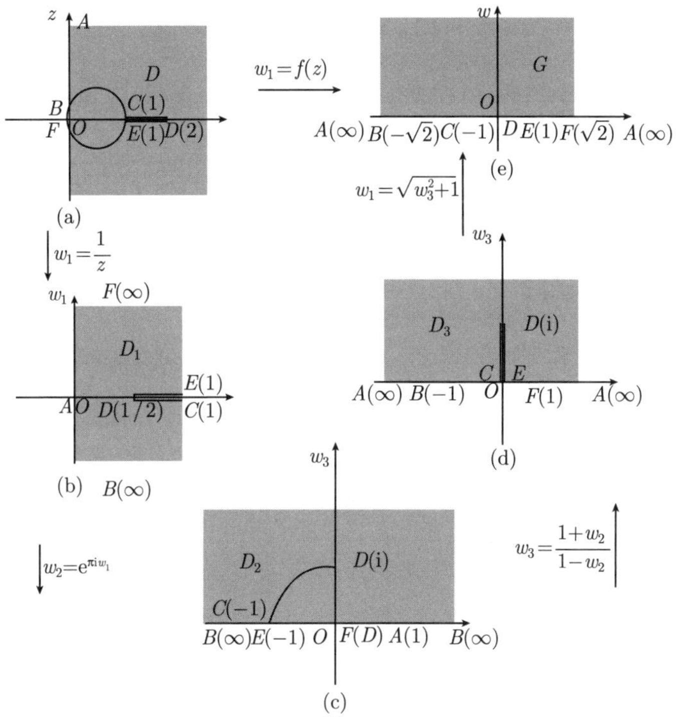

图 6.5.9

解 首先作变换

$$w_1 = \frac{1}{z}$$

它把虚轴仍变为虚轴, 把线段 $[1,2]$ 变为线段 $[1/2,1]$. 又将 $w_1 = 1/z$ 代入圆周 $|z-1/2| = 1/2$ 中, 得到

$$\left|\frac{1}{w_1} - \frac{1}{2}\right| = \frac{1}{2} \quad 或 \quad |w_1 - 2| = |w_1|$$

这是到点 $w_1 = 0$ 与点 $w_1 = 2$ 等距离的一条直线 $\mathrm{Re}\,w_1 = 1$. 所以映射 $w_1 = 1/z$ 把 D 变为带形域 $0 < \mathrm{Re}\,w < 1$ 内除去 $[1/2,1]$ 的域 D_1, 如图 6.5.9(b) 所示. 然后用指

数函数

$$w_2 = \mathrm{e}^{\pi \mathrm{i} w_1}$$

把 D_1 映为上半平面除去一圆弧的域 D_2, 如图 6.5.9(c) 所示. 接着利用上半平面到上半平面的分式线性映射

$$w_3 = \frac{1 + w_2}{1 - w_2}$$

把 D_2 变为上半平面除去虚轴上的线段 $[0, \mathrm{i}]$ 的域 D_3, 如图 6.5.9(d) 所示. 最后, 用函数

$$w = \sqrt{w_3^2 + 1}$$

把 D_3 保形映射为上半平面 G(图 6.5.9(e)). 复合上述各函数, 得到函数

$$w = \sqrt{2(\mathrm{e}^{\frac{2\pi \mathrm{i}}{z}} + 1)} \Big/ (1 - \mathrm{e}^{\frac{\pi \mathrm{i}}{z}})$$

把 D 保形地映射为上半平面 G.

*6.5.3 儒可夫斯基函数

函数

$$w = \frac{1}{2}\left(z + \frac{a^2}{z}\right) \quad (a > 0) \tag{6.5.1}$$

称为儒可夫斯基 (Joukowski) 函数

下面我们来考虑 $w = \frac{1}{2}\left(z + \frac{a^2}{z}\right)$ 将图 6.5.10(a) 中的圆周外部变成什么域. 由式 (6.5.1) 得

$$w - a = \frac{z^2 - 2az + a^2}{2z} = \frac{(z-a)^2}{2z}, \quad w + a = \frac{z^2 + 2az + a^2}{2z} = \frac{(z+a)^2}{2z}$$

所以

$$\frac{w - a}{w + a} = \left(\frac{z - a}{z + a}\right)^2$$

它可以看作是由映射

$$w_1 = \frac{z - a}{z + a}, \quad w_2 = w_1^2, \quad \frac{w - a}{w + a} = w_2$$

复合而成.

考虑第一个映射: $w_1 = \frac{z - a}{z + a}$, 它把点 $z = a$ 与 $z = -a$ 分别映射成 $w_1 = 0$ 与 $w_1 = \infty$, 从而把通过 $z = a, z = -a$的圆周 C 映射成过点 $w_1 = 0$ 的直线. 当 z 取实数时, w_1 也为实数. 这时, 由于 $\frac{\mathrm{d}w_1}{\mathrm{d}z} = \frac{2a}{(z+a)^2} > 0$, 所以当点 z 沿实轴由 $z = a$

向右移动时, 点 w_1 也沿实轴由 $w_1=0$ 向右移动. 因此, 这个映射把圆周 C 的外部映射成包含正实轴的 w_1 半平面; 同时, 根据保角性, 这个半平面的边界直线的倾角等于 C 在 $z=a$ 处的切线的倾角 α, 如图 6.5.10(b) 所示.

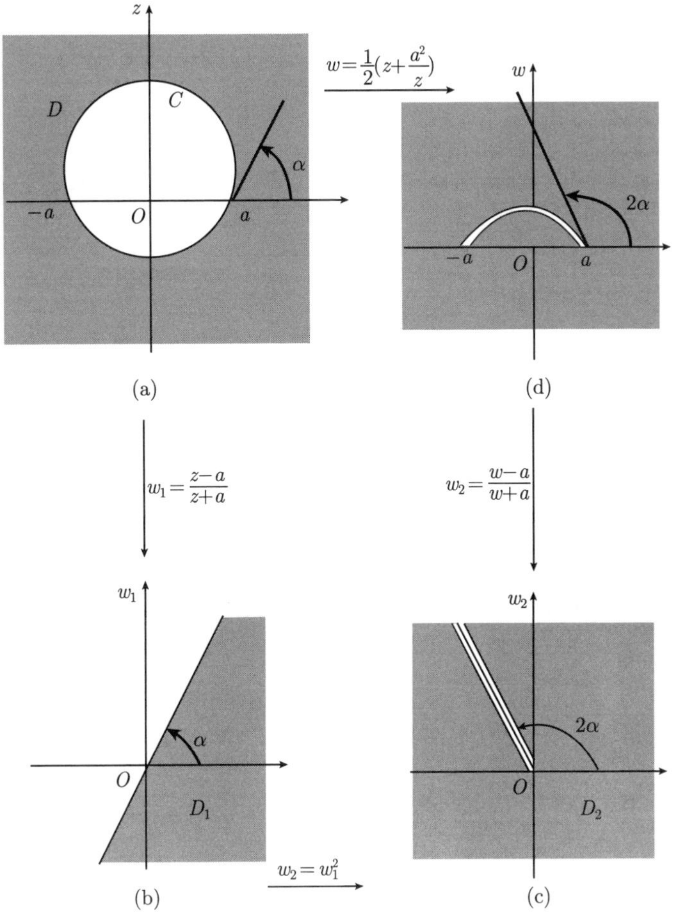

图 6.5.10

第二个映射：$w_2=w_1^2$, 把这 w_1 半平面映射成沿射线 $\arg w_2=2\alpha$ 剪开的 w_2 平面, 如图 6.5.10(c).

第三个映射：$\dfrac{w-a}{w-a}=w_2$, 把上述剪开了的平面映射成沿连接点 $w=a$ 与 $w=-a$ 的圆弧割开的 w 平面, 如图 6.5.10(d) 所示.

所有这些映射都是一一对应的保形映射. 因此有如下结论:

映射$w=\dfrac{1}{2}\left(z+\dfrac{a^2}{z}\right)$ 将一具通过点 $z=a$ 与 $z=-a$ 的圆周 C 的外部一一对

应地保形映射成除去一个连接点 $w=a$ 与 $w=-a$ 的圆弧的平面. 特别当 C 为圆周 $|z|=a$ 时, 圆弧将退化为线段 $-a\leqslant \mathrm{Re}\,z\leqslant a$.

例 6.5.7 将单位圆 $|z|<1$ 内去掉 $[1/2,1]$ 的域 D 保形地映射为上半平面 (图 6.5.11).

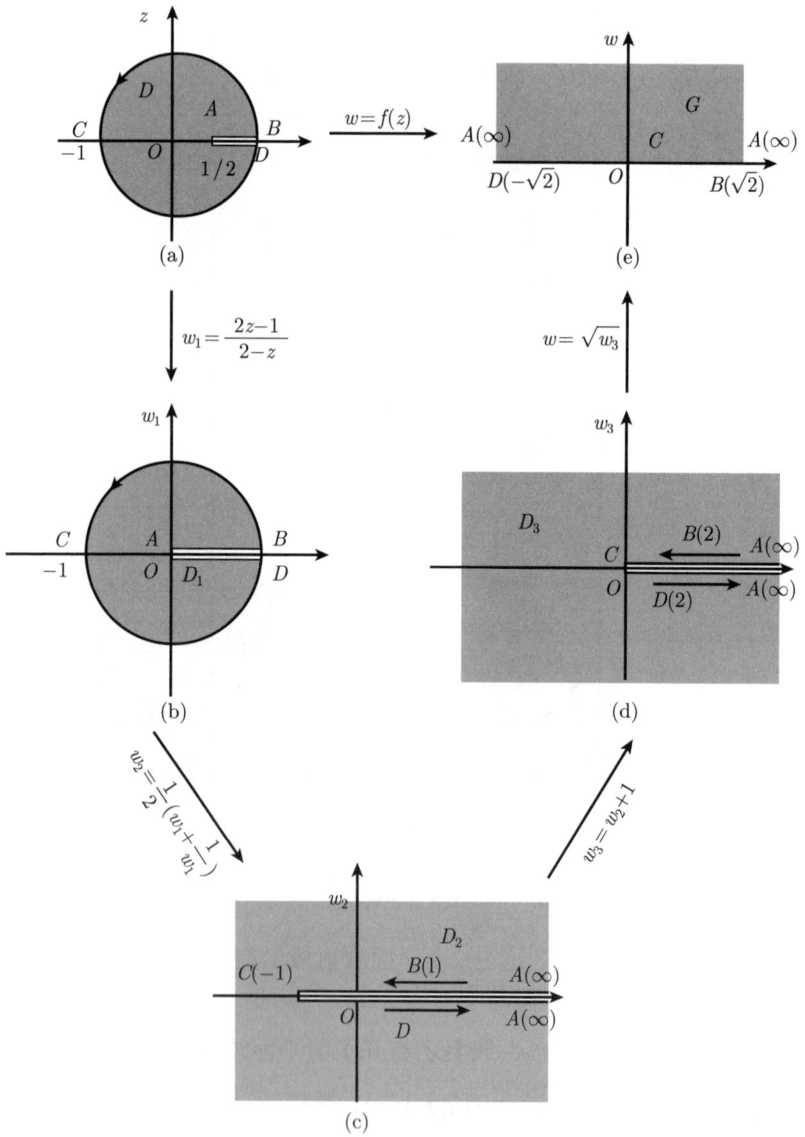

图 6.5.11

解 先作分式线性映射 $w_1=\dfrac{2z-1}{2-z}$ 把 D 保形地映射为单位圆内除去线段

$[0,1)$ 的域 D_1(图 6.5.11(b)), 然后作儒可夫斯基变换 $w_2=\dfrac{1}{2}\left(w_1+\dfrac{1}{w_1}\right)$

$$w_1=\frac{z-\dfrac{1}{2}}{1-\dfrac{1}{2}z}=\frac{2z-1}{2-z}, w_2=\frac{1}{2}\left(w_1+\frac{1}{w_1}\right)$$

把 D_1 映射为 w_2 平面除去实轴上 $[-1,+\infty)$ 的域 D_2, 如图 6.5.11(c) 所示. 再进行平移变换

$$w_3=w_2+1$$

把 D_2 保形地映射为除去正实轴的域 D_3, 如图 6.5.11(d) 所示, 最后变换

$$w=\sqrt{w_3}$$

将 D_3 保形地映射为上半平面 G, 如图 6.5.11(e) 所示. 复合上述各函数得到函数

$$w=\sqrt{\frac{1}{2}\left(\frac{2z-1}{2-z}+\frac{2-z}{2z-1}\right)+1}$$

把 D 保形映射为上半平面.

第 6 章小结

一、保形映射的概念

1. 解析函数导数的辐角与模的几何意义

设函数 $w=f(z)$ 在区域 D 内解析, z_0 为 D 内一点, $f'(z_0)\neq 0$, 那么导数 $f'(z_0)$ 的辐角 $\arg f'(z_0)$ 是过点 z_0 的曲线 C 经过 $w=f(z)$ 映射后在 z_0 处的旋转角. $|f'(z_0)|$ 是经过映射 $w=f(z)$ 后通过 z_0 的曲线 C 在 z_0 的伸缩率, 且它与曲线 C 的形状、方向无关, 则称映射具有旋转角与伸缩率的不变性.

2. 保形映射的概念

设函数 $w=f(z)$ 在点 z_0 的邻域内有定义, 若过点 z_0 的任意两条曲线的夹角在映射 $w=f(z)$ 下, 即保持大小, 又保持方向, 则称映射 $w=f(z)$ 在点 z_0 是保角的 (或称在 z_0 具有保角性). 若 $w=f(z)$ 在区域 D 内每一点都是保角的, 则称 $w=f(z)$ 是区域 D 内的保角映射.

如果 $w=f(z)$ 在点 z_0 的邻域内是一一的, 在 z_0 具有保角性和伸缩率不变性, 则称映射 $w=f(z)$ 在点 z_0 是保形的, 或称 $w=f(z)$ 在 z_0 是保形映射. 如果映射 $w=f(z)$ 在区域 D 内是一一的, 在区域 D 内每一点都是保形的, 则称 $w=f(z)$ 是区域 D 内的保形映射.

二、分式线性映射与性质

1. 分式线性映射 $w=\dfrac{az+b}{cz+d}(ad-bc\neq 0)$

它可以分解为以下四种基本映射的复合:

平移变换: $w=z+a$;

旋转变换: $w=\mathrm{e}^{\mathrm{i}\theta}z(\theta$ 是实常数);

相似变换: $w=rz(r$ 是正实数);

倒数 (反演变换): $w=\dfrac{1}{z}$, 可以分解为 $\xi=\dfrac{1}{z}$ 和 $w=\bar{\xi}$.

2. 分式线性映射的性质

保角性: 如果规定两条伸向无穷远的曲线在无穷远点的夹角, 等于它们在映射$w=\dfrac{1}{z}$ 下所变成的通过原点的两条像曲线在原点处的夹角, 则分式线性映射在扩充复平面上是一一对应的保角映射.

保圆性: 如果把直线看成是半径为无穷大的圆周, 则分式线性映射将圆周映射成圆周.

保对称性: 若点 z_1,z_2 是关于圆周 C 的一对对称点, 那么在分式线性映射下, 它们的像点 w_1 和 w_2 则是关于 C 的像曲线 $\varGamma$ 的一对对称点.

分式线性映射存在性定理: 在扩充的 z–平面上任意给定三个相异点 z_1,z_2,z_3, 在扩充的 w–平面上也任意给定三个相异点 w_1,w_2,w_3, 则存在唯一的分式线性映射 $\dfrac{w-w_1}{w-w_2}:\dfrac{w_3-w_1}{w_3-w_2}=\dfrac{z-z_1}{z-z_2}:\dfrac{z_3-z_1}{z_3-z_2}$ 将 $z_k(k=1,2,3)$依次映射为 $w_k(k=1,2,3)$.

3. 分式线性映射在确定区域位置上的应用

圆周 C 的内部只能映射为像曲线 $\varGamma$ 的内部或外部.

取点法确定区域位置: 若在曲线 C 内任取一点 z_0, 经分式线性映射后, 像点 w_0 在 $\varGamma$ 的内部, 则曲线 C 的内部映为曲线 $\varGamma$ 的内部; 否则曲线 C 的内部映为 $\varGamma$ 的外部.

绕向法确定区域位置: 若在曲线 C 上依次任取三点 z_1,z_2,z_3, 经分式线性映射后, 映为曲线 $\varGamma$ 的三点 w_1,w_2,w_3. 若 C 上依 $z_1\to z_2\to z_3$ 的绕向与 $\varGamma$ 上依 $w_1\to w_2\to w_3$ 的绕向相同, 则 C 的内部映为 $\varGamma$ 的内部, 否则 C 的内部映为 $\varGamma$ 的外部.

若 C 为圆周, $\varGamma$ 为直线, 则 C 的内部映射成 $\varGamma$ 的左侧还是右侧, 也可用取点法与绕向法来确定.

4. 由圆弧围成的区域在分式线性映射下像域的确定

当两圆周上没有点映射成无穷远点时, 这两圆周的弧所围成的区域映射成两圆弧所围成的区域.

当两圆周上有一个点映射成无穷远点时，这两圆弧所围成的区域映射成一圆弧与一直线所围成的区域.

当两圆周交点中的一个映射成无穷远点时，这两圆周的弧所围成的区域映射成角形区域.

三、几个初等函数所构成的映射

1. 幂函数 $w=z^n(n=2,3,\cdots)$

幂函数 $w=z^n$ 所构成的映射的特点：把以原点为顶点的角形域映射成以原点为顶点的角形域，但顶角变成了原来的 n 倍，即

$$D:0<\arg z<\alpha\left(0<\alpha<\frac{2\pi}{n}\right)\xrightarrow[\text{保形}]{w=z^n}D':0<\arg w<n\alpha$$

根式函数 $z=\sqrt[n]{w}$所成的映射的特点：把以原点为顶点的角形域映射成为原点为顶点的角形域，但顶角变成原来的 $\dfrac{1}{n}$ 倍.

$$D:0<\arg z<\alpha\left(0<\alpha<\frac{2\pi}{n}\right)\xleftarrow[\text{保形}]{z=\sqrt[n]{w}}D':0<\arg w<n\alpha$$

其中 $\sqrt[n]{w}$ 是 D 内一个单值解析分支，它的值完全由角形域 D 确定.

要将角形域的顶角放大或缩小时，可用幂函数或根式函数所构成的保形变换.

2. 指数函数 $w=\mathrm{e}^z$

指数函数 $w=\mathrm{e}^z$ 所构成的映射的特点：把水平的带形域 $D:0<\mathrm{Im}\,z<h$ $(0<h<2\pi)$ 映射成角形域 $D':0<\arg w<h$.

对数函数 $z=\ln w$ 所构成映射的特点：把角形域 $D:0<\arg w<h$ 保形映射成水平的带形域：$D':0<\mathrm{Im}\,z<h(0<h<2\pi)$，其中 $\ln w$ 是 D 内一个单值解析分支，它的值完全由带形域 D' 确定.

要把水平的带形域映射成角形域，可用指数函数 $w=\mathrm{e}^z$ 所构成的映射；反之可用对数函数 $z=\ln w$ 所构成的映射.

3. 儒可夫斯基函数 $w=\dfrac{1}{2}\left(z+\dfrac{a^2}{z}\right)(a>0)$

它是由 $\xi=\dfrac{z-a}{z+a},t=\xi^2,w=a\dfrac{1+t}{1-t}$复合而成的，它将通过点 $z=a$ 与 $z=-a$ 的圆周 C 的外部一一对应地保形映射成除去连接点 $w=a$ 与 $w=-a$ 的圆弧的平面，特别当 C 为圆周 $|z|=a$ 时，圆弧退化为线段 $-a\leqslant\mathrm{Re}\,w\leqslant a,\mathrm{Im}\,w=0$.

习 题 6

1. 求 $w=3z^2$ 在 $z=\mathrm{i}$ 处的伸缩率和旋转角. 问：$w=3z^2$ 将经过点 $z=\mathrm{i}$ 且平行于实轴正向的曲线的切线方向映射成 w 平面上哪一个方向？并作图.

2. 在映射 $w = \mathrm{i}z$ 下, 下列图形映射成什么图形?

(1) 以 $z_1 = \mathrm{i}$, $z_2 = -1$, $z_3 = 1$ 为顶点的三角形;

(2) 闭圆域: $|z-1| \leqslant 1$.

3. 证明: 映射 $w = z + 1/z$ 把圆周 $|z| = C\ (>0)$ 映射成椭圆:

$$u = \left(C + \frac{1}{C}\right)\cos\theta, \quad v = \left(C - \frac{1}{C}\right)\sin\theta$$

4. 证明: 在映射 $w = \mathrm{e}^{\mathrm{i}z}$ 下, 互相正交的直线族 $\mathrm{Re}\,z = C_1$ 与 $\mathrm{Im}\,z = C_2$ 依次映射成互相正交的直线族 $v = u\tan C_1$ 与圆族 $u^2 + v^2 = \mathrm{e}^{-2C_2}$.

5. 映射 $w = z^2$ 把上半个圆域: $|z| < R$, $\mathrm{Im}\,z > 0$, 映射成什么?

6. 求下列区域在指定映射下的像域.

(1) $\mathrm{Re}\,z > 0$, $w = \mathrm{i}z + \mathrm{i}$;　　(2) $\mathrm{Im}\,z > 0$, $w = (1+\mathrm{i})z$;

(3) $0 < \mathrm{Im}\,z < 1/2$, $w = 1/z$;　　(4) $\mathrm{Re}\,z > 1$, $\mathrm{Im}\,z > 0$, $w = 1/z$.

7. 求把上半平面 $\mathrm{Im}\,z > 0$ 映射成单位圆 $|w| < 1$ 的分式线性映射 $w = f(z)$, 并满足条件:

(1) $f(\mathrm{i}) = 0$, $f'(-1) = 1$;

(2) $f(\mathrm{i}) = 0$, $\arg f'(\mathrm{i}) = 0$;

(3) $f(\mathrm{i}) = 0$, $f(-1) = 1$.

8. 求把单位圆映射成单位圆的分式线性映射, 并满足条件:

(1) $f(1/2) = 0$, $f(-1) = 1$;

(2) $f(1/2) = 0$, $\arg f'(1/2) = -\pi/2$;

(3) $f\left(\dfrac{1}{2}\right) = 0$, $f\left(\dfrac{1}{2}\right) > 0$.

9. 把点 $z = 1$, i, $-\mathrm{i}$ 分别映射成点 $w = 1, 0, -1$ 的分式线性映射把单位圆 $|z| < 1$ 映射成什么? 并求出这个映射.

10. 把下面各图中阴影部分所示 (边界为直线段或圆弧) 的域保形地且互为单值地映射成上半平面, 求出实现各该映射的任一函数.

(1)

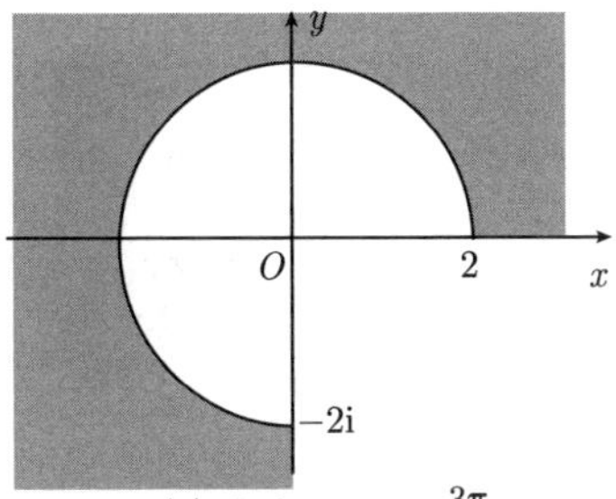

$|z|>2,\ 0<\arg z<\dfrac{3\pi}{2}$

(2)

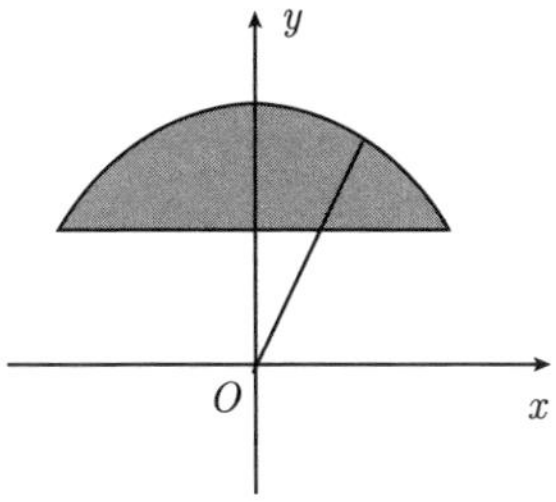

$\mathrm{Im}z>1,\ |z|<2$

(3)

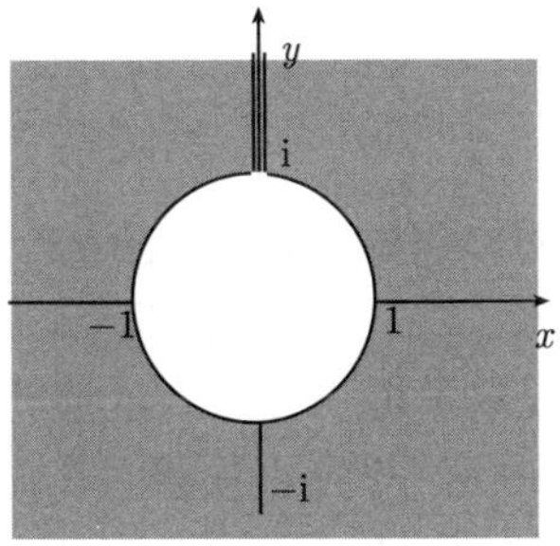

单位圆外部，且沿虚轴由i到∞有割痕的域

(4)

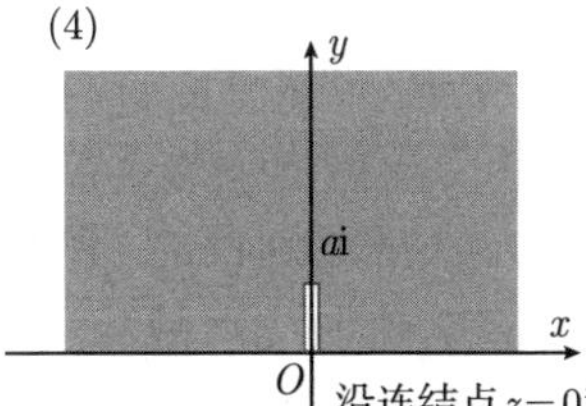

沿连结点$z=0$和$z=a\mathrm{i}$的线段有割痕的上半平面($a>0$)

(5)

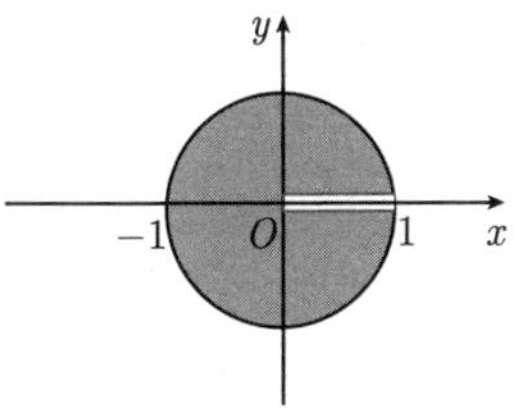

$\{z:|z|<1\}-\{z:0<z<1\}$

(6)

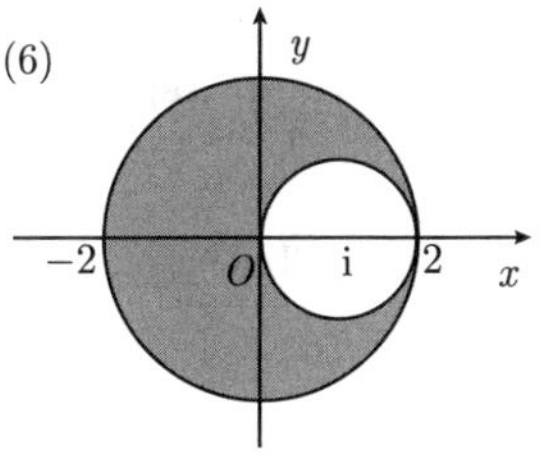

$|z|<2,\ |z-1|>1$

11. 求出一个把右半平面的 $\mathrm{Re}\,z>0$ 映射成单位圆 $|w|<1$ 的保形映射.

12. 求出一个单位圆到自身的分式线性映射, 使得 $1/2$, 2 为不变点, $(5+3\mathrm{i})/4$ 变为无穷远点.

13. 求 $w=\mathrm{i}\dfrac{z+2}{z-2}$ 将 $|z|>2$ 映射成的区域.

第7章 傅里叶变换

在自然科学和工程技术中为了把较复杂的运算转化为较简单的运算, 人们常常采用所谓变换的方法来达到目的. 例如, 在初等数学中, 数量的乘积和商可以通过对数变换化为较简单的加法和减法运算. 在工程数学里积分变换能够将分析运算(如微分、积分) 转化为代数运算. 正是积分变换的这一特性, 使得它在微分方程和其他方程的求解中成为重要方法之一. 积分变换的理论和方法不仅在数学的很多分支中得到广泛应用, 而且在许多科学技术领域中, 如在物理学、力学、无线电技术以及信号处理等方面, 作为一种研究工具无论是过去还是现在都在发挥着极为重要的作用.

积分变换起源于 19 世纪的运算微积, 英国著名的无线电工程师海维赛德 (Heaviside) 在用它求解电工学、物理学等领域中的线性微分方程的过程中逐步形成一种所谓的符号法, 后来符号法又演变成今天的积分变换法. 所谓积分变换, 就是把属于某函数类 A 的函数 $f(t)$, 通过含参变量 τ 的积分

$$F(\tau)=\int_a^b f(t)K(t,\tau)\mathrm{d}t$$

变为另一函数类 B 中的函数 $F(\tau)$, 这里 $K(t,\tau)$ 是一个确定的二元函数, 通常称为该积分变换的核, $f(t)$ 称为像原函数, $F(\tau)$ 称为 $f(t)$ 的像函数. 当选取不同的积分域和核函数时, 就得到不同名称的积分变换. 特别当核函数 $K(t,\omega)=\mathrm{e}^{-\mathrm{i}\omega t}$, $a=-\infty$, $b=+\infty$ 时, 即

$$F(\omega)=\int_{-\infty}^{+\infty} f(t)\mathrm{e}^{-\mathrm{i}\omega t}\mathrm{d}t$$

称为函数 $f(t)$ 的傅里叶 (Fourier) 变换.

本章就一维情形介绍傅里叶变换的定义、存在条件及其简单性质.

7.1 傅里叶积分与傅里叶积分定理

在工科数学分析中, 我们曾经讨论函数的傅里叶展开问题. 如果一个以 T 为周期的函数$f_T(t)$ 在 $\left[-\frac{T}{2}, \frac{T}{2}\right]$ 上满足狄利克雷条件, 即

(1) 除去有限个第一类间断点外, 处处连续;

(2) 分段单调, 单调区间的个数有限.

则 $f_T(x)$ 的傅里叶级数

$$f_T(t) \sim \frac{a_0}{2} + \sum_{n=1}^{\infty} [a_n \cos(n\omega t) + b_n \sin(n\omega t)] \tag{7.1.1}$$

在 $\left[-\frac{T}{2}, \frac{T}{2}\right]$ 上处处收敛, 且在 $f_T(t)$ 的连续点处级数 (7.1.1) 收敛于 $f_T(t)$, 其中

$$\omega = \frac{2\pi}{T}, \qquad a_0 = \frac{2}{T}\int_{-T/2}^{T/2} f_T(t)\mathrm{d}t$$

$$a_n = \frac{2}{T}\int_{-T/2}^{T/2} f_T(t)\cos(n\omega t)\mathrm{d}t \quad (n = 1, 2, 3, \cdots)$$

$$b_n = \frac{2}{T}\int_{-T/2}^{T/2} f_T(t)\sin(n\omega t)\mathrm{d}t \quad (n = 1, 2, 3, \cdots)$$

在电子技术中为了方便, 常利用欧拉 (Euler) 公式

$$\cos t = (\mathrm{e}^{\mathrm{i}t} + \mathrm{e}^{-\mathrm{i}t})/2, \quad \sin t = (\mathrm{e}^{\mathrm{i}t} - \mathrm{e}^{-\mathrm{i}t})/2\mathrm{i} \tag{7.1.2}$$

把函数 $f_T(t)$ 的傅里叶级数改写成复数形式, 将式 (7.1.2) 代入式 (7.1.1) 中, 则在 $f_T(t)$ 的连续点处

$$\begin{aligned} f_T(t) &= \frac{a_0}{2} + \sum_{n=1}^{\infty} [a_n \cos(n\omega t) + b_n \sin(n\omega t)] \\ &= \frac{a_0}{2} + \sum_{n=1}^{\infty} \left[\frac{a_n}{2}(\mathrm{e}^{\mathrm{i}n\omega t} + \mathrm{e}^{-\mathrm{i}n\omega t}) - \frac{\mathrm{i}b_n}{2}(\mathrm{e}^{\mathrm{i}n\omega t} + \mathrm{e}^{-\mathrm{i}n\omega t})\right] \\ &= \frac{a_0}{2} + \sum_{n=1}^{\infty} \left(\frac{a_n - \mathrm{i}b_n}{2}\mathrm{e}^{\mathrm{i}n\omega t} + \frac{a_n + \mathrm{i}b_n}{2}\mathrm{e}^{-\mathrm{i}n\omega t}\right) \end{aligned}$$

若记

$$C_0 = \frac{a_0}{2}, \quad C_n = \frac{a_n - \mathrm{i}b_n}{2}, \quad C_{-n} = \frac{a_n + \mathrm{i}b_n}{2} \quad (n = 1, 2, 3, \cdots)$$

则得到 $f_T(t)$ 的傅里叶级数的指数形式

$$f_T(t)=C_0+\sum_{n=1}^{\infty}(C_n\mathrm{e}^{\mathrm{i}n\omega t}+C_{-n}\mathrm{e}^{-\mathrm{i}n\omega t})=\sum_{n=-\infty}^{\infty}C_n\mathrm{e}^{\mathrm{i}n\omega t} \tag{7.1.3}$$

这里

$$\begin{aligned}
C_0&=\frac{a_0}{2}=\frac{1}{2}\frac{2}{T}\int_{-T/2}^{T/2}f_T(t)\mathrm{d}t=\frac{1}{T}\int_{-T/2}^{T/2}f_T(t)\mathrm{d}t\\
C_n&=\frac{a_n-\mathrm{i}b_n}{2}\\
&=\frac{1}{2}\frac{2}{T}\left[\int_{-T/2}^{T/2}f_T(t)\cos(n\omega t)\mathrm{d}t-\mathrm{i}\int_{-T/2}^{T/2}f_T(t)\sin(n\omega t)\mathrm{d}t\right]\\
&=\frac{1}{T}\int_{-T/2}^{T/2}f_T(t)[\cos(n\omega t)-\mathrm{i}\sin(n\omega t)]\mathrm{d}t\\
&=\frac{1}{T}\int_{-T/2}^{T/2}f_T(t)\mathrm{e}^{-\mathrm{i}n\omega t}\mathrm{d}t\quad(n=1,2,3,\cdots)
\end{aligned}$$

同理

$$C_{-n}=\frac{1}{T}\int_{-T/2}^{T/2}f_T(t)\mathrm{e}^{\mathrm{i}n\omega t}\mathrm{d}t\qquad(n=1,2,3,\cdots)$$

上面三式可以统一写成一个式子

$$C_n=\frac{1}{T}\int_{-T/2}^{T/2}f_T(t)\mathrm{e}^{-\mathrm{i}n\omega t}\mathrm{d}t\quad(n=0,\pm1,\pm2,\pm3,\cdots)$$

若记

$$\omega_n=n\omega\quad(n=0,\ \pm1,\pm2,\pm3,\cdots)$$

则式 (7.1.3) 也可写

$$f_T(t)=\frac{1}{T}\sum_{n=-\infty}^{\infty}\left[\int_{-T/2}^{T/2}f_T(t)\mathrm{e}^{-\mathrm{i}\omega_n t}\mathrm{d}t\right]\mathrm{e}^{\mathrm{i}\omega_n t} \tag{7.1.4}$$

下面我们讨论定义在整个实轴上, 但是非周期函数的展开问题. 在这里我们只是做形式上推导, 当然是不严格的. 希望对后面引入的傅里叶积分能有个直观认识.

设函数 $f(t)$ 在实轴上处处有定义, 我们把这个函数在 $-\frac{T}{2}$ 与 $\frac{T}{2}$ 之间的一部分独立出来, 而在$\left[-\frac{T}{2},\ \frac{T}{2}\right]$ 之外, 将不是 $f(t)$, 而是把独立出来的 $f(t)$ 在 $\left[-\frac{T}{2},\ \frac{T}{2}\right]$ 内的一部分按照周期 T 向右向左延拓后而获得的函数, 如图 7.1.1 所示. 如果记这

个由 $f(t)$ 所产生的函数为 $f_T(t)$, 则显然 $f_T(t)$ 是一个以 T 为周期的周期函数. 当 T 越大, 则 $f_T(t)$ 与 $f(t)$ 相等的范围也越大. 当 T 趋向于 $+\infty$ 时, 则以 T 为周期的函数 $f_T(t)$ 的极限转化为 $f(t)$, 即

$$\lim_{T\to+\infty} f_T(t) = f(t) \tag{7.1.5}$$

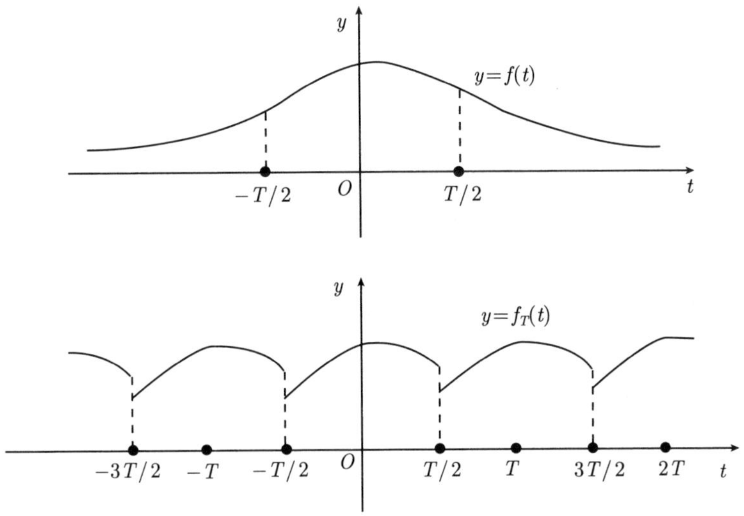

图 7.1.1

综上所述, 任何一个非周期函数 $f(t)$ 都可以看成是由以 T 为周期的函数 $f_T(t)$ 当 T 趋向于 $+\infty$ 时转化而来的. 这个结论为我们将非周期函数展开为无穷多个周期函数的叠加提供了途径, 即利用式 (7.1.4) 和式 (7.1.5), 得

$$f(t) = \lim_{T\to+\infty} \frac{1}{T} \sum_{n=-\infty}^{\infty} \left[\int_{-T/2}^{T/2} f_T(t)\mathrm{e}^{-\mathrm{i}\omega_n t}\mathrm{d}t\right]\mathrm{e}^{\mathrm{i}\omega_n t} \tag{7.1.6}$$

如果记

$$F_T(\omega_n) = \int_{-T/2}^{T/2} f_T(t)\mathrm{e}^{-\mathrm{i}\omega_n t}\mathrm{d}t$$

则式 (7.1.6) 变为

$$f(t) = \lim_{T\to+\infty} \frac{1}{T} \sum_{n=-\infty}^{\infty} F_T(\omega_n)\mathrm{e}^{-\mathrm{i}\omega_n t} \tag{7.1.7}$$

在式 (7.1.7) 中, 当 n 取一切整数时, ω_n 所对应的点便均匀地分布在整个频率轴 ω 上, 如图 7.1.2 所示.

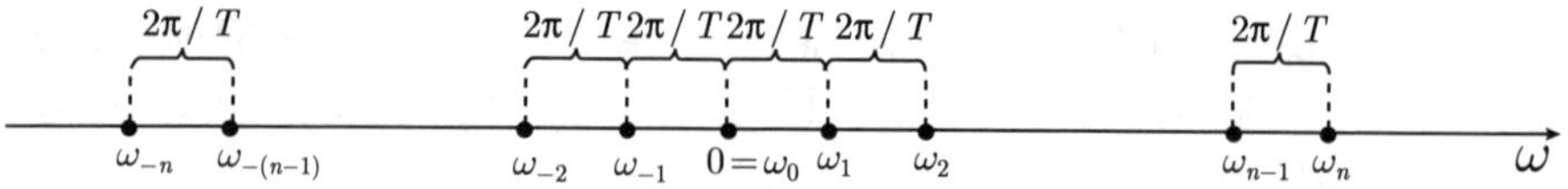

图 7.1.2

若相邻两个点之间的距离以 $\Delta\omega_n$ 表示, 即

$$\Delta\omega_n = \omega_n - \omega_{n-1} = n\omega - (n-1)\omega = \omega = \frac{2\pi}{T} \quad \text{或} \quad T = \frac{2\pi}{\Delta\omega_n}$$

则

$$f(t) = \lim_{T\to+\infty} \frac{1}{2\pi} \sum_{n=-\infty}^{\infty} [F_T(\omega_n)\mathrm{e}^{\mathrm{i}\omega_n t}]\Delta\omega_n \tag{7.1.8}$$

由图 7.1.2 可见, T 越大, 相邻两点间的距离 $\Delta\omega_n$ 就越小, 当 $T\to+\infty$ 时, $\Delta\omega_n\to 0$, 此时离散分布在频率轴上的点 $\cdots, \omega_{-n}, \omega_{-(n-1)}, \cdots, \omega_{-1}, \omega_0, \omega_1, \cdots, \omega_n, \cdots$ 可认为连续分布的整个频率轴上, 所以当 $T\to+\infty$ 时, 我们用连续变量 ω 来代替离散变量 $\Delta\omega_n$ 就是自然的了. 于是记

$$F(\omega) = \lim_{T\to+\infty} F_T(\omega_n) = \lim_{T\to+\infty} \int_{-T/2}^{T/2} f_T(t)\mathrm{e}^{-\mathrm{i}\omega_n t}\mathrm{d}t \tag{7.1.9}$$

将式 (7.1.9) 再代入式 (7.1.8), 有

$$f(t) = \lim_{T\to+\infty} \frac{1}{2\pi} \sum_{n=-\infty}^{\infty} [F_T(\omega_n)\mathrm{e}^{\mathrm{i}\omega_n t}]\Delta\omega_n = \lim_{T\omega_n\to 0} \frac{1}{2\pi} \sum_{n=-\infty}^{\infty} [F_T(\omega_n)\mathrm{e}^{\mathrm{i}\omega_n t}]\Delta\omega_n$$

比照定积分的定义, 函数 $f(t)$ 可以看作是函数 $F(\omega)\mathrm{e}^{\mathrm{i}\omega t}$ 在整个频率轴 $(-\infty, +\infty)$ 上的广义积分, 即

$$f(t) = \frac{1}{2\pi}\int_{-\infty}^{+\infty} F(\omega)\mathrm{e}^{\mathrm{i}\omega t}\mathrm{d}\omega = \frac{1}{2\pi}\int_{-\infty}^{+\infty}\left[\int_{-\infty}^{+\infty} f(t)\mathrm{e}^{-\mathrm{i}\omega t}\mathrm{d}t\right]\mathrm{e}^{\mathrm{i}\omega t}\mathrm{d}\omega \tag{7.1.10}$$

这样我们就得到了 $f(t)$ 的一个积分形式的展开式, 上述公式通常称为函数 $f(t)$ 的傅里叶积分公式 (简称为傅氏积分公式). 应该指出, 在推导公式 (7.1.10) 的过程中, 每一步都是有条件的, 在这里我们只是做了形式上的推导, 其目的在于让读者对傅氏级数与傅氏积分之间的渊源有个直观的认识, 究竟一个非周期函数 $f(t)$ 在什么样的条件下可以用傅氏积分公式表示, 请看下面的定理.

定理 7.1.1(傅氏积分定理) 如果定义在 $(-\infty, +\infty)$ 上的函数 $f(t)$ 满足下列条件:

(1) $f(t)$ 在任一有限区间上满足狄利克雷条件;

(2) $f(t)$ 在 $(-\infty, +\infty)$ 上绝对可积, 即

$$\int_{-\infty}^{+\infty}|f(t)|\mathrm{d}t<+\infty$$

则 $f(t)$ 的傅里叶积分公式收敛, 且

$$\frac{1}{2\pi}\int_{-\infty}^{+\infty}\left[\int_{-\infty}^{+\infty}f(t)\mathrm{e}^{-\mathrm{i}\omega t}\mathrm{d}t\right]\mathrm{e}^{\mathrm{i}\omega t}\mathrm{d}\omega^{①}$$

$$=\begin{cases} f(t), & t是f(t)的连续点 \\ \dfrac{f(t+0)+f(t-0)}{2}, & t是f(t)的第一类间断点 \end{cases} \tag{7.1.11}$$

这个定理给出一个傅氏积分公式成立的充分条件. 关于这个定理的证明要用到较多的基础理论知识, 超出工科数学分析所涉及的内容, 所以这里从略. 感兴趣的同学可参考有关文献.

例 7.1.1 设单个方脉冲函数 (图 7.1.3)

$$f(t)=\begin{cases} 0\,, & -\infty<t\leqslant-\tau/2 \\ E, & -\tau/2<t<\tau/2 \\ 0\,, & \tau/2\leqslant t<+\infty \end{cases} \quad (\tau, E>0)$$

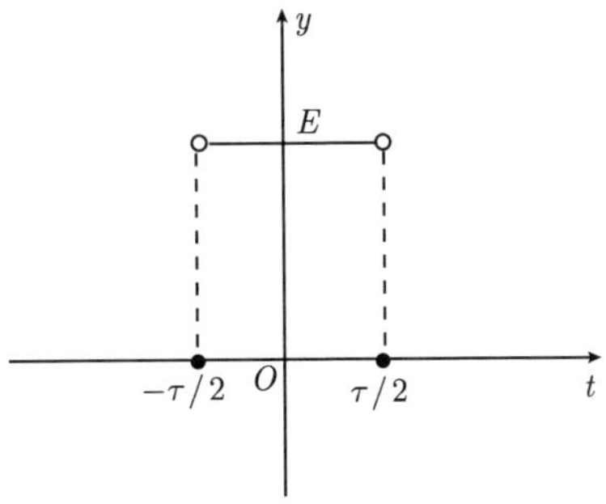

图 7.1.3

求 $f(t)$ 的傅氏积分.

解 函数 $f(t)$ 满足傅氏积分定理的条件, 所以

$$f(t)=\frac{1}{2\pi}\int_{-\infty}^{+\infty}\left[\int_{-\infty}^{+\infty}f(t)\mathrm{e}^{-\mathrm{i}\omega t}\mathrm{d}t\right]\mathrm{e}^{\mathrm{i}\omega t}\mathrm{d}\omega=\frac{1}{2\pi}\int_{-\infty}^{+\infty}\left[\int_{-\tau/2}^{\tau/2}E\mathrm{e}^{-\mathrm{i}\omega t}\mathrm{d}t\right]\mathrm{e}^{\mathrm{i}\omega t}\mathrm{d}\omega$$

$$=\frac{1}{2\pi}\int_{-\infty}^{+\infty}-\left.\frac{E\mathrm{e}^{-\mathrm{i}\omega t}}{\mathrm{i}\omega}\right|_{-\tau/2}^{\tau/2}\mathrm{e}^{\mathrm{i}\omega t}\mathrm{d}\omega=\frac{E}{\pi}\int_{-\infty}^{+\infty}\frac{\sin\dfrac{\omega\tau}{2}}{\omega}\mathrm{e}^{\mathrm{i}\omega t}\mathrm{d}\omega$$

这就是函数 $f(t)$ 的傅氏积分表达式.

---

① 式 (7.1.11) 中的广义积分是柯西 (Cauchy) 主值意义下的积分, 即

$$\int_{-\infty}^{+\infty}f(t)\mathrm{d}t=\lim_{P\to+\infty}\int_{-P}^{P}f(t)\mathrm{d}t$$

式 (7.1.11) 是 $f(t)$ 的傅氏积分公式的指数形式, 但是在实际应用中, 常利用欧拉公式把它转化成三角形式, 事实上

$$\begin{aligned}f(t)&=\frac{1}{2\pi}\int_{-\infty}^{+\infty}\left[\int_{-\infty}^{+\infty}f(\tau)\mathrm{e}^{-\mathrm{i}\omega\tau}\mathrm{d}\tau\right]\mathrm{e}^{\mathrm{i}\omega t}\mathrm{d}\omega\\&=\frac{1}{2\pi}\int_{-\infty}^{+\infty}\left[\int_{-\infty}^{+\infty}f(\tau)\mathrm{e}^{\mathrm{i}\omega(t-\tau)}\mathrm{d}\tau\right]\mathrm{d}\omega\\&=\frac{1}{2\pi}\int_{-\infty}^{+\infty}\left[\int_{-\infty}^{+\infty}f(\tau)\cos\omega(t-\tau)\mathrm{d}\tau+\mathrm{i}\int_{-\infty}^{+\infty}f(\tau)\sin\omega(t-\tau)\mathrm{d}\tau\right]\mathrm{d}\omega\end{aligned}$$

因为

$$\int_{-\infty}^{+\infty}f(\tau)\sin\omega(t-\tau)\mathrm{d}\tau$$

是 ω 的奇函数, 所以

$$\int_{-\infty}^{+\infty}\left[\int_{-\infty}^{+\infty}f(\tau)\sin\omega(t-\tau)\mathrm{d}\tau\right]\mathrm{d}\omega=0$$

又因为

$$\int_{-\infty}^{+\infty}f(\tau)\cos\omega(t-\tau)\mathrm{d}\tau$$

是 ω 的偶函数, 所以

$$\int_{-\infty}^{+\infty}\left[\int_{-\infty}^{+\infty}f(\tau)\cos\omega(t-\tau)\mathrm{d}\tau\right]\mathrm{d}\omega=2\int_{0}^{+\infty}\left[\int_{-\infty}^{+\infty}f(\tau)\cos\omega(t-\tau)\mathrm{d}\tau\right]\mathrm{d}\omega$$

从而

$$f(t)=\frac{1}{\pi}\int_{0}^{+\infty}\left[\int_{-\infty}^{+\infty}f(\tau)\cos\omega(t-\tau)\mathrm{d}\tau\right]\mathrm{d}\omega \tag{7.1.12}$$

这就是 $f(t)$ 的傅氏积分公式的三角形式. 如果记

$$a(\omega)=\frac{1}{\pi}\int_{-\infty}^{+\infty}f(t)\cos\omega t\mathrm{d}t$$

$$b(\omega)=\frac{1}{\pi}\int_{-\infty}^{+\infty}f(t)\sin\omega t\mathrm{d}t$$

利用三角公式, 式 (7.1.12) 又可以写成

$$\begin{aligned}f(t)&=\frac{1}{\pi}\int_{0}^{+\infty}\left[\int_{-\infty}^{+\infty}f(\tau)(\cos\omega t\cos\omega\tau+\sin\omega t\sin\omega\tau)\mathrm{d}\tau\right]\mathrm{d}\omega\\&=\int_{0}^{+\infty}\left\{\left[\frac{1}{\pi}\int_{-\infty}^{+\infty}f(\tau)\cos\omega\tau\mathrm{d}\tau\right]\cos\omega t+\left[\frac{1}{\pi}\int_{-\infty}^{+\infty}f(\tau)\sin\omega\tau\mathrm{d}\tau\right]\sin\omega t\right\}\mathrm{d}\omega\end{aligned}$$

$$= \int_0^{+\infty} [a(\omega)\cos\omega t + b(\omega)\sin\omega t]\mathrm{d}\omega \tag{7.1.13}$$

这就是类似于傅氏级数形式的傅氏积分展开式.

例 7.1.2 求指数衰减函数

$$f(t) = \begin{cases} 0 \ , & t < 0 \\ \mathrm{e}^{-\beta t}, & t > 0 \end{cases} \qquad (\beta > 0)$$

的傅氏积分公式的三角形式.

解 由于

$$\int_{-\infty}^{+\infty} f(\tau)\cos\omega(t-\tau)\mathrm{d}\tau = \int_0^{+\infty} \mathrm{e}^{-\beta\tau}\cos\omega(t-\tau)\mathrm{d}\tau$$
$$= \frac{\beta}{\beta^2+\omega^2}\cos\omega t + \frac{\omega}{\beta^2+\omega^2}\sin\omega t$$

于是 $f(t)$ 的傅氏积分公式的三角形式为

$$f(t) = \frac{1}{\pi}\int_0^{+\infty} \frac{\beta\cos\omega t}{\beta^2+\omega^2}\mathrm{d}\omega + \frac{1}{\pi}\int_0^{+\infty} \frac{\omega\sin\omega t}{\beta^2+\omega^2}\mathrm{d}\omega$$

由工科数学分析知, 上式第一个积分为$t<0$ 时等于 $\frac{1}{2}\mathrm{e}^{\beta t}$, 而当 $t>0$ 时等于 $\frac{1}{2}\mathrm{e}^{-\beta t}$. 第二个积分为 $t<0$ 时, 等于 $-\frac{1}{2}\mathrm{e}^{\beta t}$, 而当 $t>0$ 时等于$\frac{1}{2}\mathrm{e}^{-\beta t}$. 于是它们的和当 $t<0$ 时等于零, 而在 $t>0$ 时等于 $\mathrm{e}^{-\beta t}$. 于是重新得到了函数 $f(t)$(图 7.1.4).

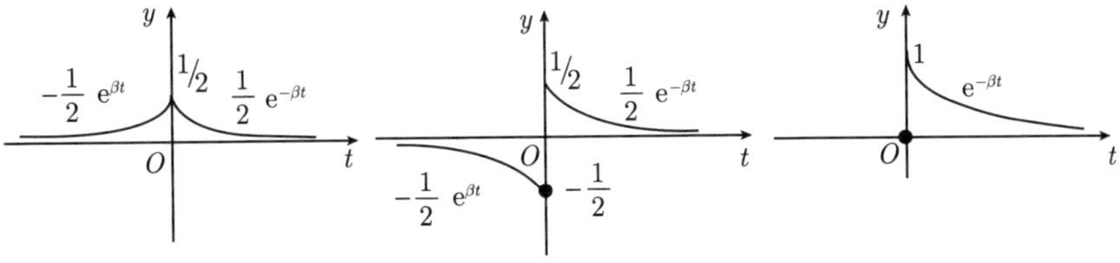

图 7.1.4

7.2 傅里叶变换与傅里叶逆变换

定义 7.2.1 设函数 $f(t)$ 满足傅氏积分定理条件. 称表达式

$$F(\omega) = \int_{-\infty}^{+\infty} f(t)\mathrm{e}^{-\mathrm{i}\omega t}\mathrm{d}t \tag{7.2.1}$$

为 $f(t)$ 的**傅氏变换式**, 记作 $F(\omega) = F[f(t)]$, 称函数 $F(\omega)$ 为 $f(t)$ 的**傅氏变换**.

称表达式

$$f(t) = \frac{1}{2\pi}\int_{-\infty}^{+\infty} F(\omega)\mathrm{e}^{\mathrm{i}\omega t}\mathrm{d}\omega \tag{7.2.2}$$

为 $F(\omega)$ 的**傅氏逆变换式**, 记作 $f(t) = F^{-1}[F(\omega)]$, 称函数 $f(t)$ 为 $F(\omega)$ 的**傅氏逆变换**.

在定义 7.2.1 中的公式 (7.2.1) 和公式 (7.2.2) 形式下, 原来的函数就可由连续作两次变换而得到. 然而, 公式 (7.2.2) 定义的变换与公式 (7.2.1) 定义的变换并不完全一样. 这就是我们用傅氏变换与傅氏逆变换区分这两种变换的理由. 有时也称 $F(\omega)$ 为 $f(t)$ 的傅氏变换的**像函数**, $f(t)$ 为 $F(\omega)$ 的**像原函数**, 即像函数 $F(\omega)$ 与像原函数 $f(t)$ 构成了一对傅氏变换对.

在定义 7.2.1 中我们要求函数 $f(t)$ 满足傅氏积分定理的条件, 保证了公式 (7.2.1) 和公式 (7.2.2) 中的广义积分收敛, 即 $f(t)$ 的傅氏变换 $F(\omega)$ 存在, 且 $F(\omega)$ 的逆变换也同时存在, 事实上根据傅氏积分定理, 有

$$\frac{1}{2\pi}\int_{-\infty}^{+\infty} F(\omega)\mathrm{e}^{\mathrm{i}\omega t}\mathrm{d}\omega = \begin{cases} f(t), & t\text{为}f(t)\text{的连续点} \\ \frac{1}{2}[f(t+0)+f(t-0)], & t\text{为}f(t)\text{的不连续点} \end{cases}$$

换言之, 只要 $f(t)$ 满足傅氏积分定理条件, 则 $F(\omega)$ 存在, 且 $f(t)$ 与 $F(\omega)$ 可通过相应的积分相互表达, 略去间断点才能有式 (7.2.2) 成立.

傅氏变换还有另外两种常见的定义, 即

$$F_1(\omega) = \int_{-\infty}^{+\infty} f(t)\mathrm{e}^{-\mathrm{i}2\pi\omega t}\mathrm{d}t$$

$$f(t) = \int_{-\infty}^{+\infty} F_1(\omega)\mathrm{e}^{\mathrm{i}2\pi\omega t}\mathrm{d}\omega$$

和

$$F_2(\omega) = \frac{1}{\sqrt{2\pi}}\int_{-\infty}^{+\infty} f(t)\mathrm{e}^{-\mathrm{i}\omega t}\mathrm{d}t$$

$$f(t) = \frac{1}{\sqrt{2\pi}}\int_{-\infty}^{+\infty} F_2(\omega)\mathrm{e}^{\mathrm{i}\omega t}\mathrm{d}\omega$$

经计算 $F(\omega)$、$F_1(\omega)$ 和 $F_2(\omega)$ 三者之间存在以下关系

$$F(\omega) = F_1\left(\frac{\omega}{2\pi}\right) = \sqrt{2\pi}F_2(\omega) \tag{7.2.3}$$

上述不同形式的定义, 在很大程度上由习惯所决定. 我们在实际应用中, 可根据具体问题选用. 本书将采用公式 (7.2.1) 和公式 (7.2.2) 规定的形式.

例 7.2.1 求指数衰减函数

$$f(t) = \begin{cases} 0 & t < 0 \\ \mathrm{e}^{-\beta t}, & t > 0 \end{cases} \quad (\beta > 0)$$

的傅氏变换 (图 7.2.1)

解 根据式 (7.2.1), 得

$$
\begin{aligned}
F(\omega)=F[f(t)]&=\int_{-\infty}^{+\infty} f(t)\mathrm{e}^{-\mathrm{i}\omega t}\mathrm{d}t\\
&=\int_{0}^{+\infty} \mathrm{e}^{-\beta t}\mathrm{e}^{-\mathrm{i}\omega t}\mathrm{d}t=\int_{0}^{+\infty} \mathrm{e}^{-(\beta+\mathrm{i}\omega)t}\mathrm{d}t\\
&=-\frac{1}{\beta+\mathrm{i}\omega}\,\mathrm{e}^{-(\beta+\mathrm{i}\omega)t}\Big|_0^{+\infty}=\frac{1}{\beta+\mathrm{i}\omega}=\frac{\beta-\mathrm{i}\omega}{\beta^2+\omega^2}
\end{aligned}
$$

例 7.2.2 求三角脉冲函数

$$
f(t)=\begin{cases}
\dfrac{2E}{\tau}\left(t+\dfrac{\tau}{2}\right), & -\dfrac{\tau}{2}<t<0\\
-\dfrac{2E}{\tau}\left(t-\dfrac{\tau}{2}\right), & 0\leqslant t<\dfrac{\tau}{2}\\
0, & |t|\geqslant\dfrac{\tau}{2}
\end{cases}
$$

的傅氏变换及其积分表达式, 其中 $E,\ \tau>0$, 如图 7.2.2 所示.

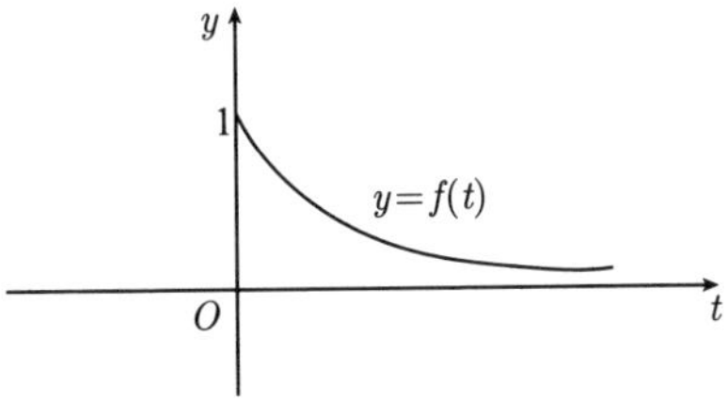

图 7.2.1

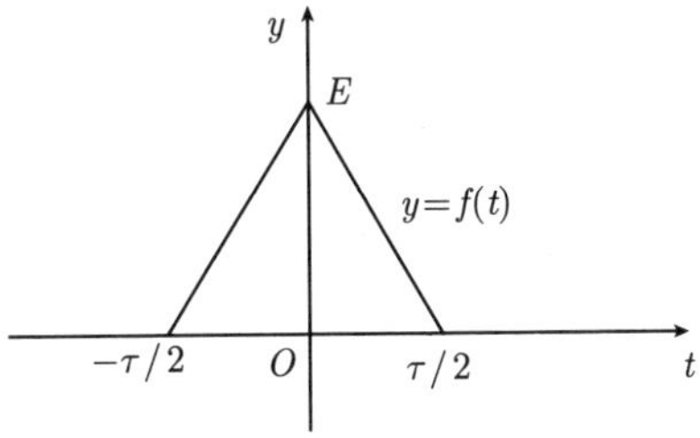

图 7.2.2

解 由于三角脉冲函数是偶函数, 所以

$$
\begin{aligned}
F(\omega)=F[f(t)]&=\int_{-\infty}^{+\infty} f(t)\mathrm{e}^{-\mathrm{i}\omega t}\mathrm{d}t\\
&=\int_{-\infty}^{+\infty} f(t)\cos\omega t\mathrm{d}t\\
&=2\int_0^{\tau/2}\left[-\frac{2E}{\tau}\left(t-\frac{\tau}{2}\right)\cos\omega t\right]\mathrm{d}t\\
&=-\frac{4E}{\tau}\left[\int_0^{\tau/2} t\cos\omega t\mathrm{d}t-\frac{\tau}{2}\int_0^{\tau/2}\cos\omega t\mathrm{d}t\right]\\
&=-\frac{4E}{\tau}\frac{1}{\omega^2}\left(\cos\frac{\omega\tau}{2}-1\right)=\frac{8E}{\tau\omega^2}\sin^2\frac{\omega\tau}{4}
\end{aligned}
$$

这便是三角脉冲函数的傅氏变换. 下面求三角脉冲函数的积分表达式.

根据式 (7.2.2), 并利用奇、偶函数的积分性质, 可得

$$\begin{aligned}f(t)=F^{-1}[F(\omega)]&=\frac{1}{2\pi}\int_{-\infty}^{+\infty}F(\omega)\mathrm{e}^{\mathrm{i}\omega t}\mathrm{d}\omega\\&=\frac{1}{2\pi}\int_{-\infty}^{+\infty}\frac{8E}{\tau\omega^2}\sin^2\frac{\omega\tau}{4}\mathrm{e}^{\mathrm{i}\omega t}\mathrm{d}\omega\\&=\frac{4E}{\pi\tau}\int_{-\infty}^{+\infty}\frac{\sin^2\dfrac{\omega\tau}{4}\cos\omega t}{\omega^2}\mathrm{d}\omega\\&=\frac{8E}{\pi\tau}\int_{0}^{+\infty}\frac{\sin^2\dfrac{\omega\tau}{4}\cos\omega t}{\omega^2}\mathrm{d}\omega\end{aligned}$$

例 7.2.3 求钟形脉冲函数 $f(t)=E\mathrm{e}^{-\beta t^2}(E>0,\beta>0)$ 的傅氏变换及其积分表达式, 如图 7.2.3 所示.

解 根据公式 (7.2.1), 得

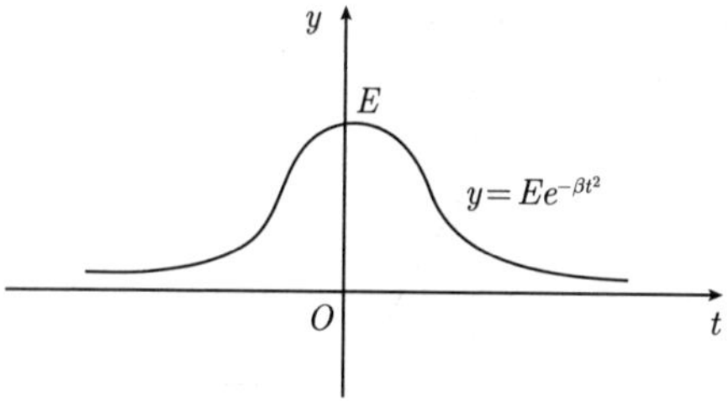

图 7.2.3

$$\begin{aligned}F(\omega)&=F[f(t)]\\&=\int_{-\infty}^{+\infty}E\mathrm{e}^{-\beta t^2}\mathrm{e}^{-\mathrm{i}\omega t}\mathrm{d}t\\&=E\int_{-\infty}^{+\infty}\mathrm{e}^{-\beta(t^2+\frac{\mathrm{i}\omega}{\beta})}\mathrm{d}t\\&=E\int_{-\infty}^{+\infty}\mathrm{e}^{-\beta[(t+\frac{\mathrm{i}\omega}{2\beta})^2+\frac{\omega^2}{4\beta^2}]}\mathrm{d}t\\&=E\mathrm{e}^{-\frac{\omega^2}{4\beta}}\int_{-\infty}^{+\infty}\mathrm{e}^{-\beta(t+\frac{\omega}{2\beta}\mathrm{i})^2}\mathrm{d}t \qquad (7.2.4)\end{aligned}$$

在上式中, 令 $z=t+\mathrm{i}\dfrac{\omega}{2\beta}$, 则

$$\int_{-\infty}^{+\infty}\mathrm{e}^{-\beta(t+\mathrm{i}\frac{\omega}{2\beta})^2}\mathrm{d}t=\int_{-\infty+\mathrm{i}\frac{\omega}{2\beta}}^{+\infty+\mathrm{i}\frac{\omega}{2\beta}}\mathrm{e}^{-\beta z^2}\mathrm{d}z \qquad (7.2.5)$$

可见式 7.2.5 右端的积分为一复变函数积分. 注意到 $\mathrm{e}^{-\beta z^2}$ 在 z 平面上处处解析, 构造图 7.2.4 所示的闭围路 Γ: 矩形 $ABCDA$.

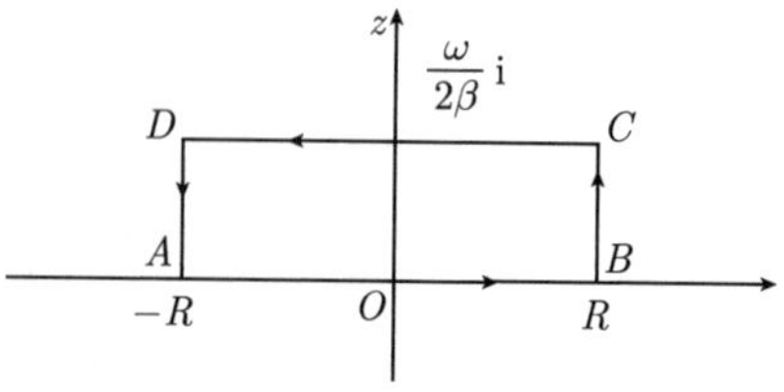

图 7.2.4

根据复变函数的柯西积分定理, 可得

$$\oint_{\Gamma}\mathrm{e}^{-\beta z^2}\mathrm{d}z=0$$

注意到上式对任意正实数 R 恒成立, 必有

$$\lim_{R\to+\infty}\oint_{\Gamma}\mathrm{e}^{-\beta z^2}\mathrm{d}z=0 \tag{7.2.6}$$

另一方面由复变函数积分性质, 知

$$\begin{aligned}\oint_{\Gamma}\mathrm{e}^{-\beta z^2}\mathrm{d}z=&\int_{-R}^{R}\mathrm{e}^{-\beta t^2}\mathrm{d}t+\int_{R}^{R+\mathrm{i}\frac{\omega}{2\beta}}\mathrm{e}^{-\beta z^2}\mathrm{d}z\\&+\int_{R+\mathrm{i}\frac{\omega}{2\beta}}^{-R+\mathrm{i}\frac{\omega}{2\beta}}\mathrm{e}^{-\beta z^2}\mathrm{d}t+\int_{-R+\mathrm{i}\frac{\omega}{2\beta}}^{-R}\mathrm{e}^{-\beta z^2}\mathrm{d}z\end{aligned} \tag{7.2.7}$$

而

$$\lim_{R\to+\infty}\int_{-R}^{R}\mathrm{e}^{-\beta t^2}\mathrm{d}t=\int_{-\infty}^{+\infty}\mathrm{e}^{-\beta t^2}\mathrm{d}t=\sqrt{\frac{\pi}{\beta}}^{①}$$

$$\lim_{R\to+\infty}\left|\int_{R}^{R+\mathrm{i}\frac{\omega}{2\beta}}\mathrm{e}^{-\beta z^2}\mathrm{d}z\right|\leqslant\lim_{R\to+\infty}\int_{R}^{R+\mathrm{i}\frac{\omega}{2\beta}}|\mathrm{e}^{-\beta z^2}|\mathrm{d}s$$

推得

$$\begin{aligned}&=\lim_{R\to+\infty}\int_{0}^{\frac{\omega}{2\beta}}|\mathrm{e}^{-\beta(R+\mathrm{i}t)^2}|\mathrm{d}t\\&=\lim_{R\to+\infty}\mathrm{e}^{-\beta R^2}\int_{0}^{\frac{\omega}{2\beta}}\mathrm{e}^{\beta t^2}\mathrm{d}t=0\end{aligned}$$

从而

$$\lim_{R\to+\infty}\int_{R}^{R+\mathrm{i}\frac{\omega}{2\beta}}\mathrm{e}^{-\beta z^2}\mathrm{d}z=0$$

同理

$$\lim_{R\to+\infty}\int_{-R+\mathrm{i}\frac{\omega}{2\beta}}^{-R}\mathrm{e}^{-\beta z^2}\mathrm{d}z=0$$

结合式 (7.2.6) 和式 (7.2.7) 及上述结果, 可得

$$\sqrt{\frac{\pi}{\beta}}+\int_{+\infty+\mathrm{i}\frac{\omega}{2\beta}}^{-\infty+\mathrm{i}\frac{\omega}{2\beta}}\mathrm{e}^{-\beta z^2}\mathrm{d}z=0$$

或

$$\int_{-\infty+\mathrm{i}\frac{\omega}{2\beta}}^{+\infty+\mathrm{i}\frac{\omega}{2\beta}}\mathrm{e}^{-\beta z^2}\mathrm{d}z=\sqrt{\frac{\pi}{\beta}}$$

---

①此积分结果可由概率积分

$$\int_{-\infty}^{+\infty}\mathrm{e}^{-t^2}\mathrm{d}t=\sqrt{\pi}$$

推得.

将上式代入式 (7.2.5), 于是

$$F(\omega)=F[f(t)]=E\mathrm{e}^{-\omega^2/(4\beta)}\sqrt{\frac{\pi}{\beta}}$$

利用式 (7.2.2), 得

$$\begin{aligned}f(t)=E\mathrm{e}^{-\beta t^2}=F^{-1}[F(\omega)]&=\frac{1}{2\pi}\int_{-\infty}^{+\infty}E\mathrm{e}^{-\omega^2/(4\beta)}\sqrt{\frac{\pi}{\beta}}\mathrm{e}^{\mathrm{i}\omega t}\mathrm{d}\omega\\&=\frac{E}{2\sqrt{\beta\pi}}\int_{-\infty}^{+\infty}\mathrm{e}^{-\omega^2/(4\beta)}\cos\omega t\mathrm{d}\omega=\frac{E}{\sqrt{\beta\pi}}\int_{0}^{+\infty}\mathrm{e}^{-\omega^2/(4\beta)}\cos\omega t\mathrm{d}\omega\end{aligned}$$

这便是钟形脉冲函数 $f(t)=E\mathrm{e}^{-\beta t^2}$ 的积分表达式.

由此还可以得到如下含参变量 t 的广义积分的结果

$$\int_{0}^{+\infty}\mathrm{e}^{-\omega^2/(4\beta)}\cos\omega t\mathrm{d}\omega=\sqrt{\beta\pi}\mathrm{e}^{-\beta t^2}$$

由上面的例子可见求某些函数的傅氏变换可能相当复杂. 另一方面有些非常简单并且在工程上经常应用的函数由于不满足傅氏积分存在定理条件, 如单位阶跃函数

$$u(t)=\begin{cases}0, & t<0\\1, & t>0\end{cases}$$

的傅氏变换就不存在, 这样就限制了在本节定义下的傅氏变换的应用. 为了扩大傅氏变换的应用范围, 推广本节的傅氏变换的定义是必要的.

7.3 单位脉冲函数

7.3.1 单位脉冲函数的概念

在物理学和工程技术问题中, 人们经常要考虑质量和能量在空间或时间上高度集中的各种现象, 即所谓的脉冲性质. 单位脉冲函数 ——δ 函数就是用来描述这类物理模型的数学工具. 为了能够比较自然地引进 δ 函数, 现举两个实例.

例 7.3.1 在原来电流为零的电路中, 在时间 $t=0$ 的时刻进入一单位电量的脉冲, 现在要确定电路上的电流强度 $i=i(t)$.

解 以 $q(t)$ 表示电路中的电荷函数, 则

$$q(t)=\begin{cases}0, & t\neq 0\\1, & t=0\end{cases}$$

注意到电流强度 $i(t)$ 应为电荷函数 $q(t)$ 关于时间 t 的导数, 即

$$i(t) = q'(t) = \lim_{\Delta t \to 0} \frac{q(t+\Delta t) - q(t)}{\Delta t}$$

于是当 $t \neq 0$ 时, 有

$$i(t) = \lim_{\Delta t \to 0} \frac{q(t+\Delta t) - q(t)}{\Delta t} = \lim_{\Delta t \to 0} \frac{0}{\Delta t} = 0$$

当 $t = 0$ 时, 有

$$i(0) = \lim_{\Delta t \to 0} \frac{q(0+\Delta t) - q(0)}{\Delta t} = \lim_{\Delta t \to 0} \left(-\frac{1}{\Delta t}\right) = \infty$$

此外, 如果记电路在 $t = 0$ 以后的总电量为 q, 还有

$$q = \int_{-\infty}^{+\infty} i(t)\mathrm{d}t = 1$$

例 7.3.2 设在 x 轴上点 $x = x_0$ 处集中分布一单位质量的物质, 而在其他点处都没有物质分布, 试确定 x 轴上各点处的物质分布密度函数 $\rho(x)$.

解 设 $m[a,b]$ 表示展布在区间 $[a,b]$ 上的物质总质量, 令 $\varDelta = b - a$, 则

$$\rho(x) = \lim_{\substack{\varDelta \to 0 \\ x \in [a,b]}} \frac{m[a,b]}{\varDelta} = \begin{cases} 0, & x \neq x_0 \\ \infty, & x = x_0 \end{cases}$$

且展布在整个 x 轴上的物质总质量

$$m(-\infty, +\infty) = \int_{-\infty}^{+\infty} \rho(x)\mathrm{d}x = 1$$

观察例 7.3.1 和例 7.3.2, 函数 $i(t)$ 和 $\rho(x)$ 都反映了集中分布的物理量的物理特性. 显然类似的例子不胜枚举, 而所谓的 δ 函数正是将许多如例 7.3.1 和例 7.3.2 为物理背景的函数 $i(t)$ 和 $\rho(x)$ 等加以抽象概括而引入数学园地来的, 并反过来作为一个强有力的数学工具不仅在数学本身, 而且在工程技术领域中都得到了广泛的应用.

定义 7.3.1 称一个函数为 δ 函数, 并记之为 $\delta(t)$, 如果它满足

$$\delta(t) = \begin{cases} 0, & t \neq 0 \\ \infty, & t = 0 \end{cases} \tag{7.3.1}$$

$$\int_{-\infty}^{+\infty} \delta(t)\mathrm{d}t = 1 \tag{7.3.2}$$

从定义 7.3.1 可知, δ 函数已经不再是工科数学分析所论述的函数. 因为在工科数学分析中, 所谓无穷大 “∞” 是指 “无限变大” 的意思, 而任何一个普遍函数, 都不会在其定义域内某一点处等于 ∞. 另一方面, 工科数学分析中的一个常用的结论: 对于黎曼可积的函数改变其有限个点处的函数值不会影响该函数的积分值. 就应该有

$$\int_{-\infty}^{+\infty} \delta(t)\mathrm{d}t = 0$$

此结果显然与 δ 函数的定义 7.3.1 的式 (7.3.2) 相矛盾. 这些都说明, δ 函数不能按 “逐点对应” 的普通函数来理解. 那么如何理解 δ 函数这个怪函数呢? 当然可以去学习为 δ 函数奠定了严格数学基础的广义函数理论. 但这部分内容已超出工科数学分析的教学范畴. 因此在本节, 对 δ 函数的数学理论略作启示性介绍外, 我们尽量避免涉及广义函数论的知识, 以便具有工科数学分析基础知识的读者, 稍加努力就能掌握本章所涉及的基本内容. 基于此种考虑, 关于 δ 函数的性质, 我们只好在普通函数的范围内, 采取初等 “证明”. 但是 δ 函数毕竟不是普通函数, 因此, 这些 “证明” 也只能当做示意性的说明.

下面将进一步指出, δ 函数可视为普通函数的弱极限, 这将给我们进一步讨论 δ 函数的性质和推广傅氏变换带来方便.

定义 7.3.2 设依赖于参数 λ 的函数族 $\{\varphi_\lambda(t)\}$ 中的每一个函数均在区间 (a,b) 内有定义, 如果对于任意的在 (a,b) 内连续的函数 $f(t)$, 恒有

$$\lim_{\lambda\to\lambda_0}\int_a^b f(t)\varphi_\lambda(t)\mathrm{d}t = \int_a^b f(t)\varphi(t)\mathrm{d}t \tag{7.3.3}$$

成立, 则称函数族 $\{\varphi_\lambda(t)\}$ 在 (a,b) 内, 当 λ 趋向于 λ_0 时**弱收敛**于函数 $\varphi(t)$, 或者称函数 $\varphi(t)$ 为函数族 $\{\varphi_\lambda(t)\}$ 在 (a,b) 内, 当 λ 趋向于 λ_0 时的**弱极限**, 记作

$$\lim_{\lambda\to\lambda_0}\varphi_\lambda(t)\overset{\text{弱}}{=}\varphi(t), a<t<b \tag{7.3.4}$$

或

$$\varphi_\lambda(t)\underset{\lambda\to\lambda_0}{\overset{\text{弱}}{\longrightarrow}}\varphi(t), a<t<b \tag{7.3.5}$$

值得注意的是:

(1) $\lim\limits_{\lambda\to\lambda_0}\varphi_\lambda(t)\overset{\text{弱}}{=}\varphi(t)$ 实际上是函数族 $\{\varphi_\lambda(t)\}$ 带 “权函数”$f(t)$ 的积分平均收敛. 权函数 $f(t)$ 并非某一特定的函数, 而是在 (a,b) 内连续的任一函数. 此外一个明显的事实是在定义 7.3.2 的意义下函数族 $\{\varphi_\lambda(t)\}$ 在 (a,b) 内弱收敛于 $\varphi(t)$ 并不能保证在普通意义下函数族 $\{\varphi_\lambda(t)\}$ 在 (a,b) 内逐点收敛于 $\varphi(t)$.

(2) 函数族 $\{\varphi_\lambda(t)\}$ 所依赖的参数 λ, 既可以是连续参数, 也可以是离散参数; λ_0 既可以是有限点, 也可以是无穷远点.

(3) 区间 (a,b) 也可以是半无穷或无穷区间, 此时权函数 $f(t)$ 除了要求连续性外, 往往还要附加有界性等其他限制条件.

例 7.3.3 设单个方脉冲函数

$$\delta_\lambda(t)=\begin{cases}0, & t<0\\ \dfrac{1}{\lambda}, & 0\leqslant t\leqslant\lambda\ (\lambda>0)\\ 0, & t>\lambda\end{cases}$$

求证

$$\lim_{\lambda\to 0}\delta_\lambda(t)\overset{\text{弱}}{=}\delta(t)$$

证明 根据函数 $\delta_\lambda(t)$ 的定义及积分中值定理, 对于任意的在 $(-\infty,+\infty)$ 上连续的函数 $f(t)$ 恒有

$$\int_{-\infty}^{+\infty}f(t)\delta_\lambda(t)\mathrm{d}t=\int_0^\lambda f(t)\frac{1}{\lambda}\mathrm{d}t=\frac{1}{\lambda}f(\theta\lambda)\lambda\quad(0<\theta<1)$$

于是再根据 $f(t)$ 的连续性, 知

$$\lim_{\lambda\to 0}\int_{-\infty}^{+\infty}f(t)\delta_\lambda(t)\mathrm{d}t=\lim_{\lambda\to 0}f(\theta\lambda)=f(0)$$

由于 $f(t)$ 在 $t=0$ 处连续, 对于 $\forall\varepsilon>0,\exists\eta>0$, 当 $|t|<\eta$ 时, 有 $f(0)-\varepsilon<f(t)<f(0)+\varepsilon$, 从而

$$(f(0)-\varepsilon)\delta(t)<f(t)\delta(t)<(f(0)+\varepsilon)\delta(t)$$

于是

$$(f(0)-\varepsilon)\int_{-\eta}^{\eta}\delta(t)\mathrm{d}t<\int_{-\eta}^{\eta}f(t)\delta(t)\mathrm{d}t<(f(0)+\varepsilon)\int_{-\eta}^{\eta}\delta(t)\mathrm{d}t$$

注意到积分 $\int_{-\infty}^{-\eta}\delta(t)\mathrm{d}t=\int_{-\infty}^{-\eta}f(t)\delta(t)\mathrm{d}t=\int_{\eta}^{\infty}\delta(t)\mathrm{d}t=\int_{\eta}^{\infty}f(t)\delta(t)\mathrm{d}t=0$, 从而结合上式及定义 7.3.1, 有

$$f(0)-\varepsilon=(f(0)-\varepsilon)\int_{-\infty}^{\infty}\delta(t)\mathrm{d}t<\int_{-\infty}^{\infty}f(t)\delta(t)\mathrm{d}t<(f(0)+\varepsilon)\int_{-\infty}^{\infty}\delta(t)\mathrm{d}t=f(0)+\varepsilon$$

由 ε 的任意性, 知

$$\int_{-\infty}^{\infty}f(t)\delta(t)\mathrm{d}t=f(0)$$

于是可得

$$\lim_{\lambda\to 0}\int_{-\infty}^{\infty}f(t)\delta_\lambda(t)\mathrm{d}t=\int_{-\infty}^{\infty}f(t)\delta(t)\mathrm{d}t$$

从而根据定义 7.3.2, 知

$$\lim_{\lambda\to 0}\delta_\lambda(t)\overset{\text{弱}}{=}\delta(t)$$

然而无论如何也不能误认为 $\{\delta_\lambda(t)\}$ 逐点收敛于 $\delta(t)$. 事实上, 若形式地记成

$$\lim_{\lambda\to 0}\delta_\lambda(t)=\tilde{\delta}(t)$$

则显然

$$\tilde{\delta}(t)=\begin{cases}0, & t\neq 0\\ \infty, & t=0\end{cases}$$

因此, $\tilde{\delta}(t)$ 满足定义 7.3.1 的式 (7.3.1). 可是尽管有

$$\lim_{\lambda\to 0}\int_{-\infty}^{+\infty}\delta_\lambda(t)\mathrm{d}t=\lim_{\lambda\to 0}\int_0^{\lambda}\frac{1}{\lambda}\mathrm{d}t=1$$

但上述极限不能取到积分号下, 因此, 不能得出

$$\int_{-\infty}^{+\infty}\tilde{\delta}(t)\mathrm{d}t=1$$

可见 $\tilde{\delta}(t)$ 不能满足定义 7.3.1 的式 (7.3.2), 因此 $\tilde{\delta}(t)$ 不可能是 δ 函数, 从而 $\delta_\lambda(t)$ 并非逐点收敛于 δ 函数.

7.3.2 δ 函数的性质

为了便于读者接受, 对于下述属于广义函数的 δ 函数的性质, 本书均采用工科数学分析中的方法, 给出形式上的 "证明".

定义 7.3.3 设 $f(t)$ 是定义在实轴上的实值函数, 即 $\forall t\in\mathbb{R}, f(t)\in\mathbb{R}$. 令

$$\mathrm{supp}f=\{t\in\mathbb{R},\quad f(t)\neq 0\}\text{的闭包}$$

称实数集合 $\mathrm{supp}f$ 为函数 f 的支集.

定义 7.3.4 C^∞ 表示在实轴上处处有定义且无限次连续可微函数的全体. 若 $f\in C^\infty$, 且 f 的支集 $\mathrm{supp}f$ 总是一个有界闭集, 称 f 是一个具有紧支集的 C^∞ 函数, 其全体记作 C_0^∞.

例 7.3.4 下列函数

$$f_1(t)=\begin{cases}0, & t\leqslant -1,\\ \exp\left(\dfrac{-1}{t+1}\right), & t>-1;\end{cases}\qquad f_2(t)=\begin{cases}0, & t\geqslant 1\\ \exp\left(\dfrac{1}{t-1}\right), & t<1\end{cases}$$

均为在实轴上的无限次可微的 C^∞ 函数. 令

$$f(t)=f_1(t)f_2(t)$$

则 $f(t)$ 仍然是 C^∞ 函数. $\mathrm{supp}f$ 恰是闭区间 $[-1,1]$, 且 $f(t)\geqslant 0$, $\displaystyle\int_{-\infty}^{\infty}f(t)\mathrm{d}t>0$. 可见在实轴上确实存在具有紧支集的只取实数值的不恒为零的 C^∞ 函数. $f(t)$ 各阶导数 $f^{(n)}(t), n=1,2,\cdots$ 和 $f(t)$ 的平移 $f(t-t_0)$ 等也都是具有紧支集的 C^∞ 函数.

对于任意一个连续可微函数 $\varphi(t)$ 和 $f(t)\in C_0^\infty$, 有

$$\int_{-\infty}^{+\infty}\varphi'(t)f(t)\mathrm{d}t=\varphi(t)f(t)\Big|_{-\infty}^{+\infty}-\int_{-\infty}^{+\infty}\varphi(t)f'(t)\mathrm{d}t=-\int_{-\infty}^{+\infty}\varphi(t)f'(t)\mathrm{d}t$$

这启示我们如何定义 δ 函数的导数, 使其成为连续可微函数的导数的推广.

定义 7.3.5 对于任意的函数 $f(t)\in C_0^\infty$, 定义 $\delta(t)$ 的导数为

$$\int_{-\infty}^{+\infty}\delta'(t)f(t)\mathrm{d}t=-\int_{-\infty}^{+\infty}\delta(t)f'(t)\mathrm{d}t \tag{7.3.6}$$

根据式 (7.3.6), 可定义 δ 函数的高阶导数如下:

$$\int_{-\infty}^{+\infty}\delta^{(n)}(t)f(t)\mathrm{d}t=(-1)^n\int_{-\infty}^{+\infty}\delta(t)f^{(n)}(t)\mathrm{d}t \tag{7.3.7}$$

这里 $n\in\mathbb{N}$.

定义 7.3.6 若对于任意的在 $(-\infty,+\infty)$ 上连续的函数 $f(t)$, 恒有

$$\int_{-\infty}^{+\infty}f(t)\varphi(t)\mathrm{d}t=\int_{-\infty}^{+\infty}f(t)\psi(t)\mathrm{d}t$$

则称函数 $\varphi(t)$ 与 $\psi(t)$ 在弱意义下是**相等**的. 记作 $\phi(t)\overset{\text{弱}}{=}\psi(t)$, 或简记为 $\varphi(t)=\psi(t)$.

弱意义相等的概念是通常函数相等概念的推广, 事实上若 $\varphi(t),\psi(t)\in C(-\infty,+\infty)$, 则此二函数在通常意义下相等, 必可推出它们在弱意义下的相等, 反之未必.

性质 7.3.1 设 $f(t)$ 是任意的连续函数, 则

$$\int_{-\infty}^{+\infty}\delta(t)f(t)\mathrm{d}t=f(0) \tag{7.3.8}$$

证明 由例 7.3.3 知

$$\begin{aligned}\int_{-\infty}^{+\infty}\delta(t)f(t)\mathrm{d}t&=\lim_{\lambda\to0}\int_{-\infty}^{+\infty}\delta_\lambda(t)f(t)=\lim_{\lambda\to0}\int_0^\lambda\frac{1}{\lambda}f(t)\mathrm{d}t\\&=\lim_{\lambda\to0}\frac{1}{\lambda}\int_0^\lambda f(t)\mathrm{d}t=\lim_{\lambda\to0}\frac{1}{\lambda}f(\theta\lambda)\lambda=f(0)\end{aligned}$$

同理可证

$$\int_{-\infty}^{+\infty}\delta(t-t_0)f(t)\mathrm{d}t=f(t_0)\ \ (t_0\neq0) \tag{7.3.9}$$

这个性质表明, 尽管 δ 函数本身没有普通意义下的函数值, 但它与任何一个连续函数的乘积在 $(-\infty,+\infty)$ 上的积分都有确定的值.

性质 7.3.2 设 $a\in\mathbb{R},a\neq0$, 则

$$\delta(at)=\frac{1}{|a|}\delta(t) \tag{7.3.10}$$

证明 只须证明对于 $\forall f(t)\in C(-\infty,+\infty)$, 恒有

$$\int_{-\infty}^{+\infty} f(t)\delta(at)\mathrm{d}t=\int_{-\infty}^{+\infty} f(t)\frac{1}{|a|}\delta(t)\mathrm{d}t \tag{7.3.11}$$

成立. 下面分两种情形证明式 (7.3.10).

当 $a>0$ 时, 令 $x=at$, 由 δ 函数的性质 7.3.1, 有

$$\int_{-\infty}^{+\infty} f(t)\delta(at)\mathrm{d}t=\int_{-\infty}^{+\infty} f\left(\frac{x}{a}\right)\delta(x)\frac{1}{a}\mathrm{d}x=\frac{1}{a}\int_{-\infty}^{+\infty} f\left(\frac{x}{a}\right)\delta(x)\mathrm{d}x=\frac{1}{a}f(0)=\frac{f(0)}{|a|}$$

而

$$\int_{-\infty}^{+\infty} f(t)\frac{\delta(t)}{|a|}\mathrm{d}t=\frac{1}{|a|}\int_{-\infty}^{+\infty} f(t)\delta(t)\mathrm{d}t=\frac{f(0)}{|a|} \tag{7.3.12}$$

可知式 (7.3.11) 成立.

当 $a<0$ 时, 令 $x=at$, 有

$$\begin{aligned}\int_{-\infty}^{+\infty} f(t)\delta(at)\mathrm{d}t&=\int_{-\infty}^{+\infty} f\left(\frac{x}{a}\right)\delta(x)\frac{1}{a}\mathrm{d}x\\&=-\frac{1}{a}\int_{-\infty}^{+\infty} f\left(\frac{x}{a}\right)\delta(x)\mathrm{d}x=-\frac{1}{a}f(0)=\frac{f(0)}{|a|}\end{aligned}$$

再根据式 (7.3.12) 知也有式 (7.3.11) 成立, 于是

$$\delta(at)=\frac{1}{|a|}\delta(t)$$

性质 7.3.3 设 $n\in\mathbb{N}$, 则

$$\delta^{(n)}(-t)=(-1)^n\delta^{(n)}(t) \tag{7.3.13}$$

其中 $\delta^{(n)}(-t)$ 表示将函数 $\delta(-t)$ 关于 $-t$ 求 n 阶导数.

证明 令 $\tau=-t$ 则根据式 (7.3.9) 和性质 7.3.1, 对于任意的 $f(t)\in D$, 恒有

$$\begin{aligned}\int_{-\infty}^{+\infty}\delta^{(n)}(-t)f(t)\mathrm{d}t&=\int_{+\infty}^{-\infty}\delta^{(n)}(\tau)f(-\tau)(-\mathrm{d}\tau)\\&=\int_{-\infty}^{+\infty}\delta^{(n)}(\tau)f(-\tau)\mathrm{d}\tau=(-1)^n\frac{\mathrm{d}^n}{\mathrm{d}\tau^n}\{f(-\tau)\}|_{\tau=0}\\&=(-1)^n(-1)^nf^{(n)}(-\tau)|_{\tau=0}=(-1)^n[(-1)^nf^{(n)}(0)]\\&=(-1)^n\int_{-\infty}^{+\infty}\delta^{(n)}(t)f(t)\mathrm{d}t=\int_{-\infty}^{+\infty}[(-1)^n\delta^{(n)}(t)]f(t)\mathrm{d}t\end{aligned}$$

从而根据定义 7.3.6, 知在弱意义下

$$\delta^{(n)}(-t)=(-1)^n\delta^{(n)}(t)$$

性质 7.3.3 表明, 当 n 为偶数时, $\delta^{(n)}(t)$ 是偶函数; 当 n 为奇数时, $\delta^{(n)}(t)$ 为奇函数, 特别 $\delta(t)$ 为偶函数, $\delta'(t)$ 为奇函数, 这是以后经常用到的结论.

性质 7.3.4 设函数 $g(t)$ 在 $(-\infty,+\infty)$ 上连续, 则

$$g(t)\delta(t-t_0)=g(t_0)\delta(t-t_0), t_0\in(-\infty,+\infty) \tag{7.3.14}$$

证明 对于任意的在 $(-\infty,+\infty)$ 上连续的函数 $f(t)$, 根据性质 7.3.1, 知

$$\begin{aligned}\int_{-\infty}^{+\infty} f(t)[g(t)\delta(t-t_0)]\mathrm{d}t &= \int_{-\infty}^{+\infty}[f(t)g(t)]\delta(t-t_0)\mathrm{d}t = f(t_0)g(t_0)\\ &= g(t_0)\int_{-\infty}^{+\infty} f(t)\delta(t-t_0)\mathrm{d}t = \int_{-\infty}^{+\infty} f(t)[g(t_0)\delta(t-t_0)]\mathrm{d}t\end{aligned}$$

从而根据定义 7.3.6, 式 (7.3.14) 在弱意义下成立.

例 7.3.5 设 $f(t)\in C_0^\infty$, 有

$$\int_{-\infty}^{+\infty}\delta^{(n)}(t)f(t)\mathrm{d}t=(-1)^n f^{(n)}(0) \quad \int_{-\infty}^{+\infty}\delta^{(n)}(t-t_0)f(t)\mathrm{d}t=(-1)^n f^{(n)}(t_0)$$

这里 $n=1,2,\cdots$.

解 由 δ 函数的导数定义式 (7.3.6) 和式 (7.3.7), 性质 7.3.1, 有

$$\int_{-\infty}^{+\infty}\delta^{(n)}(t)f(t)\mathrm{d}t=(-1)^n\int_{-\infty}^{+\infty}\delta(t)f^{(n)}(t)\mathrm{d}t=(-1)^n f^{(n)}(t_0)$$

这里 $n=1,2,\cdots$. 同理利用分部积分法, 并注意到 $f(t)$ 具有紧支集, 再利用性质 7.3.1, 有

$$\int_{-\infty}^{+\infty}\delta^{(n)}(t-t_0)f(t)\mathrm{d}t=(-1)^n\int_{-\infty}^{+\infty}\delta(t-t_0)f^{(n)}(t)\mathrm{d}t=(-1)^n f^{(n)}(0), n=0,1,2,\cdots.$$

7.4 广义傅里叶变换

在 7.2 节中我们定义的傅氏变换, 要求函数满足绝对可积条件. 那么对一些很简单、很常用的函数, 如单位阶跃函数, 正弦、余弦函数等由于不满足绝对可积条件都无法确定其傅氏变换. 这无疑限制了傅氏变换的应用. 傅氏变换在现代物理学及工程技术中得到广泛应用, 很大程度取决于广义傅氏变换的引入. 本教材所涉及的广义傅氏变换是指 δ 函数及其相关函数的傅氏变换.

我们利用 δ 函数的性质, 可以很方便地求出

$$F(\omega)=F[\delta(t)]=\int_{-\infty}^{+\infty}\delta(t)\mathrm{e}^{-\mathrm{i}\omega t}\mathrm{d}t=\mathrm{e}^{-\mathrm{i}\omega t}|_{t=0}=1$$

可见 δ 函数的傅氏变换为常数 1, 那么 $F^{-1}[1]$ 是否为 $\delta(t)$? 为此我们考察下列事实.

设 $f(t)$ 连续且傅氏变换存在, 记 $F(\omega)=F[f(t)]$, 则

$$\begin{aligned}\int_{-\infty}^{+\infty}F^{-1}[1]f(t)\mathrm{d}t&=\int_{-\infty}^{+\infty}\left[\frac{1}{2\pi}\int_{-\infty}^{+\infty}\mathrm{e}^{\mathrm{i}\omega t}\mathrm{d}\omega\right]f(t)\mathrm{d}t=\frac{1}{2\pi}\int_{-\infty}^{+\infty}\left[\int_{-\infty}^{+\infty}f(t)\mathrm{e}^{\mathrm{i}\omega t}\mathrm{d}t\right]\mathrm{d}\omega\\&=\frac{1}{2\pi}\int_{-\infty}^{+\infty}F(-\omega)\mathrm{d}\omega=\frac{1}{2\pi}\int_{-\infty}^{+\infty}F(\omega')\mathrm{d}\omega'\\&=\frac{1}{2\pi}\int_{-\infty}^{+\infty}F(\omega')\mathrm{e}^{\mathrm{i}\omega'0}\mathrm{d}\omega'=f(0)=\int_{-\infty}^{+\infty}\delta(t)f(t)\mathrm{d}t\end{aligned}$$

这表明 $F^{-1}[1]$ 在积分中的作用相当于 $\delta(t)$. 所以我们定义

$$F^{-1}[1]=\delta(t)$$

即单位脉冲函数 $\delta(t)$ 与常数 1 构成了一个傅氏变换对. 同理

$$F[\delta(t-t_0)]=\mathrm{e}^{-\mathrm{i}\omega t_0},F^{-1}[\mathrm{e}^{-\mathrm{i}\omega t_0}]=\delta(t-t_0)$$

同时, 若知 $F_1(\omega)=2\pi\delta(\omega)$ 或 $F_2(\omega)=2\pi\delta(\omega-\omega_0)$, 则有

$$f_1(t)=F^{-1}[F_1(\omega)]=\frac{1}{2\pi}\int_{-\infty}^{+\infty}2\pi\delta(\omega)\mathrm{e}^{\mathrm{i}\omega t}\mathrm{d}\omega=\mathrm{e}^{\mathrm{i}\omega t}|_{\omega=0}=1$$

和

$$f_2(t)=F^{-1}[F_2(\omega)]=\frac{1}{2\pi}\int_{-\infty}^{+\infty}2\pi\delta(\omega-\omega_0)\mathrm{e}^{\mathrm{i}\omega t}\mathrm{d}\omega=\mathrm{e}^{\mathrm{i}\omega t}|_{\omega=\omega_0}=\mathrm{e}^{\mathrm{i}\omega_0 t}$$

立即可知

$$F[1]=2\pi\delta(\omega),\qquad F^{-1}[2\pi\delta(\omega)]=1$$

$$F[\mathrm{e}^{\mathrm{i}\omega_0 t}]=2\pi\delta(\omega-\omega_0),\qquad F^{-1}[2\pi\delta(\omega-\omega_0)]=\mathrm{e}^{\mathrm{i}\omega_0 t}$$

以上运算中均涉及 δ 函数, 故积分已经不是 7.2 节的傅氏变换定义中的广义积分, 所以称上述函数的傅氏变换为**广义傅氏变换**. 以后为了方便起见, 我们把古典和广义傅氏变换统称为傅氏变换.

例 7.4.1 证明符号函数

$$\operatorname{sgn}(t)=\begin{cases}-1, & t<0\\ 1, & t>0\end{cases}$$

的傅氏变换为 $\dfrac{2}{\mathrm{i}\omega}$.

解 注意 $F(\omega)=\dfrac{2}{\mathrm{i}\omega}$ 的傅氏逆变换为

$$f(t)=F^{-1}[F(\omega)]=\frac{1}{2\pi}\int_{-\infty}^{+\infty}\frac{2}{\mathrm{i}\omega}\mathrm{e}^{\mathrm{i}\omega t}\mathrm{d}\omega=\frac{1}{\pi}\int_{-\infty}^{+\infty}\frac{\cos\omega t+\mathrm{i}\sin\omega t}{\mathrm{i}\omega}\mathrm{d}\omega$$

$$= \frac{1}{\pi}\left(\int_{-\infty}^{+\infty}\frac{\sin\omega t}{\omega}\mathrm{d}\omega - \mathrm{i}\int_{-\infty}^{+\infty}\frac{\cos\omega t}{\omega}\mathrm{d}\omega\right)$$

上式的第二个积分的被积函数是关于积分变量 ω 的奇函数, 故积分值为零, 而第一个积分为狄利克雷积分, 知

$$\frac{1}{\pi}\int_{-\infty}^{+\infty}\frac{\sin\omega t}{\omega}\mathrm{d}\omega = \begin{cases} -1, & t<0 \\ 1, & t>0 \end{cases}$$

故

$$F[\mathrm{sgn}\,(t)] = \frac{2}{\mathrm{i}\omega}, \quad F^{-1}\left[\frac{2}{\mathrm{i}\omega}\right] = \mathrm{sgn}(t)$$

例 7.4.2 求单位阶跃函数

$$u(t) = \begin{cases} 0, & t<0 \\ 1, & t>0 \end{cases}$$

的傅氏变换及其积分表达式.

解 注意到

$$u(t) = \frac{1}{2}[1+\mathrm{sgn}\,(t)]$$

于是

$$\begin{aligned} F(\omega) = F[u(t)] &= \int_{-\infty}^{+\infty}\frac{1}{2}[1+\mathrm{sgn}\,t]\mathrm{e}^{-\mathrm{i}\omega t}\mathrm{d}t \\ &= \frac{1}{2}\left[\int_{-\infty}^{+\infty}1\cdot\mathrm{e}^{-\mathrm{i}\omega t}\mathrm{d}t + \int_{-\infty}^{+\infty}\mathrm{sgn}\,t\mathrm{e}^{-\mathrm{i}\omega t}\mathrm{d}t\right] = \frac{1}{2}\{F[1]+F[\mathrm{sgn}\,t]\} \\ &= \frac{1}{2}\left[2\pi\delta(\omega)+\frac{2}{\mathrm{i}\omega}\right] = \frac{1}{\mathrm{i}\omega}+\pi\delta(\omega) \end{aligned}$$

又因为

$$\begin{aligned} u(t) = F^{-1}[F(\omega)] &= \frac{1}{2\pi}\int_{-\infty}^{+\infty}\left[\frac{1}{\mathrm{i}\omega}+\pi\delta(\omega)\right]\mathrm{e}^{\mathrm{i}\omega t}\mathrm{d}\omega \\ &= \frac{1}{2}\int_{-\infty}^{+\infty}\delta(\omega)\mathrm{e}^{\mathrm{i}\omega t}\mathrm{d}\omega + \frac{1}{2\pi}\int_{-\infty}^{+\infty}\frac{\sin\omega t}{\omega}\mathrm{d}\omega \\ &= \frac{1}{2}+\frac{1}{\pi}\int_{0}^{+\infty}\frac{\sin\omega t}{\omega}\mathrm{d}\omega \end{aligned}$$

这就是单位阶跃函数的积分表达式. 在上式中令 $t=1$, 可得狄利克雷积分

$$\int_{0}^{+\infty}\frac{\sin\omega}{\omega}\mathrm{d}\omega = \frac{\pi}{2}$$

例 7.4.3 求余弦函数 $f(t)=\cos\omega_0 t$ 的傅氏变换.

解 由欧拉公式

$$\cos\omega_0 t=\frac{e^{i\omega_0 t}+e^{-i\omega_0 t}}{2}$$

及傅氏变换公式, 有

$$\begin{aligned}F(\omega)=F[\cos\omega_0 t]&=\int_{-\infty}^{+\infty}\cos\omega_0 t e^{-i\omega t}dt\\&=\int_{-\infty}^{+\infty}\frac{e^{i\omega_0 t}+e^{-i\omega_0 t}}{2}e^{-i\omega t}dt\\&=\frac{1}{2}\left[\int_{-\infty}^{+\infty}1\cdot e^{-i(\omega-\omega_0)t}dt+\int_{-\infty}^{+\infty}1\cdot e^{-i(\omega+\omega_0)t}dt\right]\\&=\frac{1}{2}[2\pi\delta(\omega-\omega_0)+2\pi\delta(\omega+\omega_0)]\\&=\pi[\delta(\omega-\omega_0)+\delta(\omega+\omega_0)]\end{aligned}$$

同理可求得

$$F(\omega)=F[\sin\omega_0 t]=i\pi[\delta(\omega+\omega_0)-\delta(\omega-\omega_0)]$$

7.5 傅里叶变换的性质

傅氏变换有许多重要性质, 掌握这些性质对于理解傅氏变换理论, 以及在工程技术中熟练运用这一有力工具是十分重要的. 为了叙述方便, 假定这里需要进行傅氏变换的函数都满足傅氏积分定理中的条件. 在证明傅氏变换的性质时, 不再重复说明, 请读者注意.

性质 7.5.1 (线性性质) 设 $F_1(\omega)=F[f_1(t)],F_2(\omega)=F[f_2(t)],k_1,k_2$ 是常数, 则

$$F[k_1f_1(t)+k_2f_2(t)]=k_1F[f_1(t)]+k_2F[f_2(t)] \tag{7.5.1}$$

此即函数的线性组合的傅氏变换等于函数的傅氏变换的相应线性组合. 这显然是由广义积分运算的线性性质所决定的, 无需再作证明.

同样道理, 傅氏逆变换也具有类似的线性性质, 即

$$F^{-1}[k_1F_1(\omega)+k_2F_2(\omega)]=k_1F^{-1}[F_1(\omega)]+k_2F^{-1}[F_2(\omega)] \tag{7.5.2}$$

例 7.5.1 求下列函数的傅氏变换

(1) $f(t)=A+B\cos\omega_0 t$ (A,B 均为常数);

(2) $f(t)=\begin{cases}0, & t<0\\ E(1-e^{-t/(RC)}), & t\geqslant 0\end{cases}$ $(E,R,C>0)$;

(3) $f(t)=\begin{cases}0, & t<0,\\ 5\mathrm{e}^{-3t}-3\mathrm{e}^{-t}, & t\geqslant 0.\end{cases}$

解 (1) 利用线性性质及已知

$$F[1]=2\pi\delta(\omega)$$

$$F[\cos\omega_0 t]=\pi[\delta(\omega+\omega_0)+\delta(\omega-\omega_0)]$$

可得

$$\begin{aligned}F[A+B\cos\omega_0 t]=&AF[1]+BF[\cos\omega_0 t]\\=&A2\pi\delta(\omega)+B\pi[\delta(\omega+\omega_0)+\delta(\omega-\omega_0)]\end{aligned}$$

(2) 已知 $F[u(t)]=\dfrac{1}{\mathrm{i}\omega}+\pi\delta(\omega)$, 若记

$$g(t)=\begin{cases}0, & t<0\\ \mathrm{e}^{-t/(RC)}, & t\geqslant 0\end{cases}$$

$$F[g(t)]=\frac{1}{1/(RC)+\mathrm{i}\omega}$$

及

$$f(t)=Eu(t)-Eg(t)$$

所以

$$\begin{aligned}F[f(t)]&=EF[u(t)]-EF[g(t)]\\&=E\left[\frac{1}{\mathrm{i}\omega}+\pi\delta(\omega)\right]-E\left[\frac{1}{1/(RC)+\mathrm{i}\omega}\right]\\&=E\left[\frac{1}{\mathrm{i}\omega(1+\mathrm{i}RC\omega)}+\pi\delta(\omega)\right]\end{aligned}$$

(3) 记

$$f_1(t)=\begin{cases}0, & t<0\\ \mathrm{e}^{-3t}, & t\geqslant 0\end{cases}$$

$$f_2(t)=\begin{cases}0, & t<0\\ \mathrm{e}^{-t}, & t\geqslant 0\end{cases}$$

则 $f(t)=5f_1(t)-3f_2(t)$, 有已知 $F[f_1(t)]=\dfrac{1}{3+\mathrm{i}\omega}, F[f_2(t)]=\dfrac{1}{1+\mathrm{i}\omega}$, 从而由线性性质得

$$F[f(t)]=5F[f_1(t)]-3F[f_2(t)]$$

$$= \frac{5}{3+\mathrm{i}\omega} - \frac{3}{1+\mathrm{i}\omega} = \frac{-4+\mathrm{i}2\omega}{(3-\omega^2)+\mathrm{i}4\omega}$$

例 7.5.2 求函数 $f(t) = \frac{1}{2}\left[\delta(t+a)+\delta(t-a)+\delta\left(t+\frac{a}{2}\right)+\delta(t-\frac{a}{2})\right]$ 的傅氏变换, 其中 $a \in \mathbb{R}$.

解 根据性质 7.5.1, 知

$$\begin{aligned} F(\omega) &= F[f(t)] \\ &= \frac{1}{2}\left\{F[\delta(t+a)] + F\left[\delta\left(t-a\right)\right] + F\left[\delta\left(t+\frac{a}{2}\right)\right] + F\left[\delta\left(t-\frac{a}{2}\right)\right]\right\} \\ &= \frac{1}{2}(\mathrm{e}^{\mathrm{i}\omega a}+\mathrm{e}^{-\mathrm{i}\omega a}) + \frac{1}{2}(\mathrm{e}^{\mathrm{i}\omega\frac{a}{2}}+\mathrm{e}^{-\mathrm{i}\omega\frac{a}{2}}) = \cos\omega a + \cos\frac{\omega a}{2} \end{aligned}$$

性质 7.5.2 (对称性质) 若已知 $F(\omega) = F[f(t)]$, 则有

$$F[F(t)] = 2\pi f(-\omega) \tag{7.5.3}$$

证明 因为 $F(\omega) = F[f(t)]$, 故其傅氏逆变换式

$$f(t) = F^{-1}[F(\omega)] = \frac{1}{2\pi}\int_{-\infty}^{+\infty} F(\omega)\mathrm{e}^{\mathrm{i}\omega t}\mathrm{d}\omega = \frac{1}{2\pi}\int_{-\infty}^{\infty} F(p)\mathrm{e}^{\mathrm{i}pt}\mathrm{d}p$$

在上式中令 $t = -\omega$, 得

$$f(-\omega) = \frac{1}{2\pi}\int_{-\infty}^{+\infty} F(p)\mathrm{e}^{-\mathrm{i}\omega p}\mathrm{d}p = \frac{1}{2\pi}\int_{-\infty}^{+\infty} F(t)\mathrm{e}^{-\mathrm{i}\omega t}\mathrm{d}t = \frac{1}{2\pi}F[F(t)]$$

即

$$F[F(t)] = 2\pi f(-\omega)$$

特别地, 若 $f(t)$ 为偶函数, 则式 (7.5.3) 变为

$$F[F(t)] = 2\pi f(\omega) \tag{7.5.4}$$

从式 (7.5.4) 可知, 当 $f(t)$ 与 $F(\omega)$ 构成一个傅氏变换对且当 $f(t)$ 为偶函数时, $F(t)$ 的傅氏变换为 $2\pi f(\omega)$, 这反映了傅氏变换的某种对称性. 即使 $f(t)$ 不是偶函数, 由式 (7.5.3) 仍可见傅氏变换具有一定程度的对称性.

例 7.5.3 利用对称性质证明狄利克雷积分

$$\int_0^{+\infty} \frac{\sin t}{t}\mathrm{d}t = \frac{\pi}{2}$$

证明 设 $f(t)$ 为单个矩形脉冲函数, 即

$$f(t) = \begin{cases} E, & |t| \leqslant \tau/2 \\ 0, & |t| > \tau/2 \end{cases} \quad (\tau > 0)$$

则有

$$F(\omega)=F[f(t)]=\int_{-\infty}^{+\infty}f(t)\mathrm{e}^{-\mathrm{i}\omega t}\mathrm{d}t=\int_{-\tau/2}^{\tau/2}E\mathrm{e}^{-\mathrm{i}\omega t}\mathrm{d}t=\frac{2E}{\omega}\sin\frac{\omega\tau}{2}$$

又因为 $f(t)$ 为偶函数及式 (7.5.4), 可得

$$F[F(t)]=\int_{-\infty}^{+\infty}\frac{2E}{t}\sin\frac{\tau t}{2}\mathrm{e}^{-\mathrm{i}\omega t}\mathrm{d}t=2\pi f(\omega)$$

即

$$2E\int_{-\infty}^{+\infty}\frac{\sin\dfrac{\tau t}{2}\cos\omega t}{t}\mathrm{d}t=\begin{cases}2\pi E, & |\omega|<\tau/2\\ 0, & |\omega|>\tau/2\end{cases}$$

在上式中令 $\omega=0,\tau=2$, 得

$$2E\int_{-\infty}^{+\infty}\frac{\sin t}{t}\mathrm{d}t=2\pi E \quad 或 \quad \int_{0}^{+\infty}\frac{\sin t}{t}\mathrm{d}t=\frac{\pi}{2}$$

从而问题得证.

性质 7.5.3 (位移性质) 设 $F[f(t)]=F(\omega)$, 则

$$F[f(t\pm t_0)]=\mathrm{e}^{\pm\mathrm{i}\omega t_0}F[f(t)] \tag{7.5.5}$$

$$F^{-1}[F(\omega\pm\omega_0)]=\mathrm{e}^{\mp\mathrm{i}\omega_0 t}f(t) \tag{7.5.6}$$

证明 首先由傅氏变换的定义, 可知

$$\begin{aligned}F[f(t\pm t_0)]&=\int_{-\infty}^{+\infty}f(t\pm t_0)\mathrm{e}^{-\mathrm{i}\omega t}\mathrm{d}t=\int_{-\infty}^{\infty}f(u)\mathrm{e}^{-\mathrm{i}\omega(u\mp t_0)}\mathrm{d}u\\&=\mathrm{e}^{\pm\mathrm{i}\omega t_0}\int_{-\infty}^{+\infty}f(t)\mathrm{e}^{-\mathrm{i}\omega t}\mathrm{d}t=\mathrm{e}^{\pm\mathrm{i}\omega t_0}F[f(t)]\end{aligned}$$

再由傅氏逆变换的定义, 可知

$$\begin{aligned}F^{-1}[F(\omega\pm\omega_0)]&=\frac{1}{2\pi}\int_{-\infty}^{+\infty}F(\omega\pm\omega_0)\mathrm{e}^{\mathrm{i}\omega t}\mathrm{d}\omega=\frac{1}{2\pi}\int_{-\infty}^{+\infty}F(u)\mathrm{e}^{\mathrm{i}(u\mp\omega_0)t}\mathrm{d}u\\&=\mathrm{e}^{\mp\mathrm{i}\omega_0 t}\frac{1}{2\pi}\int_{-\infty}^{+\infty}F(\omega)\mathrm{e}^{\mathrm{i}\omega t}\mathrm{d}\omega=\mathrm{e}^{\mp\mathrm{i}\omega_0 t}F^{-1}[F(\omega)]\end{aligned}$$

从而式 (7.5.5) 和式 (7.5.6) 得证.

性质 7.5.3 说明将函数 $f(t)$ 的自变量提前或延迟 t_0 时, 其傅氏变换相当于把 $f(t)$ 的傅氏变换 $F(\omega)$ 乘以因子 $\mathrm{e}^{\pm\mathrm{i}\omega t_0}$; 而函数 $F(\omega)$ 沿 ω 轴位移 ω_0 时, 其傅氏逆

变换相当于把原来的函数 $f(t)$ 乘以因子 $e^{\mp i\omega_0 t}$. 这个性质在应用上的重要性是不言而喻的. 例如, 由位移性质, 立即可得如下推论.

推论 设 $F[f(t)] = F(\omega)$, 则

$$F[f(t)\cos\omega_0 t] = \frac{1}{2}[F(\omega+\omega_0) + F(\omega-\omega_0)] \tag{7.5.7}$$

$$F[f(t)\sin\omega_0 t] = \frac{i}{2}[F(\omega+\omega_0) - F(\omega-\omega_0)] \tag{7.5.8}$$

证明 由式 (7.5.6) 得

$$F[e^{\mp i\omega_0 t} f(t)] = F(\omega \pm \omega_0)$$

再由欧拉公式, 知

$$f(t)\cos\omega_0 t = \frac{1}{2}[f(t)e^{i\omega_0 t} + f(t)e^{-i\omega_0 t}]$$

从而

$$\begin{aligned} F[f(t)\cos\omega_0 t] &= \frac{1}{2}\{F[f(t)e^{i\omega_0 t}] + F[f(t)e^{-i\omega_0 t}]\} \\ &= \frac{1}{2}[F(\omega+\omega_0) + F(\omega-\omega_0)] \end{aligned}$$

同理可证式 (7.5.8).

例 7.5.4 求矩形单脉冲函数

$$f(t) = \begin{cases} E, & 0 < t < \tau \\ 0, & \text{其他} \end{cases} \qquad (E, \tau > 0)$$

的傅氏变换.

解 首先由傅氏变换定义, 得

$$\begin{aligned} F(\omega) = F[f(t)] &= \int_{-\infty}^{+\infty} f(t)e^{-i\omega t}dt \\ &= E\int_0^{\tau} e^{-i\omega t}dt = -\frac{E}{i\omega}e^{-i\omega t}\Big|_0^{\tau} = \frac{2E}{\omega}e^{-i\omega\tau/2}\sin\frac{\omega\tau}{2} \end{aligned}$$

又注意到, 记

$$f_1(t) = \begin{cases} E, & |t| < \tau/2 \\ 0, & \text{其他} \end{cases}$$

则 $F_1(\omega) = F[f_1(t)] = \dfrac{2E}{\omega}\sin\dfrac{\omega\tau}{2}$, 且 $f(t) = f_1\left(t - \dfrac{\tau}{2}\right)$, 于是由位移性质知

$$F(\omega) = F[f(t)] = F\left[f_1\left(t - \frac{\tau}{2}\right)\right]$$

$$= e^{-i\omega\tau/2}F[f_1(t)] = \frac{2E}{\omega}e^{-i\omega\tau/2}\sin\frac{\omega\tau}{2}$$

这与上面计算的结果是一样的.

例 7.5.5 求指数衰减振荡函数

$$f(t) = \begin{cases} 0, & t < 0 \\ e^{-\beta t}\sin\omega_0 t, & t \geqslant 0 \end{cases} \qquad (\beta > 0)$$

的傅氏变换.

解 设

$$f_1(t) = \begin{cases} 0, & t < 0 \\ e^{-\beta t}, & t \geqslant 0 \end{cases}$$

此为指数衰减函数, 且 $F_1(\omega) = F[f_1(t)] = \dfrac{1}{\beta + i\omega}$, 于是由式 (7.5.8), 可得 $f(t)$ 的傅氏变换

$$\begin{aligned} F(\omega) &= F[f(t)] = F[f_1(t)\sin\omega_0 t] \\ &= \frac{i}{2}[F_1(\omega+\omega_0) - F(\omega-\omega_0)] \\ &= \frac{i}{2}\left[\frac{1}{\beta+i(\omega+\omega_0)} - \frac{1}{\beta+i(\omega-\omega_0)}\right] = \frac{\omega_0}{\omega_0^2+(\beta+i\omega)^2} \end{aligned}$$

性质 7.5.4(坐标缩放性质) 设 a 是不等于零的实常数, 若 $F[f(t)] = F(\omega)$, 则

$$F[f(at)] = \frac{1}{|a|}F\left(\frac{\omega}{a}\right) \tag{7.5.9}$$

证明 设 $a > 0$, 则有

$$\begin{aligned} F[f(at)] &= \int_{-\infty}^{+\infty} f(at)e^{-i\omega t}dt = \int_{-\infty}^{+\infty} f(at)e^{-i\frac{\omega}{a}(at)}\frac{1}{a}d(at) \\ &= \frac{1}{a}\int_{-\infty}^{+\infty} f(u)e^{-i\frac{\omega}{a}u}du = \frac{1}{|a|}F\left(\frac{\omega}{a}\right) \end{aligned}$$

再设 $a < 0$, 此时在积分中再令 $u = at$, 则 $dt = \dfrac{1}{a}du = -\dfrac{1}{-a}du = -\dfrac{1}{|a|}du$, 于是

$$\begin{aligned} F[f(at)] &= -\frac{1}{|a|}\int_{+\infty}^{-\infty} f(u)e^{-i\frac{\omega u}{a}}du \\ &= \frac{1}{|a|}\int_{-\infty}^{+\infty} f(u)e^{-i\frac{\omega}{a}u}du = \frac{1}{|a|}F\left(\frac{\omega}{a}\right) \end{aligned}$$

从而式 (7.5.9) 得证.

这一性质表明, 如果函数 $f(t)$ 的图像变窄, 则其傅氏变换 $F(\omega)$ 的图像将变宽变矮; 反之, 如果 $f(t)$ 变宽, 则 $F(\omega)$ 将变高变窄.

性质 7.5.5 (乘积定理) 若记 $F_1(\omega)=F[f_1(t)], F_2(\omega)=F[f_2(t)]$, 则有

$$\int_{-\infty}^{+\infty} f_1(t)f_2(t)\mathrm{d}t=\frac{1}{2\pi}\int_{-\infty}^{+\infty}\overline{F_1(\omega)}F_2(\omega)\mathrm{d}\omega$$
$$=\frac{1}{2\pi}\int_{-\infty}^{+\infty}F_1(\omega)\overline{F_2(\omega)}\mathrm{d}\omega \tag{7.5.10}$$

其中 $\overline{F_1(\omega)},\overline{F_2(\omega)}$ 分别表示 $F_1(\omega),F_2(\omega)$ 的复共轭函数.

证明 因为

$$\int_{-\infty}^{+\infty} f_1(t)f_2(t)\mathrm{d}t=\int_{-\infty}^{+\infty} f_1(t)\left[\frac{1}{2\pi}\int_{-\infty}^{+\infty}F_2(\omega)\mathrm{e}^{\mathrm{i}\omega t}\mathrm{d}\omega\right]\mathrm{d}t$$
$$=\frac{1}{2\pi}\int_{-\infty}^{+\infty}\left[\int_{-\infty}^{+\infty}f_1(t)\mathrm{e}^{\mathrm{i}\omega t}\mathrm{d}t\right]F_2(\omega)\mathrm{d}\omega$$

注意到 $\mathrm{e}^{\mathrm{i}\omega t}=\overline{\mathrm{e}^{-\mathrm{i}\omega t}}$, 并且 $f_1(t)$ 是 t 的实函数, 所以

$$f_1(t)\mathrm{e}^{\mathrm{i}\omega t}=\overline{f_1(t)\mathrm{e}^{-\mathrm{i}\omega t}}$$

从而

$$\int_{-\infty}^{+\infty} f_1(t)f_2(t)\mathrm{d}t=\frac{1}{2\pi}\int_{-\infty}^{+\infty}\overline{\left[\int_{-\infty}^{+\infty}f_1(t)\mathrm{e}^{-\mathrm{i}\omega t}\mathrm{d}t\right]}F_2(\omega)\mathrm{d}\omega=\frac{1}{2\pi}\int_{-\infty}^{+\infty}\overline{F_1(\omega)}F_2(\omega)\mathrm{d}\omega$$

同理可证

$$\int_{-\infty}^{+\infty} f_1(t)f_2(t)\mathrm{d}t=\frac{1}{2\pi}\int_{-\infty}^{+\infty}F_1(\omega)\overline{F_2(\omega)}\mathrm{d}\omega$$

由上述乘积性质可以引出一个非常重要的结论, 这在理论上和应用上都有很大价值.

性质 7.5.6(帕塞瓦尔 (Parseval) 定理) 若记 $F(\omega)=F[f(t)]$, 则有

$$\int_{-\infty}^{+\infty}[f(t)]^2\mathrm{d}t=\frac{1}{2\pi}\int_{-\infty}^{+\infty}|F(\omega)|^2\mathrm{d}\omega \tag{7.5.11}$$

证明 在式 (7.5.10) 中令 $f_1(t)=f_2(t)=f(t)$, 则

$$\int_{-\infty}^{+\infty}[f(t)]^2\mathrm{d}t=\frac{1}{2\pi}\int_{-\infty}^{+\infty}\overline{F(\omega)}F(\omega)\mathrm{d}\omega=\frac{1}{2\pi}\int_{-\infty}^{+\infty}|F(\omega)|^2\mathrm{d}\omega$$

在实际应用中, 积分 $\displaystyle\int_{-\infty}^{+\infty}[f(t)]^2\mathrm{d}t$ 与积分 $\displaystyle\int_{-\infty}^{+\infty}|F(\omega)|^2\mathrm{d}\omega$ 都可以表示某种能

量, 本定理表明, 对能量的计算既可在时间域进行, 也可在相应的频率域进行, 两者完全等价. 所以这个定理有时也称为能量积分和瑞利 (Rayleigh) 定理 (图 7.5.1).

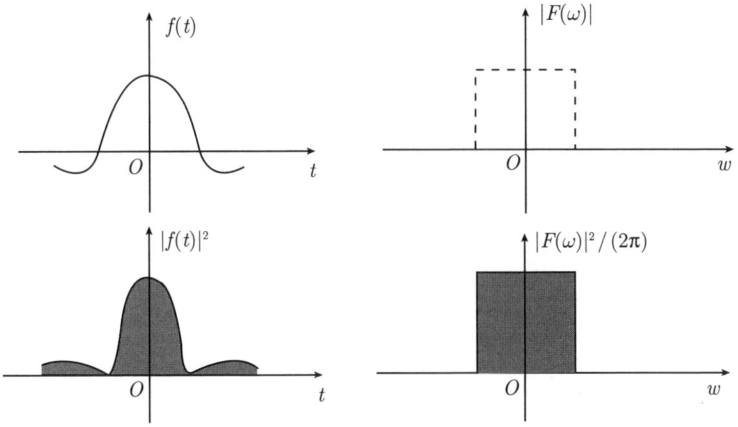

图 7.5.1 瑞利定理: 阴影面积相等

这个定理除了给出构成傅氏变换对的两个函数之间的一个重要关系外, 还可用来计算较为复杂的积分.

例 7.5.6 计算 $\displaystyle\int_{-\infty}^{+\infty}\frac{\sin^2 t}{t^2}\mathrm{d}t$.

解 记 $F(\omega)=\dfrac{\sin\omega}{\omega}$. 已知单个方脉冲函数

$$\tilde{f}(t)=\begin{cases}E, & |t|\leqslant\tau/2\\ 0, & |t|>\tau/2\end{cases}$$

的傅氏变换 $F[\tilde{f}(t)]=\dfrac{2E}{\omega}\sin\dfrac{\omega\tau}{2}$. 若令 $E=\dfrac{1}{2},\tau=2$, 可知如下单个矩形脉冲函数

$$f(t)=\begin{cases}1/2, & |t|<1\\ 0, & |t|>1\end{cases}$$

的傅氏变换 $F[f(t)]=\dfrac{\sin\omega}{\omega}=F(\omega)$. 再由能量积分公式

$$\begin{aligned}\int_{-\infty}^{+\infty}\frac{\sin^2 t}{t^2}\mathrm{d}t&=\int_{-\infty}^{+\infty}\frac{\sin^2\omega}{\omega^2}\mathrm{d}\omega=2\pi\int_{-\infty}^{+\infty}f^2(t)\mathrm{d}t\\&=2\pi\int_{-1}^{1}(1/2)^2\mathrm{d}t=2\pi\cdot(1/2)^2\cdot 2=\pi\end{aligned}$$

另一方面, 记 $F(t)=\dfrac{\sin t}{t}$, 再由傅氏变换的对称性, 知

$$F[F(t)]=2\pi f(-\omega)$$

又因为 $f(t)$ 为偶函数, 所以

$$F[F(t)] = F\left[\frac{\sin t}{t}\right] = 2\pi f(\omega) = \begin{cases} 2\pi \cdot \dfrac{1}{2} = \pi, & |\omega| < 1 \\ 0, & |\omega| > 1 \end{cases}$$

再由能量积分公式, 有

$$\int_{-\infty}^{+\infty} \frac{\sin^2 t}{t^2} \mathrm{d}t = \frac{1}{2\pi} \int_{-\infty}^{+\infty} \left| F\left[\frac{\sin t}{t}\right] \right|^2 \mathrm{d}\omega = \frac{1}{2\pi} \int_{-1}^{1} \pi^2 \mathrm{d}\omega = \frac{1}{2\pi} \pi^2 \cdot 2 = \pi$$

这个例子说明, 此类积分的被积函数具有 $[f(t)]^2$ 形式时, 把 $f(t)$ 看作像函数或像原函数都可以求得积分的结果.

例 7.5.7 计算 $\displaystyle\int_{-\infty}^{+\infty} \frac{\mathrm{d}t}{(1+t^2)^2}$.

解 已知指数衰减函数

$$f(t) = \begin{cases} 0, & t < 0 \\ \mathrm{e}^{-\alpha t}, & t \geqslant 0 \end{cases} \quad (\alpha > 0)$$

的傅氏变换 $F(\omega) = F[f(t)] = \dfrac{1}{\alpha + \mathrm{i}\omega} = \dfrac{\alpha - \mathrm{i}\omega}{\alpha^2 + \omega^2}$. 另一方面,

$$F(\omega) = \int_{-\infty}^{+\infty} f(t) \mathrm{e}^{-\mathrm{i}\omega t} \mathrm{d}t = \int_{0}^{+\infty} \mathrm{e}^{-\alpha t} \mathrm{e}^{-\mathrm{i}\omega t} \mathrm{d}t = \int_{0}^{+\infty} \mathrm{e}^{-\alpha |t|} \mathrm{e}^{-\mathrm{i}\omega t} \mathrm{d}t$$

从而

$$F(-\omega) = \int_{0}^{+\infty} \mathrm{e}^{-\alpha t} \mathrm{d}t = \int_{0}^{-\infty} \mathrm{e}^{\alpha t} \mathrm{e}^{-\mathrm{i}\omega t} (-\mathrm{d}t) = \int_{-\infty}^{0} \mathrm{e}^{-\alpha |t|} \mathrm{e}^{-\mathrm{i}\omega t} \mathrm{d}t$$

于是得

$$\begin{aligned} F[\mathrm{e}^{-\alpha|t|}] &= \int_{-\infty}^{+\infty} \mathrm{e}^{-\alpha|t|} \mathrm{e}^{\mathrm{i}\omega t} \mathrm{d}t = F(\omega) + F(-\omega) \\ &= \frac{\alpha - \mathrm{i}\omega}{\alpha^2 + \omega^2} + \frac{\alpha + \mathrm{i}\omega}{\alpha^2 + \omega^2} = \frac{2\alpha}{\alpha^2 + \omega^2} \end{aligned}$$

于是由能量积分公式, 得

$$\begin{aligned} \frac{1}{2\pi} \int_{-\infty}^{+\infty} \frac{4\alpha^2}{(\alpha^2 + \omega^2)^2} \mathrm{d}\omega &= \int_{-\infty}^{+\infty} \mathrm{e}^{-2\alpha|t|} \mathrm{d}t = 2 \int_{0}^{+\infty} \mathrm{e}^{-2\alpha t} \mathrm{d}t \\ &= 2 \left(-\frac{1}{2\alpha} \mathrm{e}^{-\alpha t} \Big|_{0}^{+\infty} \right) = \frac{1}{\alpha} \end{aligned}$$

在上式中令 $\alpha = 1$, 得

$$\int_{-\infty}^{+\infty} \frac{\mathrm{d}t}{(1+t^2)^2} = \frac{\pi}{2}$$

7.6 卷　积

卷积是由含参变量的广义积分定义的函数, 与傅氏变换有着密切联系. 它的运算性质使得傅氏变换得到更广泛的应用. 在这一节中, 我们将引入卷积的概念, 讨论卷积的性质及一些简单应用.

7.6.1 卷积的概念

定义 7.6.1 给定定义在 $(-\infty,+\infty)$ 上的函数 $f_1(t)$ 与 $f_2(t)$, 称由含参变量 t 的广义积分所确定的函数

$$g(t)=\int_{-\infty}^{+\infty} f_1(\tau)f_2(t-\tau)\mathrm{d}\tau \tag{7.6.1}$$

为函数 $f_1(t)$ 与 $f_2(t)$ 的卷积, 记为

$$g(t)=f_1(t)*f_2(t)$$

对卷积从不同观点出发, 对其含意有不同的解释. 在图 7.6.1 中, 我们用图解法给出卷积含意的一种解释.

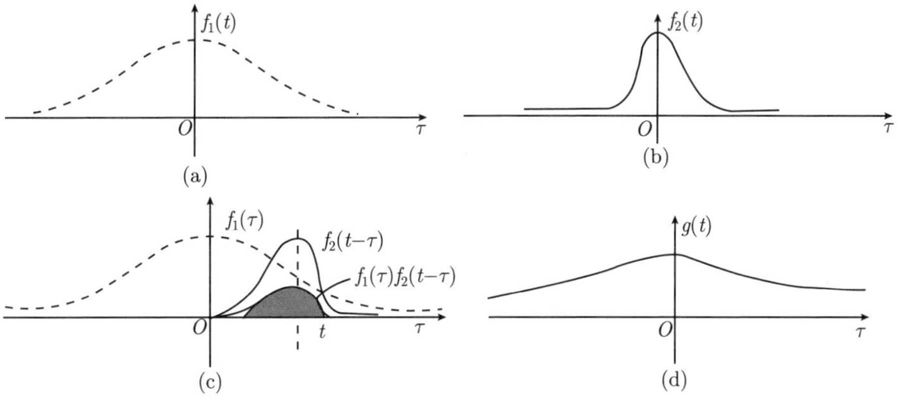

图 7.6.1

(c) 中阴影面积表示 $g(t)=f_1(t)*f_2(t)$

如图 7.6.1 所示, 进行卷积运算分别为 (a), (b) 中的两条曲线, (c) 表明由式 (7.6.1) 所定义的卷积运算过程分解成如下几个步骤:

(1) 对函数 $f_1(t)$, 只需将自变量 t 换为积分变量 τ;

(2) 对函数 $f_2(t)$, 不仅要把自变量 t 换为积分变量 τ, 同时将 $f_2(\tau)$ 关于纵轴的镜像函数 $f_2(-\tau)$ 沿横轴向左或向右平行移动一个 $|t|$ 值距离, 即得 $f_2(t-\tau)$;

(3) 求 $f_1(\tau)$ 与 $f_2(t-\tau)$ 的乘积. 对任一给定的 t 值, 它是 τ 的函数, 画出 $f_1(\tau)f_1(t-\tau)$ 的图像;

(4) 求出 $f_1(\tau)f_2(t-\tau)$ 曲线下的面积, 即积分. 该面积为卷积 $g(t)=f_1(t)*f_2(t)$ 对应于给定的 t 的函数值 (图 7.6.1(d)).

例 7.6.1 设 $f_1(t)=\begin{cases}0, & t<0\\ 1, & t\geqslant 0\end{cases}$, $f_2(t)=\begin{cases}0, & t<0\\ \mathrm{e}^{-t}, & t\geqslant 0\end{cases}$, 求 $f_1(t)*f_2(t)$.

解 如图 7.6.2(a), (b) 所示, 当 $t\leqslant 0$ 时, $f_1(\tau)f_2(t-\tau)=0$(图 7.6.2(c)), 从而 $f_1(t)*f_2(t)=\int_{-\infty}^{+\infty}f_1(\tau)f_2(t-\tau)\mathrm{d}\tau=0$.

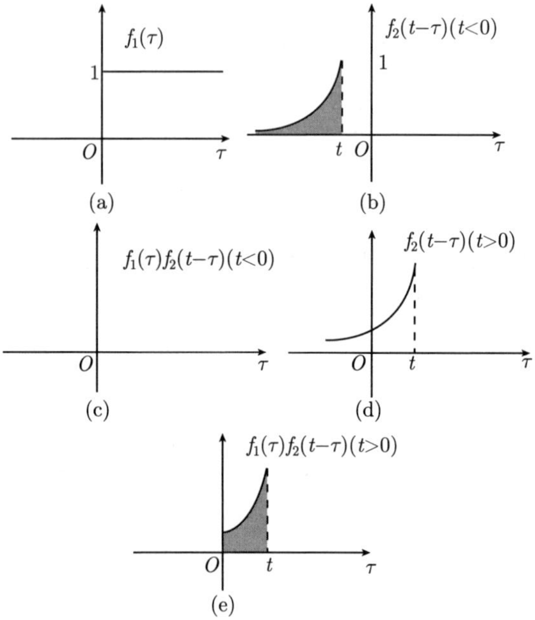

图 7.6.2

如图 7.6.2(d), (e) 所示, 因为 $t>0$ 时, $f_1(\tau)f_2(t-\tau)\neq 0$ 的区间为 $[0,t]$, 所以

$$\begin{aligned}f_1(t)*f_2(t)&=\int_{-\infty}^{+\infty}f_1(\tau)f_2(t-\tau)\mathrm{d}\tau=\int_0^t 1\cdot\mathrm{e}^{-(t-\tau)}\mathrm{d}\tau\\&=\mathrm{e}^{-t}\int_0^t\mathrm{e}^{\tau}\mathrm{d}\tau=\mathrm{e}^{-t}(\mathrm{e}^t-1)=1-\mathrm{e}^{-t}\end{aligned}$$

即

$$f_1(t)*f_2(t)=\begin{cases}0, & t\leqslant 0\\ 1-\mathrm{e}^{-t}, & t>0\end{cases}$$

例 7.6.2 设

$$f_1(t)=\begin{cases}0, & t<0\\ 1-t, & 0\leqslant t\leqslant 1\\ 0, & t>0\end{cases}$$

$$f_2(t)=\begin{cases}0, & t<0\\ 1, & 0\leqslant t\leqslant 2\\ 0, & t>2\end{cases}$$

求 $f_1(t)*f_2(t)$.

解 当 $t<0$ 时, 由图 7.6.3(b) 知 $f_1(\tau)f_2(t-\tau)=0$, 从而

$$f_1(t)*f_2(t)=\int_{-\infty}^{+\infty}f_1(\tau)f_2(t-\tau)\mathrm{d}\tau=0$$

当 $0<t\leqslant 1$ 时, $f_1(\tau)f_2(t-\tau)$ 如图 7.6.3(c) 所示, 卷积为

$$f_1(t)*f_2(t)=\int_0^t(1-\tau)\mathrm{d}\tau=t-\frac{t^2}{2}$$

当 $1<t\leqslant 2$ 时, $f_1(\tau)f_2(t-\tau)$ 如图 7.6.3(d) 所示, 卷积为

$$f_1(t)*f_2(t)=\int_0^1(1-\tau)\mathrm{d}\tau=\frac{1}{2}$$

当 $2<t\leqslant 3$ 时, $f_1(\tau)f_2(t-\tau)$ 如图 7.6.3(e), 所示, 卷积为

$$f_1(t)*f_2(t)=\int_{t-2}^1(1-\tau)\mathrm{d}\tau=\frac{9}{2}-3t+\frac{t^2}{2}$$

当 $t>3$ 时, 如图 7.6.3(f) 所示, 此时 $f_1(\tau)f_2(t-\tau)=0$, 从而卷积为

$$f_1(t)*f_2(t)=0$$

综上所述, 得

$$f_1(t)*f_2(t)=\begin{cases}0, & t\leqslant 0\ \ t>3\\ t-\dfrac{t^2}{2}, & 0<t\leqslant 1\\ \dfrac{1}{2}, & 1<t\leqslant 2\\ \dfrac{9}{2}-3t+\dfrac{t^2}{2}, & t<t\leqslant 3\end{cases}$$

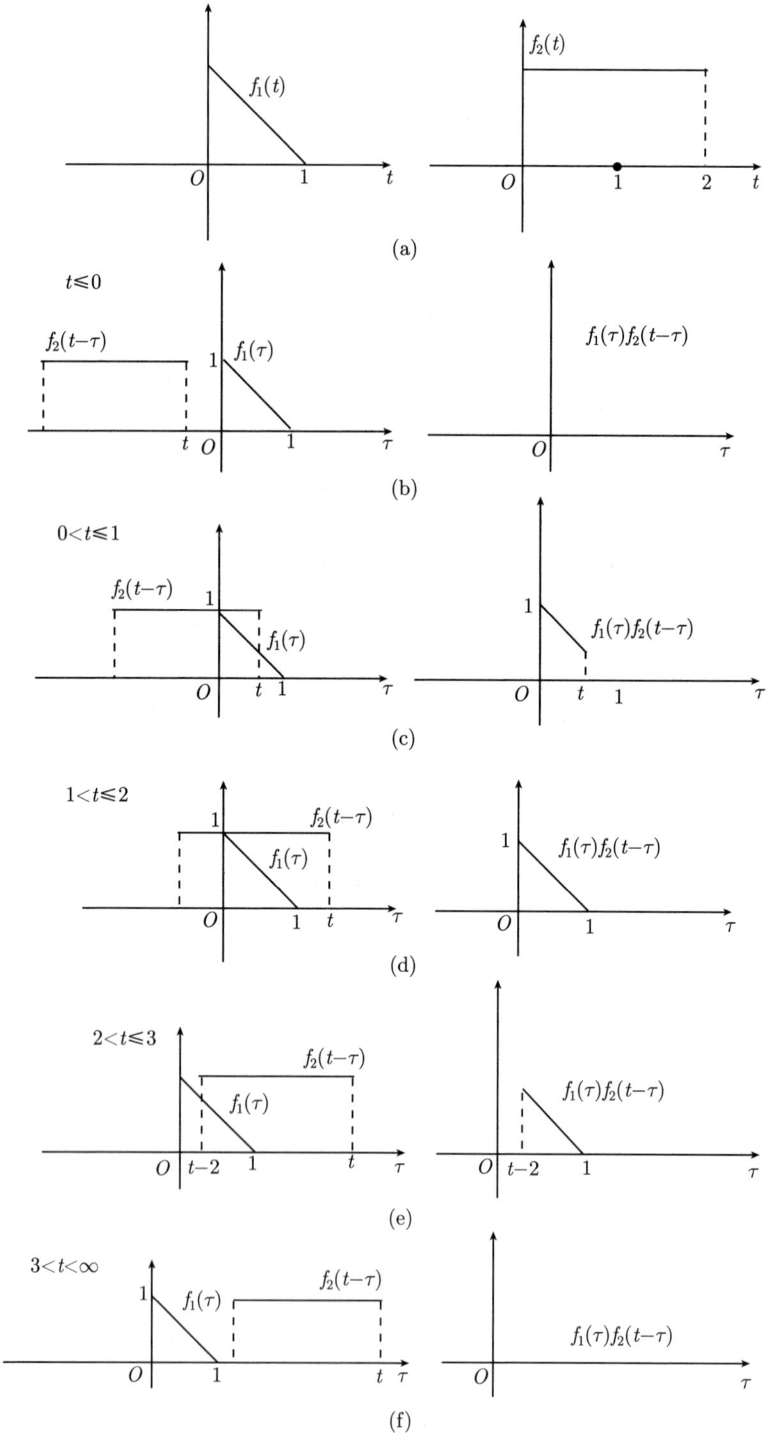
f1(t)
O
1
t
f2(t)
O
1
2
t
(a)
t≤0
f2(t−τ)
1
f1(τ)
t
O
1
τ
f1(τ)f2(t−τ)
O
τ
(b)
0<t≤1
f2(t−τ)
1
f1(τ)
O
t
1
τ
1
f1(τ)f2(t−τ)
O
t
1
τ
(c)
1<t≤2
1
f2(t−τ)
f1(τ)
O
1
t
τ
1
f1(τ)f2(t−τ)
O
1
τ
(d)
2<t≤3
f2(t−τ)
f1(τ)
O
t−2
1
t
τ
f1(τ)f2(t−τ)
O
t−2
1
τ
(e)
3<t<∞
1
f1(τ)
f2(t−τ)
O
1
t
τ
f1(τ)f2(t−τ)
O
τ
(f)

图 7.6.3

以上两例虽然很简单, 但是具有典型性, 它给出了计算卷积的基本方法, 另外为了确定 $f_1(\tau)f_2(t-\tau)\neq 0$ 的区间, 还可以通过解不等式来实现, 如在例 7.6.1 中, 要使 $f_1(\tau)f_2(t-\tau)\neq 0$, 须

$$\begin{cases} \tau \geqslant 0 \\ t-\tau \geqslant 0 \end{cases} \text{即} \begin{cases} \tau \geqslant 0 \\ \tau \leqslant t \end{cases}$$

成立, 可见当 $t \geqslant 0$ 时, 使得 $f_1(\tau)f_2(t-\tau)\neq 0$ 的区间为 $[0,t]$, 于是也有

$$f_1(t)*f_2(t)=\begin{cases} 0, \quad t\leqslant 0 \\ \displaystyle\int_{-\infty}^{+\infty} f_1(\tau)f_2(t-\tau)\mathrm{d}\tau=\int_0^t 1\cdot \mathrm{e}^{-(t-\tau)}\mathrm{d}\tau=1-\mathrm{e}^{-t}, \quad t>0 \end{cases}$$

例 7.6.3 求证 $f(t)*\delta(t-t_0)=f(t-t_0)$.

证明 根据 δ 函数的定义, 有

$$\begin{aligned} f(t)*\delta(t-t_0) &= \int_{-\infty}^{+\infty} f(\tau)\delta(t-\tau-t_0)\mathrm{d}\tau=\int_{-\infty}^{+\infty} f(\tau)\delta[-(\tau-t+t_0)]\mathrm{d}\tau \\ &= \int_{-\infty}^{+\infty} f(\tau)\delta(\tau-t+t_0)\mathrm{d}\tau=f(t-t_0) \end{aligned}$$

例 7.6.3 表明函数 $f(t)$ 与 $\delta(t-t_0)$ 的卷积相当于把函数 $f(t)$ 本身延迟 t_0, 特别当 $t_0=0$ 时, 有

$$f(t)*\delta(t)=f(t)$$

7.6.2 卷积的性质

性质 7.6.1(交换性质)

$$f_1(t)*f_2(t)=f_2(t)*f_1(t) \tag{7.6.2}$$

证明 从式 (7.6.2) 的右端出发, 有

$$\begin{aligned} f_1(t)*f_2(t) &= \int_{-\infty}^{+\infty} f_1(\tau)f_2(t-\tau)\mathrm{d}\tau=-\int_{+\infty}^{-\infty} f_1(t-\xi)f_2(\xi)(-\mathrm{d}\xi) \\ &= \int_{-\infty}^{+\infty} f_2(\xi)f_1(t-\xi)\mathrm{d}\xi=f_2(t)*f_1(t) \end{aligned}$$

性质 7.6.2 (结合性质)

$$[f_1(t)*f_2(t)]*f_3(t)=f_1(t)*[f_2(t)*f_3(t)] \tag{7.6.3}$$

证明 由式 (7.6.3) 的左端出发可得

$$[f_1(t)*f_2(t)]*f_3(t)=\int_{-\infty}^{+\infty}\left[\int_{-\infty}^{+\infty}f_1(\xi)f_2(\tau-\xi)\mathrm{d}\xi\right]f_3(t-\tau)\mathrm{d}\tau$$
$$=\int_{-\infty}^{+\infty}f_1(\xi)\left[\int_{-\infty}^{+\infty}f_2(\tau-\xi)f_3(t-\tau)\mathrm{d}\tau\right]\mathrm{d}\xi$$

记

$$g(t)=\int_{-\infty}^{+\infty}f_2(\tau)f_3(t-\tau)\mathrm{d}\tau=f_2(t)*f_3(t)$$

则

$$\int_{-\infty}^{+\infty}f_2(\tau-\xi)f_3(t-\tau)\mathrm{d}\tau=\int_{-\infty}^{+\infty}f_2(u)f_3(t-u-\xi)\mathrm{d}u=g(t-\xi)$$

从而

$$[f_1(t)*f_2(t)]*f_3(t)=\int_{-\infty}^{+\infty}f_1(\xi)g(t-\xi)\mathrm{d}\xi$$
$$=f_1(t)*g(t)=f_1(t)*[f_2(t)*f_3(t)]$$

性质 7.6.3(线性性质) 设 k_1,k_2 是任意常数, 则有

$$[k_1f_1(t)+k_2f_2(t)]*g(t)=k_1f_1(t)*g(t)+k_2f_2(t)*g(t) \tag{7.6.4}$$

显然, 上述运算性质是由积分运算的线性性质决定的, 证明从略.

性质 7.6.4 (平移不变性质) 设 $f_1(t)$ 与 $f_2(t)$ 的卷积为

$$g(t)=f_1(t)*f_2(t)=\int_{-\infty}^{+\infty}f_1(\tau)f_2(t-\tau)\mathrm{d}\tau \tag{7.6.5}$$

则

$$f_1(t-\alpha)*f_2(t-\beta)=\int_{-\infty}^{+\infty}f_1(\tau-\alpha)f_2(t-\beta-\tau)\mathrm{d}\tau=g(t-\alpha-\beta) \tag{7.6.6}$$

这个性质说明, 参与卷积的两个函数发生平移后, 卷积结果也产生相应的平移, 平移量等于参与卷积的两个函数平移量的代数和, 相应的曲线线形状不变.

证明 在式 (7.6.6) 的积分中, 令 $\xi=\tau-\alpha$, 则 $\tau=\xi+\alpha,\mathrm{d}\tau=\mathrm{d}\xi$, 得

$$f_1(t-\alpha)*f_2(t-\beta)=\int_{-\infty}^{+\infty}f_1(\tau-\alpha)f_2(t-\beta-\tau)\mathrm{d}\tau$$
$$=\int_{-\infty}^{+\infty}f_1(\xi)f_2(t-\alpha-\beta-\xi)\mathrm{d}\xi$$

根据式 (7.6.5) 得

$$f_1(t-\alpha)*f_2(t-\beta)=\int_{-\infty}^{+\infty}f_1(\tau)f_2(t-\alpha-\beta-\tau)\mathrm{d}\tau$$
$$=g(t-\alpha-\beta)$$

性质 7.6.5 (坐标缩放性质)　设 $g(t)=f_1(t)*f_2(t)$, 则

$$f_1(at)*f_2(at)=\frac{1}{|a|}g(at)(a\neq 0) \tag{7.6.7}$$

证明　由卷积定义, 知

$$f_1(at)*f_2(at)=\int_{-\infty}^{+\infty}f_1(a\tau)f_2[a(t-\tau)]\mathrm{d}\tau$$

令 $\xi=a\tau$, 则 $\mathrm{d}\tau=\frac{1}{a}\mathrm{d}\xi$, 则当 $a<0$ 时

$$f_1(at)*f_2(at)=\int_{-\infty}^{+\infty}f_1(\xi)f_2(at-\xi)\frac{\mathrm{d}\xi}{a}$$
$$=-\frac{1}{a}\int_{-\infty}^{+\infty}f_1(\xi)f_2(at-\xi)\mathrm{d}\xi=\frac{1}{|a|}g(at)$$

当 $a>0$ 时

$$f_1(at)*f_2(at)=\int_{-\infty}^{+\infty}f_1(\xi)f_2(at-\xi)\frac{\mathrm{d}\xi}{a}=\frac{1}{a}g(at)=\frac{1}{|a|}g(at)$$

综上所述, 当 $a\neq 0$ 时, 恒有

$$f_1(at)*f_2(at)=\frac{1}{|a|}g(at)$$

性质 7.6.6 (卷积定理)　若给定两个函数 $f_1(t),f_2(t)$, 记 $F_1(\omega)=F[f_1(t)]$, $F_2(\omega)=F[f_2(t)]$, 则

$$F[f_1(t)*f_2(t)]=F_1(\omega)\cdot F_2(\omega) \tag{7.6.8}$$

$$F[f_1(t)\cdot f_2(t)]=\frac{1}{2\pi}F_1(\omega)*F_2(\omega) \tag{7.6.9}$$

证明　由卷积与傅氏变换定义, 有

$$F[f_1(t)*f_2(t)]=\int_{-\infty}^{+\infty}\left[\int_{-\infty}^{+\infty}f_1(\tau)f_2(t-\tau)\mathrm{d}\tau\right]\mathrm{e}^{-\mathrm{i}\omega t}\mathrm{d}t$$
$$=\int_{-\infty}^{+\infty}f_1(\tau)\left[\int_{-\infty}^{+\infty}f_2(t-\tau)\mathrm{e}^{-\mathrm{i}\omega(t-\tau)}\mathrm{d}t\right]\mathrm{e}^{-\mathrm{i}\omega\tau}\mathrm{d}\tau$$

$$= \int_{-\infty}^{+\infty} f_1(\tau)e^{-i\omega\tau}\left[\int_{-\infty}^{+\infty} f_2(\xi)e^{-i\omega\xi}d\xi\right]d\tau \quad (\xi = t-\tau)$$
$$= \int_{-\infty}^{+\infty} f_1(\tau)e^{-i\omega\tau}F_2(\omega)d\tau$$
$$= \int_{-\infty}^{+\infty} f_1(t)e^{-i\omega t}dtF_2(\omega) = F_1(\omega)\cdot F_2(\omega)$$

此即式 (7.6.8). 又根据傅氏逆变换的定义, 有

$$F^{-1}[F_1(\omega)*F_2(\omega)] = \frac{1}{2\pi}\int_{-\infty}^{+\infty}\left[\int_{-\infty}^{+\infty} F_1(\tau)F_2(\omega-\tau)d\tau\right]e^{i\omega t}d\omega$$
$$= \int_{-\infty}^{+\infty} F_1(\tau)\left[\frac{1}{2\pi}\int_{-\infty}^{+\infty} F_2(\omega-\tau)e^{i(\omega-\tau)}d\omega\right]e^{i\tau t}d\tau$$
$$= \int_{-\infty}^{+\infty} F_1(\tau)\left[\frac{1}{2\pi}\int_{-\infty}^{+\infty} F_2(\omega')e^{i\omega' t}d\omega'\right]e^{i\tau t}d\tau \quad (\omega' = \omega-\tau)$$
$$= \int_{-\infty}^{+\infty} F_1(\omega)f_2(t)e^{i\omega t}d\omega$$
$$= 2\pi\left[\frac{1}{2\pi}\int_{-\infty}^{+\infty} F_1(\omega)e^{i\omega t}d\omega\right]f_2(t) = 2\pi f_1(t)f_2(t)$$

即

$$F[f_1(t)f_2(t)] = \frac{1}{2\pi}F_1(\omega)*F_2(\omega)$$

例 7.6.4 $f_1(t) = Ae^{-\alpha t^2}, f_2(t) = Be^{-\beta t^2}(A,B,\alpha,\beta > 0)$, 求 $F[f_1(t)*f_2(t)]$.

解 记 $F_1(\omega) = F[f_1(t)] = F[Ae^{-\alpha t^2}] = A\sqrt{\pi/\alpha}e^{-\omega^2/(4\alpha)}$, $F_2(\omega) = F[f_2(t)] = F[Be^{-\beta t^2}] = B\sqrt{\pi/\beta}e^{-\omega^2/(4\beta)}$, 从而由卷积定理, 得

$$F[f_1(t)*f_2(t)] = F_1(\omega)\cdot F_2(\omega) = \frac{\pi AB}{\sqrt{\alpha\beta}}e^{-\frac{\omega^2(\alpha+\beta)}{4\alpha\beta}}$$

例 7.6.5 设 $f(t) = \begin{cases} E\cos\omega_0 t, & |t| < \tau/2, \\ 0, & |t| > \tau/2 \end{cases}$ $(E,\tau > 0)$, 求 $F[f(t)]$.

解 设 $f_1(t) = \begin{cases} E, & |t| < \tau/2, \\ 0, & |t| > \tau/2, \end{cases}$ $f_2(t) = \cos\omega_0 t$, 则 $f(t) = f_1(t)f_2(t)$, 于是由式 (7.6.9), 得

$$F[f(t)] = F[f_1(t)\cdot f_2(t)] = \frac{1}{2\pi}F[f_1(t)]*F[f_2(t)]$$
$$= \frac{1}{2\pi}\left(\frac{2E}{\omega}\sin\frac{\omega\tau}{2}\right)*\pi[\delta(\omega+\omega_0)+\delta(\omega-\omega_0)]$$

$$= E\left[\left(\frac{\sin\dfrac{\omega\tau}{2}}{\omega}\right) * \delta(\omega+\omega_0) + \left(\frac{\sin\dfrac{\omega\tau}{2}}{\omega}\right) * \delta(\omega-\omega_0)\right]$$

$$= E\left[\int_{-\infty}^{+\infty} \frac{\sin\dfrac{\xi\tau}{2}}{\xi}\delta(\omega+\omega_0-\xi)\mathrm{d}\xi + \int_{-\infty}^{+\infty} \frac{\sin\dfrac{\xi\tau}{2}}{\xi}\delta(\omega-\omega_0-\xi)\mathrm{d}\xi\right]$$

$$= E\left[\int_{-\infty}^{+\infty} \frac{\sin\dfrac{\xi\tau}{2}}{\xi}\delta(\xi-\omega-\omega_0)\mathrm{d}\xi + \int_{-\infty}^{+\infty} \frac{\sin\dfrac{\xi\tau}{2}}{\xi}\delta(\xi-\omega+\omega_0)\mathrm{d}\xi\right]$$

$$= E\left\{\frac{\sin\left[(\omega+\omega_0)\dfrac{\tau}{2}\right]}{\omega+\omega_0} + \frac{\sin\left[(\omega-\omega_0)\dfrac{\tau}{2}\right]}{\omega-\omega_0}\right\}$$

上式也可根据式 (7.6.1) 获得.

7.6.3 卷积在傅氏变换中的应用

下面利用卷积来求证傅氏变换的如下两条重要性质.

定理 7.6.1(傅氏变换的微分定理) 设 $F(\omega) = F[f(t)], n \in \mathbb{N}$. 则有

$$F[f^{(n)}(t)] = (\mathrm{i}\omega)^n F(\omega) \tag{7.6.10}$$

$$F^{-1}[F^{(n)}(\omega)] = (-\mathrm{i}t)^n f(t) \tag{7.6.11}$$

证明 由 δ 函数的性质, 可知

$$f'(t) = -\int_{-\infty}^{+\infty} \delta(\tau)f'(t-\tau)(-1)\mathrm{d}\tau = \int_{-\infty}^{+\infty} \delta'(\tau)f(t-\tau)\mathrm{d}\tau = \delta'(t) * f(t)$$

利用卷积定理, 得

$$F[f'(t)] = F[\delta'(t) * f(t)] = F[\delta'(t)] \cdot F[f(t)]$$

而

$$F[\delta'(t)] = \int_{-\infty}^{+\infty} \delta'(t)\mathrm{e}^{-\mathrm{i}\omega t}\mathrm{d}t = -\int_{-\infty}^{+\infty} \delta(t)(-\mathrm{i}\omega)\mathrm{e}^{-\mathrm{i}\omega t}\mathrm{d}t = -(-\mathrm{i}\omega)\mathrm{e}^{-\mathrm{i}\omega t}|_{t=0} = \mathrm{i}\omega$$

于是

$$F[f'(t)] = \mathrm{i}\omega \cdot F(\omega)$$

另外, 同样道理, 可写

$$f''(t) = \int_{-\infty}^{+\infty} \delta'(\tau)f'(t-\tau)\mathrm{d}\tau = \delta'(t) * f'(t)$$

从而

$$\begin{aligned}F[f''(t)] &= F[\delta'(t) * f'(t)] = F[\delta'(t)] \cdot F[f'(t)] \\ &= \mathrm{i}\omega[\mathrm{i}\omega F(\omega)] = (\mathrm{i}\omega)^2 F(\omega)\end{aligned}$$

由此类推, 自然有公式 (7.6.10) 成立.

同理由于

$$\begin{aligned}F'(\omega) &= \int_{-\infty}^{+\infty} \delta(\tau)F'(\omega-\tau)\mathrm{d}\tau = -\int_{-\infty}^{+\infty} \delta(\tau)\mathrm{d}F(\omega-\tau)\mathrm{d}\tau \\ &= \int_{-\infty}^{+\infty} \delta'(\tau)F(\omega-\tau)\mathrm{d}\tau = \delta'(\omega) * F(\omega)\end{aligned}$$

利用卷积定理, 得

$$F^{-1}[F'(\omega)] = F^{-1}[\delta'(\omega) * F(\omega)] = 2\pi F^{-1}[\delta'(\omega)] \cdot F^{-1}[F(\omega)]$$

而

$$F^{-1}[\delta'(\omega)] = \frac{1}{2\pi}\int_{-\infty}^{+\infty} \delta'(\omega)\mathrm{e}^{\mathrm{i}\omega t}\mathrm{d}\omega = \frac{1}{2\pi}(-\mathrm{i}t\mathrm{e}^{\mathrm{i}\omega t})|_{\omega=0} = -\frac{\mathrm{i}t}{2\pi}$$

于是

$$F^{-1}[F'(\omega)] = 2\pi\left(-\frac{\mathrm{i}t}{2\pi}\right)f(t) = -\mathrm{i}tf(t)$$

与证明式 (7.6.10) 相类似可证明式 (7.6.11).

定理 7.6.2 (傅氏变换的积分定理) 设 $F(\omega) = F[f(t)]$, 则

$$F\left[\int_{-\infty}^{t} f(\tau)\mathrm{d}\tau\right] = \frac{F(\omega)}{\mathrm{i}\omega} + \pi F(0)\delta(\omega) \tag{7.6.12}$$

证明 注意到

$$\int_{-\infty}^{t} f(\tau)\mathrm{d}\tau = f(t) * u(t)$$

对上式两端取傅氏变换并利用卷积定理, 得

$$\begin{aligned}F\left[\int_{-\infty}^{t} f(\tau)\mathrm{d}\tau\right] &= F[f(t) * u(t)] = F[f(t)] \cdot F[u(t)] \\ &= F(\omega)\left[\frac{1}{\mathrm{i}\omega} + \pi\delta(\omega)\right] = \frac{F(\omega)}{\mathrm{i}\omega} + \pi F(\omega)\delta(\omega) \\ &= \frac{F(\omega)}{\mathrm{i}\omega} + \pi F(0)\delta(\omega)\end{aligned}$$

例 7.6.6 求解微分方程

$$ax'(t)+bx(t)+c\int_{-\infty}^{t}x(\tau)\mathrm{d}\tau=f(t) \tag{7.6.13}$$

其中, $a,b,c\in\mathbb{R}$ 且 $\int_{-\infty}^{+\infty}x(\tau)\mathrm{d}\tau=0$.

解 设 $X(\omega)=F[x(t)],F(\omega)=F[f(t)]$, 由傅氏变换的微分和积分定理, 对式 (7.6.13) 两边同时取傅氏变换可得

$$a\mathrm{i}\omega X(\omega)+bX(\omega)+\frac{c}{\mathrm{i}\omega}X(\omega)+c\pi X(0)\delta(\omega)=F(\omega)$$

又根据

$$\begin{aligned}X(0)&=\lim_{\omega\to0}X(\omega)=\lim_{\omega\to0}\int_{-\infty}^{+\infty}x(\tau)\mathrm{e}^{-\mathrm{i}\omega\tau}\mathrm{d}\tau\\&=\int_{-\infty}^{+\infty}\lim_{\omega\to0}x(\tau)\mathrm{e}^{-\mathrm{i}\omega\tau}\mathrm{d}\tau=\int_{-\infty}^{+\infty}x(\tau)\mathrm{d}\tau=0\end{aligned}$$

有

$$a\mathrm{i}\omega X(\omega)+bX(\omega)+\frac{c}{\mathrm{i}\omega}X(\omega)=F(\omega)$$

或

$$X(\omega)=\frac{F(\omega)}{b+\mathrm{i}\left(a\omega-\dfrac{c}{\omega}\right)}=\frac{\omega F(\omega)}{b\omega+\mathrm{i}(a\omega^2-c)}$$

再求 $X(\omega)$ 的傅氏逆变换, 得

$$x(t)=F^{-1}[X(\omega)]=\frac{1}{2\pi}\int_{-\infty}^{+\infty}X(\omega)\mathrm{e}^{\mathrm{i}\omega t}\mathrm{d}\omega$$

*7.7 相关函数

相关函数与卷积概念一样, 都是分析线性系统的极为有用的工具. 本节目的在于给出相关函数的概念、相关定理, 并讨论互相关与卷积、相关函数与能量谱密度之间的关系.

7.7.1 互相关函数

定义 7.7.1 对于两个不同的函数 $f_1(t)$ 与 $f_2(t)$, 则积分

$$\int_{-\infty}^{+\infty}f_1(t)f_2(t+\tau)\mathrm{d}t$$

称为两个函数 $f_1(t)$ 和 $f_2(t)$ 的互相关函数, 记作 $R_{12}(\tau)$, 即

$$R_{12}(\tau)=\int_{-\infty}^{+\infty}f_1(t)f_2(t+\tau)\mathrm{d}t \tag{7.7.1}$$

由定义 7.7.1 可知互相关与卷积是两种不同的运算, 参与互相关运算的两个函数都不进行翻转. 但是我们将在式 (7.7.1) 中的变量 t 和 τ 互换, 即写成

$$\begin{aligned}R_{12}(t)&=\int_{-\infty}^{+\infty}f_1(\tau)f_2(t+\tau)\mathrm{d}\tau=\int_{-\infty}^{+\infty}f_1(\tau)f_2[t-(-\tau)]\mathrm{d}\tau\\&=\int_{-\infty}^{+\infty}f_1(-\tau')f_2(t-\tau')(-\mathrm{d}\tau')=\int_{-\infty}^{+\infty}f_1(-\tau)f_2[t-\tau]\mathrm{d}\tau\\&=f_1(-t)*f_2(t)\end{aligned}$$

特别若 $f_1(t)$ 为偶函数, 则卷积等同于互相关函数. 为了进一步说明卷积与互相关运算的关系如图 7.7.1 所示.

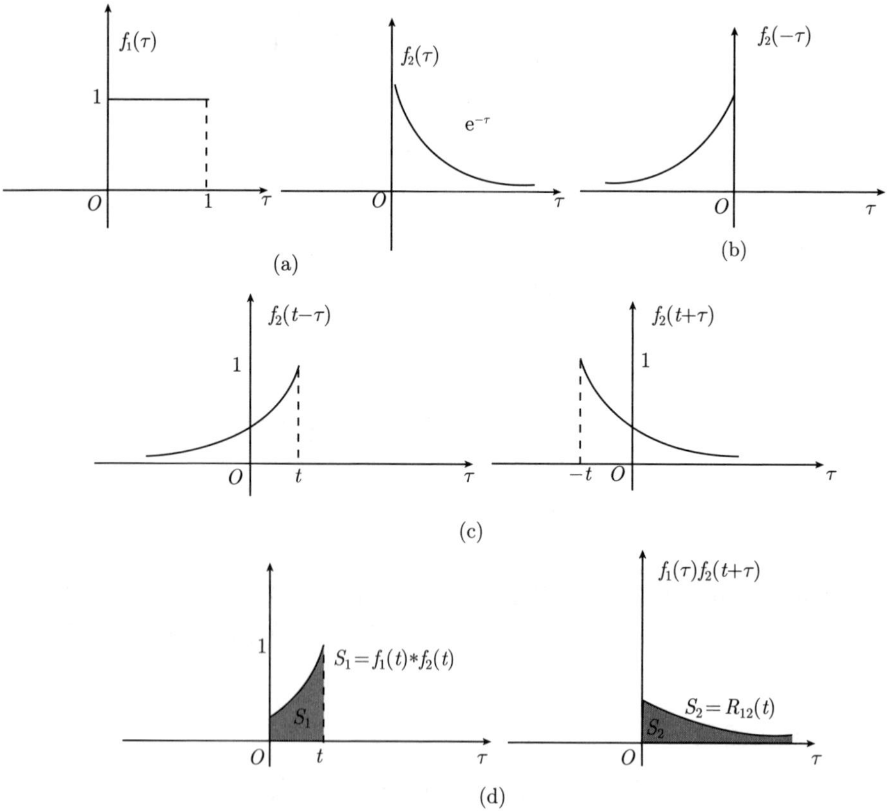

图 7.7.1

图 7.7.1 的左、右两边分别是卷积函数与互相关函数的计算过程. 正如图 7.7.1(b), 7.7.1(c) 所示, 两个积分不同之处在于互相关积分中的被积函数 $f_2(t+\tau)$ 没有进行翻转, 而且当 $t>0$ 时, $f_2(t+\tau)$ 向左位移. 除此之外, 其他运算是相同的.

例 7.7.1 设 $f_1(t)=\begin{cases}\dfrac{\beta}{\alpha}t, & 0\leqslant t\leqslant\alpha,\\ 0, & \text{其他},\end{cases}$ $f_2(t)=\begin{cases}1, & 0\leqslant t\leqslant\alpha\ (\alpha>0),\\ 0, & \text{其他}.\end{cases}$

求 $f_1(t)$ 与 $f_2(t)$ 的互相关函数 $R_{12}(\tau)$(图 7.7.2).

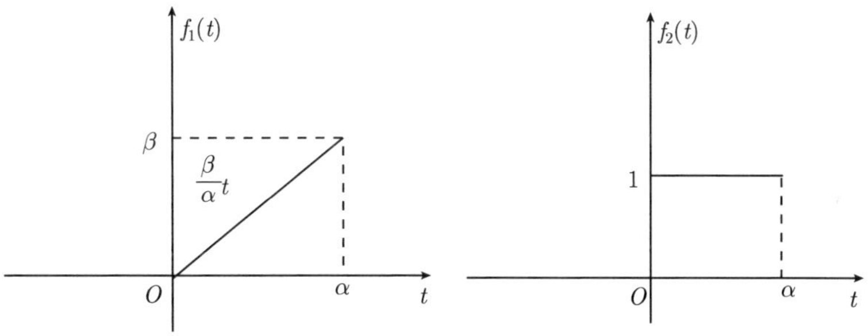

图 7.7.2

解 当 $\tau<-\alpha$ 和 $\tau>\alpha$ 时, $f_1(t)f_2(t+\tau)=0$, 从而

$$R_{12}(\tau)=\int_{-\infty}^{+\infty}f_1(t)f_2(t+\tau)\mathrm{d}t=0$$

当 $-\alpha\leqslant\tau\leqslant0$ 时, 得

$$R_{12}(\tau)=\int_{-\infty}^{+\infty}f_1(t)f_2(t+\tau)\mathrm{d}t=\int_{-\tau}^{\alpha}\frac{\beta}{\alpha}t\mathrm{d}t=\frac{\beta}{2\alpha}(\alpha^2-\tau^2)$$

当 $0<\tau\leqslant\alpha$ 时, 得

$$R_{12}(\tau)=\int_{-\infty}^{+\infty}f_1(t)f_2(t+\tau)\mathrm{d}t=\int_{0}^{\alpha-\tau}\frac{\beta}{\alpha}t\mathrm{d}t=\frac{\beta}{2\alpha}(\alpha-\tau)^2$$

综上所述, 有

$$R_{12}(\tau)=\begin{cases}0, & \tau<-\alpha,\tau>\alpha\\ \dfrac{\beta}{2\alpha}(\alpha^2-\tau^2), & -\alpha\leqslant\tau\leqslant0\\ \dfrac{\beta}{2\alpha}(\alpha-\tau)^2, & 0<\tau\leqslant\alpha\end{cases}\tag{7.7.2}$$

性质 7.7.1

证明 由定义 7.7.1 可知

$$R_{12}(\tau)=\int_{-\infty}^{+\infty}f_1(t)f_2(t+\tau)\mathrm{d}t=\int_{-\infty}^{+\infty}f_1(t'-\tau)f_2(t')\mathrm{d}t'$$

$$= \int_{-\infty}^{+\infty} f_2(t) f_1[t + (-\tau)] \mathrm{d}t = R_{21}(-\tau)$$

性质 7.7.2
$$|R_{12}(\tau)|^2 \leqslant R_{11}(0) R_{22}(0) \tag{7.7.3}$$

证明 根据施瓦茨 (Schwarz) 不等式

$$\left| \int_{-\infty}^{+\infty} \varphi(t)\psi(t) \mathrm{d}t \right|^2 \leqslant \int_{-\infty}^{+\infty} |\varphi(t)|^2 \mathrm{d}t \int_{-\infty}^{+\infty} |\psi(t)|^2 \mathrm{d}t$$

可知

$$\left| \int_{-\infty}^{+\infty} f_1(t) f_2(t+\tau) \mathrm{d}t \right|^2 \leqslant \left(\int_{-\infty}^{+\infty} |f_1(t)|^2 \mathrm{d}t \right) \cdot \left(\int_{-\infty}^{+\infty} |f_2(t+\tau)|^2 \mathrm{d}t \right)$$

根据互相关函数定义

$$\left.\begin{aligned} R_{12}(\tau) &= \int_{-\infty}^{+\infty} f_1(t) f_2(t+\tau) \mathrm{d}t \\ R_{11}(0) &= \int_{-\infty}^{+\infty} [f_1(t)]^2 \mathrm{d}t \\ R_{22}(0) &= \int_{-\infty}^{+\infty} [f_2(t)]^2 \mathrm{d}t = \int_{-\infty}^{+\infty} [f_2(t+\tau)]^2 \mathrm{d}t \end{aligned}\right\} \tag{7.7.4}$$

故证得

$$|R_{12}(\tau)|^2 \leqslant R_{11}(0) R_{22}(0)$$

根据性质 7.7.2, 有时我们把式 (7.7.4) 中的两个积分收敛作为互相关函数存在的充分条件.

借助于上面提到的施瓦茨不等式, 可进一步阐述互相关函数 $R_{12}(\tau)$ 的意义. 可以认为 $R_{12}(\tau)$ 描述了 $f_1(t)$ 与 $f_2(t+\tau)$ 两者之间的相互关联性, 对于任一给定的 τ 值, $|R_{12}(\tau)|$ 刻画了这种关联强度. 由施瓦茨不等式知, 当 $f_1(t) = kf_2(t+\tau)$ 时 (k 为常数), $|R_{12}(\tau)|$ 取最大值, 我们可以合理地认为此时 $f_1(t)$ 与 $f_2(t+\tau)$ 之间完全相关. 正因为如此, 由式 (7.7.1) 的积分运算定义 $f_1(t)$ 与 $f_2(t)$ 之间的互相关函数是有道理的.

若记 $F_1(\omega) = F[f_1(t)], F_2(\omega) = F[f_2(t)]$, 根据傅氏逆变换的定义, 知

$$\begin{aligned} R_{12}(\tau) &= \int_{-\infty}^{+\infty} f_1(t) f_2(t+\tau) \mathrm{d}t = \int_{-\infty}^{+\infty} f_1(t) [\frac{1}{2\pi} \int_{-\infty}^{+\infty} F_2(\omega) \mathrm{e}^{\mathrm{i}\omega(t+\tau)} \mathrm{d}\omega] \mathrm{d}t \\ &= \frac{1}{2\pi} \int_{-\infty}^{+\infty} \overline{\left[\int_{-\infty}^{+\infty} f_1(t) \mathrm{e}^{-\mathrm{i}\omega t} \mathrm{d}t \right]} F_2(\omega) \mathrm{e}^{\mathrm{i}\omega\tau} \mathrm{d}\omega \\ &= \frac{1}{2\pi} \int_{-\infty}^{+\infty} \overline{F}_{1(\omega)} F_2(\omega) \mathrm{e}^{\mathrm{i}\omega\tau} \mathrm{d}w \end{aligned} \tag{7.7.5}$$

我们称频率域上的函数

$$S_{12}(\omega)=\overline{F_1(\omega)}F_2(\omega)$$

为互能量谱密度. 经计算可得

$$S_{12}(\omega)=S_{21}(\omega)$$

再由式 (7.7.4), 得

$$R_{12}(\tau)=\frac{1}{2\pi}\int_{-\infty}^{+\infty}S_{12}(\omega)\mathrm{e}^{\mathrm{i}\omega\pi}\mathrm{d}\omega$$

$$\begin{aligned}F[R_{12}(\tau)]&=\int_{-\infty}^{+\infty}R_{12}(\tau)\mathrm{e}^{-\mathrm{i}\omega t}\mathrm{d}t=\int_{-\infty}^{+\infty}\left[\int_{-\infty}^{+\infty}f_1(t)f_2(t+\tau)\mathrm{d}t\right]\mathrm{e}^{-\mathrm{i}\omega\tau}\mathrm{d}\tau\\&=\int_{-\infty}^{+\infty}f_1(t)\left[\int_{-\infty}^{+\infty}f_2(t+\tau)\mathrm{e}^{-\mathrm{i}\omega(t+\tau)}\mathrm{d}\tau\right]\mathrm{e}^{\mathrm{i}\omega t}\mathrm{d}t\\&=\int_{-\infty}^{+\infty}f_1(t)F_2(\omega)\mathrm{e}^{\mathrm{i}\omega t}\mathrm{d}t=\overline{\left[\int_{-\infty}^{+\infty}f_1(t)\mathrm{e}^{-\mathrm{i}\omega t}\mathrm{d}t\right]}F_2(\omega)\\&=\overline{F_1(\omega)}F_2(\omega)\end{aligned}\tag{7.7.6}$$

可见

$$F[R_{12}(\tau)]=S_{12}(\omega),\quad F^{-1}[S_{12}(\omega)]=R_{12}(\tau)\tag{7.7.7}$$

即互能量谱密度函数与互相关函数构成一个傅氏变换对.

7.7.2 自相关函数

定义 7.7.2 在定义 7.7.1 中, 令 $f_1(t)=f_2(t)=f(t)$, 则积分

$$\int_{-\infty}^{+\infty}f(t)f(t+\tau)\mathrm{d}t$$

称为 $f(t)$ 的**自相关函数**(简称**相关函数**), 记作 $R(\tau)$, 即

$$R(\tau)=\int_{-\infty}^{+\infty}f(t)f(t+\tau)\mathrm{d}t$$

很显然 $R(-\tau)=R(\tau)$, 即自相关函数 $R(\tau)$ 是一个偶函数. 如果在式 (7.7.5) 中令 $f_1(t)=f_2(t)=f(t)$, 得

$$R(\tau)=\frac{1}{2\pi}\int_{-\infty}^{+\infty}\overline{F(\omega)}F(\omega)\mathrm{e}^{\mathrm{i}\omega\tau}\mathrm{d}\omega=\frac{1}{2\pi}\int_{-\infty}^{+\infty}|F(\omega)|^2\mathrm{e}^{\mathrm{i}\omega\tau}\mathrm{d}\omega\tag{7.7.8}$$

这里 $F(\omega)=F[f(t)]$. 同样由式 (7.7.5), 得

$$F[R(\tau)]=|F(\omega)|^2\tag{7.7.9}$$

记

$$S(\omega)=|F(\omega)|^2$$

称为函数 $f(t)$ 的能量谱密度, 它决定函数 $f(t)$ 的能量在频率域上的分布规律. 由式 (7.7.7) 和式 (7.7.8) 知

$$F[R(\tau)]=S(\omega),F^{-1}[S(\omega)]=R(\tau) \tag{7.7.10}$$

即自相关函数 $R(\tau)$ 与能量谱密度 $S(\omega)$ 也构成了一个傅氏变换对.

注意到

$$F(-\omega)=\int_{-\infty}^{+\infty}f(t)\mathrm{e}^{-\mathrm{i}(-\omega)t}\mathrm{d}t=\overline{\left[\int_{-\infty}^{+\infty}f(t)\mathrm{e}^{-\mathrm{i}\omega t}\mathrm{d}t\right]}=\overline{F(\omega)}$$

从而

$$S(-\omega)=F(-\omega)\overline{F(-\omega)}=\overline{F(\omega)}\cdot F(\omega)=S(\omega)$$

即能量谱密度函数 $S(\omega)$ 是偶函数. 可将式 (7.7.9) 写成三角形式

$$S(\omega)=2\int_{0}^{+\infty}R(\tau)\cos\omega\tau\mathrm{d}\tau,R(\tau)=\frac{1}{\pi}\int_{0}^{+\infty}S(\omega)\cos\omega\tau\mathrm{d}\omega \tag{7.7.11}$$

当 $\tau=0$ 时, 得

$$R(0)=\int_{-\infty}^{+\infty}[f(t)]^2\mathrm{d}t=\frac{1}{2\pi}\int_{-\infty}^{+\infty}S(\omega)\mathrm{d}\omega=\frac{1}{2\pi}\int_{-\infty}^{+\infty}|F(\omega)|^2\mathrm{d}\omega \tag{7.7.12}$$

这样再一次得到前面证过的**帕塞瓦尔定理**.

例 7.7.2 求指数衰减函数 $f(t)=\mathrm{e}^{-\alpha t}u(t)(\alpha>0)$ 的自相关函数和能量谱密度.

解 如图 7.7.3 所示, 当 $\tau\geqslant 0$ 时, $f(t)f(t+\tau)\neq 0$ 的区间为 $[0,+\infty)$, 所以

$$\begin{aligned}R(\tau)&=\int_{-\infty}^{+\infty}f(t)f(t+\tau)\mathrm{d}t=\int_{0}^{+\infty}\mathrm{e}^{-\alpha t}\mathrm{e}^{-\alpha(t+\tau)}\mathrm{d}t\\&=\mathrm{e}^{-\alpha\tau}\left(\frac{1}{-2\alpha}\mathrm{e}^{-2\alpha t}\Big|_{0}^{+\infty}\right)=\frac{\mathrm{e}^{-\alpha\tau}}{2\alpha}=\frac{\mathrm{e}^{-\alpha|\tau|}}{2\alpha}\end{aligned}$$

当 $\tau<0$ 时, 使 $f(t)f(t+\tau)\neq 0$ 的区间为 $[-\tau,+\infty)$, 所以

$$\begin{aligned}R(\tau)&=\int_{-\infty}^{+\infty}f(t)f(t+\tau)\mathrm{d}t=\int_{-\tau}^{+\infty}\mathrm{e}^{-\alpha t}\mathrm{e}^{-\alpha(t+\tau)}\mathrm{d}t\\&=\mathrm{e}^{-\alpha\tau}\left(\frac{1}{-2\alpha}\mathrm{e}^{-\alpha t}\Big|_{-\tau}^{+\infty}\right)=\frac{\mathrm{e}^{\alpha\tau}}{2\alpha}=\frac{\mathrm{e}^{-\alpha|\tau|}}{2\alpha}\end{aligned}$$

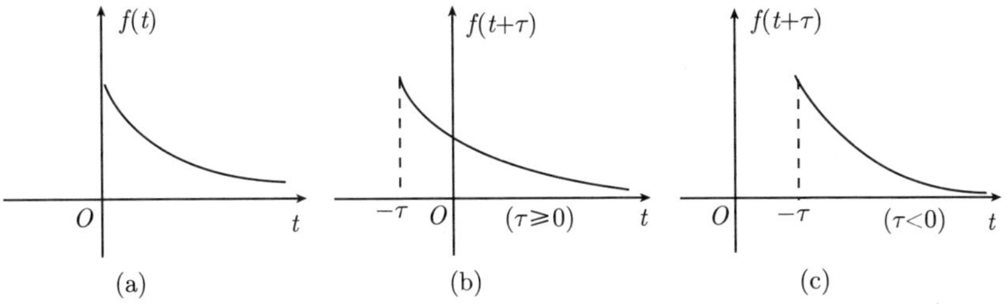

图 7.7.3

综上所述, 自相关函数

$$R(\tau)=\frac{\mathrm{e}^{-\alpha|\tau|}}{2\alpha}$$

再由式 (7.7.9) 可求得能量谱密度

$$\begin{aligned}S(\omega)=F[R(\tau)]&=2\int_{-\infty}^{\infty}R(\tau)\cos\omega\tau\mathrm{d}\tau\\&=2\int_0^{+\infty}\frac{\mathrm{e}^{-\alpha\tau}}{2\alpha}\cos\omega\tau\mathrm{d}\tau\\&=\frac{1}{\alpha}\int_0^{+\infty}\mathrm{e}^{-\alpha\tau}\cos\omega\tau\mathrm{d}\tau=\frac{1}{\beta^2+\omega^2}\end{aligned}$$

求函数的自相关函数 $R(\tau)$ 时往往要进行分段积分, 这有时是很复杂的. 为避免这种麻烦, 可先求 $F(\omega)=F[f(t)]$, 再根据

$$S(\omega)=|F(\omega)|^2,R(\tau)=F^{-1}[S(\omega)]$$

求出结果, 如在本例中

$$F(\omega)=F[f(t)]=\int_{-\infty}^{+\infty}f(t)\mathrm{e}^{-\mathrm{i}\omega t}\mathrm{d}t=\frac{1}{\alpha+\mathrm{i}\omega}$$

$$S(\omega)=|F(\omega)|^2=\frac{1}{\alpha^2+\omega^2}$$

$$\begin{aligned}R(\tau)=F^{-1}[S(\omega)]&=\frac{1}{2\pi}\int_{-\infty}^{+\infty}\frac{1}{\alpha^2+\omega^2}\cos\omega\tau\mathrm{d}\omega\\&=\frac{1}{2\pi}\int_{-\infty}^{+\infty}\frac{1}{\alpha^2+\omega^2}\cos\omega|\tau|\mathrm{d}\omega=\frac{1}{2\pi}\mathrm{Re}\left\{\int_{-\infty}^{+\infty}\frac{1}{\alpha^2+\omega^2}\mathrm{e}^{\mathrm{i}\omega|\tau|}\mathrm{d}\omega\right\}\\&=\frac{1}{2\pi}\mathrm{Re}\left\{2\pi\mathrm{i}\mathrm{Re}\,s\left[\frac{\mathrm{e}^{\mathrm{i}\omega}}{\alpha^2+\omega^2},\alpha\mathrm{i}\right]\right\}=\frac{1}{2\pi}\mathrm{Re}\left\{2\pi\mathrm{i}\frac{\mathrm{e}^{\mathrm{i}(\alpha\mathrm{i})|\tau|}}{2\alpha\mathrm{i}}\right\}\\&=\frac{1}{2\pi}\frac{\pi}{\alpha}\mathrm{e}^{-\alpha|\tau|}=\frac{\mathrm{e}^{-\alpha|\tau|}}{2\alpha}\end{aligned}$$

这与前面计算的结果是相同的.

*7.8 傅里叶变换的应用

傅氏变换在数学领域或在工程技术方面都有着广泛的应用. 在这里我们仅给读者简单介绍一个系统分析的频谱理论及方程求解的傅氏变换法, 由此读者可以领略傅氏变换重要价值.

7.8.1 非周期函数的频谱

在 7.1 节中, 我们知道满足狄利克雷条件且以 T 为周期的函数 $f_T(t)$ 有三角级数展开式

$$f_T(t)=\frac{a_0}{2}+\sum_{n=1}^{\infty}(a_n\cos n\omega t+b_n\sin n\omega t) \tag{7.8.1}$$

其中

$$a_n=\frac{2}{T}\int_{-T/2}^{T/2}f_T(t)\cos n\omega t\mathrm{d}t \qquad (n=0,1,2,\cdots)$$

$$b_n=\frac{2}{T}\int_{-T/2}^{T/2}f_T(t)\sin n\omega t\mathrm{d}t \qquad (n=1,2,\cdots)$$

$$\omega=\frac{2\pi}{T}$$

由此可知 $f_T(t)$ 的第 n 次谐波函数

$$a_n\cos n\omega t+b_n\sin n\omega t$$

的振辐为

$$A_n=\sqrt{a_n^2+b_n^2} \quad (n=0,1,2,\cdots) \tag{7.8.2}$$

它刻画了各次谐波的振辐随频率变化的分布情况. 这种分布情况在直角坐标系下的图形表示即是所谓的频谱图. 由于 A_n 的下标 n 取离散值, 决定了它的图形是不连续的. 这种类型频谱称为离散谱. 离散谱清楚地刻画了 $f_T(t)$ 是由哪些频率的谐波分量叠加而成, 以及各谐波分量所占的比重, 这些信息恰好是系统分析必不可少的.

例 7.8.1 求图 7.8.1 所示的周期性矩形脉冲函数 $f_T(t)$ 的离散谱.

解 如图 7.8.1 所示, $f_T(t)$ 在一周期 T 内的表达式为

$$f_T(t)=\begin{cases}0, & -\dfrac{T}{2}\leqslant t<-\dfrac{\tau}{2}\\ E, & -\dfrac{\tau}{2}\leqslant t<\dfrac{\tau}{2}\\ 0, & \dfrac{\tau}{2}\leqslant t\leqslant\dfrac{T}{2}\end{cases}$$

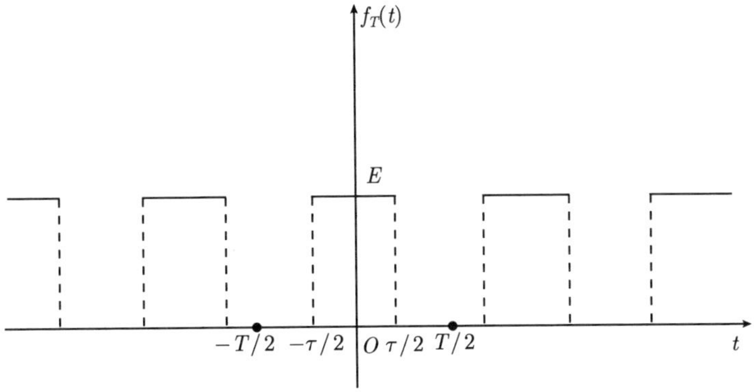

图 7.8.1

经计算可得

$$C_0 = \frac{1}{T}\int_{-T/2}^{T/2} f_T(t)\mathrm{d}t = \frac{E\tau}{T}$$

$$C_n = \frac{1}{T}\int_{-T/2}^{T/2} f_T(t)\mathrm{e}^{-\mathrm{i}n\omega t}\mathrm{d}t = \frac{E}{n\pi}\sin\frac{n\pi\tau}{T}$$

于是得 $f_T(t)$ 的频谱

$$A_0 = 2|C_0| = \frac{2E\tau}{T}$$

$$A_n = 2|C_n| = \frac{2E}{n\pi}\left|\sin\frac{n\pi\tau}{T}\right| \quad (n = \pm1, \pm2, \cdots)$$

特别取 $T = 4\tau$ 时,

$$A_0 = \frac{E}{2}, A_n = \frac{2E}{n\pi}\left|\sin\frac{n\pi}{4}\right|, \omega_n = n\omega = \frac{n\pi}{2\tau} \quad (n = \pm1, \pm2, \cdots)$$

其频谱图如图 7.8.2 所示.

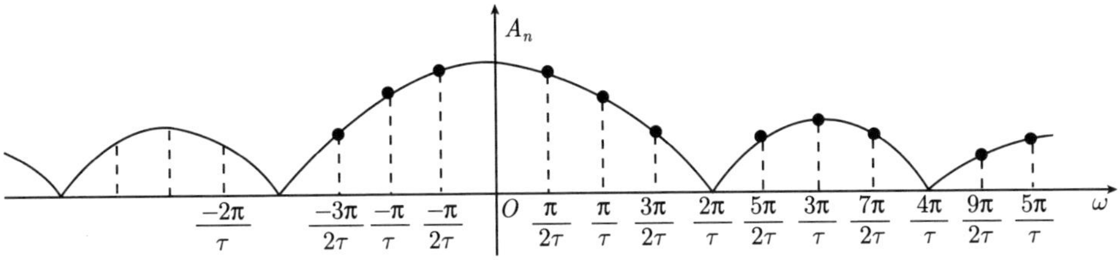

图 7.8.2

对于非周期函数 $f(t)$, 称 $f(t)$ 的傅氏变换 $F(\omega) = F[f(t)]$ 为 $f(t)$ 的频谱函数, 其模 $|F(\omega)|$ 称为 $f(t)$ 的频谱. 它是频率 ω 的连续函数. 谱线 ($|F(\omega)|$ 的图像) 是连续变化的, 所以称为连续谱. 结合离散谱不难理解连续谱的物理意义.

例 7.8.2 求指数衰减函数 $f(t)=\mathrm{e}^{-\alpha t}u(t)$ 的连续谱.

解 因为 $F(\omega)=F[f(t)]=\dfrac{1}{\alpha+\mathrm{i}\omega}$, 所以 $|F(\omega)|=\dfrac{1}{\alpha^2+\omega^2}$ 的连续谱, 如图 7.8.3 所示.

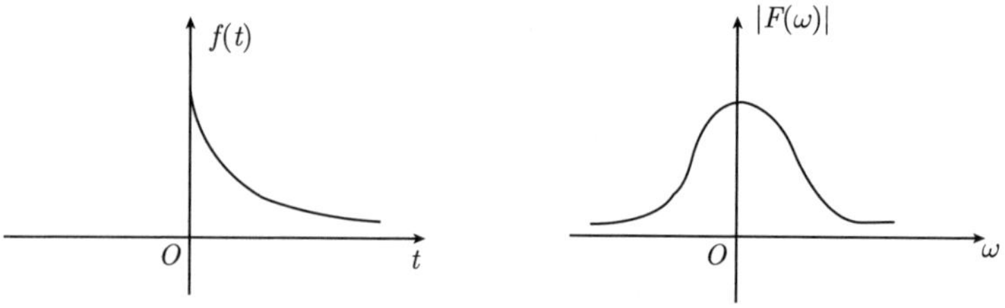

图 7.8.3

例 7.8.3 求三角形脉冲函数

$$f(t)=\begin{cases}\dfrac{2E}{\tau}\left(t+\dfrac{\tau}{2}\right), & -\dfrac{\tau}{2}<t<0\\ -\dfrac{2E}{\tau}\left(t-\dfrac{\tau}{2}\right), & 0\leqslant t<\dfrac{\tau}{2}\\ 0, & |t|\geqslant\dfrac{\tau}{2}\end{cases}$$

的连续谱.

解 由于

$$\begin{aligned}F(\omega)=F[f(t)]&=\int_{-\infty}^{+\infty}f(t)\mathrm{e}^{-\mathrm{i}\omega t}\mathrm{d}t=2\int_{0}^{+\infty}f(t)\mathrm{e}^{-\mathrm{i}\omega t}\mathrm{d}t\\&=-\frac{4E}{\tau}\left[\int_0^{\tau/2}t\cos\omega t\mathrm{d}t-\frac{\tau}{2}\int_0^{\tau/2}\cos\omega t\mathrm{d}t\right]\\&=\frac{4E}{\tau\omega^2}\left(1-\cos\frac{\omega\tau}{2}\right)=\frac{8E}{\tau\omega^2}\sin^2\frac{\omega\tau}{4}\end{aligned}$$

从而

$$|F(\omega)|=\frac{8E}{\tau\omega^2}\sin^2\frac{\omega\tau}{4}$$

频谱图如图 7.8.4 所示.

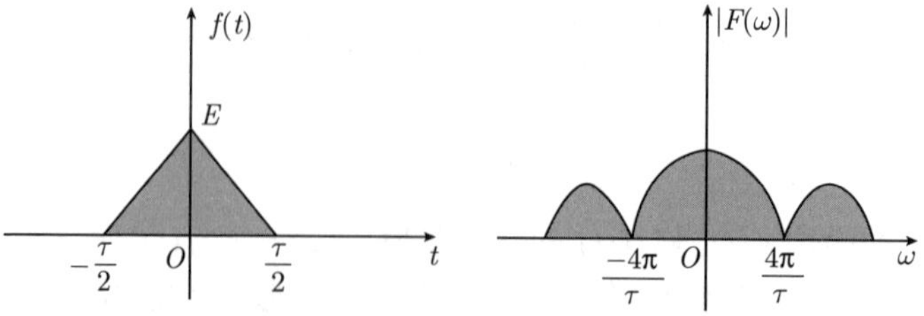

图 7.8.4

其实频谱函数 $F(\omega)$ 不仅其模 $|F(\omega)|$ 是频率 ω 的函数, 其辐角

$$\varphi(\omega)=\arctan\frac{\displaystyle\int_{-\infty}^{+\infty}f(t)\cos\omega t\mathrm{d}t}{\displaystyle\int_{-\infty}^{+\infty}f(t)\sin\omega t\mathrm{d}t} \tag{7.8.3}$$

也是频率 ω 的函数, 反映 $f(t)$ 的各频率分量之间的相位关系. 通常称为相角频谱, 在系统分析中也是一个重要指标. 读者可参考有关资料, 这里不再讨论.

7.8.2 傅氏变换在求解方程中的应用举例

例 7.8.4 求具有电动势 $f(t)$ 的 LRC 电路 (图 7.8.5) 的电流, 其中, L 是电感, R 是电阻, C 是电容, $f(t)$ 是电动势.

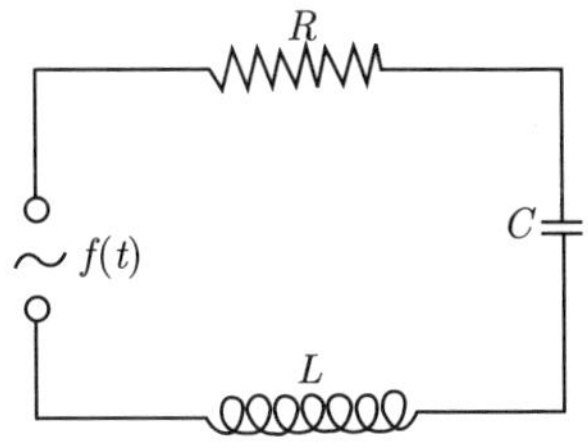

图 7.8.5

解 设 $I(t)$ 表示电路在 t 时刻的电流, 根据基尔霍夫定律 $I(t)$ 适合如下积分、微分方程

$$L\frac{\mathrm{d}I}{\mathrm{d}t}+RI+\frac{1}{C}\int_{-\infty}^{t}I\mathrm{d}t=f(t) \tag{7.8.4}$$

对式 (7.8.4) 两端关于 t 求导, 得

$$L\frac{\mathrm{d}^2I}{\mathrm{d}^2t}+R\frac{\mathrm{d}I}{\mathrm{d}t}+\frac{1}{C}I=f'(t) \tag{7.8.5}$$

再利用傅氏变换的性质对式 (7.8.5) 两端取傅氏变换, 并记 $I(\omega)=F[I(t)]$, $F(\omega)=F[f(t)]$, 有

$$-L\omega^2I(\omega)+R(\mathrm{i}\omega)I(\omega)+\frac{1}{C}I(\omega)=\mathrm{i}\omega F(\omega)$$

从而

$$I(\omega)=\frac{\mathrm{i}\omega F(\omega)}{R\mathrm{i}\omega+\dfrac{1}{C}-L\omega^2}$$

再求其傅氏逆变换, 有

$$I(t)=F^{-1}[I(\omega)]=\frac{1}{2\pi}\int_{-\infty}^{\infty}\frac{\mathrm{i}\omega F(\omega)\mathrm{e}^{\mathrm{i}\omega t}}{R\mathrm{i}\omega+\dfrac{1}{C}-L\omega^2}\mathrm{d}\omega$$

例 7.8.5 求解热传导方程的柯西问题

$$\begin{cases}\dfrac{\partial u}{\partial t}=a^2\dfrac{\partial^2u}{\partial x^2}+f(x,t), & -\infty<x<+\infty, t\geqslant 0 \quad (7.8.6)\\ u(x,0)=\varphi(x), & -\infty<x<+\infty \quad (7.8.7)\end{cases}$$

解 对变量 x 进行傅氏变换, 记

$$U(\omega,t)=F[u(x,t)],F(\omega,t)=F[f(x,t)]$$

于是式 (7.8.6) 和式 (7.8.7) 变为

$$\begin{cases}\dfrac{\mathrm{d}U(\omega,t)}{\mathrm{d}t}=-a\omega^2U(\omega,t)+F(\omega,t) & (7.8.8)\\ U(\omega,0)=\varPhi(\omega) & (7.8.9)\end{cases}$$

一阶常微分方程 (7.8.8) 的通解为

$$\begin{aligned}U(\omega,t)&=\mathrm{e}^{-\int a^2\omega^2\mathrm{d}t}\left(\int_0^t F(\omega,\tau)\mathrm{e}^{a^2\omega^2\tau}\mathrm{d}\tau+C\right)\\&=C\mathrm{e}^{-a^2\omega^2t}+\int_0^t F(\omega,\tau)\mathrm{e}^{-a^2\omega^2(t-\tau)}\mathrm{d}\tau\end{aligned}$$

利用条件式 (7.8.9), 得 $C=\varPhi(\omega)$, 故式 (7.8.8) 和式 (7.8.9) 的解为

$$U(\omega,t)=\varPhi(\omega)\mathrm{e}^{-a^2\omega^2t}+\int_0^t F(\omega,\tau)\mathrm{e}^{-a^2\omega^2(t-\tau)}\mathrm{d}\tau$$

注意 $\mathrm{e}^{-a^2\omega^2t}$ 的原像函数为

$$\begin{aligned}F^{-1}[\mathrm{e}^{-a^2\omega^2t}]&=\frac{1}{2\pi}\int_{-\infty}^{+\infty}\mathrm{e}^{-(a^2\omega^2t-i\omega t)}\mathrm{d}\omega\\&=\frac{1}{2\pi}\int_{-\infty}^{+\infty}\mathrm{e}^{-a^2\omega^2t}\cos\omega x\mathrm{d}\omega=\frac{1}{2a\sqrt{\pi t}}\mathrm{e}^{-x^2/(4a^2t)}\end{aligned}$$

同理

$$F^{-1}[\mathrm{e}^{-a^2\omega^2(t-\tau)}]=\frac{1}{2a\sqrt{\pi(t-\tau)}}\mathrm{e}^{-x^2/[4a^2(t-\tau)]}$$

因此, 由卷积定理, 得

$$\begin{aligned}u(x,t)=&\frac{1}{2a\sqrt{\pi t}}\int_{-\infty}^{+\infty}\varphi(\xi)\mathrm{e}^{-(x-\xi)^2/(4a^2t)}\mathrm{d}\xi\\&+\frac{1}{2a\sqrt{\pi}}\int_0^t\int_{-\infty}^{+\infty}\frac{f(\xi,\tau)}{\sqrt{t-\tau}}\mathrm{e}^{-(x-\xi)^2/[4a^2(t-\tau)]}\mathrm{d}\xi\mathrm{d}\tau\end{aligned}$$

*7.9 多维傅里叶变换

本节把在一维空间中实现的一元函数的傅氏变换理论, 推广到二维、三维空间中去. 这种推广不论在数学理论上还是实际应用上的必要性是不言而喻的. 在这里我们首先给出二、三维傅氏变换的概念以及更一般的 n 维傅氏变换概念. 最后我们讨论多维傅氏变换的一些重要性质.

7.9.1 多维傅氏变换的概念

设二元函数 $f(t,s)$ 在 $-\infty < t,s < +\infty$ 内有定义且绝对可积, 先将 $f(t,s)$ 中的变量 s 看作常量, 对于变量 t 取傅氏变换, 得

$$G(\omega_1,s)=\int_{-\infty}^{+\infty}f(t,s)\mathrm{e}^{-\mathrm{i}\omega_1 t}\mathrm{d}t \tag{7.9.1}$$

再将 $G(\omega_1,s)$ 对于变量 s 取傅氏变换, 得

$$F(\omega_1,\omega_2)=\int_{-\infty}^{+\infty}G(\omega_1,s)\mathrm{e}^{-\mathrm{i}\omega_2 s}\mathrm{d}s \tag{7.9.2}$$

将式 (7.9.2) 代入式 (7.9.1), 得函数 $F(\omega_1,\omega_2)$ 与函数 $f(t,s)$ 如下关系式

$$F(\omega_1,\omega_2)=\int_{-\infty}^{+\infty}\mathrm{d}s\int_{-\infty}^{+\infty}f(t,s)\mathrm{e}^{-\mathrm{i}(\omega_1 t+\omega_2 s)}\mathrm{d}t=\int_{-\infty}^{+\infty}\int_{-\infty}^{+\infty}f(t,s)\mathrm{e}^{-\mathrm{i}(\omega_1 t+\omega_2 s)}\mathrm{d}t\mathrm{d}s \tag{7.9.3}$$

称为函数 $f(t,s)$ 的二维傅氏变换式. 函数 $F(\omega_1,\omega_2)$ 称为 $f(t,s)$ 的二维傅氏变换, 记作 $F(\omega_1,\omega_2)=F^2[f(t,s)]$. 反过来, 先对式 (7.9.2) 取傅氏逆变换, 得

$$G(\omega_1,s)=\frac{1}{2\pi}\int_{-\infty}^{+\infty}F(\omega_1,\omega_2)\mathrm{e}^{\mathrm{i}\omega_2 s}\mathrm{d}\omega_2 \tag{7.9.4}$$

再对式 (7.9.3) 傅氏逆变换, 得

$$f(t,s)=\frac{1}{2\pi}\int_{-\infty}^{+\infty}G(\omega_1,s)\mathrm{e}^{\mathrm{i}\omega_1 t}\mathrm{d}\omega_1 \tag{7.9.5}$$

将式 (7.9.4) 代入式 (7.9.5) 得 $F(\omega_1,\omega_2)$ 与 $f(t,s)$ 的关系式

$$\begin{aligned}f(t,s)&=\frac{1}{(2\pi)^2}\int_{-\infty}^{+\infty}\mathrm{d}\omega_1\int_{-\infty}^{+\infty}F(\omega_1,\omega_2)\mathrm{e}^{\mathrm{i}(\omega_1 t+\omega_2 s)}\mathrm{d}\omega_2\\&=\frac{1}{(2\pi)^2}\int_{-\infty}^{+\infty}\int_{-\infty}^{+\infty}F(\omega_1,\omega_2)\mathrm{e}^{\mathrm{i}(\omega_1 t+\omega_2 s)}\mathrm{d}\omega_1\mathrm{d}\omega_2\end{aligned} \tag{7.9.6}$$

称为 $F(\omega_1,\omega_2)$ 的二维傅氏逆变换式, $f(t,s)$ 称为 $F(\omega_1,\omega_2)$ 的二维傅氏逆变换, 记作 $f(t,s)=F^{-2}[F(\omega_1,\omega_2)]$.

显然, 为了保证上述定义中的傅氏变换对的存在, 函数 $f(t,s)$ 应该满足一定的条件. 从数学理论上讲, 探讨这些条件无疑是重要的, 也是有意义的. 但是, 从傅氏变换应用的角度出发, 作为时间或空间函数而客观上存在的物理量, 物理上的存在性是傅氏变换存在的充分条件. 例如, 我们无须怀疑系统的频率响应的存在性, 这在数学上归结为傅氏变换. 即使一些不满足傅氏变换充分条件的函数, 如 δ 函数,

正弦、余弦函数, 也可考虑它们的广义傅氏变换, 而广义傅氏变换在应用上也给出符合实际的结果. 所以, 这里所涉及的函数都认为存在相应的傅氏变换, 而不去对存在性的条件进行讨论.

另外, 从二维傅氏变换与逆变换式定义式 (7.9.3) 和式 (7.9.6) 可知二维傅氏变换可以通过两次取一维傅氏变换而得到, 这给求二维傅氏变换提供了一种途径.

同样道理可以定义三维傅氏变换与逆变换如下:

$$\left.\begin{aligned}
&F(\omega_1,\omega_2,\omega_3)\\
&=\int_{-\infty}^{+\infty}\mathrm{d}z\int_{-\infty}^{+\infty}\mathrm{d}s\int_{-\infty}^{+\infty}f(t,s,z)\mathrm{e}^{-\mathrm{i}(\omega_1 t+\omega_2 s+\omega_3 z)}\mathrm{d}z\\
&=\int_{-\infty}^{+\infty}\int_{-\infty}^{+\infty}\int_{-\infty}^{+\infty}f(t,s,z)\mathrm{e}^{-\mathrm{i}(\omega_1 t+\omega_2 s+\omega_3 z)}\mathrm{d}t\mathrm{d}s\mathrm{d}z\\
&=F^3[f(t,s,z)]\\
&f(t,s,z)=\frac{1}{(2\pi)^3}\int_{-\infty}^{+\infty}\mathrm{d}\omega_1\int_{-\infty}^{+\infty}\mathrm{d}\omega_2\int_{-\infty}^{+\infty}F(\omega_1,\omega_2,\omega_3)\mathrm{e}^{\mathrm{i}(\omega_1 t+\omega_2 s+\omega_3 z)}\mathrm{d}\omega_3\\
&\qquad=\frac{1}{(2\pi)^3}\int_{-\infty}^{+\infty}\int_{-\infty}^{+\infty}\int_{-\infty}^{+\infty}F(\omega_1,\omega_2,\omega_3)\mathrm{e}^{\mathrm{i}(\omega_1 t+\omega_2 s+\omega_3 z)}\mathrm{d}\omega_1\mathrm{d}\omega_2\mathrm{d}\omega_3\\
&\qquad=F^{-3}[F(\omega_1,\omega_2,\omega_3)]
\end{aligned}\right\}\tag{7.9.7}$$

更一般地, 在 n 维空间中, 设 n 元函数 $f(t_1,t_2,\cdots,t_n)$, 在 $-\infty<t_1,t_2,\cdots,t_n<+\infty$ 中有定义, 它的傅氏变换及其逆变换定义如下:

$$\left.\begin{aligned}
&F(\omega_1,\omega_2,\cdots,\omega_n)=F^n[f(t_1,t_2,\cdots,t_n)]\\
&=\int_{-\infty}^{+\infty}\mathrm{d}t_n\int_{-\infty}^{+\infty}\mathrm{d}t_{n-1}\cdots\int_{-\infty}^{+\infty}f(t_1,\cdots,t_{n-1},t_n)\mathrm{e}^{-\mathrm{i}(\omega_1 t_1+\cdots+\omega_{n-1}t_{n-1}+\omega_n t_n)}\mathrm{d}t_1\\
&=\int_{-\infty}^{+\infty}\int_{-\infty}^{+\infty}\cdots\int_{-\infty}^{+\infty}f(t_1,\cdots,t_{n-1},t_n)\mathrm{e}^{-\mathrm{i}(\omega_1 t_1+\cdots+\omega_{n-1}t_{n-1}+\omega_n t_n)}\mathrm{d}t_1\cdots\mathrm{d}t_{n-1}\mathrm{d}t_n\\
&f(t_1,t_2,\cdots,t_n)\\
&=F^{-n}[F(\omega_1,\omega_2,\cdots,\omega_n)]\\
&=\frac{1}{(2\pi)^n}\int_{-\infty}^{+\infty}\mathrm{d}\omega_1\int_{-\infty}^{+\infty}\mathrm{d}\omega_2\cdots\int_{-\infty}^{+\infty}F(\omega_1,\omega_2,\cdots,\omega_n)\mathrm{e}^{\mathrm{i}(\omega_1 t_1+\omega_2 t_2+\cdots+\omega_n t_n)}\mathrm{d}\omega_n\\
&=\frac{1}{(2\pi)^n}\int_{-\infty}^{+\infty}\int_{-\infty}^{+\infty}\cdots\int_{-\infty}^{+\infty}F(\omega_1,\omega_2,\cdots,\omega_n)\mathrm{e}^{\mathrm{i}(\omega_1 t_1+\omega_2 t_2+\cdots+\omega_n t_n)}\mathrm{d}\omega_1\mathrm{d}\omega_2\cdots\mathrm{d}\omega_n
\end{aligned}\right\}\tag{7.9.8}$$

例 7.9.1 求高斯分布函数 $f(t,s)=E\mathrm{e}^{-\alpha^2(t^2+s^2)}$ 的二维傅氏变换及积分表达式.

解 由式 (7.9.3), 知

$$\begin{aligned}F(\omega_2,\omega_2)=F^2[f(t,s)]&=\int_{-\infty}^{+\infty}\mathrm{d}s\int_{-\infty}^{+\infty}f(t,s)\mathrm{e}^{-\mathrm{i}(\omega_1t+\omega_2s)}\mathrm{d}t\\&=\int_{-\infty}^{+\infty}\mathrm{d}s\int_{-\infty}^{+\infty}E\mathrm{e}^{-\alpha^2(t^2+s^2)}\mathrm{e}^{-\mathrm{i}(\omega_1t+\omega_2s)}\mathrm{d}t\\&=E\left(\int_{-\infty}^{+\infty}\mathrm{e}^{-\alpha^2s^2-\mathrm{i}\omega_2s}\mathrm{d}s\right)\cdot\left(\int_{-\infty}^{+\infty}\mathrm{e}^{-\alpha^2t^2-\mathrm{i}\omega_1t}\mathrm{d}t\right)\end{aligned}$$

而

$$\begin{aligned}\int_{-\infty}^{+\infty}\mathrm{e}^{-\alpha^2t^2-\mathrm{i}\omega_1t}\mathrm{d}t&=\int_{-\infty}^{+\infty}\mathrm{e}^{-\alpha^2[t^2+\frac{\mathrm{i}\omega_1}{\alpha^2}t+(\frac{\mathrm{i}\omega_1}{2\alpha^2})^2-(\frac{\mathrm{i}\omega_1}{2\alpha^2})^2]}\mathrm{d}t\\&=\mathrm{e}^{-\omega_1^2/(4\alpha^2)}\int_{-\infty}^{+\infty}\mathrm{e}^{-\alpha^2(t+\frac{\mathrm{i}\omega_1}{2\alpha^2})^2}\mathrm{d}\left(t+\frac{\mathrm{i}\omega_1}{2\alpha^2}\right)\\&=\frac{\sqrt{\pi}}{\alpha}\mathrm{e}^{-\omega_1^2/(4\alpha^2)}\end{aligned}$$

同理

$$\int_{-\infty}^{+\infty}\mathrm{e}^{-\alpha^2s^2-\mathrm{i}\omega_2s}\mathrm{d}s=\frac{\sqrt{\pi}}{\alpha}\mathrm{e}^{-\omega_2^2/(4\alpha^2)}$$

于是 $f(t,s)=E\mathrm{e}^{-\alpha^2(t^2+s^2)}$ 的二维傅氏变换

$$F(\omega_1\cdot\omega_2)=E\left(\frac{\sqrt{\pi}}{\alpha}\mathrm{e}^{-\omega_1^2/(4\alpha^2)}\right)\cdot\left(\frac{\sqrt{\pi}}{\alpha}\mathrm{e}^{-\omega_2^2/(4\alpha^2)}\right)=\frac{E\pi}{\alpha^2}\mathrm{e}^{-(\omega_1^2+\omega_2^2)/(4\alpha^2)}$$

再由式 (7.9.5), 得

$$\begin{aligned}f(t,s)=F^{-2}[F(\omega_1,\omega_2)]&=\frac{1}{(2\pi)^2}\int_{-\infty}^{+\infty}\mathrm{d}\omega_1\int_{-\infty}^{+\infty}F_1(\omega_1,\omega_2)\mathrm{e}^{\mathrm{i}(\omega_1t+\omega_2s)}\mathrm{d}\omega_2\\&=\frac{E}{4\alpha^2\pi}\int_{-\infty}^{+\infty}\mathrm{d}\omega_1\int_{-\infty}^{+\infty}\mathrm{e}^{-[(\omega_1^2+\omega_2^2)/(4\alpha^2)-\mathrm{i}(\omega_1t+\omega_2s)]}\mathrm{d}\omega_2\end{aligned}$$

7.9.2 多维傅氏变换的性质

一维傅氏变换的某些性质, 可以推广到多维的情形. 下面不加证明地把它们介绍给读者, 当然读者可以依照前面的证法自行证明.

性质 7.9.1 (线性性质) 记 $F_j(\omega_1,\omega_2,\cdots,\omega_n)=F^n[f_j(t_1,t_2,\cdots,t_n)], j=1,2,\cdots,m$, 则有

$$\left.\begin{aligned}F^n\left[\sum_{i=1}^{m}k_jf_j(t_1,t_2,\cdots,t_n)\right]&=\sum_{i=1}^{m}k_jF^n[f_j(t_1,t_2,\cdots,t_n)]\\&=\sum_{i=1}^{m}k_jF_j(\omega_1,\omega_2,\cdots,\omega_n)\\F^{-n}\left[\sum_{i=1}^{m}k_jF_j(\omega_1,\omega_2,\cdots,\omega_n)\right]&=\sum_{i=1}^{m}k_jF^{-n}[F_j(\omega_1,\omega_2,\cdots,\omega_n)]\\&=\sum_{i=1}^{m}k_jf_j(t_1,t_2,\cdots,t_n)\end{aligned}\right\}\tag{7.9.9}$$

性质 7.9.2 (位移性质) 记 $F(\omega_1,\omega_2,\cdots,\omega_n)=F[f(t_1,t_2,\cdots,t_n)]$, 则

$$\left.\begin{aligned}&F^n[f(t_1\pm t_1^0,t_2\pm t_2^0,\cdots,t_n\pm t_n^0)]\\&=\mathrm{e}^{\pm\mathrm{i}(t_1^0\omega_1+t_2^0\omega_2+\cdots+t_n^0\omega_n)}F(\omega_1,\omega_2,\cdots,\omega_n)\\&F^n[\mathrm{e}^{\pm\mathrm{i}(t_1\omega_1^0+t_2\omega_2^0+\cdots+t_n\omega_n^0)}f(t_1,t_2,\cdots,t_n)]\\&=F(\omega_1\mp\omega_1^0,\omega_2\mp\omega_2^0,\cdots,\omega_n\mp\omega_n^0)\end{aligned}\right\}\tag{7.9.10}$$

这里 $t_1^0,t_2^0,\cdots,t_n^0;\omega_1^0,\omega_2^0,\cdots,\omega_n^0$ 均为常数.

性质 7.9.3 (微商性质) 记 $F(\omega_1,\omega_2,\cdots,\omega_n)=F[f(t_1,t_2,\cdots,t_n)]$. 则有

$$F^n\left[\frac{\partial F(\omega_1,\omega_2,\cdots,\omega_n)}{\partial\omega_j}\right]=(\mathrm{i}\omega_j)F(\omega_1,\omega_2,\cdots,\omega_n)$$

$$j=1,2,\cdots,n\tag{7.9.11}$$

性质 7.9.4 (卷积定理) 设 $F_j(\omega_1,\omega_2,\cdots,\omega_n)=F^n[f_j(t_1,t_2,\cdots,t_n)], j=1,2$, 则

$$\left.\begin{aligned}&F^n[f_1(t_1,t_2,\cdots,t_n)*f_2(t_1,t_2,\cdots,t_n)]\\&=F_1(\omega_1,\omega_2,\cdots,\omega_n)\cdot F_2(\omega_1,\omega_2,\cdots,\omega_n)\\&F^n[f_1(t_1,t_2,\cdots t_n)*f_2(t_1,t_2,\cdots,t_n)]\\&=\frac{1}{2\pi}F_1(\omega_1,\omega_2,\cdots,\omega_n)\cdot F_2(\omega_1,\omega_2,\cdots,\omega_n)\end{aligned}\right\}\tag{7.9.12}$$

这里定义两个 n 元函数的卷积

$$\begin{aligned}&f_1(t_1,t_2,\cdots,t_n)*f_2(t_1,t_2,\cdots,t_n)\\&=\int_{-\infty}^{+\infty}\int_{-\infty}^{+\infty}\cdots\int_{-\infty}^{+\infty}f_1(\tau_1,\tau_2,\cdots,\tau_n)f_2(t_1-\tau_1,t_2-\tau_2,\cdots,t_n-\tau_n)\mathrm{d}\tau_1\mathrm{d}\tau_2\cdots\mathrm{d}\tau_n\end{aligned}$$

第 7 章小结

一、傅氏积分定理、傅氏变换的概念

1. 傅氏积分定理: 若 $f(t)$ 在 $(-\infty, +\infty)$ 上满足

(1) $f(t)$ 在任一有限区间满足狄氏条件;

(2) $f(t)$ 在无限区间 $(-\infty, +\infty)$ 上绝对可积, 即

$$\int_{-\infty}^{+\infty} |f(t)|\mathrm{d}t < \infty$$

则 $f(t)$ 的傅里叶积分公式收敛, 且

$$\frac{1}{2\pi}\int_{-\infty}^{+\infty}\left[\int_{-\infty}^{+\infty} f(t)\mathrm{e}^{-\mathrm{i}\omega t}\mathrm{d}t\right]\mathrm{e}^{\mathrm{i}\omega t}\mathrm{d}\omega$$
$$=\begin{cases} f(t), & t\text{是}f(t)\text{的连续点} \\ \dfrac{f(t+0)+f(t-0)}{2}, & t\text{是}f(t)\text{的第一类间断点} \end{cases}$$

2. 傅氏变换

令

$$F(\omega) = \int_{-\infty}^{+\infty} f(t)\mathrm{e}^{-\mathrm{i}\omega t}\mathrm{d}t$$

称为 $f(t)$ 的傅里叶积分变换, 简称傅氏变换. 令

$$f(t) = \frac{1}{2\pi}\int_{-\infty}^{+\infty} F(\omega)\mathrm{e}^{\mathrm{i}\omega t}\mathrm{d}\omega$$

称为 $F(\omega)$ 的傅里叶积分逆变换, 简称为傅氏逆变换.

3. 单位脉冲函数 $\delta(t)$ 及其性质

称一个函数为 δ 函数, 并记作 $\delta(t)$, 如果它满足

$$\delta(t-t_0) = \begin{cases} 0, & t\neq t_0 \\ \infty, & t = t_0 \end{cases}, \quad \int_{-\infty}^{+\infty}\delta(t)\mathrm{d}t = 1$$

性质 1(筛选性质) 对于任意一个在区间 $(-\infty,+\infty)$ 上连续的函数 $f(t)$, 恒有

$$\int_{-\infty}^{+\infty}\delta(t-t_0)f(t)\mathrm{d}t = f(t_0)$$

成立.

性质 2 (坐标缩放性质) 设 $a\in\mathbb{R}, a\neq 0$, 则

$$\delta(at) = \frac{1}{|a|}\delta(t)$$

特别有 $\delta(-t)=\delta(t)$, 即 $\delta(t)$ 是偶函数.

性质 3 $\delta^{(n)}(-t)=(-1)^n\delta^{(n)}(t)$.

性质 4 设函数 $g(t)$ 在 $(-\infty,+\infty)$ 上连续, 则

$$g(t)\delta(t-t_0)=g(t_0)\delta(t-t_0),\ \ t_0\in(-\infty,+\infty)$$

4. 一些常见函数的傅氏变换

指数衰减函数 $f(t)=\begin{cases}0, & t<0\\ \mathrm{e}^{-\beta t}, & t>0\end{cases}\ (\beta>0),\quad F[f(t)]=\dfrac{1}{\beta+\mathrm{i}\omega}$;

设单个方脉冲函数 $f(t)=\begin{cases}E, & |t|<\tau/2\\ 0, & |t|\geqslant\tau/2\end{cases}\ (\tau,E>0),\quad$ 则 $F[f(t)]=2E\dfrac{\sin\dfrac{\omega\tau}{2}}{\omega}$;

三角脉冲函数 $f(t)=\begin{cases}\dfrac{2E}{\tau}\left(t+\dfrac{\tau}{2}\right), & -\dfrac{\tau}{2}<t<0\\ -\dfrac{2E}{\tau}\left(t-\dfrac{\tau}{2}\right), & 0\leqslant t<\dfrac{\tau}{2}\\ 0, & |t|\geqslant\dfrac{\tau}{t}\end{cases}$, 则 $F[f(t)]=\dfrac{8E}{\tau\omega^2}\sin^2\dfrac{\omega\tau}{4}$;

钟形脉冲函数 $f(t)=E\mathrm{e}^{-\beta t^2}$, $F[f(t)]=E\mathrm{e}^{-\omega^2/(4\beta)}\sqrt{\dfrac{\pi}{\beta}}$;

$$F[\delta(t)]=1, F[\delta(t-t_0)]=\mathrm{e}^{-\mathrm{i}\omega t_0};$$
$$F[\mathrm{sgn}(t)]=\frac{2}{\mathrm{i}\omega};$$
$$F[u(t)]=\frac{1}{\mathrm{i}\omega}+\pi\delta(\omega);$$
$$F[\cos\omega_0 t]=\pi[\delta(\omega-\omega_0)+\delta(\omega+\omega_0)];$$
$$F[\sin\omega_0 t]=\mathrm{i}\pi[\delta(\omega+\omega_0)-\delta(\omega-\omega_0)].$$

二、傅氏变换的性质

性质 1(线性性质) 设 $k_{\mathrm{i}}\in\mathbb{C}$, $F_{\mathrm{i}}(\omega)=F[f_{\mathrm{i}}(t)], \mathrm{i}=1,2$, 则

$$F[k_1f_1(t)+k_2f_2(t)]=k_1F[f_1(t)]+k_2F[f_2(t)]$$

$$F^{-1}[k_1F_1(\omega)+k_2F_2(\omega)]=k_1F^{-1}[F_1(\omega)]+k_2F^{-1}[F_2(\omega)]$$

性质 2(对称性质) 设 $F(\omega)=F[f(t)]$, 则

$$F[F(t)]=2\pi f(-\omega),\quad F[F(-t)]=2\pi f(\omega)$$

性质 3(位移性质) 设 $F(\omega)=F[f(t)]$, 则

$$F[f(t\pm t_0)]=\mathrm{e}^{\pm\mathrm{i}\omega t_0}F[f(t)],\quad F^{-1}[F(\omega\pm\omega_0)]=\mathrm{e}^{\pm\mathrm{i}\omega_0 t}f(t)$$

性质 4(坐标缩放性质) 设 $a \in \mathbb{R}, a \neq 0$, 则

$$F[f(at)] = \frac{1}{|a|}F\left(\frac{\omega}{a}\right)$$

性质 5(乘积定理) 设 $F_k(\omega) = F[f_k(t)], k = 1, 2$, 则

$$\int_{-\infty}^{+\infty} f_1(t)f_2(t)\mathrm{d}t = \frac{1}{2\pi}\int_{-\infty}^{+\infty} \overline{F_1(\omega)}F_2(\omega)\mathrm{d}\omega = \frac{1}{2\pi}\int_{-\infty}^{+\infty} F_1(\omega)\overline{F_2(\omega)}\mathrm{d}\omega$$

性质 6(帕塞瓦尔定理) 设 $F(\omega) = F[f(t)]$, 则

$$\int_{-\infty}^{+\infty} [f(t)]^2\mathrm{d}t = \frac{1}{2\pi}\int_{-\infty}^{+\infty} |F(\omega)|^2\mathrm{d}\omega$$

性质 7(微分性质) 设 $F(\omega) = F[f(t)]$, 则

$$F[f^{(n)}(t)] = (\mathrm{i}\omega)^n F(\omega), \quad F^{-1}[F^{(n)}(\omega)] = (-\mathrm{i}t)^n f(t)$$

性质 8(积分性质) 设 $F(\omega) = F[f(t)]$, 则

$$F\left[\int_{-\infty}^{t} f(\tau)\mathrm{d}\tau\right] = \frac{F(\omega)}{\mathrm{i}\omega} + \pi F(0)\delta(\omega)$$

若当 $t \to +\infty$ 时, $\int_{-\infty}^{t} f(t)\mathrm{d}t \to 0$, 则有 $F(0) = 0$, 上式变为

$$F\left[\int_{-\infty}^{t} f(\tau)\mathrm{d}\tau\right] = \frac{F(\omega)}{\mathrm{i}\omega}$$

三、卷积与相关函数

给定定义在 $(-\infty, +\infty)$ 上的函数 $f_1(t)$ 与 $f_2(t)$, 称由含参变量 t 的广义积分所确定的函数

$$g(t) = \int_{-\infty}^{+\infty} f_1(\tau)f_2(t-\tau)\mathrm{d}\tau$$

为函数 $f_1(t)$ 与 $f_2(t)$ 的卷积, 记作 $g(t) = f_1(t) * f_2(t)$.

1. 卷积的性质

性质 1(交换性质) $f_1(t) * f_2(t) = f_2(t) * f_1(t)$

性质 2(结合性质) $[f_1(t) * f_2(t)] * f_3(t) = f_1(t) * [f_2(t) * f_3(t)]$

性质 3(线性性质) $[k_1 f_1(t) + k_2 f_2(t)] * f_3(t) = k_1 f_1(t) * f_3(t) + k_2 f_2(t) * f_3 * (t)$

性质 4(平移不变性质) 设 $g(t) = f_1(t) * f_2(t)$, 则

$$f_1(t-\alpha) * f_2(t-\beta) = \int_{-\infty}^{+\infty} f_1(\tau-\alpha)f_2(t-\beta-\tau)\mathrm{d}\tau = g(t-\alpha-\beta)$$

性质 5(坐标缩放性质) $f_1(at)*f_2(at)=\dfrac{1}{|a|}g(at)\ (a\neq 0)$

性质 6(卷积定理) 设 $F_k(\omega)=F[f_k(t)],k=1,2$, 则

$$\begin{cases} F[f_1(t)*f_2(t)]=F_1(\omega)\cdot F_2(\omega)\\ F[f_1(t)\cdot f_2(t)]=\dfrac{1}{2\pi}F_1(\omega)*F_2(\omega)\end{cases}$$

性质 7(微分性质) $\dfrac{\mathrm{d}}{\mathrm{d}t}[f_1(t)*f_2(t)]=f_1(t)*\dfrac{\mathrm{d}f_2(t)}{\mathrm{d}t}=\dfrac{\mathrm{d}f_1(t)}{\mathrm{d}t}*f_2(t)$

性质 8(积分性质) $\displaystyle\int_{-\infty}^{t}[f_1(\tau)*f_2(\tau)]\mathrm{d}\tau=f_1(t)*\int_{-\infty}^{t}f_2(\tau)\mathrm{d}\tau=f_2(t)*\int_{-\infty}^{t}f_1(\tau)\mathrm{d}\tau$

这里 $\lim\limits_{t\to-\infty}f_i(t)=f_i(-\infty)=0$, 即

$$\int_{-\infty}^{t}\frac{\mathrm{d}f_i(\tau)}{\mathrm{d}\tau}\mathrm{d}\tau=f_i(t),i=1,2$$

性质 9(微分积分性质)

$$\frac{\mathrm{d}f_1(t)}{\mathrm{d}t}*\int_{-\infty}^{t}f_2(\tau)\mathrm{d}\tau=\int_{-\infty}^{t}f_1(\tau)\mathrm{d}\tau*\frac{\mathrm{d}f_2(t)}{\mathrm{d}t}=f_1(t)*f_2(t)$$

这里 $\displaystyle\int_{-\infty}^{t}\frac{\mathrm{d}f_i(\tau)\mathrm{d}\tau}{\mathrm{d}\tau}=f_i(t),\quad i=1,2$

性质 10(其他性质)

$$f(t)*\delta(t)=f(t),$$
$$f(t)*\delta'(t)=f'(t)*\delta(t)=f'(t)$$
$$f(t)*u(t)=\int_{-\infty}^{t}f(\tau)\mathrm{d}\tau$$

2. 相关函数

对于两个不同的函数 $f_1(t)$ 与 $f_2(t)$, 则积分 $\displaystyle\int_{-\infty}^{+\infty}f_1(t)f_2(t+\tau)\mathrm{d}t$ 称为两个函数 $f_1(t)$ 和 $f_2(t)$ 的互相关函数, 记作 $R_{12}(\tau)$, 即 $R_{12}(\tau)=\displaystyle\int_{-\infty}^{+\infty}f_1(t)f_2(t+\tau)\mathrm{d}t$, 且有

$$R_{12}(\tau)=R_{21}(-\tau)$$
$$|R_{12}(\tau)|^2\leqslant R_{11}(0)R_{22}(0)$$
$$R_{12}(\tau)=\int_{-\infty}^{+\infty}f_1(t)f_2(t+\tau)\mathrm{d}t$$

$$= \frac{1}{2\pi}\int_{-\infty}^{+\infty}\overline{F_1(\omega)}F_2(\omega)\mathrm{e}^{\mathrm{i}\omega\tau}\mathrm{d}\omega$$

称 $S_{12}(\omega)=\overline{F_1(\omega)}F_2(\omega)$ 为互能量谱密度. 且有

$$S_{12}(\omega)=S_{21}(\omega)$$

$$F[R_{12}(\tau)]=S_{12}(\omega), F^{-1}[S_{12}(\omega)]=R_{12}(\tau)$$

记 $R(\tau)=\displaystyle\int_{-\infty}^{+\infty}f(t)f(t+\tau)\mathrm{d}t$，称为 $f(t)$ 的自相关函数或简记为相关函数.

$$S(\omega)=|F(\omega)|^2$$

称为 $f(t)$ 的能量谱密度, 且有 $F[R(\tau)]=S(\omega)$.

习 题 7

1. 求下列函数的傅氏积分公式.

(1) $f(t)=\begin{cases}1-t^2, & |t|<1,\\ 0, & |t|>1;\end{cases}$

(2) $f(t)=\begin{cases}0, & t<0,\\ \mathrm{e}^{-t}\sin 2t, & t\geqslant 0;\end{cases}$

(3) $f(t)=\begin{cases}-1, & -1<t<0,\\ 1, & 0<t<1,\\ 0, & \text{其他}.\end{cases}$

2. 求证如果 $f(t)$ 满足傅氏积分定理条件, 当 $f(t)$ 为奇函数时, 则有

$$f(t)=\int_0^{+\infty}b(\omega)\sin(\omega t)\mathrm{d}\omega$$

其中

$$b(\omega)=\frac{2}{\pi}\int_0^{+\infty}f(t)\sin(\omega t)\mathrm{d}t$$

当 $f(t)$ 为偶函数时, 则有

$$f(t)=\int_0^{+\infty}a(\omega)\cos(\omega t)\mathrm{d}\omega$$

其中

$$a(\omega)=\frac{2}{\pi}\int_0^{+\infty}f(t)\cos(\omega t)\mathrm{d}t$$

3. 利用第 2 题的结论, 设 $f(t)=\begin{cases}1, & |t|<1\\ 0, & |t|>1\end{cases}$，试算出 $a(\omega)$, 并推证

$$\int_0^{+\infty}\frac{\sin\omega\cos(\omega t)}{\omega}\mathrm{d}\omega=\begin{cases}\pi/2, & |t|<1\\ \pi/4, & |t|=1\\ 0, & |t|>1\end{cases}$$

4. 求下列函数的傅里叶变换

(1) $f(t)=\begin{cases}1-|t|, & |t|\leqslant 1,\\ 0, & |t|>1;\end{cases}$

(2) $f(t)=\begin{cases}E, & 0\leqslant t\leqslant \tau\\ 0, & \text{其他}\end{cases}\quad (E,\ \tau>0);$

(3) $f(t)=\begin{cases}\mathrm{e}^{-|t|}, & |t|<1/2,\\ 0, & |t|>1/2;\end{cases}$

(4) $f(t)=\dfrac{1}{\sqrt{2\pi\sigma}}\mathrm{e}^{-\frac{t^2}{2\sigma^2}}$(高斯 (Gauss) 分布函数);

(5) $f(t)=\begin{cases}0, & t\leqslant 0,\\ \mathrm{e}^{-t}\sin t, & t>0,\end{cases}$

(6) $f(t)=\begin{cases}0, & -\infty<t<-1,\\ -1, & -1\leqslant t<0,\\ 1, & 0\leqslant t<1,\\ 0, & 1\leqslant t<+\infty.\end{cases}$

5. 求下列函数的傅里叶变换, 并推证下列积分结果.

(1) $f(t)=\mathrm{e}^{-|t|}\cos t$, 证明

$$\int_0^{+\infty}\frac{\omega^2+2}{\omega^4+4}\cos(\omega t)\mathrm{d}\omega=\frac{\pi}{2}\mathrm{e}^{-|t|}\cos t$$

(2) $f(x)=\begin{cases}\sin t, & |t|\leqslant \pi,\\ 0, & |t|>\pi,\end{cases}$ 证明

$$\int_0^{+\infty}\frac{\sin(\omega\pi)\sin(\omega t)}{1-\omega^2}\mathrm{d}\omega=\begin{cases}\dfrac{\pi}{2}\sin t, & |t|\leqslant\pi\\ 0, & |t|>\pi\end{cases}$$

(3) $f(t)=\begin{cases}1-t^2, & |t|<1,\\ 0, & |t|\geqslant 1,\end{cases}$ 证明

$$\int_{-\infty}^{+\infty}\frac{t\cos t-\sin t}{t^3}\cos\frac{t}{2}\mathrm{d}t=-\frac{3}{16}\pi$$

(4) $f(t)=\mathrm{e}^{-a|t|}\ (a>0)$, 证明

$$\int_0^{\infty}\frac{\cos\omega t}{a^2+\omega^2}\mathrm{d}\omega=\frac{\pi}{2a}\mathrm{e}^{-a|t|}$$

6. 设 $f(t)$ 在 $(-\infty,+\infty)$ 上连续可微, 求证

$$f(t)\delta'(t-t_0)=f(t_0)\delta'(t-t_0)-f'(t_0)\delta(t-t_0)\quad(-\infty<t<+\infty)$$

7. 对于实常数 $a \neq 0$, 求证

$$\delta^{(n)}(at) = a^{-n}|a|^{-1}\delta^{(n)}(t)$$

8. 求证

$$\int_{-\infty}^{+\infty} \delta^{(n)}(t)\mathrm{d}t = 0, n \in \mathbb{N}$$

9. 计算下列积分

(1) $\int_{-\infty}^{+\infty} \delta(t)\sin(\omega_0 t)f(t)\mathrm{d}t$; (2) $\int_{-\infty}^{+\infty} \delta(t)\cos(\omega_0 t)f(t)\mathrm{d}t$;

(3) $\int_{-\infty}^{+\infty} \delta(t-3)(t^2+1)\mathrm{d}t$; (4) $\int_{-\infty}^{+\infty} \delta''\left(t-\frac{\pi}{4}\right)\sin t\mathrm{d}t$.

10. 求下列函数的傅氏变换

(1) $f(t) = u(t)\sin(\omega_0 t)$;

(2) $f(t) = u(t)\cos(\omega_0 t)$;

(3) $f(t) = u(t-\tau)$;

(4) $f(t) = \frac{1}{2}\left[\delta(t+t_0) + \delta(t-t_0) + \delta\left(t+\frac{t_0}{2}\right) + \delta\left(t-\frac{t_0}{2}\right)\right]$;

(5) $f(t) = \cos t \sin t$;

(6) $f(t) = \mathrm{e}^{-a|t|}\quad (\alpha > 0)$.

11. 试利用傅氏变换的性质求下列函数的傅氏变换

(1) $f_1(t) = \begin{cases} E, & |t| < 2, \\ 0, & |t| \geqslant 2, \end{cases}$

$f_2(t) = \begin{cases} -E, & |t| < 1, \\ 0, & |t| \geqslant 1, \end{cases}\qquad E > 0,$

$f(t) = 3f_1(t) + 4f_2(t)$;

(2) $f(t) = \dfrac{\alpha^2}{\alpha^2 + 4(\pi t)^2}$;

(3) $f(t) = \mathrm{e}^{-(\pi t)^2/\alpha}$;

(4) $f(t) = E\delta(t-t_0)$;

(5) $(t-2)f(-2t)$;

(6) $f(2t-5)$.

12. 利用能量积分公式, 求下列积分的值.

(1) $\int_{-\infty}^{+\infty} \frac{1-\cos t}{t^2}\mathrm{d}t$; (2) $\int_{-\infty}^{+\infty} \left(\frac{1-\cos t}{t}\right)^2\mathrm{d}t$;

(3) $\int_{-\infty}^{+\infty} \frac{t^2}{(1+t^2)^2}\mathrm{d}t$; (4) $\int_{-\infty}^{+\infty} \frac{\sin^4 t}{t^2}\mathrm{d}t$.

13. 求下列函数的傅氏变换

(1) $f(t) = \mathrm{e}^{-\alpha t}u(t)\cdot\sin\omega_0 t\quad (\alpha > 0)$;

(2) $f(t) = \mathrm{e}^{-\alpha t}u(t)\cos\omega_0 t\quad (\alpha > 0)$;

(3) $f(t) = \mathrm{e}^{\mathrm{i}\omega_0 t}u(t-t_0)$.

14. 求下列函数 $f_1(t)$ 与 $f_2(t)$ 的卷积

(1) $f_1(t) = u(t),\ \ f_2(t) = \mathrm{e}^{-at}u(t)$;

(2) $f_1(t) = \mathrm{e}^{-at}u(t),\quad f_2(t) = \sin t \cdot u(t)$;

(3) $f_1(t) = \mathrm{e}^{-t}u(t),\quad f_2(t) = \begin{cases} \sin t, & 0 < t < \dfrac{\pi}{2}, \\ 0, & \text{其他}. \end{cases}$

15. 求出 $f(t) = E\dfrac{\sin \omega_0 t}{t}$ 的频谱函数, 并画出它的频谱图.

16. 求下图所示的锯齿形波的频谱函数, 并画出它的频谱图.

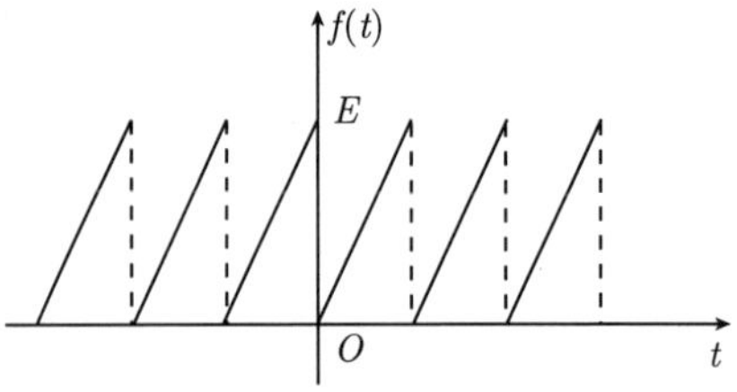

17. 利用傅氏变换, 证明弦振动方程问题.

$$\frac{\partial^2 u}{\partial t^2} = a^2\frac{\partial^2 u}{\partial x^2}\ \ (-\infty < x < +\infty,\ \ t > 0)$$

$$u(x,0) = \varphi(x),\quad \left.\frac{\partial u}{\partial t}\right|_{(x,0)} = \psi(x)\quad (-\infty < x < +\infty)$$

的解, 由达朗贝尔 (d' Alembert) 公式给出

$$u(x,t) = \frac{1}{2}[\varphi(x+at) + \varphi(x-at)] + \frac{1}{2a}\int_{x-at}^{x+at}\psi(\tau)\mathrm{d}\tau$$

第8章 拉普拉斯变换

拉普拉斯变换理论 (也称为算子微积分) 是在 19 世纪末发展起来的. 首先是英国工程师海维赛德发明了用运算法解决当时电工计算中出现的一些问题, 但是缺乏严密的数学论证. 后来由法国数学家拉普拉斯 (Laplace) 给出严密的数学定义, 称为拉普拉斯变换 (简称拉氏变换) 方法. 此后, 拉氏变换的方法在电学、力学等众多的工程技术与科学研究领域中得到广泛的应用.

本章首先介绍拉氏变换的定义, 存在定理及一些重要性质; 讨论逆变换的求法. 作为拉氏变换的应用, 我们讨论了在解方程中的拉氏变换法.

8.1 拉普拉斯变换的概念

8.1.1 拉氏变换的定义

第 7 章已经指出, 在古典意义下傅里叶变换存在的条件是 $f(t)$ 除满足狄利克雷条件以外, 还要在 $(-\infty,+\infty)$ 上绝对可积. 许多常见的初等函数, 如常数函数、多项式、正弦与余弦函数等都不满足这个要求. 另外, 在物理、线性控制等实际应用中, 许多以时间 t 为自变量的函数, 往往当 $t<0$ 时没有意义, 或者不需要知道 $t<0$ 的情况. 因此, 傅里叶变换要求函数的条件比较强, 在实际应用中受到了一些限制.

为了解决上述问题, 人们发现对于任意一个不满足上述条件的函数 $\varphi(t)$, 经过适当地改造能够使其满足在古典意义下的傅氏变换. 首先我们将 $\varphi(t)$ 乘以单位阶跃函数

$$u(t)=\begin{cases}0, & t<0\\ 1, & t>0\end{cases}$$

得到

$$F[\varphi(t)u(t)]=\int_{-\infty}^{+\infty}\varphi(t)u(t)\mathrm{e}^{-\mathrm{i}\omega t}\mathrm{d}t=\int_{0}^{+\infty}f(t)\mathrm{e}^{-\mathrm{i}\omega t}\mathrm{d}t$$

式中 $f(t)=\varphi(t)u(t)$. 这样当 $t<0$ 时, $\varphi(t)$ 在没有定义或者不需要知道的情况下问题解决了. 但是仍不能回避 $f(t)$ 在 $[0,+\infty)$ 绝对可积的限制. 为此, 我们考虑当 $t\to+\infty$ 时, 衰减速度很快的函数, 即指数衰减函数 $\mathrm{e}^{-\beta t}(\beta>0)$, 可得

$$F[\varphi(t)u(t)e^{-\beta t}]=\int_0^{+\infty}f(t)\mathrm{e}^{-\beta t}\mathrm{e}^{-\mathrm{i}\omega t}\mathrm{d}t=\int_0^{+\infty}f(t)\mathrm{e}^{-(\beta+\mathrm{i}\omega)t}\mathrm{d}t$$
$$=\int_0^{+\infty}f(t)\mathrm{e}^{-st}\mathrm{d}t\quad(s=\beta+\mathrm{i}\omega)$$

上式可写成

$$F(s)=\int_0^{+\infty}f(t)\mathrm{e}^{-st}\mathrm{d}t$$

这是由实函数 $f(t)$ 通过一种新的变换得到的复变函数, 这种变换就是本节要定义的拉普拉斯变换, 简称拉氏变换.

定义 8.1.1 设 $f(t)$ 在 $t\geqslant 0$ 上有定义, 且积分 $F(s)=\displaystyle\int_0^{+\infty}f(t)\mathrm{e}^{-st}\mathrm{d}t$($s$ 是复参变量) 对复平面上某一范围的 s 收敛, 则由这个积分确定的函数

$$F(s)=\int_0^{+\infty}f(t)\mathrm{e}^{-st}\mathrm{d}t \tag{8.1.1}$$

称为函数 $f(t)$ 的**拉普拉斯变换**, 简称为 $f(t)$ 的**拉氏变换**, 并记作 $L[f(t)]$, 即

$$F(s)=L[f(t)]=\int_0^{+\infty}f(t)\mathrm{e}^{-st}\mathrm{d}t$$

在式 (8.1.1) 中的 $F(s)$ 称为 $f(t)$ 的**像函数**, $f(t)$ 称为 $F(s)$ 的**像原函数**.

若 $F(s)$ 是 $f(t)$ 的拉氏变换, 则称 $f(t)$ 为 $F(s)$ 的**拉氏逆变换**(或称为**像原函数**), 记作

$$f(t)=L^{-1}[F(s)]$$

由式 (8.1.1) 可知, 函数 $f(t)(t\geqslant 0)$ 的拉氏变换, 实际上就是函数 $f(t)u(t)\mathrm{e}^{-\beta t}$ 的傅氏变换.

例 8.1.1 求单位阶跃函数

$$u(t)=\begin{cases}0, & t<0\\ 1, & t>0\end{cases}$$

的拉氏变换.

解 根据定义, 当 $\mathrm{Re}s>0$ 时

$$L[u(t)]=\int_0^{+\infty}\mathrm{e}^{-st}\mathrm{d}t=-\frac{1}{s}\mathrm{e}^{-st}\Big|_0^{+\infty}=\frac{1}{s}$$

故

$$L[u(t)] = \frac{1}{s} \quad (\mathrm{Re}s > 0)$$

因为在拉氏变换中不必考虑 $t < 0$ 时的情况, 故经常记为 $L[1] = \frac{1}{s}$.

例 8.1.2 求 $f(t) = \mathrm{e}^{kt}$(k 为实数) 的拉氏变换.

解 由定义知

$$L[\mathrm{e}^{kt}] = \int_0^{+\infty} \mathrm{e}^{kt}\mathrm{e}^{-st}\mathrm{d}t = \int_0^{+\infty} \mathrm{e}^{-(s-k)t}\mathrm{d}t$$

当 $\mathrm{Re}s > k$ 时, 此积分收敛, 且有

$$\int_0^{+\infty} \mathrm{e}^{-(s-k)t}\mathrm{d}t = \frac{1}{s-k}$$

于是

$$L[\mathrm{e}^{kt}] = \frac{1}{s-k} \quad (\mathrm{Re}s > k)$$

8.1.2 拉氏变换的存在定理

由上面的例子可知, 拉氏变换存在的条件要比傅氏变换存在的条件弱得多, 但是对一个函数作拉氏变换也还是要求有一定条件的, 这些条件就如以下定理所述.

定理 8.1.1(拉氏变换存在定理) 设函数 $f(t)$ 在 $t \geqslant 0$ 的任何有限区间内按段连续, 当 $t \to +\infty$ 时 $f(t)$ 的增长速度不超过某一指数函数, 即存在常数 $M > 0$ 和 $c_0 > 0$, 使得在 $[0, +\infty)$ 上

$$|f(t)| \leqslant M\mathrm{e}^{c_0 t} \tag{8.1.2}$$

则在半平面 $\mathrm{Re}s > c_0$ 上 $L[f(t)]$ 存在, 且 $F(s) = L[f(t)]$ 是 s 的解析函数, 其中 c_0 称为 $f(t)$ 的**增长指数**. 此外, 式 (8.1.1) 中积分在 $\mathrm{Re}s > c_0$ 上绝对收敛, 在 $\mathrm{Re}s \geqslant c_1 > c_0$ 上一致收敛.

证明 对任何 $\mathrm{Re}s > c_0$ 内的定点 s, 设 $\beta = \mathrm{Re}s > c_0$, 由式 (8.1.2) 对任意的 $t \geqslant 0$ 成立

$$|f(t)\mathrm{e}^{-st}| = |f(t)|\mathrm{e}^{-\beta t} \leqslant M\mathrm{e}^{-(\beta - c_0)t}$$

若令 ε 为小于 $\beta - c_0$ 的正数, 则

$$|f(t)\mathrm{e}^{-st}| \leqslant M\mathrm{e}^{-\varepsilon t}$$

所以就有

$$\int_0^{+\infty} |f(t)\mathrm{e}^{-st}|\mathrm{d}t \leqslant \int_0^{+\infty} M\mathrm{e}^{-\varepsilon t}\mathrm{d}t = \frac{M}{\varepsilon}$$

由此得出, 当 $\mathrm{Re}s > c_0$ 时, 式 (8.1.1) 中积分存在且为绝对收敛.

利用含参变量广义积分一致收敛的判别法则, 由 $\int_0^{+\infty} M\mathrm{e}^{-\varepsilon t}\mathrm{d}t$ 收敛也可判断 $\int_0^{+\infty} f(t)\mathrm{e}^{-st}\mathrm{d}t$ 在 $\mathrm{Re}s \geqslant c_1 > c_0$ 上一致收敛. 不仅如此, 而且还能进一步证明 $\int_0^{+\infty} \frac{\mathrm{d}}{\mathrm{d}s}[f(t)\mathrm{e}^{-st}]\mathrm{d}t$也在 $\mathrm{Re}s > c_0$ 上绝对收敛, 在 $\mathrm{Re}s \geqslant c_1 > c_0$ 上一致收敛.

事实上, 在 $\mathrm{Re}s > c_0$ 上, $|-tf(t)\mathrm{e}^{-st}| \leqslant Mt\mathrm{e}^{-(\beta-c_0)t} \leqslant Mt\mathrm{e}^{-\varepsilon t}$. 所以

$$\int_0^{+\infty} |\frac{\mathrm{d}}{\mathrm{d}s}[f(t)\mathrm{e}^{-st}]|\mathrm{d}t \leqslant \int_0^{+\infty} Mt\mathrm{e}^{-\varepsilon t}\mathrm{d}t = \frac{M}{\varepsilon^2}$$

由此又可推出式 (8.1.1) 定义的 $F(s)$ 存在导数, 并且求导号和积分号可以交换顺序, 即

$$F'(s) = \int_0^{+\infty} \frac{\mathrm{d}}{\mathrm{d}s}[f(t)\mathrm{e}^{-st}]\mathrm{d}t = -\int_0^{+\infty} tf(t)\mathrm{e}^{-st}\mathrm{d}t \tag{8.1.3}$$

这就表明, $F(s)$ 在 $\mathrm{Re}s > c_0$ 上是解析的. 定理得证.

从存在定理可以看出, 物理学和工程技术中常见的函数大都能满足这两个条件. 函数的增长受控于某指数函数与函数要绝对可积, 这两个条件相比, 前者的条件要弱得多. 如 $u(t), t^m, \sin kt$ 等函数都不满足傅氏积分中绝对可积的条件, 但它们都能满足拉氏变换存在定理中的条件式 (8.1.2).

$$|u(t)| \leqslant \mathrm{e}^{0t}, \quad M = 1, c_0 = 0$$

$$|t^m| \leqslant 1\cdot\mathrm{e}^{t}, \quad M = 1, c_0 = 1$$

$$|\sin kt| \leqslant 1\cdot\mathrm{e}^{0t}, \quad M = 1, c_0 = 0$$

由此可见, 对于一些问题, 拉氏变换的应用就更广泛.

另外, 存在定理的条件是充分的, 不是必要的. 可以推证 $L[t^{-\frac{1}{2}}]$ 是存在的, 但 $f(t) = t^{-\frac{1}{2}}$ 在 $t = 0$ 点不是第一类间断点, 因而在 $t \geqslant 0$ 上不是逐段连续的.

类似于幂级数中的阿贝尔 (Abel) 定理, 有下面定理.

定理 8.1.2 (1) 如果 $\int_0^{+\infty} f(t)\mathrm{e}^{-st}\mathrm{d}t$ 在 $s_1 = \beta_1 + \mathrm{i}\omega_1$处收敛, 则这个积分在 $\mathrm{Re}s > \beta_1$ 上处处收敛, 且由这个积分确定的函数 $F(s)$ 在 $\mathrm{Re}s > \beta_1$ 上解析.

(2) 如果 $\int_0^{+\infty} f(t)\mathrm{e}^{-st}\mathrm{d}t$ 在 $s_2 = \beta_2 + \mathrm{i}\omega_2$ 处发散, 则这个积分在 $\mathrm{Re}s < \beta_2$ 上处处发散.

证明 (1) 设 $\Phi(t) = \int_0^t \mathrm{e}^{-s_1\tau}f(\tau)\mathrm{d}\tau$, 则对 $t \geqslant 0$, $\Phi(t)$ 是连续的, 且 $\int_0^{+\infty} f(t)\mathrm{e}^{-st}\mathrm{d}t$ 在点 s_1 处收敛, 故函数 $\Phi(t)$ 有界. 即存在常数 $M > 0$, 对任意的 $t \geqslant 0$ 成立

$$|\Phi(t)| \leqslant M$$

因此, 当 $\mathrm{Re}s>\beta_1$ 时

$$\lim_{t\to+\infty}\mathrm{e}^{-(s-s_1)t}\varPhi(t)=0$$

因 $\varPhi'(0)=f(0)$, 故由分部积分法得

$$\begin{aligned}\int_0^{+\infty}f(t)\mathrm{e}^{-st}\mathrm{d}t&=\int_0^{+\infty}\mathrm{e}^{-(s-s_1)t}\varPhi'(t)\mathrm{d}t\\&=\varPhi(t)\mathrm{e}^{-(s-s_1)t}\Big|_0^{+\infty}+(s-s_1)\int_0^{+\infty}\varPhi(t)\mathrm{e}^{-(s-s_1)t}\mathrm{d}t\\&=(s-s_1)\int_0^{+\infty}\varPhi(t)\mathrm{e}^{-(s-s_1)t}\mathrm{d}t\end{aligned}$$

因右端积分 $\int_0^{+\infty}\varPhi(t)\mathrm{e}^{-(s-s_1)t}\mathrm{d}t$绝对收敛, 故左端积分在 $\mathrm{Re}(s-s_1)>0$ 上收敛且为解析函数. (1) 得证.

(2) 如果结论不对, 则存在某个 s', 使得当 $\mathrm{Re}s'<\beta_2$ 时, $\int_0^{+\infty}f(t)\mathrm{e}^{-s't}\mathrm{d}t$ 收敛. 由 (1) 推出 $\int_0^{+\infty}f(t)\mathrm{e}^{-s_2t}\mathrm{d}t$ 收敛, 与假设矛盾, 故 (2) 的结论成立. 证毕.

根据定理 8.1.2, 必存在实数σ(或是$\pm\infty$), 使得在 $\mathrm{Re}s>\sigma$ 上积分$\int_0^{+\infty}f(t)\mathrm{e}^{-st}\mathrm{d}t$ 收敛, 而在 $\mathrm{Re}s<\sigma$ 上积分 $\int_0^{+\infty}f(t)\mathrm{e}^{-st}\mathrm{d}t$处处发散. 在收敛区域上 $F(s)=L[f(t)]$ 是 s 的解析函数. 这里的 σ 称为拉氏变换 $L[f(t)]$ 的**收敛坐标**, 如图 8.1.1 所示.

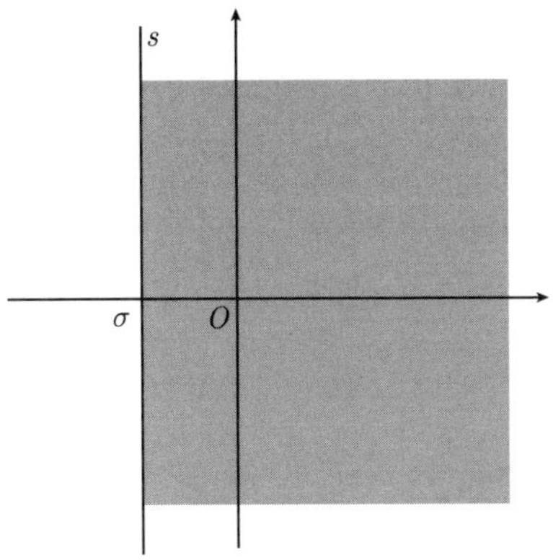

图 8.1.1

下面再求一些常用函数的拉氏变换.

例 8.1.3 求 $f(t)=\sin\omega t$(ω 为实数) 的拉氏变换.

解 当 $\mathrm{Re}s>0$ 时, 有

$$L[\sin\omega t]=\int_0^{+\infty}\mathrm{e}^{-st}\sin\omega t\mathrm{d}t$$
$$=\frac{\mathrm{e}^{-st}}{s^2+\omega^2}[-s\sin\omega t-\omega\cos\omega t]\Big|_0^{+\infty}=\frac{\omega}{s^2+\omega^2}$$

例 8.1.4 求 $f(t)=\cos\omega t$(ω 为实数) 的拉氏变换.

解 当 $\mathrm{Re}s>0$ 时, 有

$$\int_0^{+\infty}\mathrm{e}^{-st}\cos\omega t\mathrm{d}t=\frac{1}{2}\int_0^{+\infty}\mathrm{e}^{-st}[\mathrm{e}^{\mathrm{i}\omega t}+\mathrm{e}^{-\mathrm{i}\omega t}]\mathrm{d}t$$
$$=-\frac{1}{2}\left[\frac{\mathrm{e}^{-(s-\mathrm{i}\omega)t}}{s-\mathrm{i}\omega}\Big|_0^{+\infty}+\frac{\mathrm{e}^{-(s+\mathrm{i}\omega)t}}{s+\mathrm{i}\omega}\Big|_0^{+\infty}\right]$$
$$=\frac{1}{2}\left[\frac{1}{s-\mathrm{i}\omega}+\frac{1}{s+\mathrm{i}\omega}\right]=\frac{s}{s^2+\omega^2}$$

例 8.1.5 求 $f(t)=t^\alpha(\alpha>-1)$ 的拉氏变换.

解 根据式 (8.1.1), 当 $\mathrm{Re}s>0$ 时, 有

$$L[t^\alpha]=\int_0^{+\infty}t^\alpha\mathrm{e}^{-st}\mathrm{d}t$$

为了求此积分, 若令 $st=z$, 由于 s 为右半平面内任一复数, 设 $s=r\mathrm{e}^{\mathrm{i}\theta}\left(-\frac{\pi}{2}<\theta<\frac{\pi}{2}\right)$, 故 z 为复变量, 积分变为

$$\int_0^{+\infty}t^\alpha\mathrm{e}^{-st}\mathrm{d}t=\frac{1}{s^{\alpha+1}}\int_0^{+\infty}z^\alpha\mathrm{e}^{-z}\mathrm{d}z$$

上式右边积分的路线为从原点 O 出发沿射线 OS 至无穷远点, 由于 $z^\alpha\mathrm{e}^{-z}$ 除原点和负实轴外是解析的, 故由柯西积分定理应有 (图 8.1.2)

$$\int_B^A z^\alpha\mathrm{e}^{-z}\mathrm{d}z=\left(\int_{C_r^-}+\int_r^R+\int_{C_R}\right)z^\alpha\mathrm{e}^{-z}\mathrm{d}z \tag{8.1.4}$$

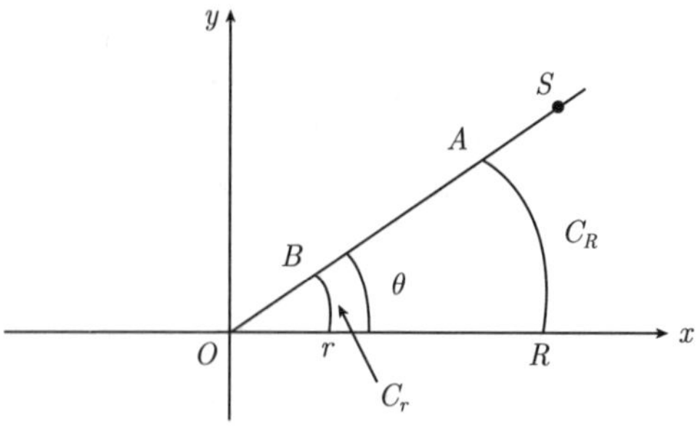

图 8.1.2

这里

$$\begin{aligned}\left|\int_{C_R} z^{\alpha}\mathrm{e}^{-z}\mathrm{d}z\right| &\leqslant \int_{C_R} |z^{\alpha}\mathrm{e}^{-z}|\mathrm{d}s = \int_{C_R} |z|^{\alpha}|\mathrm{e}^{-(R\cos t+\mathrm{i}R\sin t)}|\mathrm{d}s \\ &= \int_{C_R} R^{\alpha}\mathrm{e}^{-R\cos t}\mathrm{d}s \leqslant R^{\alpha}\int_{C_R}\mathrm{e}^{-R\cos t}\mathrm{d}s \\ &= R^{\alpha+1}\mathrm{e}^{-R\cos\theta}\cdot\theta \to 0 \quad (R\to+\infty)(|\theta|<\frac{\pi}{2})\end{aligned}$$

同理得

$$\left|\int_{C_r} z^{\alpha}\mathrm{e}^{-z}\mathrm{d}z\right| \leqslant r^{\alpha+1}\mathrm{e}^{-r\cos\theta}\cdot\theta \quad (|\theta|<\frac{\pi}{2})$$

由于 $\alpha+1>0$, 当 $r\to 0^+$ 时, 上式趋于 0.

在式 (8.1.4) 两边同时令 $R\to+\infty, r\to 0^+$, 就得出

$$\int_0^{\infty} z^{\alpha}\mathrm{e}^{-z}\mathrm{d}z = \int_0^{+\infty} t^{\alpha}\mathrm{e}^{-t}\mathrm{d}t = \Gamma(\alpha+1)$$

即得

$$L[t^{\alpha}] = \frac{\Gamma(\alpha+1)}{s^{\alpha+1}} \quad (\alpha>-1, \mathrm{Re}s>0)$$

当 m 为非负整数时有

$$L[t^m] = \frac{m!}{s^{m+1}} \quad (\mathrm{Re}s>0)$$

下面是关于周期函数的拉氏变换, 设 $f(t)$ 是以 T 为周期的函数, 即 $f(t+T)=f(t)(t>0)$, 且在一个周期内逐段连续, 则

$$L[f(t)] = \int_0^{+\infty} f(t)\mathrm{e}^{-st}\mathrm{d}t = \sum_{k=0}^{+\infty}\int_{kT}^{(k+1)T} f(t)\mathrm{e}^{-st}\mathrm{d}t$$

令 $t=\tau+kT$, 则

$$\int_{kT}^{(k+1)T} f(t)\mathrm{e}^{-st}\mathrm{d}t = \int_0^T f(\tau+kT)\mathrm{e}^{-s(\tau+kT)}\mathrm{d}\tau = \mathrm{e}^{-kTs}\int_0^T f(t)\mathrm{e}^{-st}\mathrm{d}t$$

又由 $\mathrm{Re}s>0$ 时, $|\mathrm{e}^{-Ts}|<1$,

$$\sum_{k=0}^{+\infty}\int_{kT}^{(k+1)T} f(t)\mathrm{e}^{-st}\mathrm{d}t = \sum_{k=0}^{+\infty}\mathrm{e}^{-kTs}\int_0^T f(t)\mathrm{e}^{-st}\mathrm{d}t = \frac{1}{1-\mathrm{e}^{-sT}}\int_0^T f(t)\mathrm{e}^{-st}\mathrm{d}t$$

于是

$$L[f(t)] = \frac{1}{1-\mathrm{e}^{-sT}}\int_0^T f(t)\mathrm{e}^{-st}\mathrm{d}t \tag{8.1.5}$$

例 8.1.6 求周期性三角波

$$f(t)=\begin{cases} t, & 0\leqslant t<b, \\ 2b-t, & b\leqslant t<2b \end{cases} \text{ 且 } f(t+2b)=f(t)$$

(图 8.1.3) 的拉氏变换.

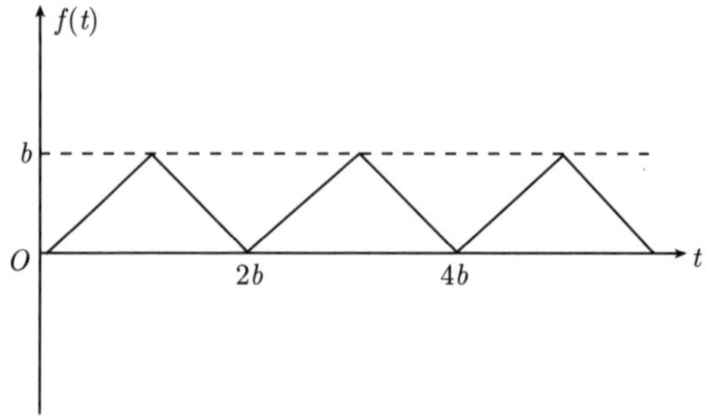

图 8.1.3

解 $f(t)$ 是周期为 $2b$ 的函数, 由于

$$\begin{aligned}\int_0^{2b} f(t)\mathrm{e}^{-st}\mathrm{d}t &= \int_0^b t\mathrm{e}^{-st}\mathrm{d}t + \int_b^{2b}(2b-t)\mathrm{e}^{-st}\mathrm{d}t \\ &= \int_0^b t\mathrm{e}^{-st}\mathrm{d}t + \int_0^b (b-t)\mathrm{e}^{-s(t+b)}\mathrm{d}t \\ &= b\mathrm{e}^{-bs}\int_0^b \mathrm{e}^{-st}\mathrm{d}t + (1-\mathrm{e}^{-bs})\int_0^b t\mathrm{e}^{-st}\mathrm{d}t \\ &= b\mathrm{e}^{-bs}\int_0^b \mathrm{e}^{-st}\mathrm{d}t + (1-\mathrm{e}^{-bs})\int_0^b t\mathrm{e}^{-st}\mathrm{d}t \\ &= \frac{b}{s}\mathrm{e}^{-bs}(1-\mathrm{e}^{-bs}) - \frac{bs+1}{s^2}\mathrm{e}^{-bs}(1-\mathrm{e}^{-bs}) + \frac{1}{s^2}(1-\mathrm{e}^{-bs}) \\ &= \frac{1}{s^2}(1-\mathrm{e}^{-bs})^2\end{aligned}$$

应用式 (8.1.5) 得 $f(t)$ 的拉氏变换为

$$\begin{aligned}L[f(t)] &= \frac{1}{1-\mathrm{e}^{-2bs}}\cdot\frac{1}{s^2}(1-\mathrm{e}^{-bs})^2 \\ &= \frac{1}{s^2}\cdot\frac{1-\mathrm{e}^{-bs}}{1+\mathrm{e}^{-bs}} = \frac{1}{s^2}\mathrm{th}\frac{bs}{2} \quad (\mathrm{Re}s>0)\end{aligned}$$

例 8.1.7 求全波整流函数 $f(t)=|\sin t|$(图 8.1.4) 的拉氏变换.

解 $f(t)$ 是周期 $T=\pi$, 故由公式 (8.1.5)

$$\begin{aligned}L[f(t)] &= \frac{1}{1-\mathrm{e}^{-\pi s}}\int_0^{\pi}\mathrm{e}^{-st}\sin t\mathrm{d}t \\ &= \frac{1}{1-\mathrm{e}^{-s\pi}}\left[\frac{\mathrm{e}^{-st}}{s^2+1}(-s\sin t-\cos t)\Big|_0^{\pi}\right]\end{aligned}$$

$$=\frac{1}{1-e^{-\pi s}}\cdot\frac{1+e^{-\pi s}}{s^2+1}=\frac{1}{s^2+1}\mathrm{cth}\frac{\pi s}{2}$$

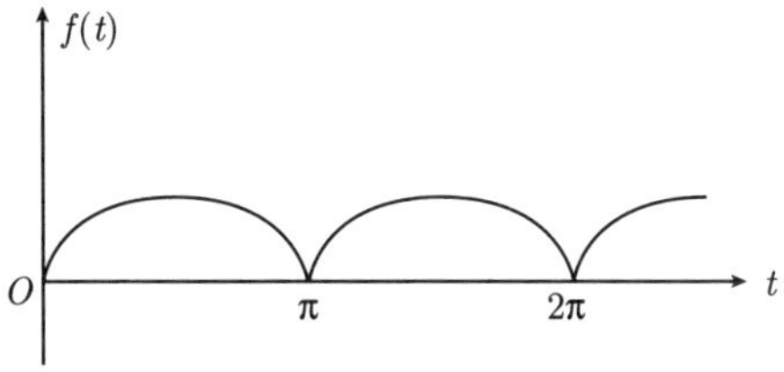

图 8.1.4

这里还要指出, 满足拉氏变换存在定理条件的函数 $f(t)$ 在 $t=0$ 处为有界时, 积分

$$L[f(t)]=\int_0^{+\infty}f(t)e^{-st}dt$$

中的下限取 0^+ 或 0^- 不会影响其结果, 但当 $f(t)$ 在 $t=0$ 处包含了脉冲函数时, 则拉氏变换的积分下限必须明确指出是 0^+ 还是 0^-, 因为

$$L_+[f(t)]=\int_{0^+}^{+\infty}f(t)e^{-st}dt$$

称为 0^+ 系统, 在电路上 0^+ 表示换路后初始时刻;

$$L_-[f(t)]=\int_{0^-}^{+\infty}f(t)e^{-st}dt \tag{8.1.6}$$

称为 0^- 系统, 在电路上 0^- 表示换路前终止时刻.

$$L_-[f(t)]=\int_{0^-}^{0^+}f(t)e^{-st}dt+L_+[f(t)]$$

可以发现, 当 $f(t)$ 在 $t=0$ 附近有界时, 则

$$\int_{0^-}^{0^+}f(t)e^{-st}dt=0$$

即

$$L_-[f(t)]=L_+[f(t)]=L[f(t)]$$

当 $f(t)$ 在 $t=0$ 处包含一个脉冲函数时, 则

$$\int_{0^-}^{0^+}f(t)e^{-st}dt\neq 0$$

即

$$L_-[f(t)] \neq L_+[f(t)]$$

为了考察这一情况, 我们需要将进行拉氏变换的函数 $f(t)$, 当 $t \geqslant 0$ 时有定义扩大为当 $t>0$ 及 $t=0$的任意一个邻域内有定义. 这样, 拉氏变换的定义 $L[f(t)]=\int_0^{+\infty} f(t)\mathrm{e}^{-st}\mathrm{d}t$应为 $L_-[f(t)] = \int_{0^-}^{+\infty} f(t)\mathrm{e}^{-st}\mathrm{d}t$. 为书写简便起见, 仍写为原来的形式.

例 8.1.8 求单位脉冲函数 $\delta(t)$ 的拉氏变换.

解 根据

$$\int_{-\infty}^{+\infty} \delta(t)f(t)\mathrm{d}t = f(0)$$

$$\begin{aligned} L[\delta(t)] = L_-[\delta(t)] &= \int_{0^-}^{+\infty} \delta(t)\mathrm{e}^{-st}\mathrm{d}t \\ &= \int_{-\infty}^{+\infty} \delta(t)\mathrm{e}^{-st}\mathrm{d}t = \mathrm{e}^{-st}|_{t=0} = 1 \end{aligned}$$

如果脉冲出现在 $t = t_0$ 时刻 $(t_0 > 0)$, 有

$$L[\delta(t-t_0)] = \int_{0^-}^{+\infty} \delta(t-t_0)\mathrm{e}^{-st}\mathrm{d}t = \mathrm{e}^{-st_0}$$

例 8.1.9 求 $f(t) = \mathrm{e}^{-\beta t}\delta(t) - \beta\mathrm{e}^{-\beta t}u(t)$ $(\beta > 0)$ 的拉氏变换.

解

$$\begin{aligned} L[f(t)] &= \int_{0^-}^{+\infty} [\mathrm{e}^{-\beta t}\delta(t) - \beta\mathrm{e}^{-\beta t}u(t)]\mathrm{e}^{-st}\mathrm{d}t \\ &= \int_{0^-}^{+\infty} \delta(t)\mathrm{e}^{-(\beta+s)t}\mathrm{d}t - \beta\int_{0^-}^{+\infty} \mathrm{e}^{-(\beta+s)t}\mathrm{d}t \quad (\mathrm{Re}s > -\beta) \\ &= \mathrm{e}^{-(\beta+s)t}\Big|_{t=0} + \beta\cdot\frac{\mathrm{e}^{-(\beta+s)t}}{s+\beta}\Big|_0^{+\infty} \\ &= 1 - \frac{\beta}{s+\beta} = \frac{s}{s+\beta} \end{aligned}$$

在实际工作中为了使用方便, 有现成的拉氏变换表可查. 通过查表可以很容易知道由原函数到像函数的变换, 或由像函数到原函数的逆变换. 本书已将工程实际中常遇到一些函数及其拉氏变换列于附录 II 中, 以备读者查用.

下面再举一些通过查表求拉氏变换的例子.

例 8.1.10 求 $\sin 2t \sin 3t$ 的拉氏变换.

根据附录 II 中第 20 式, 在 $a = 2, b = 3$ 时, 可以很方便地得到

$$L[\sin 2t \sin 3t] = \frac{12s}{(s^2+5^2)(s^2+1^2)} = \frac{12s}{(s^2+25)(s^2+1)}$$

读者不妨按定义验算和比较一下.

例 8.1.11 求 $\dfrac{\mathrm{e}^{-bt}}{\sqrt{2}}(\cos bt-\sin bt)$ 的拉氏变换.

这个函数的拉氏变换, 在本书给出的附录 II 中找不到现成的结果, 但是

$$\begin{aligned}\frac{\mathrm{e}^{-bt}}{\sqrt{2}}(\cos bt-\sin bt)&=\frac{\mathrm{e}^{-bt}}{\sqrt{2}}\left[\cos bt-\cos\left(\frac{\pi}{2}-bt\right)\right]\\&=\frac{\mathrm{e}^{-bt}}{\sqrt{2}}\left[-2\sin\frac{\pi}{4}\sin\left(bt-\frac{\pi}{4}\right)\right]\\&=\mathrm{e}^{-bt}\sin\left(-bt+\frac{\pi}{4}\right)\end{aligned}$$

根据附录 II 中第 17 式, 在 $a=-b,c=\dfrac{\pi}{4}$ 时, 可以得到

$$\begin{aligned}L\left[\frac{\mathrm{e}^{-bt}}{\sqrt{2}}(\cos bt-\sin bt)\right]&=L\left[\mathrm{e}^{-bt}\sin\left(-bt+\frac{\pi}{4}\right)\right]\\&=\frac{(s+b)\sin\dfrac{\pi}{4}+(-b)\cos\dfrac{\pi}{4}}{(s+b)^2+(-b)^2}=\frac{\sqrt{2}s}{2(s^2+2bs+2b^2)}\end{aligned}$$

总之, 查表求函数的拉氏变换要比按定义去做方便得多, 特别是掌握了拉氏变换的性质, 再使用查表的方法, 就能更快地找到所求函数的拉氏变换.

8.2 拉普拉斯变换的性质 (一)

虽然, 由拉氏变换的定义可以求得一些常用函数的拉氏变换, 但是, 在实际应用中通常不去做这一积分运算, 而且利用拉氏变换的一些基本性质得出它们的变换式再应用拉氏变换 (附录 II) 就能更方便地找到所求函数的拉氏变换.

本节介绍拉氏变换的几个基本性质, 为了叙述方便, 总假定所考虑的拉氏变换的像原函数都满足存在定理的条件, 不再重复叙述.

性质 8.2.1(线性性质) 设 α,β 是常数, $F_1(s)=L[f_1(t)],F_2(s)=L[f_2(t)]$, 则

$$L[\alpha f_1(t)+\beta f_2(t)]=\alpha L[f_1(t)]+\beta L[f_2(t)] \tag{8.2.1}$$

$$L^{-1}[\alpha F_1(s)+\beta F_2(s)]=\alpha L^{-1}[F_1(s)]+\beta L^{-1}[F_2(s)] \tag{8.2.2}$$

例 8.2.1 求函数 $f(t)=\cos 3t+6\mathrm{e}^{-3t}$ 的拉氏变换.

解

$$L[f(t)]=L[\cos 3t]+6L[\mathrm{e}^{-3t}]=\frac{s}{s^2+3^2}+\frac{6}{s+3}$$

例 8.2.2 求函数 $F(s)=\dfrac{1}{(s-a)(s-b)}$ $(a>0,b>0,a\neq b)$ 的拉氏逆变换.

解 因为

$$F(s)=\frac{1}{(s-a)(s-b)}=\frac{1}{a-b}\cdot\frac{1}{s-a}+\frac{1}{b-a}\cdot\frac{1}{s-b}$$

由式 (8.2.2) 有

$$\begin{aligned}L^{-1}[F(s)]&=\frac{1}{a-b}\cdot L^{-1}\left[\frac{1}{s-a}\right]+\frac{1}{b-a}\cdot L^{-1}\left[\frac{1}{s-b}\right]\\&=\frac{1}{a-b}\mathrm{e}^{at}+\frac{1}{b-a}\mathrm{e}^{bt}=\frac{1}{a-b}(\mathrm{e}^{at}-\mathrm{e}^{bt})\end{aligned}$$

例 8.2.3 求 $f(t)=\sin\omega t$ 的拉氏变换 $F(s)$.

解 已知

$$f(t)=\sin\omega t=\frac{1}{2\mathrm{i}}(\mathrm{e}^{\mathrm{i}\omega t}-\mathrm{e}^{-\mathrm{i}\omega t})$$

$$L[\mathrm{e}^{\mathrm{i}\omega t}]=\frac{1}{s-\mathrm{i}\omega}$$

$$L[\mathrm{e}^{-\mathrm{i}\omega t}]=\frac{1}{s+\mathrm{i}\omega}$$

所以由线性性质可知

$$L[\sin\omega t]=\frac{1}{2\mathrm{i}}\left[\frac{1}{s-\mathrm{i}\omega}-\frac{1}{s+\mathrm{i}\omega}\right]=\frac{\omega}{s^2+\omega^2}$$

同样方法可求得

$$L[\cos\omega t]=\frac{s}{s^2+\omega^2}$$

性质 8.2.2(微分性质) 设 $f(t)$ 对于 $t>0$ 可微, 且 $|f'(t)|\leqslant M\mathrm{e}^{c_0t}, M, c_0>0$, 则 $f(0^+)=\lim\limits_{t\to0^+}f(t)$ 存在, 且 $F(s)=L[f(t)]$ 在半平面 $\mathrm{Re}s>c_0$ 存在, 并有

$$L[f'(t)]=sF(s)-f(0^+) \tag{8.2.3}$$

证明 根据拉氏变换的定义和分部积分公式

$$\begin{aligned}L[f'(t)]&=\int_0^{+\infty}f'(t)\mathrm{e}^{-st}\mathrm{d}t=f(t)\mathrm{e}^{-st}\Big|_0^{+\infty}+s\int_0^{+\infty}f(t)\mathrm{e}^{-st}\mathrm{d}t\\&=sL[f(t)]-f(0^+)=sF(s)-f(0^+)\quad(\mathrm{Re}s>c_0)\end{aligned}$$

推论 对自然数 n, 设 $f(t)$ 对于 $t>0$ n 次可微, 且 $|f^{(n)}(t)|\leqslant M\mathrm{e}^{c_0t}, M, c_0>0$, 则下列极限

$$f(0^+)=\lim_{t\to0^+}f(t),\quad f'(0^+)=\lim_{t\to0^+}f'(t),\quad\cdots,\quad f^{(n-1)}(0^+)=\lim_{t\to0^+}f^{(n-1)}(t)$$

存在, 且 $F(s)=L[f(t)]$ 在半平面 $\mathrm{Re}s>c_0$ 存在, 且

$$L[f^{(n)}(t)] = s^n F(s) - s^{n-1} f(0^+) - \cdots - f^{(n-1)}(0^+) \tag{8.2.4}$$

例 8.2.4 求 $f(t) = \cos\omega t$ 的拉氏变换.

解 因 $f(0) = 1, f'(0) = 0, f''(t) = -\omega^2 \cos\omega t$, 故根据式 (8.2.4),

$$L[-\omega^2 \cos\omega t] = s^2 L[\cos\omega t] - sf(0) - f'(0)$$

$$-\omega^2 L[\cos\omega t] = s^2 L[\cos\omega t] - s$$

移项化简得

$$L[\cos\omega t] = \frac{s}{s^2 + \omega^2} \quad (\mathrm{Re}s > 0)$$

同法可得

$$L[\sin\omega t] = \frac{\omega}{s^2 + \omega^2}$$

例 8.2.5 求 $f(t) = t^2 + \sin\omega t$ 的拉氏变换.

解 $$L[t^2 + \sin\omega t] = L[t^2] + L[\sin\omega t] = \frac{2!}{s^3} + \frac{\omega}{s^2 + \omega^2}$$

例 8.2.6 利用式 (8.2.4), 求函数 $f(t) = t^m$ 的拉氏变换, 其中 m 是正整数.

解 由于 $f(0) = f'(0) = \cdots = f^{(m-1)}(0) = 0$, 而 $f^{(m)}(t) = m!, L[1] = \dfrac{1}{s}$, 故 $m!L[1] = s^m L[t^m]$, 于是得 $L[t^m] = \dfrac{m!}{s^{m+1}}$.

此外, 由拉氏变换存在定理, 还可以得到像函数的微分性质:

若 $L[f(t)] = F(s)$, 则

$$F'(s) = L[-tf(t)] \ (\mathrm{Re}s > c_0) \tag{8.2.5}$$

一般地, 对自然数 n, 有

$$F^{(n)}(s) = (-1)^n L[t^n f(t)] \ \ (\mathrm{Re}s > c_0) \tag{8.2.6}$$

例 8.2.7 求函数 $f(t) = t^2 \cos kt$ 的拉氏变换.

解 已知 $F(s) = L[\cos kt] = \dfrac{s}{s^2 + k^2}$, 应用公式 (8.2.6),

$$L[t^2 \cos kt] = F''(s) = \left(\frac{s}{s^2 + k^2}\right)'' = \frac{2s^3 - 6k^2 s}{(s^2 + k^2)^3} \quad (\mathrm{Re}s > 0)$$

例 8.2.8 求函数 $F(s) = \ln\dfrac{s+1}{s-1}$ 的拉氏逆变换.

解 由于 $F'(s)=\frac{s-1}{s+1}\cdot\frac{s-1-s-1}{(s-1)^2}=\frac{1}{s+1}-\frac{1}{s-1}$, 应用微分性质式 (8.2.6).

$$L^{-1}[F(s)]=-\frac{1}{t}L^{-1}[F'(s)]$$
$$=-\frac{1}{t}\left(L^{-1}\left[\frac{1}{s+1}\right]-L^{-1}\left[\frac{1}{s-1}\right]\right)=\frac{1}{t}(\mathrm{e}^t-\mathrm{e}^{-t})=\frac{2}{t}\mathrm{sh}\,t$$

性质 8.2.3(积分性质) 设 $|f(t)|\leqslant M\mathrm{e}^{c_0t}, M, c_0>0, F(s)=L[f(t)]$, 则

$$L\left[\int_0^t f(\tau)\mathrm{d}\tau\right]=\frac{1}{s}F(s) \tag{8.2.7}$$

证明 设 $\varphi(t)=\int_0^t f(\tau)\mathrm{d}\tau$, 则 $\varphi'(t)=f(t), \varphi(0)=0$, 由式 (8.2.3),

$$L[f(t)]=sL\left[\int_0^t f(\tau)\mathrm{d}\tau\right]-\varphi(0)$$

故得式 (8.2.8).

一般地, 有

$$L\Bigg[\underbrace{\int_0^t \mathrm{d}t\int_0^t \mathrm{d}t\cdots\int_0^t f(t)\mathrm{d}t}_{n\text{次}}\Bigg]=\frac{1}{s^n}F(s) \tag{8.2.8}$$

此外, 由拉氏变换存在定理, 还可以得到像函数的积分性质:

推论 设 $\lim\limits_{t\to 0^+}\frac{f(t)}{t}$ 存在, 且积分 $\int_s^\infty F(u)\mathrm{d}u$ 收敛, 则

$$\int_s^\infty F(u)\mathrm{d}u=L\left[\frac{f(t)}{t}\right] \tag{8.2.9}$$

一般地, 若 $\lim\limits_{t\to 0}\frac{f(t)}{t^n}$ 存在, 有

$$L\left[\frac{f(t)}{t^n}\right]=\underbrace{\int_s^{+\infty}\mathrm{d}s\int_s^{+\infty}\mathrm{d}s\cdots\int_s^{+\infty}F(s)\mathrm{d}s}_{n\text{次}},\quad n=1,2,\cdots$$

证明 应用拉氏变换存在定理证明中的讨论

$$\int_s^\infty F(u)\mathrm{d}u=\int_s^\infty\int_0^{+\infty}f(t)\mathrm{e}^{-ut}\mathrm{d}t\mathrm{d}u=\int_0^{+\infty}f(t)\int_s^\infty \mathrm{e}^{-ut}\mathrm{d}u\mathrm{d}t$$
$$=\int_0^{+\infty}f(t)\left[-\frac{\mathrm{e}^{-ut}}{t}\Bigg|_{u=s}^{\infty}\right]\mathrm{d}t=\int_0^{+\infty}\frac{f(t)}{t}\mathrm{e}^{-st}\mathrm{d}t=L\left[\frac{f(t)}{t}\right]$$

推论 如果积分 $\int_0^{+\infty} \frac{f(t)}{t}\mathrm{d}t$ 收敛, 则有

$$\int_0^{+\infty} \frac{f(t)}{t}\mathrm{d}t = \int_0^{\infty} F(s)\mathrm{d}s \tag{8.2.10}$$

事实上, 由式 (8.2.9) 有

$$\int_s^{\infty} F(u)\mathrm{d}u = \int_0^{+\infty} \frac{f(t)}{t}\mathrm{e}^{-st}\mathrm{d}t$$

令 $s \to 0$ 即可.

例 8.2.9 求 $f(t) = \frac{\sin t}{t}$ 的拉氏变换, 并求积分 $\int_0^{+\infty} \frac{\sin t}{t}\mathrm{d}t$.

解 已知 $L[\sin t] = \frac{1}{s^2+1}$, 故由式 (8.2.9),

$$L\left[\frac{\sin t}{t}\right] = \int_s^{\infty} \frac{1}{u^2+1}\mathrm{d}u = \frac{\pi}{2} - \arctan s$$

再利用式 (8.2.10) 得

$$\int_0^{+\infty} \frac{\sin t}{t}\mathrm{d}t = \frac{\pi}{2}$$

性质 8.2.4(位移性质) 若 $L[f(t)] = F(s)$, 则有

$$L[\mathrm{e}^{at}f(t)] = F(s-a), \quad (\mathrm{Re}(s-a) > c_0) \tag{8.2.11}$$

其中 c_0 是 $f(t)$ 的增长指数.

证明 根据定义

$$\begin{aligned} L[\mathrm{e}^{at}f(t)] &= \int_0^{+\infty} \mathrm{e}^{at}f(t)\mathrm{e}^{-st}\mathrm{d}t \\ &= \int_0^{+\infty} f(t)\mathrm{e}^{-(s-a)t}\mathrm{d}t = F(s-a) \end{aligned}$$

例 8.2.10 求 $L[\mathrm{e}^{-at}\sin kt]$.

解 已知 $L[\sin kt] = \frac{k}{s^2+k^2}$, 由位移性质可得

$$L[\mathrm{e}^{-at}\sin kt] = \frac{k}{(s+a)^2+k^2}$$

例 8.2.11 求 $L[t\mathrm{e}^{at}\sin at]$ 和 $L[t\mathrm{e}^{at}\cos at]$.

解 已知

$$L[\mathrm{e}^{at}\sin at] = \frac{a}{(s-a)^2+a^2}$$

$$L[te^{at}\sin at] = -\left(\frac{a}{(s-a)^2+a^2}\right)'$$
$$= \frac{2a(s-a)}{[(s-a)^2+a^2]^2} = \frac{2a(s-a)}{(s^2-2as+2a^2)^2}$$

同法可得

$$L[te^{at}\cos at] = \frac{(s-a)^2-a^2}{[(s-a)^2+a^2]^2} = \frac{s^2-2as}{(s^2-2as+a^2)^2}$$

例 8.2.12 求 $L\left[\int_0^t te^{at}\sin at\mathrm{d}t\right]$.

解 由上例及积分性质得

$$L\left[\int_0^t te^{at}\sin at\mathrm{d}t\right] = \frac{1}{s}L[te^{at}\sin at] = \frac{2a(s-a)}{s[(s-a)^2+a^2]^2}$$

同法可得

$$L\left[\int_0^t te^{at}\cos at\mathrm{d}t\right] = \frac{s-2a}{[(s-a)^2+a^2]^2}$$

性质 8.2.5(延迟性质) 若 $L[f(t)] = F(s)$, 又 $t<0$ 时 $f(t)=0$, 则对于任一非负实数 τ, 有

或
$$\left.\begin{aligned} L[f(t-\tau)] &= e^{-s\tau}F(s) \\ L^{-1}[e^{-s\tau}F(s)] &= f(t-\tau) \end{aligned}\right\} \tag{8.2.12}$$

证明 $L[f(t-\tau)] = \int_0^{+\infty} f(t-\tau)e^{-st}\mathrm{d}t$

$$= \int_0^{\tau} f(t-\tau)e^{-st}\mathrm{d}t + \int_{\tau}^{+\infty} f(t-\tau)e^{-st}\mathrm{d}t$$

由条件可知, 当 $t<\tau$ 时, $f(t-\tau)=0$, 所以上式右端第一个积分为零. 对于第二个积分, 令 $t-\tau=u$, 则

$$L[f(t-\tau)] = \int_0^{+\infty} f(u)e^{-s(u+\tau)}\mathrm{d}u$$
$$= e^{-s\tau}\int_0^{+\infty} f(u)e^{-su}\mathrm{d}u = e^{-s\tau}F(s) \quad (\mathrm{Re}s > s_0)$$

函数 $f(t-\tau)$ 与 $f(t)$ 相比, $f(t)$ 是从 $t=0$ 开始有非零数值, 而 $f(t-\tau)$ 是从 $t=\tau$ 开始才有非零数值, 即延迟了一个时间 τ. 如图 8.2.1 所示, $f(t-\tau)$ 的图像是

由 $f(t)$ 的图像沿 t 轴向右平移距离 τ 而得. 这个性质表示以时间为自变量的函数延迟 τ 的拉普拉斯变换等于像函数乘以 $\mathrm{e}^{-s\tau}$.

利用单位阶跃函数 $u(t)$, 式 (8.2.12) 可写成

$$L[f(t-\tau)u(t-\tau)]=\mathrm{e}^{-s\tau}F(s)$$

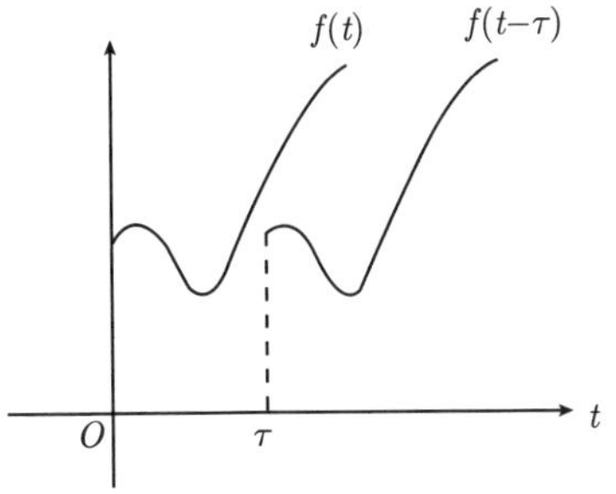

图 8.2.1

例 8.2.13 求函数 $u(t-\tau)=\begin{cases}0, & t<\tau\\ 1, & t\geqslant\tau\end{cases}$ 的拉氏变换.

解 已知 $L[u(t)]=\dfrac{1}{s}$, 根据延迟性质, 有

$$L[u(t-\tau)]=\frac{1}{s}\mathrm{e}^{-s\tau}$$

例 8.2.14 求如图 8.2.2 所示的阶梯函数 $f(t)$ 的拉氏变换.

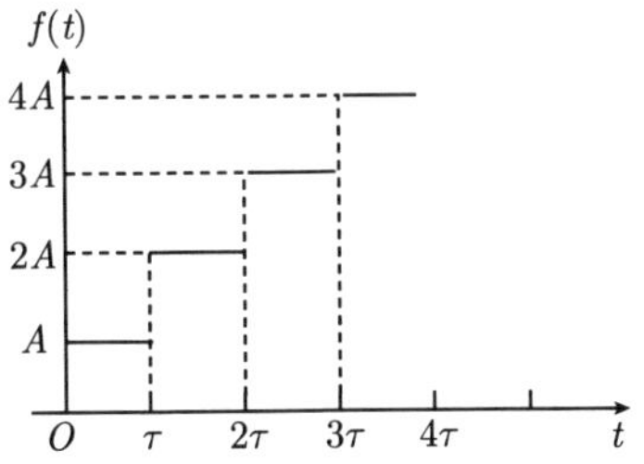

图 8.2.2

解 利用单位阶跃函数, 可将这个阶梯函数 $f(t)$ 表示为

$$f(t)=A[u(t)+u(t-\tau)+u(t-2\tau)+\cdots]=A\sum_{k=0}^{\infty}u(t-k\tau) \tag{8.2.13}$$

由于

$$|u(t-k\tau)\mathrm{e}^{-st}|=|u(t-k\tau)\mathrm{e}^{-s(t-k\tau)}\mathrm{e}^{-ks\tau}|\leqslant|\mathrm{e}^{-ks\tau}|$$

再注意 $|\mathrm{e}^{-\tau s}|<1$ $(\mathrm{Re}s>0)$, 因此级数 $\sum\limits_{k=0}^{+\infty}u(t-k\tau)\mathrm{e}^{-st}$, 在 $t>0$ 上一致收敛. 所以可以逐项积分, 即式 (8.2.13) 两端可取拉氏变换, 且式 (8.2.13) 右端可逐项取拉氏变换.

又因为 $L[u(t-k\tau)]=\dfrac{1}{s}\mathrm{e}^{-k\tau s}$, 我们有

$$L[f(t)]=\frac{A}{s}\sum_{k=0}^{\infty}\mathrm{e}^{-k\tau s}=\frac{A}{s(1-\mathrm{e}^{-\tau s})}=\frac{A}{s}\cdot\frac{1}{(1-\mathrm{e}^{-\frac{s\tau}{2}})(1+\mathrm{e}^{-\frac{s\tau}{2}})}$$

$$=\frac{A}{2s}\left(1+\operatorname{cth}\frac{s\tau}{2}\right)\quad(\operatorname{Re}s>0)$$

一般地, 若 $f(t)$ 满足拉氏变换存在定理, 且 $|f(t)|\leqslant M\mathrm{e}^{c_0t}(M,c_0>0)$. 与例 8.2.14 类似的讨论:

当 $L[f(t)]=F(s)$ 时, 则对任何 $\tau>0$, 有

$$L\left[\sum_{k=0}^{\infty}f(t-k\tau)\right]=\sum_{k=0}^{\infty}L[f(t-k\tau)]=F(s)\cdot\frac{1}{1-\mathrm{e}^{-s\tau}}\quad(\operatorname{Re}s>c_0)$$

例 8.2.15 求如图 8.2.3 所示的单个半正弦波

$$f(t)=\begin{cases}E\sin\dfrac{2\pi}{T}t, & 0\leqslant t<\dfrac{T}{2}\\ 0, & t\geqslant\dfrac{T}{2}\end{cases}$$

的拉氏变换.

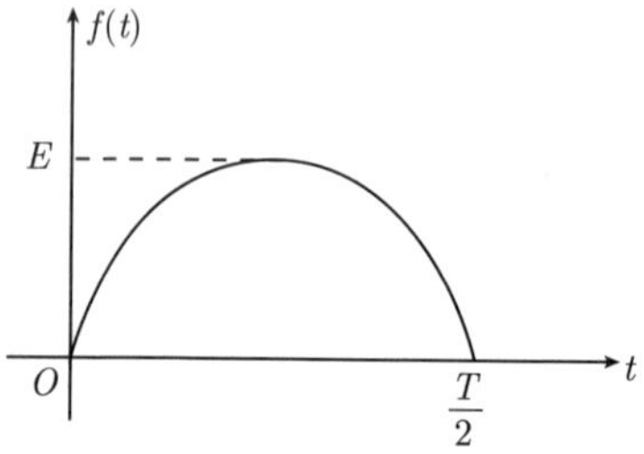

图 8.2.3

解 设

$$f_1(t)=E\sin\frac{2\pi}{T}tu(t)$$

$$f_2(t)=E\sin\frac{2\pi}{T}\left(t-\frac{T}{2}\right)u\left(t-\frac{T}{2}\right)$$

如图 8.2.4 所示, 容易看出, $f(t)=f_1(t)+f_2(t)$, 所以

$$\begin{aligned}L[f(t)]&=L[f_1(t)]+L[f_2(t)]\\&=EL\left[\sin\frac{2\pi}{T}t\cdot u(t)\right]+EL\left[\sin\frac{2\pi}{T}\left(t-\frac{T}{2}\right)\cdot u\left(t-\frac{T}{2}\right)\right]\\&=\frac{E\dfrac{2\pi}{T}}{s^2+\left(\dfrac{2\pi}{T}\right)^2}\left(1+\mathrm{e}^{-\frac{T}{2}s}\right)\quad\left(\frac{2\pi}{T}=\omega\right)\end{aligned}$$

性质 8.2.6(相似性质) 设 $L[f(t)]=F(s)$, 则对 $a>0$ 有

$$L[f(at)]=\frac{1}{a}F\left(\frac{s}{a}\right)\quad(\operatorname{Re}s>ac_0)$$

证明 根据定义, 当 $a>0$ 时, 有

$$L[f(at)]=\int_0^{+\infty}f(at)\mathrm{e}^{-st}\mathrm{d}t$$

$$= \frac{1}{a}\int_0^{+\infty} f(u)\mathrm{e}^{-\frac{s}{a}u}\mathrm{d}u = \frac{1}{a}F\left(\frac{s}{a}\right)$$

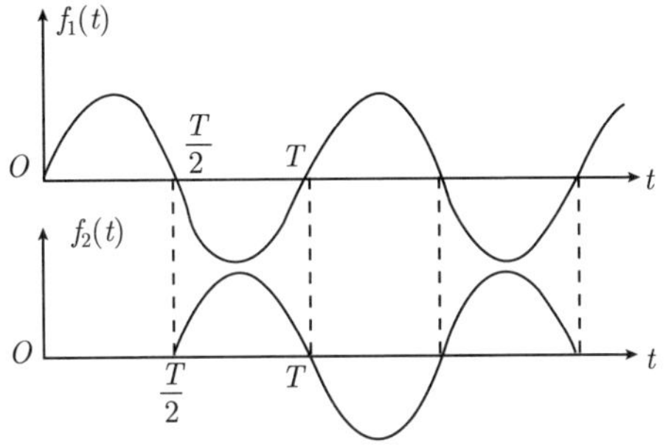

图 8.2.4

例 8.2.16 已知 $L[f(t)] = F(s)$, 求 $L[f(at-b)u(at-b)]$ $(a>0, b>0)$.

解 此问题既要用到相似性质, 也要用到延迟性质.

先由延迟性质求得

$$L[f(t-b)u(t-b)] = F(s)\mathrm{e}^{-bs}$$

再借助相似性质即可求出所需结果

$$L[f(at-b)u(at-b)] = \frac{1}{a}F\left(\frac{s}{a}\right)\mathrm{e}^{-s\frac{b}{a}}$$

另一种做法是先利用相似性质, 再借助延迟性质. 这时首先得到

$$L[f(at)u(at)] = \frac{1}{a}F\left(\frac{s}{a}\right)$$

然后由延迟性质求出

$$L\left\{f\left[a\left(t-\frac{b}{a}\right)\right]u\left[a\left(t-\frac{b}{a}\right)\right]\right\} = \frac{1}{a}F\left(\frac{s}{a}\right)\mathrm{e}^{-s\frac{b}{a}}$$

也即

$$L\left\{f(at-b)u(at-b)\right\} = \frac{1}{a}F\left(\frac{s}{a}\right)\mathrm{e}^{-s\frac{b}{a}}$$

两种方法结果一致.

例 8.2.17 求 $L[u(5t)]$ 和 $L[u(5t-2)]$.

解 因 $L[u(t)] = \dfrac{1}{s}$, 故 $L[u(5t)] = \dfrac{1}{5}\cdot\dfrac{1}{\frac{s}{5}} = \dfrac{1}{s}$. 又由 $u(5t-2) = u\left[5\left(t-\dfrac{2}{5}\right)\right]$,

故由延迟性和相似性有

$$L[u(5t-2)] = \mathrm{e}^{-\frac{2}{5}s}L[u(5t)] = \frac{1}{s}\mathrm{e}^{-\frac{2}{5}s}$$

或

$$L[\delta(5t-5)] = L[\delta(5(t-1))] = \mathrm{e}^{-s}L[\delta(5t)]$$
$$= \mathrm{e}^{-s}\frac{1}{5}(L[\delta(t)])\Big|_{\delta=\frac{s}{5}} = \frac{1}{5}\mathrm{e}^{-s}$$

例 8.2.18 求函数 $\delta(5t)$ 和 $\delta(5t-5)$ 的拉氏变换.

解 已知 $L[\delta(t)] = 1, L[\delta(t-1)] = \mathrm{e}^{-s}$, 应用相似性质即得

$$L[\delta(5t)] = \frac{1}{5}L[\delta(t)]\Big|_{\frac{s}{5}} = \frac{1}{5}$$
$$L[\delta(5t-5)] = \frac{1}{5}L[\delta(t-5)]|_{\delta=\frac{s}{5}}$$
$$= \frac{1}{5}(\mathrm{e}^{-5s}L[\delta(t)])|_{\delta=\frac{s}{5}} = \frac{1}{5}\mathrm{e}^{-s}$$

8.3 拉普拉斯变换的性质 (二)

8.3.1 初值和终值定理

设 $f(t)$ 是拉氏变换中的像原函数, 称 $f(0^+) = \lim\limits_{t\to 0^+} f(t)$ 为 $f(t)$ 的初值; 称 $f(+\infty) = \lim\limits_{t\to+\infty} f(t)$(如果它存在) 为 $f(t)$ 的终值. 下面两个定理表明, 在一定的条件下应用 $F(s)$ 能够确定初值 $f(0^+)$ 和终值 $f(+\infty)$.

定理 8.3.1 设 $|f'(t)| \leqslant M\mathrm{e}^{c_0 t}, M, c_0 > 0, F(s) = L[f(t)]$, 若 $L[f(t)] = F(s)$, 且 $\lim\limits_{s\to\infty} sF(s)$ 存在, 则有

$$\lim_{t\to 0^+} f(t) = \lim_{s\to\infty} sF(s)$$

或

$$f(0^+) = \lim_{s\to\infty} sF(s) \tag{8.3.1}$$

证明 根据拉氏变换的微分性质, 有

$$L[f'(t)] = sL[f(t)] - f(0^+) = sF(s) - f(0^+)$$

已知 $\lim\limits_{s\to\infty} sF(s)$ 存在, 故 $\lim\limits_{\mathrm{Re}s\to+\infty} sF(s)$ 必存在且有

$$\lim_{s\to\infty} sF(s) = \lim_{\mathrm{Re}s\to+\infty} sF(s)$$

在前式两端取 $\mathrm{Re}s \to +\infty$ 时的极限, 得

$$\lim_{\mathrm{Re}s\to+\infty} L[f'(t)] = \lim_{\mathrm{Re}s\to+\infty}[sF(s) - f(0^+)] = \lim_{s\to\infty} sF(s) - f(0^+) \tag{8.3.2}$$

但是

$$L[f'(t)]=\int_{0^+}^{+\infty}f'(t)\mathrm{e}^{-st}\mathrm{d}t$$

由拉氏变换存在定理的证明知, 积分 $\int_{0^+}^{+\infty}f'(t)\mathrm{e}^{-st}\mathrm{d}t$在收敛域 $(\mathrm{Re}s\geqslant c_1>c_0)$ 上一致收敛. 因此, 当 $s\to\infty$ 时, 积分号和极限号可以交换, 从而

$$\lim_{\mathrm{Re}s\to+\infty}L[f'(t)]=\lim_{\mathrm{Re}s\to+\infty}\int_{0^+}^{+\infty}f'(t)\mathrm{e}^{-st}\mathrm{d}t=\int_{0^+}^{+\infty}f'(t)\lim_{\mathrm{Re}s\to+\infty}\mathrm{e}^{-st}\mathrm{d}t=0 \tag{8.3.3}$$

结合式 (8.3.2) 和式 (8.3.3) 得式 (8.3.1)

定理 8.3.1 表明函数 $f(t)$ 在 $t=0$ 时的函数值可以通过 $f(t)$ 的拉氏变换 $F(s)$ 乘以 s, 取 $s\to\infty$ 时的极限值而得到, 它建立了函数 $f(t)$ 在坐标原点的值与函数 $sF(s)$ 在无穷远点的值之间的关系.

定理 8.3.2 设 $|f'(t)|\leqslant M\mathrm{e}^{c_0t},M,c_0>0,F(s)=L[f(t)]$, 且 $sF(s)$ 的所有奇点都在 s 平面的左半部, 则

$$\lim_{t\to+\infty}f(t)=\lim_{s\to0}sF(s)$$

或

$$f(+\infty)=\lim_{s\to0}sF(s) \tag{8.3.4}$$

证明 根据定理给出的条件和微分性质

$$L[f'(t)]=sF(s)-f(0^+)$$

两边取 $s\to0$ 的极限, 得

$$\lim_{s\to0}L[f'(t)]=\lim_{s\to0}[sf(s)-f(0^+)]=\lim_{s\to0}sF(s)-f(0^+)$$

但是

$$\begin{aligned}\lim_{s\to0}L[f'(t)]&=\lim_{s\to0}\int_{0^+}^{+\infty}f'(t)\mathrm{e}^{-st}\mathrm{d}t\\&=\int_{0^+}^{+\infty}\lim_{s\to0}\mathrm{e}^{-st}f'(t)\mathrm{d}t=\int_{0^+}^{+\infty}f'(t)\mathrm{d}t\\&=f(t)\Big|_{0^+}^{+\infty}=\lim_{t\to+\infty}f(t)-f(0^+)\end{aligned}$$

所以

$$\lim_{t\to+\infty}f(t)-f(0^+)=\lim_{s\to0}sF(s)-f(0^+)$$

即

$$\lim_{t\to+\infty}f(t)=f(+\infty)=\lim_{s\to0}sF(s)$$

定理 8.3.2 表明函数 $f(t)$ 在 $t\to+\infty$ 时的数值 (即稳定值), 可以通过 $f(t)$ 的拉氏变换乘以 s 取 $s\to 0$ 时的极限值而得到, 它建立了函数 $f(t)$ 在无穷远点的值与函数 $sF(s)$ 在原点的值之间的关系.

在拉氏变换的应用中, 往往先得到 $F(s)$ 再去求出 $f(t)$. 但有时我们并不关心函数 $f(t)$ 的表达式, 而是需要知道 $f(t)$ 在 $t\to+\infty$ 或 $t\to 0$ 时的性态, 这两个定理给我们提供了方便, 能使我们直接由 $F(s)$ 来求出 $f(t)$ 的两个特殊值 $f(0^+)$, $f(+\infty)$.

例 8.3.1 已知 $L[f(t)]=\dfrac{1}{s+a}(a>0)$, 试求 $f(0), f(+\infty)$.

解 根据式 (8.3.1) 及式 (8.3.2) 有

$$f(0)=\lim_{s\to\infty}sF(s)=\lim_{s\to\infty}\frac{s}{s+a}=1$$
$$f(+\infty)=\lim_{s\to 0}sF(s)=\lim_{s\to 0}\frac{s}{s+a}=0$$

我们已知知道 $L[\mathrm{e}^{-at}]=\dfrac{1}{s+a}$, 即 $f(t)=\mathrm{e}^{-at}$, 显然上面所求结果与直接由 $f(t)$ 所计算的结果是一致的.

例 8.3.2 已知 $F(s)=L[f(t)]=\dfrac{1}{s^2+1}$, 试问能否应用初值定理和终值定理求出 $f(0^+)$ 和 $f(+\infty)$.

解 因为

$$\lim_{s\to\infty}sF(s)=\lim_{s\to\infty}\frac{s}{s^2+1}=0$$

故能够应用初值定理求出 $f(0)$, 并且 $f(0)=0$. 又因为 $\dfrac{s}{s^2+1}$ 在虚轴上有奇点 $s=\pm\mathrm{i}$, 故 $F(s)$ 不满足终值定理中的条件, 所以不能应用终值定理判断 $f(+\infty)$ 存在, 并求出它的值. 虽然

$$\lim_{s\to 0}sF(s)=\lim_{s\to 0}\frac{s}{s^2+1}=0$$

而

$$f(t)=L^{-1}\left[\frac{1}{s^2+1}\right]=\sin t$$
$$\lim_{t\to+\infty}f(t)=\lim_{t\to+\infty}\sin t$$

是不存在的.

在应用上, 当电路较为复杂时, 初值与终值定理的方便之处将显得突出, 因为它不需要作逆变换, 即可直接求出原函数的初值和终值. 对于某些反馈系统的研究, 如对锁相环路系统的稳定性分析, 就是这样.

关于上述两定理的物理概念可作如下解释: $s\to 0$, 相当于直流状态, 因而得到电路稳定的终值 $f(+\infty)$; 而 $s\to\infty$, 相当于接入信号的突变 (高频分量), 它可以给出相应的初值 $f(0^+)$.

8.3.2 卷积定理

拉氏变换的卷积性质不仅能够用它来求出某些函数的拉氏变换, 而且在线性系统的研究中起着重要作用.

在第 7 章曾提到过傅氏变换的卷积性质. 当 $f_1(t), f_2(t)$ 是 $(-\infty,+\infty)$ 上绝对可积函数时, 它们的卷积是

$$f_1(t)*f_2(t)=\int_{-\infty}^{+\infty}f_1(\tau)f_2(t-\tau)\mathrm{d}\tau$$

如果当 $t<0$ 时, 有 $f_1(t)=f_2(t)=0$, 则上式可写成

$$\begin{aligned}f_1(t)*f_2(t)=&\int_{-\infty}^{0}f_1(\tau)f_2(t-\tau)\mathrm{d}\tau+\int_{0}^{t}f_1(\tau)f_2(t-\tau)\mathrm{d}\tau\\&+\int_{t}^{+\infty}f_1(\tau)f_2(t-\tau)\mathrm{d}\tau=\int_{0}^{t}f_1(\tau)f_2(t-\tau)\mathrm{d}\tau\end{aligned}\tag{8.3.5}$$

因为在拉氏变换中总认为 $t<0$ 时像原函数 $f(t)$ 是恒为零的, 因此把式 (8.3.5) 中积分定义为拉氏变换的卷积.

例 8.3.3 设 $f_1(t)=\begin{cases}t, & t\geqslant 0,\\ 0, & t<0,\end{cases}$ $f_2(t)=\begin{cases}\sin t, & t\geqslant 0,\\ 0, & t<0,\end{cases}$ 求 $f_1(t)*f_2(t)$.

解
$$\begin{aligned}f_1(t)*f_2(t)&=t*\sin t=\int_0^t\tau\sin(t-\tau)\mathrm{d}\tau\\&=\tau\cos(t-\tau)\big|_0^t-\int_0^t\cos(t-\tau)\mathrm{d}\tau=t-\sin t\end{aligned}$$

不难验证, 拉氏变换的卷积也有 $|f_1(t)*f_2(t)|\leqslant|f_1(t)|*|f_2(t)|$, 它也满足交换律: $f_1(t)*f_2(t)=f_2(t)*f_1(t)$, 所以 $\sin t*t=t-\sin t$, 同样, 它还满足结合律与对加法的分配律, 即

$$f_1(t)*[f_2(t)*f_3(t)]=[f_1(t)*f_2(t)]*f_3(t)$$
$$f_1(t)*[f_2(t)+f_3(t)]=f_1(t)*f_2(t)+f_1(t)*f_3(t)$$

例 8.3.4 设 $f(t)=\begin{cases}\cos t, & t\geqslant 0,\\ 0, & t<0,\end{cases}$ 求卷积 $f(t)*f(t)$.

解 根据定义

$$\begin{aligned}f(t)*f(t)&=\int_0^t\cos\tau\cos(t-\tau)\mathrm{d}\tau\\&=\frac{1}{2}\int_0^t[\cos t+\cos(2\tau-t)]\mathrm{d}\tau=\frac{1}{2}(t\cos t+\sin t)\end{aligned}$$

拉氏变换中的卷积, 还有如下重要性质.

定理 8.3.3 假设 $f_1(t), f_2(t)$ 满足拉氏变换存在定理中的条件, 且 $L[f_1(t)] = F_1(s)$, $L[f_2(t)] = F_2(s)$, 则 $f_1(t) * f_2(t)$ 的拉氏变换一定存在, 且

$$\left.\begin{aligned} &L[f_1(t) * f_2(t)] = F_1(s)F_2(s) \\ \text{或} \quad &L^{-1}[F_1(s)F_2(s)] = f_1(t) * f_2(t) \end{aligned}\right\} \tag{8.3.6}$$

证明 容易验证 $f_1(t) * f_2(t)$ 满足拉氏变换存在定理的条件. 它的变换式为

$$\begin{aligned} L[f_1(t) * f_2(t)] &= \int_0^{+\infty} [f_1(t) * f_2(t)]\mathrm{e}^{-st}\mathrm{d}t \\ &= \int_0^{+\infty} \left[\int_0^t f_1(\tau)f_2(t-\tau)\mathrm{d}\tau\right] \mathrm{e}^{-st}\mathrm{d}t \\ &= \iint_D f_1(\tau)f_2(t-\tau)\mathrm{e}^{-st}\mathrm{d}\tau\mathrm{d}t \end{aligned}$$

这里 D 是 $tO\tau$ 平面内 t 轴和第一象限的角平分线 $\tau = t$ 围成的角形区域, 如图 8.3.1 所示. 由于二重积分绝对可积, 可以交换积分次序, 即

$$\begin{aligned} L[f_1(t) * f_2(t)] &= \iint_A f_1(\tau)f_2(t-\tau)\mathrm{e}^{-st}\mathrm{d}\tau\mathrm{d}t \\ &= \iint_A f_1(\tau)f_2(t-\tau)\mathrm{e}^{-st}\mathrm{d}t\mathrm{d}\tau \\ &= \int_0^{+\infty}\int_\tau^{+\infty} f_1(\tau)f_2(t-\tau)\mathrm{e}^{-st}\mathrm{d}t\mathrm{d}\tau \\ &= \int_0^{+\infty} f_1(\tau)\int_\tau^{+\infty} f_2(t-\tau)\mathrm{e}^{-st}\mathrm{d}t\mathrm{d}\tau \\ &= \int_0^{+\infty} f_1(\tau)\int_0^{+\infty} f_2(u)\mathrm{e}^{-(u+\tau)s}\mathrm{d}u\mathrm{d}\tau \qquad (\text{令}t-\tau=u) \\ &= \int_0^{+\infty} f_1(\tau)\mathrm{e}^{-s\tau}\int_0^{+\infty} f_2(u)\mathrm{e}^{-su}\mathrm{d}u\mathrm{d}\tau \\ &= L[f_1(t)]L[f_2(t)] = F_1(s)F_2(s) \end{aligned}$$

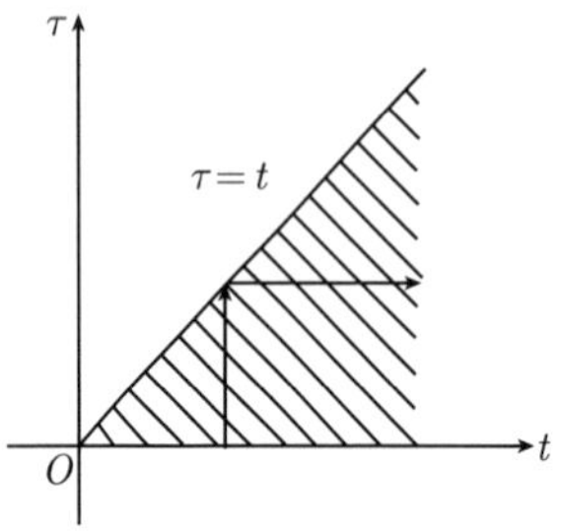

图 8.3.1

这个性质表明两个函数卷积的拉氏变换等于这两个函数拉氏变换的乘积. 不难推证, 若 $f_k(t)(k = 1, 2, \cdots, n)$ 满足拉氏变换存在定理中的条件, 且 $L[f_k(t)] = F_k(s)(k = 1, 2, \cdots, n)$, 则有

$$L[f_1(t) * f_2(t) * \cdots * f_n(t)] = F_1(s)F_2(s)\cdots F_n(s)$$

例 8.3.5 设 $L[f(t)] = F(s)$, 利用卷积定理证明

$$L\left[\int_0^t f(\tau)\mathrm{d}\tau\right] = \frac{F(s)}{s}$$

证明 设 $f_1(t)=f(t), f_2(t)=1$, 则 $L[1]=\frac{1}{s}, L[f(t)]=F(s)$, 做

$$L[f_1(t)*f_2(t)]=L\left[\int_0^t f(\tau)\mathrm{d}\tau\right]=\frac{F(s)}{s}$$

利用卷积定理可求某些逆变换.

例 8.3.6 若 $F(s)=\frac{1}{s^2(1+s^2)}$, 求 $f(t)$.

解 $F_1(s)=\frac{1}{s^2}, F_2(s)=\frac{1}{1+s^2}$, 则 $f_1(t)=t, f_2(t)=\sin t$, 故根据卷积定理及例 8.3.3 得

$$f(t)=f_1(t)*f_2(t)=t*\sin t=t-\sin t$$

例 8.3.7 若 $F(s)=\frac{s^2}{(s^2+1)^2}$, 求 $f(t)$.

解 因为

$$F(s)=\frac{s^2}{(s^2+1)^2}=\frac{s}{s^2+1}\cdot\frac{s}{s^2+1}$$

故根据卷积定理及例 8.3.4 得

$$f(t)=L^{-1}\left[\frac{s}{s^2+1}\cdot\frac{s}{s^2+1}\right]=\cos t*\cos t=\frac{1}{2}(t\cos t+\sin t)$$

例 8.3.8 设 $L[f(t)]=\frac{1}{(s^2+4s+13)^2}$, 求 $f(t)$.

解 因为

$$\begin{aligned}L[f(t)]&=\frac{1}{(s^2+4s+13)^2}=\frac{1}{[(s+2)^2+3^2]^2}\\&=\frac{1}{9}\frac{3}{[(s+2)^2+3^2]}\frac{3}{[(s+2)^2+3^2]}\end{aligned}$$

根据位移性质

$$L^{-1}\left[\frac{3}{[(s+2)^2+3^2]}\right]=\mathrm{e}^{-2t}\sin 3t$$

所以

$$\begin{aligned}f(t)&=\frac{1}{9}(\mathrm{e}^{-2t}\sin 3t)*(\mathrm{e}^{-2t}\sin 3t)\\&=\frac{1}{9}\int_0^t \mathrm{e}^{-2\tau}\sin 3\tau\cdot\mathrm{e}^{-2(t-\tau)}\cdot\sin 3(t-\tau)\mathrm{d}\tau\\&=\frac{1}{9}\mathrm{e}^{-2t}\int_0^t \sin 3\tau\cdot\sin 3(t-\tau)\mathrm{d}\tau\\&=\frac{1}{54}\mathrm{e}^{-2t}(\sin 3t-3t\cos 3t)\end{aligned}$$

此外还可应用卷积定理分析电路问题.

例 8.3.9 图 8.3.2 所示 RL 电路, 激励信号为单位阶跃 $e(t)=u(t)$, 求电流 $i(t)=?$

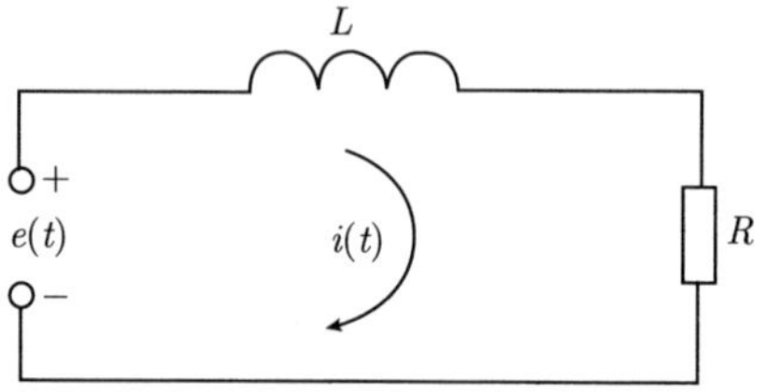

图 8.3.2

解 信号 $e(t)=u(t)$ 的变换式为

$$E(s)=L[u(t)]=\frac{1}{s}$$

电流变换式为

$$I(s)=\frac{1}{R+sL}E(s)$$

因为

$$\frac{1}{R+sL}=L\left[\frac{1}{L}\mathrm{e}^{-\frac{R}{L}t}\right]$$

所以, 由卷积定理可求得

$$\begin{aligned}i(t)&=\frac{1}{L}\mathrm{e}^{-\frac{R}{L}t}*u(t)=\int_0^t u(\tau)\cdot\frac{1}{L}\mathrm{e}^{-\frac{R}{L}(t-\tau)}\mathrm{d}\tau\\&=\frac{1}{R}\mathrm{e}^{\frac{R}{L}(t-\tau)}\bigg|_0^t=\frac{1}{R}\left(1-\mathrm{e}^{\frac{R}{L}t}\right)\end{aligned}$$

显然, 拉氏变换方法把时间域中的卷积转换为变换域中的乘法.

利用卷积定理还可以解积分方程.

例 8.3.10 求积分方程 $y(t)=at+\displaystyle\int_0^t y(\tau)\sin(t-\tau)\mathrm{d}\tau$ 的解.

解 设 $Y(s)=L[y(t)]$, 则

$$\int_0^t y(\tau)\sin(t-\tau)\mathrm{d}\tau=y(t)*\sin t$$

故对方程两边进行拉氏变换, 根据卷积定理及

$$L[\sin t]=\frac{1}{s^2+1}$$

$$Y(s)=\frac{a}{s^2}+\frac{Y(s)}{s^2+1}$$

解出 $Y(s)$ 得取拉氏交换得

$$y(t)=a\left(t+\frac{1}{6}t^3\right)$$

8.4 拉普拉斯逆变换

前面几节主要讨论了已知函数 $f(t)$ 求它的拉氏变换 $F(s)$ 的问题. 但是在实际问题的应用中, 不可避免要遇到其相反的问题, 即已知 $f(t)$ 的拉氏变换 $F(s)$, 求其像原函数 $f(t)$ 的问题. 如果 $F(s)$ 在附录 II 的表中可以直接查到, 求逆变换的问题就比较容易解决. 同时, 通过应用拉氏变换的几个性质, 特别是卷积定理, 确实也能在某些情况下, 对这个问题给出满意的回答. 然而, 在实际问题中经常遇到的 $F(s)$ 并非那样简单. 如果 $F(s)$ 较复杂时, 只用前几节的方法还很不方便, 因此, 必须研究求逆变换的一般方法. 下面我们就来解决这个问题.

由拉氏变换的概念可知, 函数 $f(t)$ 的拉氏变换实际上就是 $f(t)u(t)\mathrm{e}^{-\beta t}(\beta>0)$ 的傅氏变换. 因此, 当 $f(t)u(t)\mathrm{e}^{-\beta t}$ 满足傅氏积分定理的条件时, 根据傅里叶积分公式, $f(t)$ 在连续点处

$$\begin{aligned}f(t)u(t)\mathrm{e}^{-\beta t}&=\frac{1}{2\pi}\int_{-\infty}^{+\infty}\left[\int_{-\infty}^{+\infty}f(\tau)u(\tau)\mathrm{e}^{-\beta\tau}\mathrm{e}^{-\mathrm{i}\omega\tau}\mathrm{d}\tau\right]\mathrm{e}^{\mathrm{i}\omega t}\mathrm{d}\omega\\&=\frac{1}{2\pi}\int_{-\infty}^{+\infty}\mathrm{e}^{\mathrm{i}\omega t}\int_{0}^{+\infty}f(\tau)\mathrm{e}^{-(\beta+\mathrm{i}\omega)\tau}\mathrm{d}\tau\mathrm{d}\omega\\&=\frac{1}{2\pi}\int_{-\infty}^{+\infty}F(\beta+\mathrm{i}\omega)\mathrm{e}^{\mathrm{i}\omega t}\mathrm{d}\omega\quad(t>0)\end{aligned}$$

等式两端同乘 $\mathrm{e}^{\beta t}$, 且注意这个因子与积分变换 ω 无关, 故 $t>0$ 时,

$$f(t)=\frac{1}{2\pi}\int_{-\infty}^{+\infty}F(\beta+\mathrm{i}\omega)\mathrm{e}^{(\beta+\mathrm{i}\omega)t}\mathrm{d}\omega$$

令 $\beta+\mathrm{i}\omega=s$, 则

$$f(t)=\frac{1}{2\pi\mathrm{i}}\int_{\beta-\mathrm{i}\infty}^{\beta+\mathrm{i}\infty}F(s)\mathrm{e}^{st}\mathrm{d}s\quad(t>0)\tag{8.4.1}$$

其中 $\beta>c_0, c_0$ 是 $f(t)$ 的增长指数. 积分路径是在右半平面 $\mathrm{Re}s>c_0$ 上任意一条直线 $\mathrm{Re}s=\beta$ 上.

公式 (8.4.1) 就是从像函数 $F(s)$ 求它的像原函数$f(t)$ 的一般公式. 右端的积分称为**拉氏反演积分**. 它和公式 $F(s)=\int_0^{+\infty}f(t)\mathrm{e}^{-st}\mathrm{d}t$成为一对互逆的积分变换公式, 我们也称 $f(t)$ 和 $F(s)$ 构成了一个拉氏变换对. 由于式 (8.4.1) 是一个复变函数

的积分, 计算复变函数的积分通常比较困难, 但当 $F(s)$ 满足一定条件时, 可以用留数方法来计算这个反演积分. 下面的定理将提供计算这个反演积分的方法.

定理 8.4.1 若函数 $F(s)$ 在 z- 平面上除有限个孤立奇点 $s_1, s_2, \cdots, s_n$ 外处处解析. 适当选取 β, 使这些奇点全在 $\mathrm{Re}s < \beta$ 的范围内, 且当 $s \to \infty$ 时, $F(s) \to 0$, 则有

$$\frac{1}{2\pi\mathrm{i}}\int_{\beta-\mathrm{i}\infty}^{\beta+\mathrm{i}\infty} F(s)\mathrm{e}^{st}\mathrm{d}s = \sum_{k=1}^{n}\mathrm{Res}[F(s)\mathrm{e}^{st}, s_k]$$

即在 $f(t)$ 的连续点处成立

$$f(t) = \sum_{k=1}^{n}\mathrm{Res}[F(s)\mathrm{e}^{st}, s_k] \quad (t>0) \tag{8.4.2}$$

在 $f(t)$ 的间断点 $t_0 > 0$ 处, 上式左边应代为 $\dfrac{1}{2}[f(t+0)+f(t-0)]$.

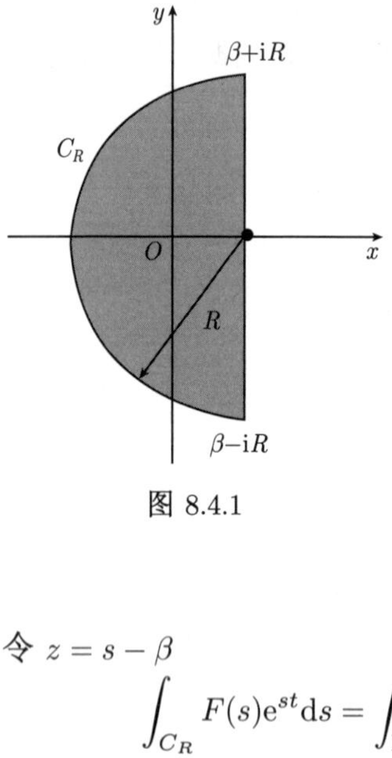

图 8.4.1

证明 取 $R > 0$ 充分大时, $s_1, s_2, \cdots, s_n$ 都在圆弧 C_R 和直线 $\mathrm{Re}s = \beta$ 所围成的区域内 (图 8.4.1). 因为 e^{st} 是全平面上的解析函数, 因此 $s_1, s_2, \cdots, s_n$ 是 $F(s)\mathrm{e}^{st}$ 的孤立奇点, 除这些奇点之外, $F(s)\mathrm{e}^{st}$ 处处解析, 于是根据留数基本定理

$$\frac{1}{2\pi\mathrm{i}}\left[\int_{\beta-\mathrm{i}R}^{\beta+\mathrm{i}R} F(s)\mathrm{e}^{st}\mathrm{d}s + \int_{C_R} F(s)\mathrm{e}^{st}\mathrm{d}s\right] = \sum_{k=1}^{n}\mathrm{Res}[F(s)\mathrm{e}^{st}, s_k]$$

下面证明当 $\lim\limits_{s\to\infty} F(s) = 0$ 时, 有

$$\lim_{R\to+\infty}\int_{C_R} F(s)\mathrm{e}^{st}\mathrm{d}s = 0 \tag{8.4.3}$$

令 $z = s - \beta$

$$\int_{C_R} F(s)\mathrm{e}^{st}\mathrm{d}s = \int_{\Gamma_R} F(z+\beta)\mathrm{e}^{(z+\beta)t}\mathrm{d}z = \mathrm{e}^{\beta t}\int_{\Gamma_R} F(z+\beta)\mathrm{e}^{zt}\mathrm{d}z$$

其中 Γ_R 是曲线 $z = R\mathrm{e}^{\mathrm{i}\varphi}\left(\dfrac{\pi}{2} \leqslant \varphi \leqslant \dfrac{3\pi}{2}\right)$.

于是

$$\int_{C_R} F(s)\mathrm{e}^{st}\mathrm{d}s = \mathrm{e}^{\beta t}\int_{\frac{\pi}{2}}^{\frac{3\pi}{2}} F(R\mathrm{e}^{\mathrm{i}\varphi}+\beta)\mathrm{e}^{Rt(\cos\varphi+\mathrm{i}\sin\varphi)}\mathrm{i}R\mathrm{e}^{\mathrm{i}\varphi}\mathrm{d}\varphi$$

若设 $M(R)$ 是 $|F(z+\beta)|$ 在 Γ_R 上的最大值, 则

$$\left|\int_{C_R} F(s)\mathrm{e}^{st}\mathrm{d}s\right| \leqslant RM(R)\mathrm{e}^{\beta t}\int_{\frac{\pi}{2}}^{\frac{3\pi}{2}} \mathrm{e}^{Rt\cos\varphi}\mathrm{d}\varphi = RM(R)\mathrm{e}^{\beta t}\int_{0}^{\pi} \mathrm{e}^{-Rt\sin\varphi}\mathrm{d}\varphi$$

$$= 2RM(R)\mathrm{e}^{\beta t}\int_0^{\frac{\pi}{2}} \mathrm{e}^{-Rt\sin\varphi}\mathrm{d}\varphi \quad (t>0) \tag{8.4.4}$$

因为当 $0<\varphi\leqslant\dfrac{\pi}{2}$ 时, $\dfrac{2}{\pi}\leqslant\dfrac{\sin\varphi}{\varphi}\leqslant 1$, 所以

$$\int_0^{\frac{\pi}{2}} \mathrm{e}^{-Rt\sin\varphi}\mathrm{d}\varphi \leqslant \int_0^{\frac{\pi}{2}} \mathrm{e}^{-\frac{2Rt}{\pi}\varphi}\mathrm{d}\varphi < \int_0^{+\infty} \mathrm{e}^{-\frac{2Rt}{\pi}\varphi}\mathrm{d}\varphi = \frac{\pi}{2Rt} \quad (t>0) \tag{8.4.5}$$

已知 $\lim\limits_{s\to\infty} F(s)=0$, 故当 $R\to+\infty$ 时有 $M(R)\to 0$, 将式 (8.4.5) 代入式 (8.4.4) 即得式 (8.4.3). 因此式 (8.4.2) 立即得出, 于是定理证毕.

当 $F(s)$ 为有理函数时, 定理 8.4.1 变得更为简单.

定理 8.4.2 若函数 $F(s)$ 是有理函数: $F(s)=\dfrac{A(s)}{B(s)}$, 其中 $A(s),B(s)$ 是互质多项式, $A(s)$ 的次数为 n, $B(s)$ 的次数为 m, 并且 $n<m$. 又假定 $B(s)$的零点为 $s_1,s_2,\cdots,s_k$, 其阶数分别为 $p_1,p_2,\cdots,p_k$ $\left(\sum\limits_{j=1}^{k}p_j=m\right)$, 那么在 $f(t)$ 的连续点处成立

$$f(t)=\sum_{j=1}^{k}\frac{1}{(p_j-1)!}\lim_{s\to s_j}\frac{\mathrm{d}^{p_j-1}}{\mathrm{d}s^{p_j-1}}\left[(s-s_j)^{p_j}\frac{A(s)}{B(s)}\mathrm{e}^{st}\right] \quad (t>0) \tag{8.4.6}$$

特别, 如果 $B(s)$ 有 m 个单零点 $s_1,s_2,\cdots,s_m$ 那么在 $f(t)$ 的连续点处成立

$$f(t)=\sum_{j=1}^{m}\frac{A(s_j)}{B'(s_j)}\mathrm{e}^{s_jt} \quad (t>0) \tag{8.4.7}$$

在 $f(t)$ 的间断点 $t_0>0$ 处, 式 (8.4.6) 和式 (8.4.7) 左端应代以 $\dfrac{1}{2}[f(t_0^+)+f(t_0^-)]$.

证明 由定理 8.4.1 及留数的计算方法很容易得到证明, 不再详述.

例 8.4.1 求 $F(s)=\dfrac{s}{s^2+1}$ 的逆变换.

解 这里 $B(s)=s^2+1, s=\pm\mathrm{i}$ 是它的两个一阶零点, 故由式 (8.4.7) 得

$$\begin{aligned} f(t)=L^{-1}\left[\frac{s}{s^2+1}\right] &= \frac{s}{2s}\mathrm{e}^{st}|_{s=\mathrm{i}}+\frac{s}{2s}\mathrm{e}^{st}|_{s=-\mathrm{i}} \\ &= \frac{1}{2}(\mathrm{e}^{\mathrm{i}t}+\mathrm{e}^{-\mathrm{i}t})=\cos t \quad (t>0) \end{aligned}$$

这和熟知的结果 $L[\cos kt]=\dfrac{s}{s^2+k^2}$ 一致.

例 8.4.2 求 $F(s)=\dfrac{1}{s(s-1)^2}$ 的拉氏逆变换.

解 $B(s)=s(s-1)^2, s=0$ 为一阶零点, $s=1$ 为二阶零点, 由式 (8.4.6) 可得

$$\begin{aligned}f(t)&=\lim_{s\to 0}\frac{se^{st}}{s(s-1)^2}+\lim_{s\to 1}\frac{d}{ds}\left[(s-1)^2\frac{1}{s(s-1)^2}e^{st}\right]\\&=1+\lim_{s\to 1}\frac{d}{ds}\left[\frac{1}{s}e^{st}\right]=1+\lim_{s\to 1}\left[\frac{t}{s}e^{st}-\frac{1}{s^2}e^{st}\right]\\&=1+(te^t-e^t)=1+e^t(t-1)\quad(t>0)\end{aligned}$$

例 8.4.3 求 $F(s)=\dfrac{s}{(s+1)^3(s-1)^2}$ 的拉氏逆变换.

解 $s_1=-1$ 和 $s_2=1$ 分别是 $\dfrac{se^{st}}{(s+1)^3(s-1)^2}$ 的三阶和二阶极点, 故由计算留数法则得

$$\begin{aligned}\text{Res}\left[\frac{se^{st}}{(s+1)^3(s-1)^2},-1\right]&=\frac{1}{2!}\lim_{s\to -1}\frac{d^2}{ds^2}\left[\frac{se^{st}}{(s-1)^2}\right]=\frac{e^{-t}}{16}(1-2t^2)\\\text{Res}\left[\frac{se^{st}}{(s+1)^3(s-1)^2},1\right]&=\lim_{s\to 1}\frac{d}{ds}\left[\frac{se^{st}}{(s+1)^3}\right]=\frac{e^t}{16}(2t-1)\end{aligned}$$

于是

$$f(t)=\frac{1}{16}[e^{-t}(1-2t^2)+e^t(2t-1)]\quad(t>0)$$

当 $F(s)$ 是有理函数时, 还可以采用部分分式分解的方法把 $F(s)$ 分解为若干个附录表 II 中的简单函数之和, 逐个求得逆变换.

例 8.4.4 求 $F(s)=\dfrac{10(s+2)(s+5)}{s(s+1)(s+3)}$ 的逆变换 $f(t)$.

解 将 $F(s)$ 写成部分分式展开形式

$$F(s)=\frac{A}{s}+\frac{B}{s+1}+\frac{C}{s+3}$$

分别求 A,B,C.

$$\begin{aligned}A&=sF(s)|_{s=0}=\frac{10\times 2\times 5}{1\times 3}=\frac{100}{3}\\B&=(s+1)F(s)|_{s=-1}=\frac{10(-1+2)(-1+5)}{(-1)(-1+3)}=-20\\C&=(s+3)F(s)|_{s=-3}=\frac{10(-3+2)(-3+5)}{(-3)(-3+1)}=-\frac{10}{3}\\F(s)&=\frac{100}{3s}-\frac{20}{s+1}-\frac{10}{3(s+3)}\\f(t)&=\frac{100}{3}-20e^{-t}-\frac{10}{3}e^{-3t}\quad(t\geqslant 0)\end{aligned}$$

例 8.4.5 求 $F(s)=\dfrac{s^2+2s+3}{(s^2+2s+2)(s^2+2s+5)}$ 逆变换 $f(t)$.

解法 1
$$\frac{s^2+2s+3}{(s^2+2s+2)(s^2+2s+5)}=\frac{As+B}{s^2+2s+2}+\frac{Cs+D}{s^2+2s+5} \tag{8.4.8}$$

令 $s=0$ 代入式 (8.4.8) 得 $\dfrac{3}{10}=\dfrac{B}{2}+\dfrac{D}{5}$. 将式 (8.4.8) 乘以 s, 并令 $s\to\infty$: $0=A+C$.

令 $s=1$: $\dfrac{3}{20}=\dfrac{A+B}{5}+\dfrac{C+D}{8}$,

令 $s=-1$: $\dfrac{1}{2}=-A+B+\dfrac{D-C}{4}$,

解得 $A=0,B=1/3,C=0,D=2/3$, 故

$$\begin{aligned}F(s)&=\frac{1/3}{s^2+2s+2}+\frac{2/3}{s^2+2s+5}\\&=\frac{1}{3}\cdot\frac{1}{(s+1)^2+1}+\frac{2}{3}\cdot\frac{1}{(s+1)^2+4}\end{aligned}$$

$$f(t)=\frac{1}{3}\mathrm{e}^{-t}\sin t+\frac{2}{3}\cdot\frac{1}{2}\mathrm{e}^{-t}\sin 2t=\frac{1}{3}\mathrm{e}^{-t}(\sin t+\sin 2t)$$

解法 2
$$F(s)=\frac{A}{s+1-\mathrm{i}}+\frac{B}{s+1+\mathrm{i}}+\frac{C}{s+1-2\mathrm{i}}+\frac{D}{s+1+2\mathrm{i}}$$

解之, 得 $A=C=\dfrac{1}{6\mathrm{i}},B=D=-\dfrac{1}{6\mathrm{i}}$. 故

$$\begin{aligned}f(t)&=\frac{1}{6\mathrm{i}}[\mathrm{e}^{-(1-\mathrm{i})t}-\mathrm{e}^{-(1+\mathrm{i})t}+\mathrm{e}^{-(1-2\mathrm{i})t}-\mathrm{e}^{-(1+2\mathrm{i})t}]\\&=\frac{1}{3}\mathrm{e}^{-t}\left(\frac{\mathrm{e}^{\mathrm{i}t}-\mathrm{e}^{-\mathrm{i}t}}{2\mathrm{i}}+\frac{\mathrm{e}^{2\mathrm{i}t}-\mathrm{e}^{-2\mathrm{i}t}}{2\mathrm{i}}\right)=\frac{1}{3}\mathrm{e}^{-t}(\sin t+\sin 2t)\end{aligned}$$

在以上讨论中, 假定 $F(s)=\dfrac{A(s)}{B(s)}$ 表示式中 $A(s)$ 的次数 n 低于 $B(s)$ 的次数 m. 对 $n\geqslant m$ 的情况, 可用长除法将函数分解成多项式与有理真分式之和, 其中有理真分式部分可按以上方法分析, 下面给出实例.

例 8.4.6 已知 $F(s)=\dfrac{s^3+5s^2+9s+7}{(s+1)(s+2)}$, 求其逆变换.

解 用分子除以分母 (长除法) 得到

$$F(s)=s+2+\frac{s+3}{(s+1)(s+2)}$$

现在式中最后一项满足 $m<n$ 的要求, 可按前述部分分式展开方法分解得到

$$F(s)=s+2+\frac{2}{s+1}-\frac{1}{s+2}$$
$$f(t)=\delta'(t)+2\delta(t)+2\mathrm{e}^{-t}-\mathrm{e}^{-2t}\quad(t\geqslant 0)$$

例 8.4.7 求函数 $F(s)=\dfrac{s}{(s+1)(s+2)(s+3)}$ 的拉氏逆变换.

解法 1 $B(s)=(s+1)(s+2)(s+3), s=-1, s=-2, s=-3$ 是三个一阶零点.

$$\begin{aligned}&\frac{\mathrm{d}}{\mathrm{d}s}[(s+1)(s+2)(s+3)]\\=&(s+2)(s+3)+(s+1)(s+3)+(s+1)(s+2)\end{aligned}$$

应用式 (8.4.7) 得

$$\begin{aligned}f(t)&=\frac{-1}{(-1)(-2)}\mathrm{e}^{-t}+\frac{-2}{(-1)\cdot 1}\mathrm{e}^{-2t}+\frac{-3}{(-2)(-1)}\mathrm{e}^{-3t}\\&=-\frac{1}{2}\mathrm{e}^{-t}+2\mathrm{e}^{-2t}-\frac{3}{2}\mathrm{e}^{-3t}\end{aligned}$$

解法 2 $$F(s)=\frac{s}{(s+1)(s+2)(s+3)}=\frac{-\frac{1}{2}}{s+1}+\frac{2}{s+2}+\frac{-\frac{3}{2}}{s+3}$$

因为已知 $L^{-1}\left[\dfrac{1}{s+k}\right]=\mathrm{e}^{-kt}$, 再利用拉氏逆变换的线性性质有

$$f(t)=L^{-1}\left[\frac{s}{(s+1)(s+2)(s+3)}\right]=-\frac{1}{2}\mathrm{e}^{-t}+2\mathrm{e}^{-2t}-\frac{3}{2}\mathrm{e}^{-3t}$$

例 8.4.8 已知 $F(s)=\dfrac{3s+1}{(s+1)(s^2+1)}$, 求 $f(t)$.

解法 1 $A(s)=3s+1, B(s)=(s-1)(s^2+1)=s^3-s^2+s-1, s=1, s=\pm\mathrm{i}$ 为一阶零点. $B'(s)=3s^2-2s+1$ 由公式 (8.4.7) 得

$$\begin{aligned}f(t)&=\frac{A(1)}{B'(1)}\mathrm{e}^{t}+\frac{A(\mathrm{i})}{B'(\mathrm{i})}\mathrm{e}^{\mathrm{i}t}+\frac{A(-\mathrm{i})}{B'(-\mathrm{i})}\mathrm{e}^{-\mathrm{i}t}\\&=\frac{4}{2}\mathrm{e}^{t}+\frac{3\mathrm{i}+1}{-2-2\mathrm{i}}\mathrm{e}^{\mathrm{i}t}+\frac{-3\mathrm{i}+1}{-2+2\mathrm{i}}\mathrm{e}^{-\mathrm{i}t}\\&=2\mathrm{e}^{t}-\cos t+\frac{1}{2}\sin t-\cos t+\frac{1}{2}\sin t\\&=2\mathrm{e}^{t}-2\cos t+\sin t\end{aligned}$$

解法 2 用待定系数法求 $F(s)$ 部分分式, 设

$$\frac{3s+1}{(s-1)(s^2+1)}=\frac{A}{s-1}+\frac{Bs+C}{s^2+1}$$

两边乘以 $(s-1)$, 并令 $s\to 1$, 得

$$A=\lim_{s\to 1}\frac{3s+1}{s^2+1}=2$$

代入原式

$$\frac{3s+1}{(s-1)(s^2+1)}=\frac{2}{s-1}+\frac{Bs+C}{s^2+1}$$

再取 $s=0$ 及 2 分别代入得

$$-1=-2+C,\quad \frac{7}{5}=2+\frac{2B+C}{5}$$

得 $C=1, B=-2$, 故

$$F(s)=\frac{2}{s-1}+\frac{-2s}{s^2+1}+\frac{1}{s^2+1}$$

已知 $L^{-1}\left[\frac{1}{s-k}\right]=\mathrm{e}^{kt}, L^{-1}\left[\frac{s}{s^2+k^2}\right]=\cos kt, L^{-1}\left[\frac{k}{s^2+k^2}\right]=\sin kt$, 所以 $f(t)=2\mathrm{e}^t-2\cos t+\sin t$.

到目前为止, 已介绍了多种求拉氏变换的方法, 如利用卷积定理与部分分式, 还可以利用反演积分与留数定理等. 这些方法各有优缺点, 使用中哪一种方法简便, 就用哪一种. 有时还可以用拉氏变换的基本性质. 以上方法中除留数理论的情况之外, 都需要知道一些最基本的拉氏变换的像函数的像原函数. 此外, 还可以用查表的方法.

8.5 拉普拉斯变换在解方程中的应用

在讨论常系数线性常微分方程的初值问题的解法时, 拉氏变换是一个有力的工具. 其基本思路就是, 对所给方程的两端进行拉氏变换, 然后根据拉氏变换的性质, 如微分性质等, 得到有关像函数的代数方程, 从而求出未知函数的像函数. 最后通过求其逆变换的方法得出所给方程的解 (图 8.5.1). 由于在取拉氏变换时, 方程和初始条件同时用到, 故用拉氏变换解微分方程的初值问题特别方便. 实际做法看下面的例子.

例 8.5.1 求方程 $y''+y=t$ 满足初始条件 $y(0)=1, y'(0)=-2$ 的解.

解 设 $L[y(t)]=Y(s)$, 对方程的两边取拉氏变换, 并考虑到初始条件, 则得

$$L[y'']+L[y]=L[t]$$

$$s^2Y(s)-sy(0)-y'(0)+Y(s)=\frac{1}{s^2}$$

$$s^2Y(s)-s+2+Y(s)=\frac{1}{s^2}$$

这是含未知量 $Y(s)$ 的代数方程, 整理后解出 $Y(s)$, 得

$$Y(s)=\frac{1}{s^2(s^2+1)}+\frac{s-2}{s^2+1}$$

$$= \frac{1}{s^2} - \frac{1}{s^2+1} + \frac{s}{s^2+1} - \frac{2}{s^2+1} = \frac{1}{s^2} + \frac{s}{s^2+1} - \frac{3}{s^2+1}$$

是所求函数的拉氏变换, 取它的逆变换便可以得出所求函数 $y(t)$, 故

$$y(t) = L^{-1}\left[\frac{1}{s^2} + \frac{s}{s^2+1} - \frac{3}{s^2+1}\right] = t + \cos t - 3\sin t$$

这便是所求微分方程的解.

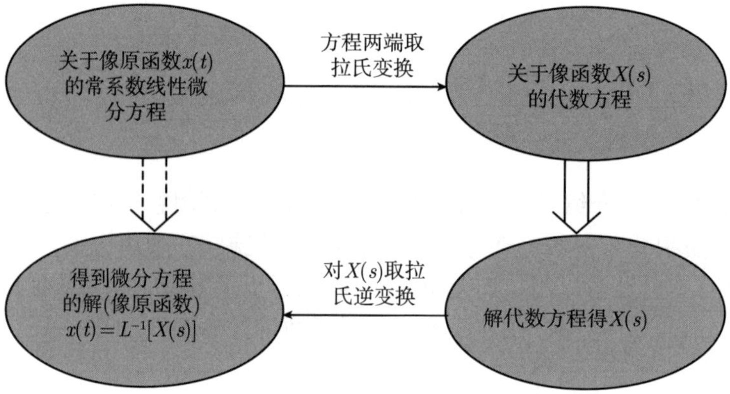

图 8.5.1

例 8.5.2 求常系数线性微分方程的初值问题

$$\begin{cases} x''(t) - 2x'(t) + 2x(t) = 2e^t \cos t \\ x(0) = x'(0) = 0 \end{cases}$$

的解.

解 设 $L[x(t)] = X(s)$, 方程的两边进行拉氏变换, 则根据微分性质和初始条件

$$s^2X(s) - 2sX(s) + 2X(s) = L[2e^t \cos t]$$

利用

$$L[\cos t] = \frac{s}{s^2+1}$$

及位移性质

$$L[2e^t \cos t] = \frac{2(s-1)}{(s-1)^2+1}$$

得

$$X(s) = \frac{2(s-1)}{[(s-1)^2+1]^2} = -\left[\frac{1}{(s-1)^2+1}\right]'$$

因

$$L[\sin t] = \frac{1}{s^2+1}$$

故

$$L[\mathrm{e}^t \sin t] = \frac{1}{(s-1)^2+1}$$

由像函数的微分性质

$$L[t\mathrm{e}^t \sin t] = -\left[\frac{1}{(s-1)^2+1}\right]'$$

得

$$x(t) = L^{-1}\left\{\frac{2(s-1)}{[(s-1)^2+1]^2}\right\} = L^{-1}\left[\left(-\frac{1}{(s-1)^2+1}\right)'\right] = t\mathrm{e}^t \sin t$$

例 8.5.3 求微分方程初值问题

$$\begin{cases} x^{(4)}(t) + x^{(3)}(t) = \cos t \\ x(0) = x'(0) = x^{(3)}(0) = 0, x''(0) = k \end{cases}$$

的解, 其中 k 为常数.

解 令 $X(s) = L[x(t)]$, 方程两端取拉氏变换, 并应用初始条件得

$$s^4 X(s) - ks + s^3 X(s) - k = \frac{s}{s^2+1}$$

故

$$\begin{aligned} X(s) &= \frac{k(s+1)}{s^4+s^3} + \frac{1}{s^2(s+1)(s^2+1)} \\ &= \frac{k}{s^3} + \frac{1}{s^2} - \frac{1}{s} + \frac{1}{2(s+1)} + \frac{s}{2(s^2+1)} - \frac{1}{2(s^2+1)} \end{aligned}$$

求拉氏逆变换, 得原问题的解为

$$x(t) = \frac{1}{2}kt^2 + t - 1 + \frac{1}{2}\mathrm{e}^{-t} + \frac{1}{2}(\cos t - \sin t)$$

应用拉氏变换也可以求解微分方程组.

例 8.5.4 求方程组

$$\begin{cases} y'' - x'' + x' - y = \mathrm{e}^t - 2 \\ 2y'' - x'' - 2y' + x = -t \end{cases}$$

满足初始条件

$$\begin{cases} y(0) = y'(0) = 0 \\ x(0) = x'(0) = 0 \end{cases}$$

的解.

解 对方程组两个方程两边取拉氏变换, 设 $L[y(t)]=Y(s), L[s(t)]=X(s)$, 并考虑到初始条件, 则得

$$\begin{cases} s^2Y(s)-s^2X(s)+sX(s)-Y(s)=\dfrac{1}{s-1}-\dfrac{2}{s} \\ 2s^2Y(s)-s^2X(s)-2sY(s)+X(s)=-\dfrac{1}{s^2} \end{cases}$$

整理化简为

$$\begin{cases} (s+1)Y(s)-sX(s)=\dfrac{-s+2}{s(s-1)^2} \\ 2sY(s)-(s+1)X(s)=-\dfrac{1}{s^2(s-1)} \end{cases}$$

解这个代数方程组, 即得

$$\begin{cases} Y(s)=\dfrac{1}{s(s-1)^2} \\ X(s)=\dfrac{2s-1}{s^2(s-1)^2} \end{cases}$$

现求它们的逆变换, 对于 $Y(s)=\dfrac{1}{s(s-1)^2}$, 根据例 8.4.2 可得

$$y(t)=1+t\mathrm{e}^t-\mathrm{e}^t$$

$X(s)=\dfrac{2s-1}{s^2(s-1)^2}$ 具有两个二阶极点：$s=0, s=1$. 所以

$$\begin{aligned} x(t)&=\lim_{s\to 0}\frac{\mathrm{d}}{\mathrm{d}s}\left[\frac{2s-1}{(s-1)^2}\mathrm{e}^{st}\right]+\lim_{s\to 1}\frac{\mathrm{d}}{\mathrm{d}s}\left[\frac{2s-1}{s^2}\mathrm{e}^{st}\right] \\ &=\lim_{s\to 0}\left[t\mathrm{e}^{st}\frac{2s-1}{(s-1)^2}-\frac{2s}{(s-1)^3}\mathrm{e}^{st}\right]+\lim_{s\to 1}\left[t\mathrm{e}^{st}\frac{2s-1}{s^2}+\mathrm{e}^{st}\frac{2(1-s)}{s^3}\right] \\ &=-t+t\mathrm{e}^t \end{aligned}$$

故

$$\begin{cases} x(t)=-t+t\mathrm{e}^t \\ y(t)=1-\mathrm{e}^t+t\mathrm{e}^t \end{cases}$$

是所求方程组的解.

例 8.5.5 求方程组

$$\begin{cases} x''+y'+3x=15\mathrm{e}^{-t} \\ y''-4x'+3y=15\sin 2t \end{cases}$$

满足初始条件 $x(0)=35, x'(0)=-48, y(0)=27, y'(0)=-55$ 的解.

解 对方程组两边取拉氏变换, 设 $L[x(t)]=X(s), L[y(t)]=Y(s)$

$$\begin{cases} s^2X(s)-35s+48+sY(s)-27+3X(s)=\dfrac{15}{s+1} \\ s^2Y(s)-27s+55-4(sX(s)-35)+3Y(s)=\dfrac{30}{s^2+4} \end{cases}$$

即

$$\begin{cases} (s^2+3)X(s)+sY(s)=35s-21+\dfrac{15}{s+1} \\ -4sX(s)+(s^2+3)Y(s)=27s-195+\dfrac{30}{s^2+4} \end{cases}$$

解代数方程得

$$X(s)=\frac{\begin{vmatrix} 35s-21+\dfrac{15}{s+1} & s \\ 27s-195+\dfrac{30}{s^2+4} & s^2+3 \end{vmatrix}}{\begin{vmatrix} s^2+3 & s \\ -4s & s^2+3 \end{vmatrix}}$$

$$=\frac{35s^3-48s^2+300s-63}{(s^2+1)(s^2+9)}+\frac{15(s^2+3)}{(s+1)(s^2+1)(s^2+9)}-\frac{30s}{(s^2+1)(s^2+4)(s^2+9)}$$

$$=\frac{30s}{s^2+1}-\frac{45}{s^2+9}+\frac{3}{s+1}+\frac{2s}{s^2+4}$$

$$Y(s)=\frac{\begin{vmatrix} s^2+3 & 35s-21+\dfrac{15}{s+1} \\ -4s & 27s-195+\dfrac{30}{s^2+4} \end{vmatrix}}{\begin{vmatrix} s^2+3 & s \\ -4s & s^2+3 \end{vmatrix}}$$

$$=\frac{27s^3-55s^2-3s-585}{(s^2+1)(s^2+9)}+\frac{60s}{(s+1)(s^2+1)(s^2+9)}+\frac{30(s^2+3)}{(s^2+1)(s^2+4)(s^2+9)}$$

$$=\frac{30s}{s^2+9}-\frac{60}{s^2+1}-\frac{3}{s+1}+\frac{2}{s^2+4}$$

故

$$x(t)=L^{-1}[X(s)]=30\cos t-15\sin 3t+3\mathrm{e}^{-t}+3\cos 2t$$

$$y(t)=L^{-1}[Y(s)]=30\cos 3t-60\sin t-3\mathrm{e}^{-t}+\sin 2t$$

从以上例子可以看出, 利用拉氏变换求解常系数微分方程和方程组时, 初始条件也同时用上. 所得的解就是满足初始条件的特解. 避免了先求通解, 再求特解的过程. 这个方法对高阶方程组也有效, 对有些变系数方程组也能利用拉氏变换求解.

例 8.5.6 求微分方程 $ty''+y'+4ty=0$ 满足 $y(0)=3, y'(0)=0$ 的解.

解 设 $L[y(t)]=Y(s)$, 对方程两边进行拉氏变换, 并注意

$$L[ty'']=-\frac{\mathrm{d}}{\mathrm{d}s}L[y'']$$
$$L[ty]=-\frac{\mathrm{d}}{\mathrm{d}s}L[y]=\frac{-\mathrm{d}Y}{\mathrm{d}s}$$

得

$$-\frac{\mathrm{d}}{\mathrm{d}s}[s^2Y(s)-sy(0)-y'(0)]+sY(s)-y(0)-4\frac{\mathrm{d}}{\mathrm{d}s}Y(s)=0$$

把 $y(0)=3$ 与 $y'(0)=0$ 代入上式, 整理得

$$(s^2+4)\frac{\mathrm{d}Y}{\mathrm{d}s}+sY=0$$

这是关于 Y 的齐次线性方程 (也是变量可分离的方程), 于是其通解为

$$Y(s)=C\mathrm{e}^{-\int\frac{S}{S^2+4}\mathrm{d}s}=\frac{C}{\sqrt{s^2+4}}$$

查附录 II 的 74 式得

$$y(t)=C\mathrm{J}_0(2t)$$

其中 $\mathrm{J}_0(t)$ 是零阶第一类贝塞尔 (Bessel) 函数, 且 $\mathrm{J}_0(0)=1$. 于是, 由初值条件 $y(0)=1$ 得 $C=3$, 即

$$y(t)=3\mathrm{J}_0(2t)$$

第 8 章小结

一、拉氏变换的概念

1. 拉氏变换的定义

设 $f(t)$ 在 $t\geqslant 0$ 上有定义, 且积分 $F(s)=\int_0^{+\infty}f(t)\mathrm{e}^{-st}\mathrm{d}t$($s$ 是复参变量)对复平面上某一范围 s 收敛, 则由这个积分确定的函数

$$F(s)=\int_0^{+\infty}f(t)\mathrm{e}^{-st}\mathrm{d}t$$

称为函数 $f(t)$ 的拉普拉斯变换, 简称为 $f(t)$ 的拉氏变换, 记为 $L[f(t)]$. $F(s)$ 称为 $f(t)$ 的像函数, $f(t)$ 称为 $F(s)$ 的像原函数.

事实上, $f(t)(t\geqslant 0)$ 的拉氏变换就是 $f(t)u(t)\mathrm{e}^{-\beta t}(\beta>0, s=\beta+\mathrm{i}\omega)$ 的傅氏变换.

2. 拉氏变换存在定理

设函数 $f(t)$ 在 $t \geqslant 0$ 的任何有限区间内按段连续, 当 $t \to +\infty$ 时 $f(t)$ 的增长速度不超过某一指数函数, 即存在常数 $M > 0$ 和 $c_0 > 0$, 使得在 $[0, +\infty)$ 上

$$|f(t)| \leqslant M\mathrm{e}^{c_0 t}$$

则在半平面 $\mathrm{Re}s > c_0$ 上 $L[f(t)]$ 存在, 且 $F(s) = L[f(t)]$是 s 的解析函数, 其中 c_0 称为 $f(t)$ 的增长指数. 积分 $\int_0^{+\infty} f(t)\mathrm{e}^{-st}\mathrm{d}t$在 $\mathrm{Re}s > c_0$ 上绝对收敛, 在 $\mathrm{Re}s \geqslant c_1 > c_0$ 上一致收敛.

3. 一些常见函数的拉氏变换

$$\begin{aligned}
&L[\delta(t)] = 1;\\
&L[u(t)] = \frac{1}{s}\ (\mathrm{Re}s > 0);\\
&L[\mathrm{e}^{kt}] = \frac{1}{s-k}\ (\mathrm{Re}s > k);\\
&L[\sin kt] = \frac{k}{s^2+k^2}\ (\mathrm{Re}s > 0);\\
&L[\cos kt] = \frac{s}{s^2+k^2}\ (\mathrm{Re}s > 0);\\
&L[t^\alpha] = \frac{\Gamma(\alpha+1)}{s^{\alpha+1}}\ (\mathrm{Re}s > 0, \alpha > 1).
\end{aligned}$$

4. 设 $f(t)$ 是周期为 T 的周期函数则

$$L[f(t)] = \frac{1}{1-\mathrm{e}^{-sT}} \int_0^T f(t)\mathrm{e}^{-st}\mathrm{d}t\ (\mathrm{Re}s > 0)$$

二、拉氏变换的性质

性质 1 (线性性质) 设 $k_i \in \mathbb{C}$, $F_i(s) = L[f_i(t)]$, $i = 1, 2$, 则

$$\begin{aligned}
&L[k_1 f_1(t) + k_2 f_2(t)] = k_1 L[f_1(t)] + k_2 L[f_2(t)]\\
&L^{-1}[k_1 F_1(s) + k_2 F_2(s)] = k_1 L^{-1}[F_1(s)] + k_2 L^{-1}[F_2(s)]
\end{aligned}$$

性质 2 (微分性质) 设 $L[f(t)] = F(s)$. 并假设 $f^{(n)}(t)$ 存在且连续 $n \in \mathbb{N}$, 则

$$L[f^{(n)}(t)] = s^n F(s) - s^{n-1} f(0) - \cdots - f^{(n-1)}(0)$$

$$F^{(n)}(s) = L[(-t)^n f(t)]$$

性质 3 (积分性质) 设 $F(s) = L[f(t)]$, 则

$$L\left[\int_0^t f(\tau)\mathrm{d}\tau\right]=\frac{1}{s}F(s)$$

设 $\lim\limits_{t\to 0^+}\dfrac{f(t)}{t}$ 存在且积分 $\displaystyle\int_s^{\infty}F(u)\mathrm{d}u$ 收敛, 则

$$L\left[\frac{f(t)}{t}\right]=\int_s^{\infty}F(u)\mathrm{d}u.$$

如果积分 $\displaystyle\int_0^{+\infty}\frac{f(t)}{t}\mathrm{d}t$ 收敛, 则有

$$\int_0^{+\infty}\frac{f(t)}{t}\mathrm{d}t=\int_0^{+\infty}F(s)\mathrm{d}s$$

性质 4 (位移性质) $L[\mathrm{e}^{at}f(t)]=F(s-a),\mathrm{Re}(s-a)>c_0$.

性质 5 (延迟性质) 若 $L[f(t)]=F(s)$, 当 $t<0$ 时 $f(t)=0$, 则对于任一非负实数 τ, 有

$$L[f(t-\tau)]=\mathrm{e}^{-s\tau}F(s)$$

性质 6 (相似性质) $L[f(at)]=\dfrac{1}{a}F\left(\dfrac{s}{a}\right)\ (a>0,\mathrm{Re}s>ac_0)$

性质 7 (初值与终值定理)

初值定理: 若 $L[f(t)]=F(s)$, 且 $\lim\limits_{s\to\infty}sF(s)$ 存在, 则有

$$\lim_{t\to 0^+}f(t)=\lim_{s\to\infty}sF(s)$$

即, $f(0^+)=\lim\limits_{s\to\infty}sF(s)$

终值定理: 若 $L[f(t)]=F(s)$, 且 $sF(s)$ 的所有奇点都在 s 平面的左半部, 则

$$\lim_{t\to+\infty}f(t)=\lim_{s\to 0}sF(s)$$

即 $f(+\infty)=\lim\limits_{s\to 0}sF(s)$.

三、拉氏逆变换

1. 若 $s_1,s_2,\cdots,s_n$ 是函数 $F(s)$ 的所有孤立奇点 (有限个) 除这些点外, $F(s)$ 处处解析. 适当选取 β, 使这些奇点全在 $\mathrm{Re}s<\beta$ 的范围内, 且当 $s\to\infty$ 时, $F(s)\to 0$, 则有

$$\frac{1}{2\pi i}\int_{\beta-\mathrm{i}\infty}^{\beta+\mathrm{i}\infty}F(s)\mathrm{e}^{st}\mathrm{d}s=\sum_{k=1}^{n}\mathrm{Res}[F(s)\mathrm{e}^{st},s_a]$$

即在 $f(t)$ 的连续点处成立

$$f(t)=\sum_{k=1}^{n}\mathrm{Res}[F(s)\mathrm{e}^{st},s_a],\quad t>0$$

在 $f(t)$ 的间断点 $t_0>0$ 处, 上式左边应代为 $\dfrac{1}{2}[f(t_0^+)+f(t_0^-)]$.

2. 若函数 $F(s)$ 是有理函数 $F(s)=\dfrac{A(s)}{B(s)}$, 其中 $A(s),B(s)$ 是互质多项式, $A(s)$ 的次数为 $n,B(s)$ 的次数为 m, 并且 $n<m$.又假设 $B(s)$ 的零点为 $s_1,s_2,\cdots,s_k$, 其阶数分别为 $p_1,p_2,\cdots,p_k\left(\sum\limits_{j=1}^{k}p_j=m\right)$, 那么在 $f(t)$ 的连续点处成立

$$f(t)=\sum_{j=1}^{k}\frac{1}{(p_j-1)!}\lim_{s\to s_j}\frac{\mathrm{d}^{p_j-1}}{\mathrm{d}_s^{p_j-1}}\left[(s-s_j)^{p_j}\frac{A(s)}{B(s)}\mathrm{e}^{st}\right],\quad t>0$$

特别地, 如果 $B(s)$ 有 m 个单零点 $s_1,s_2,\cdots,s_m$, 那么在 $f(t)$ 的连续点处成立

$$f(t)=\sum_{j=1}^{m}\frac{A(s_j)}{B'(s_j)}\mathrm{e}^{s_jt},\ \ t>0$$

在 $f(t)$ 的间断点 $t_0>0$ 处, $f(t)$ 以 $\dfrac{1}{2}[f(t_0^+)+f(t_0^-)]$ 代替.

四、拉氏变换在求解微分积分方程中的应用

对所给方程的两端进行拉氏变换, 然后根据拉氏变换的微分性质或积分性质, 得出有关像函数的代数方程, 从而求出未知函数的像函数, 最后通过求其逆变换的方法得出所给方程的解.

习 题 8

1. 用定义求下列函数的拉氏变换, 并用查表的方法来验证结果.

(1)$f(t)=\sin\dfrac{t}{3}$;　(2)$f(t)=\mathrm{e}^{-2t}$;

(3)$f(t)=t^2$;　(4)$f(t)=\sin t\cos t$;

(5)$f(t)=\mathrm{sh}kt$;　(6)$f(t)=\cos^2 t$.

2. 求下列函数的拉氏变换.

(1)$f(t)=\begin{cases}3, & 0\leqslant t<2\\ -1, & 2\leqslant t<4\\ 0, & t\geqslant 4;\end{cases}$　(2)$f(t)=\begin{cases}t+1, & 0<t<3\\ 0, & t\geqslant 3;\end{cases}$

(3)$f(t)=\begin{cases}3, & t<\dfrac{\pi}{2}\\ \cos t, & t>\dfrac{\pi}{2};\end{cases}$

(4)$f(t)=\mathrm{e}^{2t}+5\delta(t)$;

(5)$f(t)=\delta(t)\cos t-u(t)\sin t$.

3. 设 $f(t)$ 是以 2π 为周期的函数, 且在一个周期内的表达式为

$$f(t)=\begin{cases}\sin t, & 0<t\leqslant \pi\\ 0, & \pi<t\leqslant 2\pi\end{cases}$$

求 $L[f(t)]$.

4. 求下列函数的拉氏变换式.

(1) $f(t)=3t^4-2t^{3/2}+6$; (2) $f(t)=1-te^t$;

(3) $f(t)=3\sqrt[3]{t}+4e^{2t}$; (4) $f(t)=\dfrac{t}{2a}\sin at$;

(5) $f(t)=\dfrac{\sin at}{t}$; (6) $f(t)=5\sin 2t-3\cos 2t$;

(7) $f(t)=e^{-3t}\cos 4t$; (8) $f(t)=e^{-2t}\sin 6t$;

(9) $f(t)=t^n e^{at}$(n 为整数); (10) $f(t)=u(3t-5)$;

(11) $f(t)=\dfrac{e^{3t}}{\sqrt{t}}$; (12) $f(t)=u(1-e^{-t})$.

5. 利用像函数的导数公式计算下列各式.

(1) $f(t)=te^{-3t}\sin 2t$, 求 $F(s)$;

(2) $f(t)=t\displaystyle\int_0^t e^{-3\tau}\sin 2\tau d\tau$, 求 $F(s)$;

(3) $f(t)=\displaystyle\int_0^t \tau e^{-3\tau}\sin 2\tau d\tau$, 求 $F(s)$.

6. 利用像函数的积分公式计算下列各式.

(1) $\dfrac{1-e^{-t}}{t}$, 求 $F(s)$; (2) $\dfrac{e^{-3t}\sin 2t}{t}$, 求 $F(s)$;

(3) $\displaystyle\int_0^t \frac{e^{-3\tau}\sin 2\tau}{\tau}d\tau$, 求 $F(s)$; (4) $\dfrac{s}{(s^2-1)^2}$, 求 $f(t)$.

7. 利用拉氏变换的性质求下列函数的拉氏变换.

(1) $f(t)=\dfrac{e^{bt}-e^{at}}{t}$; (2) $f(t)=t^2\sin 2t$;

(3) $f(t)=\sin\omega t-\omega t\cos\omega t$; (4) $f(t)=t\,\mathrm{sh}\omega t$.

8. 求下列函数的拉氏逆变换.

(1) $F(s)=\dfrac{1}{s^2+4}$; (2) $F(s)=\dfrac{1}{s^4}$;

(3) $F(s)=\dfrac{1}{(s+1)^4}$; (4) $F(s)=\dfrac{1}{s+3}$;

(5) $F(s)=\dfrac{2s+3}{s^2+9}$; (6) $F(s)=\dfrac{s+3}{(s+1)(s-3)}$;

(7) $F(s)=\dfrac{s+1}{s^2+s-6}$; (8) $F(s)=\dfrac{2s+5}{s^2+4s+13}$.

9. 设 $f_1(t), f_2(t)$ 均满足拉氏变换存在定理的条件 (若它们的增长指数均为 c_0), 且 $L[f_1(t)]=F_1(s), L[f_2(t)]=F_2(s)$, 则乘积 $f_1(t)f_2(t)$ 的拉氏变换一定存在, 且

$$L[f_1(t)f_2(t)]=\frac{1}{2\pi i}\int_{\beta-i\infty}^{\beta+i\infty}F_1(q)F_2(s-q)dq$$

其中, $\beta>0, \mathrm{Re}s>\beta+c_0$.

10. 求下列函数的拉氏逆变换 (像原函数), 并用另一种方法加以验证.

(1)$F(s)=\dfrac{1}{s^2+a^2}$; (2)$F(s)=\dfrac{s}{(s-a)(s-b)}$;

(3)$F(s)=\dfrac{s+c}{(s+a)(s+b)^2}$; (4)$F(s)=\dfrac{s^2+3a^2}{(s^2+a^2)^2}$;

(5)$F(s)=\dfrac{1}{(s^2+a^2)s^3}$; (6)$F(s)=\dfrac{1}{s(s+a)(s+b)}$;

(7)$F(s)=\dfrac{1}{s^4-a^4}$; (8)$F(s)=\dfrac{s^2+2s-1}{s(s-1)^2}$;

(9)$F(s)=\dfrac{1}{s^2(s^2-1)}$; (10)$F(s)=\dfrac{s}{(s^2+1)(s^2+4)}$.

11. 求下列函数的拉氏逆变换 (像原函数).

(1)$F(s)=\dfrac{1}{(s^2+4)^2}$; (2)$F(s)=\dfrac{s}{s+2}$;

(3)$F(s)=\dfrac{2s+1}{s(s+1)(s+2)}$; (4)$F(s)=\dfrac{1}{s^4+5s^2+4}$;

(5)$F(s)=\dfrac{s+1}{9s^2+6s+5}$; (6)$F(s)=\ln\dfrac{s^2-1}{s^2}$;

(7)$F(s)=\dfrac{s+2}{(s^2+4s+5)^2}$; (8)$F(s)=\dfrac{1}{(s^2+2s+2)^2}$;

(9)$F(s)=\dfrac{s^2+4s+4}{(s^2+4s+13)^2}$; (10)$F(s)=\dfrac{2s^2+s+5}{s^3+6s^2+11s+6}$;

(11)$F(s)=\dfrac{s+3}{s^3+3s^2+6s+4}$; (12)$F(s)=\dfrac{2s^2+3s+3}{(s+1)(s+3)^3}$;

(13)$F(s)=\dfrac{1+\mathrm{e}^{-2s}}{s^2}$; (14)$F(s)=\dfrac{2s^3+10s^2+8s+40}{s^2(s^2+9)}$;

(15)$F(s)=\dfrac{s^2-3}{(s+2)(s-3)(s^2+2s+5)}$; (16)$F(s)=\dfrac{2s^3-s^2-1}{(s+1)^2(s^2+1)^2}$.

12. 试求下列微分方程或微分方程组初值问题的解.

(1) $x''+k^2x=0, x(0)=A, x'(0)=B$;

(2) $x''+4x'+3x=\mathrm{e}^{-t}, x(0)=x'(0)=1$;

(3) $x''+k^2x=a[u(t)-u(t-b)], x(0)=x'(0)=0$;

(4) $x''-x=4\sin t+5\cos 2t, x(0)=-1, x'(0)=-2$;

(5) $x^{(4)}+2x'''-2x'-x=\delta(t), x(0)=x'(0)=x''(0)=x'''(0)=0$;

(6) $x''+4x'+5x=f(t), x(0)=c_1, x'(0)=c_2$;

(7) $x'''+x'=\mathrm{e}^{2t}+\delta(t)+\delta(t-1), x(0)=x'(0)=x''(0)=0$;

(8) $x''+4x'+5x=\delta(t)+\delta'(t), x(0)=0, x'(0)=2$;

(9) $\begin{cases} x'+y'=1+\delta(t), \\ x'-y'=t+\delta(t-1), \end{cases} \quad x(0)=a,_y(0)=b$;

(10) $\begin{cases} x' + x - y = \mathrm{e}^t, \\ 3x + y' - 2y = 2\mathrm{e}^t, \end{cases}$ $x(0) = y(0) = 1;$

(11) $\begin{cases} y' - 2z' = f(t), \\ y'' - z'' + z = 0, \end{cases}$ $y(0) = y'(0) = z(0) = z'(0) = 0;$

(12) $\begin{cases} x'' - x + y + z = 0, \\ x + y'' - y + z = 0, \\ x + y + z'' - z = 0, \end{cases}$ $x(0) = 1, y(0)z = z(0) = x'(0) = y'(0) = z'(0) = 0.$

参 考 文 献

包革军, 盖云英, 冉启文. 1998. 积分变换. 哈尔滨：哈尔滨工业大学出版社.

盖云英, 包革军. 1996. 复变函数. 哈尔滨：哈尔滨工业大学出版社.

戈鲁辛 Γ M. 1956. 复变函数的几何理论. 陈建功译. 北京：科学出版社.

谷超豪. 1992. 数学辞典. 上海：上海辞书出版社.

黄先春. 1985. 保形映照手册. 武汉：华中工学院出版社.

陆庆乐. 2004. 复变函数. 北京：高等教育出版社.

伦兹 G L, 艾尔斯哥尔兹 L A. 1960. 复变函数与运算微积分初步. 熊振翔等译. 北京：人民教育出版社.

莫叶. 1990. 复变函数论 (第一册). 济南：山东科学技术出版社.

沃尔科维斯基 L. 1981. 复变函数论习题集. 宋国栋等译. 上海：上海科学技术出版社.

熊大国. 1990. 积分变换. 北京：北京理工大学出版社.

余家荣. 2007. 复变函数. 4 版. 北京：高等教育出版社.

张宗达. 2008. 工科数学分析. 3 版. 北京：高等教育出版社.

郑君里, 杨为理, 应永珩. 1982. 信号与系统. 北京：人民教育出版社.

钟玉泉. 2004. 复变函数论. 3 版. 北京：高等教育出版社.

Marsden J E. 1973. Basic Complex Analysis. San Francisco: W H Freeman and Comapany.

习 题 答 案

习 题 1

1. (1) $\mathrm{Re}z=\dfrac{3}{13}$, $\mathrm{Im}z=-\dfrac{2}{13}$, $\bar{z}=\dfrac{3}{13}+\dfrac{2}{13}\mathrm{i}$, $|z|=\dfrac{\sqrt{13}}{13}$, $\arg z=-\arctan\dfrac{2}{3}$;

   (2) $\mathrm{Re}z=\dfrac{3}{2}$, $\mathrm{Im}z=-\dfrac{5}{2}$, $\bar{z}=\dfrac{3}{2}+\dfrac{5}{2}\mathrm{i}$, $|z|=\dfrac{\sqrt{34}}{2}$, $\arg z=-\arctan\dfrac{5}{3}$;

   (3) $\mathrm{Re}z=-\dfrac{7}{2}$, $\mathrm{Im}z=-13$, $\bar{z}=-\dfrac{7}{2}+13\mathrm{i}$, $|z|=\dfrac{5}{2}\sqrt{29}$, $\arg z=\arctan\dfrac{26}{7}-\pi$;

   (4) $\mathrm{Re}z=1$, $\mathrm{Im}z=-3$, $\bar{z}=1+3\mathrm{i}$, $|z|=\sqrt{10}$, $\arg z=-\arctan 3$.

2. $x=1$, $y=11$.

3. $\mathrm{Re}w=\dfrac{1-|z|^2}{|1-z|^2}$, $\mathrm{Im}w=\dfrac{2\mathrm{Im}z}{|1-z|^2}$, $|w|=\dfrac{\sqrt{1+|z|^2+2\mathrm{Re}z}}{|1-z|}$.

5. (1) $\mathrm{i}=\cos\dfrac{\pi}{2}+\mathrm{i}\sin\dfrac{\pi}{2}=\mathrm{e}^{\frac{\pi}{2}\mathrm{i}}$;

   (2) $-1=\cos\pi+\mathrm{i}\sin\pi=\mathrm{e}^{\pi\mathrm{i}}$;

   (3) $1+\mathrm{i}\sqrt{3}=2\left(\cos\dfrac{\pi}{3}+\mathrm{i}\sin\dfrac{\pi}{3}\right)=2\mathrm{e}^{\frac{\pi}{3}\mathrm{i}}$;

   (4) $1-\cos\varphi+\mathrm{i}\sin\varphi=2\sin\dfrac{\varphi}{2}\left[\cos\left(\dfrac{\pi}{2}-\dfrac{\varphi}{2}\right)+\mathrm{i}\sin\left(\dfrac{\pi}{2}-\dfrac{\varphi}{2}\right)\right]=2\sin\dfrac{\varphi}{2}\mathrm{e}^{\mathrm{i}\left(\frac{\pi}{2}-\frac{\varphi}{2}\right)}$;

   (5) $\dfrac{2\mathrm{i}}{-1+\mathrm{i}}=1-\mathrm{i}=\sqrt{2}\left(\cos\dfrac{\pi}{4}-\mathrm{i}\sin\dfrac{\pi}{4}\right)=\sqrt{2}\mathrm{e}^{-\frac{\pi}{4}\mathrm{i}}$;

   (6) $\dfrac{(\cos 5\varphi+\mathrm{i}\sin 5\varphi)^2}{(\cos 3\varphi-\mathrm{i}\sin 3\varphi)^3}=\cos 19\varphi+\mathrm{i}\sin 19\varphi$.

6. $1+|a|$.

7. 模不变, 辐角减小 $\pi/2$.

8. (1) $x=-\dfrac{4}{11}$, $y=\dfrac{5}{11}$;

   (2) $x_1=2$, $y_1=1$, $x_2=\dfrac{2}{3}$, $y_2=\dfrac{1}{2}$;

   (3) $x=\pm\sqrt{\dfrac{\sqrt{a^2+b^2}+a}{2}}$, $y=\pm\sqrt{\dfrac{\sqrt{a^2+b^2}-a}{2}}$, 其中, 若 $b>0$, 取同号; 若 $b<0$, 取异号.

9. (1) 位于 z_1 与 z_2 连线的中点;

   (2) 位于 z_1 与 z_2 连线上, 其中 $\lambda=\dfrac{|z-z_2|}{|z_1-z_2|}$;

(3) 位于三角形 $z_1z_2z_3$ 的重心.

14. (1) $-16\sqrt{3}-16\mathrm{i}$; (2) $-8\mathrm{i}$;

(3) $\frac{\sqrt{3}}{2}+\frac{1}{2}\mathrm{i}$, i, $-\frac{\sqrt{3}}{2}+\frac{1}{2}\mathrm{i}$, $-\frac{\sqrt{3}}{2}-\frac{1}{2}\mathrm{i}$, $-\mathrm{i}$, $\frac{\sqrt{3}}{2}-\frac{1}{2}\mathrm{i}$;

(4) $\sqrt[6]{2}\left(\cos\frac{\pi}{12}-\mathrm{i}\sin\frac{\pi}{12}\right)$,

$\sqrt[6]{2}\left(\cos\frac{7\pi}{12}+\mathrm{i}\sin\frac{7\pi}{12}\right)$,

$\sqrt[6]{2}\left(\cos\frac{15\pi}{12}-\mathrm{i}\sin\frac{15\pi}{12}\right)$.

15. (1) 以 i 为中心, 6 为半径的圆周;

(2) 圆心在 $-2\mathrm{i}$, 半径为 1 的圆周及其外部区域;

(3) 以双曲线 $x^2-y^2=1$ 为边界及内部区域;

(4) 直线 $y=3$;

(5) 实轴;

(6) 以 -3 与 -1 为焦点, 长轴为 4 的椭圆;

(8) 直线 $x=5/2$ 及其左边的平面;

(9) 两条以原点为端点, $\arg z=\pm\pi/3$ 为边界所夹区域, 不含边界;

(10) 以 i 为起点的射线 $y=x+1\ (x>0)$.

16. (1) 不包含实轴的上半平面, 是无界的、开的单连通区域;

(2) 圆 $(x-1)^2+y^2=16$ 的外部区域 (不包括圆周), 是无界的、开的多连通区域;

(3) 由直线 $x=0$ 与 $x=1$ 所围成的带形区域, 不包括两直线在内, 是无界的、开的单连通区域;

(4) 以 3i 为中心, 1 与 2 分别为内、外半径的圆环域, 不包括圆周, 是有界的、开的多连通区域;

(5) 直线 $x=-1$ 右边的平面区域, 不包括直线在内, 是无界的、开的单连通区域;

(6) 由射线 $\theta=1$ 及 $\theta=1+\pi$ 构成的角形域, 不包括两射线在内, 即为一半平面, 是无界的、开的单连通区域;

(7) 中心在 $z=-17/15$, 半径为 8/15 的圆周的外部区域 (不包括圆周本身在内), 是无界的、开的多连通区域;

(8) 以 1/2 为中心, 1/2 与 3/2 分别为内、外半径的圆环所围成的区域, 包括边界在内, 是有界的、闭的多连通区域;

(9) 抛物线 $y^2=1-2x$ 为边界的左方内部区域 (不含边界), 是无界的、开的单连通区域;

(10) 圆 $(x+6)^2+(y-1)^2=7^2$ 及其内部区域, 是有界的、闭的单连通区域.

18. (1) 直线 $y=x$; (2) 椭圆周 $\dfrac{x^2}{a^2}+\dfrac{y^2}{b^2}=1$;

(3) 双曲线 $y=1/x$; (4) 双曲线 $y=1/x$ 在第一象限的一支.

19. (1) $w_1=-\mathrm{i}$, $w_2=-2+2\mathrm{i}$, $w_3=8\mathrm{i}$; (2) $0<\arg w<\pi$.

20. (1) $-\mathrm{i}$; (2) $\dfrac{3}{2}$.

习 题 2

1. (1) 在直线 $x=-1/2$ 上可导, 但在复平面上处处不解析;

(2) 在原点 $z=0$ 处可导, 但在复平面上处处不解析;

(3) 在复平面内除去 $z=0$ 点的区域内解析;

(4) 不解析.

2. (1) 复平面, $f'(z)=2(z-1)(2z^2+3-z)$;

(2) 复平面, $f'(z)=3z^2+2\mathrm{i}$;

(3) 除 $z=\pm 1$ 外在复平面上处处解析, $f'(z)=\dfrac{-2z}{(z^2-1)^2}$, $z=\pm 1$ 为奇点;

(4) 复平面内除去 -1 及 $\dfrac{1\pm\sqrt{3}\mathrm{i}}{2}$ 的多连通区域, $f'(z)=\dfrac{2-4z^3-3z^2}{(z^3+1)^2}$, $z=-1$, $\dfrac{1\pm\sqrt{3}\mathrm{i}}{2}$ 为奇点.

5. (1)~(4) 假.

10. (1) $f(z)=\ln z+c \quad (\mathrm{Re}z>0)$;

(2) $f(z)=-\mathrm{i}z\mathrm{e}^z+(1-\mathrm{i})z+\mathrm{i}$;

(3) $(1-\mathrm{i})z^3+c\mathrm{i}$;

(4) $\dfrac{1}{2}-\dfrac{1}{z}$.

11. 是.

12. 不是.

14. (1) $\mathrm{e}^z\mathrm{e}^{\mathrm{e}^z}$, 全平面;

(2) $(\cos\mathrm{e}^z)\mathrm{e}^z$, 全平面;

(3) $\dfrac{\mathrm{e}^z(z^2-2z+3)}{(z^2+3)^2}, z\neq\pm\sqrt{3}\mathrm{i}$;

(4) $\dfrac{1}{2}\dfrac{\mathrm{e}^z}{\sqrt{\mathrm{e}^z+1}}, \mathbb{C}\backslash\{x+\mathrm{i}y|x\geqslant 0, y=\pi(2n+1)\}$;

(5) 处处不解析;

(6) $\dfrac{-\mathrm{e}^z}{(\mathrm{e}^z-1)^2}, \mathbb{C}\backslash\{z=2k\pi\mathrm{i}, k\in\mathbb{Z}\}$.

21. (1) e^{-2x};　(2) $\mathrm{e}^{x^2-y^2}$;　(3) $\mathrm{e}^{x/(x^2+y^2)}\cos\dfrac{y}{x^2+y^2}$.

23. (1) $-\mathrm{sh}1$;　(2) $\dfrac{\sqrt{2}}{2}$;　(3) $\dfrac{13}{5}$.

24. $|f'(1-i)|=\dfrac{4}{17}\sqrt{34}$,　$\arg f'(1-i)=\arctan\dfrac{3}{5}$.

25. $\mathrm{Ln}(-\mathrm{i})=\left(2k-\dfrac{1}{2}\right)\pi\mathrm{i}$, 主值为 $-\dfrac{\pi}{2}\mathrm{i}$;

$\mathrm{Ln}(-3+4\mathrm{i})=\ln 5-\mathrm{i}\arctan\dfrac{4}{3}+(2k+1)\pi\mathrm{i}$;

主值为 $\ln 5+\left(\pi-\arctan\dfrac{4}{3}\right)\mathrm{i}$.

26. $-\mathrm{ie}$, $\dfrac{\sqrt{2}}{2}\sqrt[4]{\mathrm{e}}(1+\mathrm{i})$, $\mathrm{e}^{-2k\pi}(\cos\ln 3+\mathrm{i}\sin\ln 3)$, $\mathrm{e}^{-\left(2k+\frac{1}{4}\right)\pi}\left(\cos\dfrac{\ln 2}{2}+\mathrm{i}\sin\dfrac{\ln 2}{2}\right)$

27. $\mathrm{e}^2\dfrac{\sqrt{3}-\mathrm{i}}{2}$.

28. (1) $V(z)=2(\bar{z}-\mathrm{i})$, 流线: $x(y+1)=c_1$, 等势线: $x^2-(y+1)^2=c_2$;

(2) $V(z)=3\overline{z^2}$, 流线: $(3x^2-y^2)y=c_1$, 等势线: $x(x^2-3y^2)=c_2$;

(3) $V(z)=-\dfrac{2\bar{z}}{(\overline{z^2}+1)^2}$, 流线: $\dfrac{xy}{(x^2-y^2+1)^2+4x^2y^2}=c_1$,

等势线: $\dfrac{x^2-y^2+1}{(x^2-y^2+1)^2+4x^2y^2}=c_2$;

(4) $V(z)=\dfrac{\mathrm{i}a}{\bar{z}}$, 流线: $a\ln|z|=c_1$, 等势线: $a(\arg z+2k\pi)=c_2$;

(5) $V(z)=-\dfrac{a}{(\bar{z})^2}$, 流线: $x^2+y^2+c_1y=0$, 等势线: $x^2+y^2+c_2x=0$.

习　题　3

1. (1) $6+\dfrac{26}{3}\mathrm{i}$;　(2) $6+\dfrac{26}{3}\mathrm{i}$;　(3)$6+\dfrac{26}{3}\mathrm{i}$.

2. $-\dfrac{1}{6}+\dfrac{5}{6}\mathrm{i}$, $-\dfrac{1}{6}+\dfrac{5}{6}\mathrm{i}$.

3. $\pi\mathrm{i}$.

4. 不一定成立. 例如, $f(z)=z$, C: $|z|=1$ 时, $\oint_C \mathrm{Re}f(z)\mathrm{d}z=\pi\mathrm{i}$ 和 $\oint_C \mathrm{Im}f(z)\mathrm{d}z=-\pi$ 均不为零.

5. 不一定. 例如, $\oint_C \dfrac{1}{z^2}\mathrm{d}z=0$.

8. (1) $4\pi\mathrm{i}$;　(2) $8\pi\mathrm{i}$.

10. (1) $2\pi\mathrm{e}^2\mathrm{i}$;　(2) $-\dfrac{\pi^5\mathrm{i}}{12}$;　(3) 0;　(4) 0;　(5) $\dfrac{\pi\mathrm{i}}{a}$;

(6) 0;　(7) $2\pi\mathrm{i}$;　(8)$(-1+\mathrm{i})\pi$.

11. 0 (a 与 $-a$ 都在 C 内),

πi(a 与 $-a$ 有一个在 C 内),

$2\pi i$(a 与 $-a$ 都不在 C 内).

习 题 4

1. (1)$R=2$; (2)$R=\infty$; (3)$R=e$.

9. $-2\pi i, n=0$; $(-1)^{n-1}\dfrac{4\pi i}{a^n}n=1,2,\cdots$

10. (1) $1-z^3+z^6-z^9+\cdots \quad (R=1)$;

(2) $1-2z^2+3z^4-4z^6+\cdots \quad (R=1)$;

(3) $1-\dfrac{z^4}{2!}+\dfrac{z^8}{4!}-\cdots \quad (R=\infty)$;

(4) $z+\dfrac{z^3}{3!}+\dfrac{z^5}{5!}+\dfrac{z^7}{7!}+\cdots \quad (R=\infty)$;

(5) $z^2+z^4+\dfrac{1}{3}z^6+\cdots \quad (R=\infty)$;

(6) $\sin 1+(\cos 1)z+\left(\cos 1-\dfrac{1}{2}\sin 1\right)z^2+\left(\dfrac{5}{6}\cos 1-\sin 1\right)z^3+\cdots \quad (R=1)$.

11. (1) $\dfrac{z-1}{2}-\dfrac{(z-1)^2}{2^2}+\dfrac{(z-1)^3}{2^3}-\dfrac{(z-1)^4}{2^4}+\cdots \quad (|z-1|<2)$;

(2) $\dfrac{1}{6}-\dfrac{1}{72}(z-2)-\dfrac{5}{864}(z-2)^2+\dfrac{47}{10\ 368}(z-2)^3+\cdots \quad (|z-2|<3)$;

(3) $1+2(z+1)+3(z+1)^2+4(z+1)^3+\cdots \quad (|z+1|<1)$;

(4) $\dfrac{1}{1-3i}+\dfrac{3}{(1-3i)^2}[z-(1+i)]+\dfrac{9}{(1-3i)^3}[z-(1+i)]^2$

$+\dfrac{27}{(1-3i)^4}\cdot[z-(1+i)]^3+\cdots \quad \left(|z-(1+i)|<\dfrac{\sqrt{10}}{3}\right)$.

12. (2) $\sum\limits_{n=-1}^{\infty}(n+2)z^n$, $\sum\limits_{n=-2}^{\infty}(-1)^n(z-1)^n$;

(3) $-\sum\limits_{n=-1}^{\infty}(z-1)^n$, $\sum\limits_{n=0}^{\infty}(-1)^{n+1}\dfrac{1}{(z-2)^{n+2}}$;

(4) $1-\dfrac{1}{z}-\dfrac{1}{2!}\cdot\dfrac{1}{z^2}-\dfrac{1}{3!}\cdot\dfrac{1}{z^3}+\dfrac{1}{4!}\cdot\dfrac{1}{z^4}+\cdots$;

(5) $-\sum\limits_{n=0}^{\infty}(-1)^n\dfrac{1}{(2n+1)!}\cdot\dfrac{1}{(z-1)^{2n+1}}$.

习　题　5

1. (1) $z=0$ 为三阶级点, $z=\pm\mathrm{i}$ 为二阶级点;
   (2) $z=0$ 为一阶级点;
   (3) $z=-1$ 为一阶级点, $z=1$ 为二阶级点;
   (4) $z=k\pi(k\in\mathbb{Z})$ 为一阶级点;
   (5) $z=\pm\mathrm{i}$ 为一阶级点, $z=(2k+1)\pi\mathrm{i}$ $(k\in\mathbb{Z})$ 为一阶级点;
   (6) $z=1$ 为本性奇点;
   (7) $z=0$ 为本性奇点;
   (8) $z=0$ 为本性奇点;
   (9) $z=1$ 为本性奇点;
   (10) $z=\mathrm{e}^{\frac{(2k+1)\pi}{n}\mathrm{i}}$ $(k=0,1,2,\cdots,n-1)$ 为一阶级点;
   (11) $z=0$ 为可去奇点;
   (12) $z=1$ 为本性奇点;
   $z=2k\pi\mathrm{i}(k\in\mathbb{Z})$ 为一阶级点;
2. (1) $z=\infty$ 为可去奇点; (2) $z=\infty$ 为可去奇点;
   (3) $z=\infty$ 为二阶级点; (4) $z=\infty$ 为极点的极限点;
   (5) $z=\infty$ 为极点的极限点; (6) $z=\infty$ 为本性奇点.
3. (1) $z=-1$ 为本性奇点, $z=\infty$ 为可去奇点;
   (2) $z=0,\infty$ 为本性奇点;
   (3) $z=0,\infty$ 为本性奇点;
   (4) $z=\left(k+\dfrac{1}{2}\right)\pi\mathrm{i}(k\in\mathbb{Z})$ 为一阶级点, $z=\infty$ 为极点的极限点;
   (5) $z=\dfrac{1}{k\pi}(k=\pm1,\pm2,\cdots)$ 为本性奇点, $z=0$ 为本性奇点的极限点, $z=\infty$ 为本性奇点;
   (6) $z=(2k+1)\pi/2(k\in\mathbb{Z})$ 为二阶级点, $z=\infty$ 为极点的极限点;
   (7) 若 $a\neq m\pi+\dfrac{\pi}{2}(m\in\mathbb{Z}), z=2k\pi+a$ 与 $z=(2k+1)\pi-a(k\in\mathbb{Z}), z=2k\pi+a$ 与 $z=\dfrac{\pi}{2}, z=2k\pi+\dfrac{\pi}{2}$ 为二阶级点;
   若 $a=(2m+1)\pi+\dfrac{\pi}{2}, z=(2k+1)\pi+\dfrac{\pi}{2}$ 为二阶极点.
   (8) $z=2/[(2k+1)\pi](k\in\mathbb{Z})$ 为本性奇点, $z=0$ 为本性奇点的极限点, $z=\infty$ 为可去奇点.
8. (1) $\mathrm{Res}[f(z),\pm1]=-1/2,\ \mathrm{Res}[f(z),0]=1$;
   (2) $\mathrm{Res}[f(z),\mathrm{i}]=-\mathrm{i}/4,\ \mathrm{Res}[f(z),-\mathrm{i}]=\mathrm{i}/4$;
   (3) $z_k=-\mathrm{e}^{(2k+1)\pi\mathrm{i}/n}$ $(k=0,1,2,\cdots,n-1), \mathrm{Res}[f(z),z_k]=-z_k/n$;

(4) $\text{Res}[f(z),0]=-4/3$;

(5) $\text{Res}[f(z),k\pi]=(-1)^k\ (k\in\mathbb{Z})$;

(6) $\text{Res}\left[f(z),\left(k+\dfrac{1}{2}\right)\pi\right]=-1\ (k\in\mathbb{Z})$.

9. (1) $-2\pi\text{i}$; (2) $-\pi\text{i}/\sqrt{2}$ (3) 0; (4) $6\pi\text{i}$; (5) $4\pi\text{e}^2\text{i}$;

(6) 若 $m=3,5,7,\cdots$, 积分等于 $(-1)^{\frac{m-3}{2}}\dfrac{2\pi\text{i}}{(m-1)!}$,

m 取其他整数时, 积分等于 0.

10. (1) $-\text{sh}1$; (2) 0; (3) -2.

11. 设 $f(z)$ 在无穷远点邻域内的洛朗展开式为 $f(z)=c_0+\dfrac{c_1}{z}+\cdots$, 则

$$\text{Res}[f^2(z),\infty]=-2c_0c_1.$$

12. (1) 0; (2) $-2\pi\text{i}/3$.

13. (1) $2\pi/\sqrt{a^2-1}$; (2) $\pi a^2/(1-a^2)$; (3) π; (4) $-\pi/5$; (5) $\dfrac{\pi}{2\text{e}}$;

(6) $[\pi\text{e}^{-\sqrt{3}\mu/2}\cos(\mu/2)]/\sqrt{3}$.

15. a_{k-1}.

习 题 6

1. 伸缩率 $|f'(\text{i})|=6$, 旋转角, $\text{Arg}f'(\text{i})=\pi/2$, $w-$ 平面的虚轴的正向.

2. (1) 映射成以 $w_1=-1, w_2=-\text{i}, w_3=\text{i}$ 为顶点的三角形;

(2) 映射成闭圆域: $|w-\text{i}|\leqslant 1$.

5. 映射成以原点为圆心、半径为 R^2 且沿着由原点到 R^2 的半径有割痕的圆域.

6. (1) $\text{Im}w>1$; (2) $\text{Im}w>\text{Re}w$; (3) $|w+\text{i}|>1\ (\text{Im}w<0)$;

(4) $|w-\dfrac{1}{2}|<1/2(\text{Im}w<0)$.

7. (1) $w=-\text{i}\dfrac{z-\text{i}}{z+\text{i}}$; (2) $w=\text{i}\dfrac{z-\text{i}}{z+\text{i}}$;

8. (1) $w=\dfrac{2z-1}{z-2}$; (2) $w=\text{i}\dfrac{2z-1}{z-2}$;

9. $w=\dfrac{(1+\text{i})(z-\text{i})}{(1-3\text{i})z+(1+3\text{i})}$.

10. (1) $w=-\left(\dfrac{z^{2/3}+2^{2/3}}{z^{2/3}-2^{2/3}}\right)^2$;　(2) $w=-\left(\dfrac{z+\sqrt{3}-\mathrm{i}}{z-\sqrt{3}-\mathrm{i}}\right)^3$;

(3) $w=\sqrt{1-\left(\dfrac{z-\mathrm{i}}{z+1}\right)^2}$;　(4) $w=\sqrt{z^2+a^2}$;

(5) $w=\left(\dfrac{\sqrt{z}+1}{\sqrt{z}-1}\right)^2$;　(6) $w=\mathrm{e}^{2\pi\mathrm{i}z/(z-2)}$.

11. $w=\mathrm{e}^{\mathrm{i}\theta}\dfrac{z-\bar{a}}{z+a}$(其中 $\mathrm{Re}a>0,\theta\in\mathbb{R}$).

12. $w=\dfrac{(1-4\mathrm{i})z-2+2\mathrm{i}}{2(1-\mathrm{i})z-4+\mathrm{i}}$.

13. $D=\{w:\mathrm{Im}w>0\}$.

习　题　7

1. (1) $f(t)=\dfrac{4}{\pi}\displaystyle\int_0^{\infty}\dfrac{\sin\omega-\omega\cos\omega}{\omega^3}\cos\omega t\mathrm{d}\omega$;

(2) $f(t)=\dfrac{2}{\pi}\displaystyle\int_0^{\infty}\dfrac{(5-\omega^2)\cos\omega t+2\omega\sin\omega t}{25-6\omega^2+\omega^4}\mathrm{d}\omega$;

(3) $f(t)=\dfrac{2}{\pi}\displaystyle\int_0^{\infty}\dfrac{1-\cos\omega}{\omega}\sin\omega t\mathrm{d}\omega$.

4. (1) $F(\omega)=\dfrac{4}{\omega^2}\left(\sin\dfrac{\omega}{2}\right)^2$;

(2) $F(\omega)=E(1-\mathrm{e}^{-\mathrm{i}\omega\tau})/\mathrm{i}\omega$;

(3) $F(\omega)=\dfrac{2}{1+\omega^2}\left[1-\mathrm{e}^{-1/2}\left(\cos\dfrac{\omega}{2}-\omega\sin\dfrac{\omega}{2}\right)\right]$;

(4) $F(\omega)=\sigma\mathrm{e}^{-\sigma^2\omega^2/2}$;

(5) $F(\omega)=\dfrac{2-\omega^2-2\mathrm{i}\omega}{4+\omega^4}$;

(6) $F(\omega)=\dfrac{2\mathrm{i}}{\omega}(1-\cos\omega)$.

9. (1) 0;　(2) $f(0)$;　(3) 10;　(4) $-\dfrac{1}{\sqrt{2}}$.

10. (1) $F(\omega)=\omega_0/(\omega_0^2-\omega^2)+\dfrac{\pi}{2}\mathrm{i}[\delta(\omega+\omega_0)-\delta(\omega-\omega_0)]$;

(2) $F(\omega)=\dfrac{\mathrm{i}\omega}{\omega_0^2-\omega^2}+\dfrac{\pi}{2}[\delta(\omega+\omega_0)+\delta(\omega-\omega_0)]$;

(3) $F(\omega)=\dfrac{\mathrm{e}^{-\mathrm{i}\tau\omega}}{\mathrm{i}\omega}+\pi\delta(\omega)$;

(4) $F(\omega)=\cos(\omega_0\omega)+\cos(\omega_0\omega/2)$;

(5) $F(\omega)=\dfrac{\pi}{2}\mathrm{i}[\delta(\omega+2)-\delta(\omega-2)]$;

(6) $F(\omega)=\dfrac{2\alpha}{\alpha^2+\omega^2}$.

11. (1) $F(\omega)=\dfrac{2E}{\omega}(3\sin 2\omega-4\sin\omega)$;　　(2) $F(\omega)=\dfrac{1}{2}\alpha\mathrm{e}^{\frac{\alpha\omega}{2\pi}}\ (\alpha>0)$;

(3) $F(\omega)=\left(\dfrac{a}{\pi}\right)^{1/2}\mathrm{e}^{-\frac{\alpha}{4\pi^2}\omega^2}\quad(\alpha>0)$;　(4) $F(\omega)=E\mathrm{e}^{-\mathrm{i}\omega t_0}$;

(5) 设 $F(\omega)=F[f(t)]$, 则 $F[(t-2)f(-2t)]=-F\left(-\dfrac{\omega}{2}\right)+\dfrac{\mathrm{i}}{2}\dfrac{\mathrm{d}F\left(-\dfrac{\omega}{2}\right)}{\mathrm{d}\omega}$;

(6) 设 $F(\omega)=F[f(t)]$, $F[f(2t-5)]=\dfrac{1}{2}F\left(\dfrac{\omega}{2}\right)\mathrm{e}^{-\mathrm{i}\frac{5}{2}\omega}$

12. (1) π;　(2) π;　(3) $\dfrac{\pi}{2}$;　(4) $\pi/4$.

13. (1) $\dfrac{\omega_0}{(\alpha+\mathrm{i}\omega)^2+\omega_0^2}$;　(2) $\dfrac{\alpha+\mathrm{i}\omega}{(\alpha+\mathrm{i}\omega)^2+\omega_0^2}$;

(3) $\dfrac{1}{\mathrm{i}(\omega-\omega_0)}\mathrm{e}^{-\mathrm{i}(\omega-\omega_0)t_0}+\pi\delta(\omega-\omega_0)$.

14. (1) $\dfrac{1}{\alpha}(1-\mathrm{e}^{-\alpha t})$;　(2) $\dfrac{\alpha\sin t-\cos t+\mathrm{e}^{-\alpha t}}{\alpha^2+1}$;

(3) $f_1(t)*f_2(t)=\begin{cases}0, & t\leqslant 0,\\ \dfrac{1}{2}(\sin t-\cos t+\mathrm{e}^{-t}), & 0\leqslant t\leqslant\dfrac{\pi}{2},\\ \dfrac{1}{2}\mathrm{e}^{-t}(1+\mathrm{e}^{\pi/2}), & t>\dfrac{\pi}{2}.\end{cases}$

15. $F(\omega)=\begin{cases}E\pi, & |\omega|<\omega_0,\\ 0, & \text{其他}.\end{cases}$

16. $A_n=\dfrac{h}{n\pi}\ (n=1,2,\cdots)$.

习　题　8

1. (1) $F(s)=\dfrac{3}{9s^2+1}\ (\mathrm{Re}s>0)$;　(2) $F(s)=\dfrac{1}{s+2}\ (\mathrm{Re}s>-2)$;

(3) $F(s)=\dfrac{2}{s^3}\ (\mathrm{Re}s>0)$;　(4) $F(s)=\dfrac{1}{s^2+4}\ (\mathrm{Re}s>0)$;

(5) $F(s)=\dfrac{k}{s^2-k^2}\ (s>k)$, $\mathrm{Re}s>\max\{k,-k\}$;　(6) $F(s)=\dfrac{s^2+2}{s(s^2+4)}\ (\mathrm{Re}s>0)$.

2. (1) $F(s)=\dfrac{1}{s}(3-4\mathrm{e}^{-2s}+\mathrm{e}^{-4s})$;　(2) $\dfrac{1}{s}+\dfrac{1}{s^2}-\dfrac{4}{s}\mathrm{e}^{-3s}-\dfrac{1}{s^2}\mathrm{e}^{-3s}$;

(3) $F(s)=\dfrac{3}{s}(1-\mathrm{e}^{-\frac{\pi s}{2}})-\dfrac{1}{s^2+1}\mathrm{e}^{-\frac{\pi s}{2}}$;　(4) $F(s)=\dfrac{5s-9}{s-2}$;

(5) $F(s)=\dfrac{s^2}{s^2+1}$.

3. $L[f(t)]=\dfrac{1+bs}{s^2}-\dfrac{b}{s(1-\mathrm{e}^{-bs})}$.

4. (1) $F(s)=\dfrac{72}{s^5}-\dfrac{3\sqrt{\pi}}{2s^{5/2}}+\dfrac{6}{s}$; (2) $F(s)=\dfrac{1}{s}-\dfrac{1}{(s-1)^2}$;

(3) $F(s)=\dfrac{\Gamma\left(\dfrac{1}{3}\right)}{s^{4/3}}+\dfrac{4}{s-2}$; (4) $F(s)=\dfrac{10-3s}{s^2+4}$;

(5) $F(s)=\arctan\dfrac{a}{s}$; (6) $F(s)=\dfrac{10-3s}{s^2+4}$;

(7) $F(s)=\dfrac{s+3}{(s+3)^2+16}$; (8) $F(s)=\dfrac{6}{(s+2)^2+36}$;

(9) $F(s)=\dfrac{n!}{(s-a)^{n+1}}$; (10) $F(s)=\dfrac{1}{s}\mathrm{e}^{-\frac{5}{3}s}$;

(11) $F(s)=\sqrt{\dfrac{\pi}{s-3}}$; (12) $F(s)=\dfrac{1}{s}$.

5. (1) $F(s)=\dfrac{4(s+3)}{[(s+3)^2+4]^2}$; (2) $F(s)=\dfrac{2(3s^2+12s+13)}{s^2[(s+3)^2+4]^2}$;

(3) $F(s)=\dfrac{4(s+3)}{s[(s+3)^2+4]^2}$.

6. (1) $F(s)=\ln\dfrac{s+1}{s}$; (2) $F(s)=\dfrac{\pi}{2}-\arctan\dfrac{s+3}{2}$;

(3) $F(s)=\dfrac{1}{s}\mathrm{arccot}\dfrac{s+3}{2}$; (4) $f(t)=\dfrac{t}{2}\mathrm{sh}\,t$.

7. (1) $F(s)=\ln\left(\dfrac{s-a}{s-b}\right)$; (2) $F(s)=\dfrac{12s^2-16}{(s^2+4)^3}$;

(3) $F(s)=\dfrac{2\omega^3}{(s^2+\omega^2)^2}$; (4) $F(s)=\dfrac{2\omega s}{(s^2-\omega^2)^2}$.

8. (1) $f(t)=\dfrac{1}{2}\sin 2t$; (2)$f(t)=\dfrac{1}{6}t^3$;

(3) $f(t)=\dfrac{1}{6}t^3\mathrm{e}^{-t}$; (4)$f(t)=\mathrm{e}^{-3t}$;

(5) $f(t)=2\cos 3t+\sin 3t$; (6) $f(t)=\dfrac{3}{2}\mathrm{e}^{3t}-\dfrac{1}{2}\mathrm{e}^{-t}$;

(7) $f(t)=\dfrac{1}{5}(3\mathrm{e}^{2t}+2\mathrm{e}^{-3t})$; (8) $f(t)=2\mathrm{e}^{-2t}\cos 3t+\dfrac{1}{3}\mathrm{e}^{-2t}\sin 3t$.

10. (1) $f(t)=\dfrac{1}{a}\sin at$;

(2) $f(t)=\dfrac{a\mathrm{e}^{at}-b\mathrm{e}^{bt}}{a-b}$;

(3) $f(t)=\dfrac{c-a}{(b-a)^2}e^{-at}+\left[\dfrac{c-b}{a-b}t+\dfrac{a-c}{(a-b)^2}\right]e^{-bt}$;

(4) $f(t)=\dfrac{3}{2a}\sin at-\dfrac{1}{2}t\cos at$;

(5) $f(t)=\dfrac{1}{a^4}(\cos at-1)+\dfrac{1}{2a^2}t^2$;

(6) $f(t)=\dfrac{1}{ab}+\dfrac{1}{a-b}\left[\dfrac{e^{-at}}{a}-\dfrac{e^{-bt}}{b}\right]$;

(7) $f(t)=\dfrac{1}{2a^3}(\text{sh } at-\sin at)$;

(8) $f(t)=2te^t+2e^t-1$;

(9) $f(t)=\text{sh}t-t$;

(10) $f(t)=\dfrac{1}{3}\cos t-\dfrac{1}{3}\cos 2t$.

11. (1) $f(t)=\dfrac{\sin 2t}{16}-\dfrac{t\cos 2t}{8}$; (2) $f(t)=\delta(t)-2e^{-2t}$;

(3) $f(t)=\dfrac{1}{2}(1+2e^{-t}-3e^{-2t})$; (4) $f(t)=\dfrac{1}{3}\sin t-\dfrac{1}{6}\sin 2t$;

(5) $f(t)=\dfrac{1}{9}\left(\sin\dfrac{2}{3}t+\cos\dfrac{2}{3}t\right)e^{-\frac{1}{3}t}$; (6) $f(t)=\dfrac{2(1-\text{ch}t)}{t}$;

(7) $f(t)=\dfrac{1}{2}te^{-2t}\sin t$; (8) $f(t)=\dfrac{1}{2}e^{-t}(\sin t-t\cos t)$;

(9) $f(t)=\left(\dfrac{1}{2}t\cos 3t+\dfrac{1}{6}\sin 3t\right)e^{-2t}$; (10) $f(t)=3e^{-t}-11e^{-2t}+10e^{-3t}$;

(11) $f(t)=\dfrac{1}{3}e^{-t}(2-2\cos\sqrt{3}t+\sqrt{3}\sin\sqrt{3}t)$;

(12) $f(t)=\dfrac{1}{4}e^{-t}-\dfrac{1}{4}e^{-3t}+\dfrac{3}{2}te^{-3t}-3t^2e^{-3t}$;

(13) $f(t)=\begin{cases} t, & 0\leqslant t<2,\\ 2(t-1), & t\geqslant 2;\end{cases}$

(14) $f(t)=\dfrac{1}{27}(24+120t+30\cos 3t+50\sin 3t)$;

(15) $f(t)=\dfrac{3}{50}e^{3t}-\dfrac{1}{25}e^{-2t}-\dfrac{1}{50}e^{-t}\cos 2t+\dfrac{9}{25}e^{-t}\sin 2t$;

(16) $\dfrac{1}{2}\sin t+\dfrac{1}{2}t\cos t-te^{-t}$.

12. (1) $A\cos kt+\dfrac{B}{k}\sin kt$

(2) $\dfrac{1}{4}[(2t+7)e^{-t}-3e^{-3t}]$;

(3) $\dfrac{2a}{k^2}\sin^2\dfrac{kt}{2}-\dfrac{a}{k^2}[1-\cos k(t-b)]u(t-b)$;

(4) $-2\sin t-\cos 2t$;

(5) $\dfrac{1}{8}\mathrm{e}^t-\dfrac{1}{8}(2t^2+2t+1)\mathrm{e}^{-t}$;

(6) $f(t)*[\mathrm{e}^{-2t}\sin t]+\mathrm{e}^{-2t}[c_1\cos c+(2c_1+c_2)\sin t]$;

(7) $\dfrac{1}{2}+\dfrac{1}{10}\mathrm{e}^{2t}-\dfrac{3}{5}\cos t-\dfrac{1}{5}\sin t+u(t-1)(1-\cos t)$;

(8) $\mathrm{e}^{-2t}(\sin t+\cos t)$;

(9) $\begin{cases} x(t)=\dfrac{1}{4}t^2+\dfrac{1}{2}t+a+\dfrac{1}{2}+\dfrac{1}{2}u(t-1), \\ y(t)=-\dfrac{1}{4}t^2+\dfrac{1}{2}t+b+\dfrac{1}{2}-\dfrac{1}{2}u(t-1); \end{cases}$

(10) $\begin{cases} x(t)=\mathrm{e}^t, \\ y(t)=\mathrm{e}^t; \end{cases}$

(11) $\begin{cases} y(t)=1*f(t)-2\cos t*f(t), \\ z(t)=-\cos t*f(t); \end{cases}$

(12) $\begin{cases} x(t)=\dfrac{2}{3}\mathrm{ch}(\sqrt{2}t)+\dfrac{1}{3}\cos t. \\ y(t)=-\dfrac{1}{3}\mathrm{ch}(\sqrt{2}t)+\dfrac{1}{3}\cos t, \\ z(t)=y(t). \end{cases}$

附　　录

附录 I　傅氏变换简表

	$f(t)$		$F(\omega)$	
	函数	图像	频谱	图像
1	矩形单脉冲 $f(t)=\begin{cases}E, & \lvert x\rvert \leqslant \dfrac{\tau}{2}\\ 0, & \text{其他}\end{cases}$	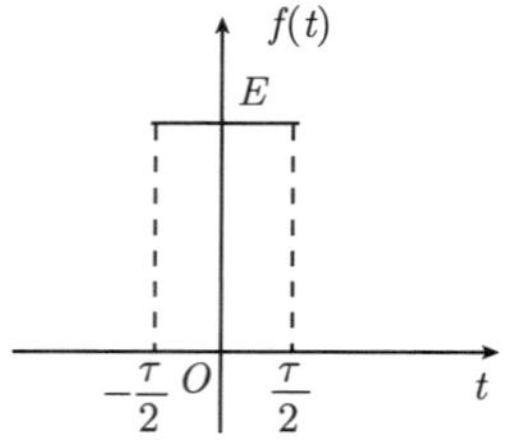	$2E\dfrac{\sin\dfrac{\omega\tau}{2}}{\omega}$	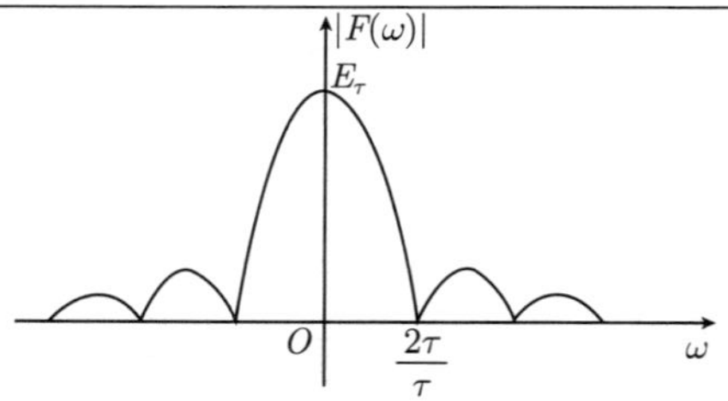
2	指数衰减函数 $f(t)=\begin{cases}0, & t<0\\ \mathrm{e}^{-at}, & t\geqslant 0\end{cases}$ $(\alpha>0)$	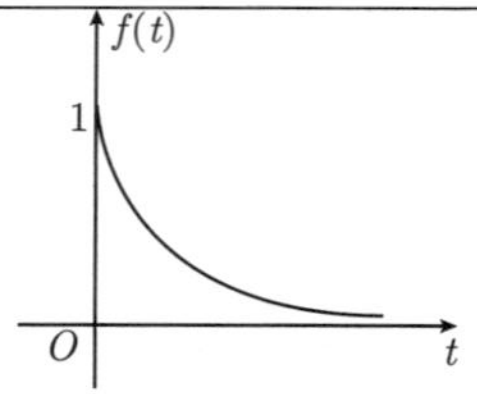	$\dfrac{1}{\alpha+\mathrm{i}\omega}$	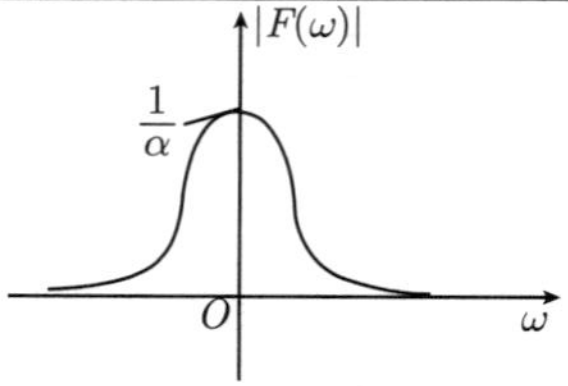
3	三角形脉冲 $f(t)=\begin{cases}\dfrac{2A}{\tau}\left(\dfrac{\tau}{2}+t\right) & -\dfrac{\tau}{2}\leqslant t<0\\ \dfrac{2A}{\tau}\left(\dfrac{\tau}{2}-t\right) & 0\leqslant t<\dfrac{\tau}{2}\end{cases}$	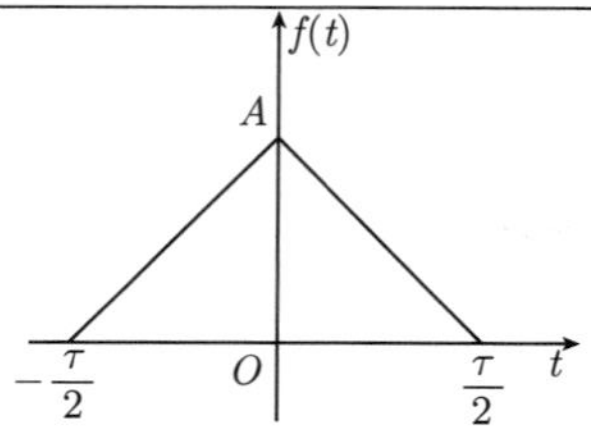	$\dfrac{4A}{\tau\omega^2}\left(1-\cos\dfrac{\omega\tau}{2}\right)$	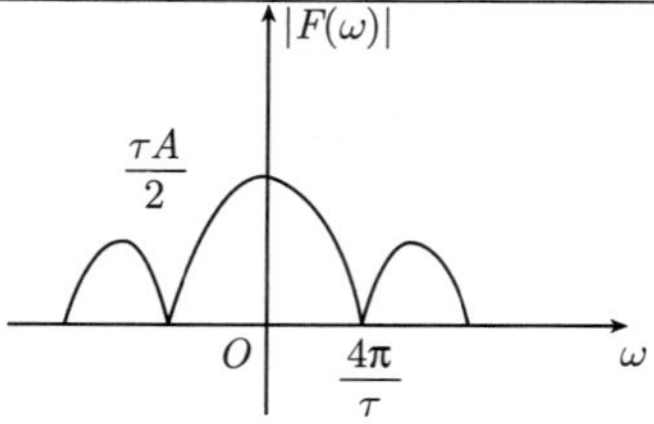

续表

	$f(t)$		$F(\omega)$	
	函数	图像	频谱	图像
4	钟形脉冲 $f(t)=A\mathrm{e}^{-\alpha t}(\alpha>0)$	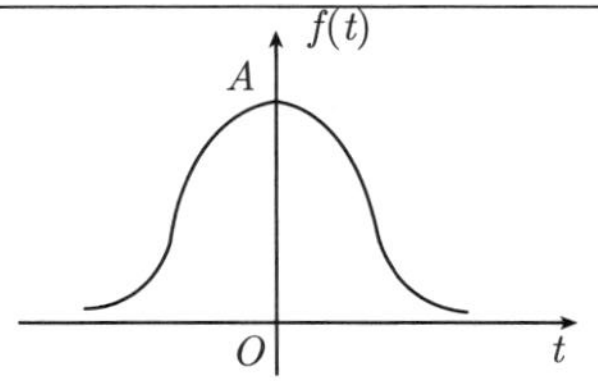	$\sqrt{\dfrac{\pi}{\alpha}}A\mathrm{e}^{-\frac{\omega^2}{4\alpha}}$	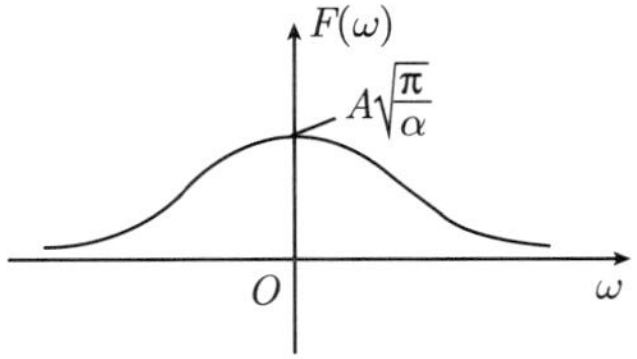
5	傅里叶核 $f(t)=\dfrac{\sin\omega_0 t}{\pi t}$	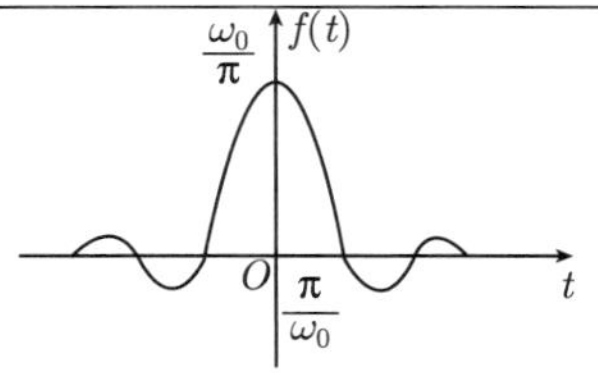	$F(\omega)=\begin{cases}1, & \lvert\omega\rvert\leqslant\omega_0\\ 0, & \text{其他}\end{cases}$	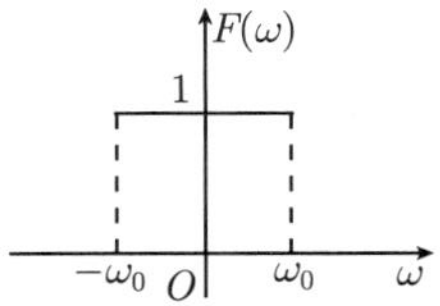
6	高斯分布函数 $f(t)=\dfrac{1}{\sqrt{2\pi}\sigma}\mathrm{e}^{-\frac{t^2}{2\sigma^2}}$	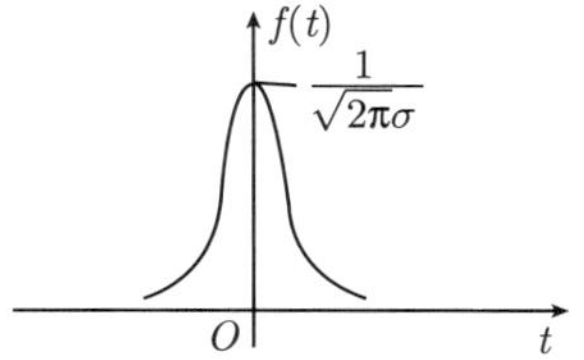	$\mathrm{e}^{-\frac{\sigma^2\omega^2}{2}}$	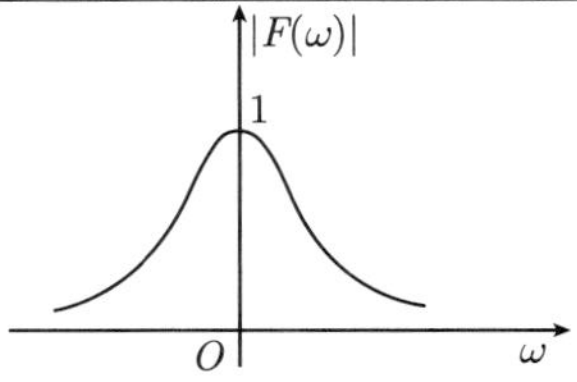
7	矩形射频脉冲 $f(t)=\begin{cases}E\cos\omega_0, & \lvert t\rvert\leqslant\dfrac{\tau}{2}\\ 0, & \text{其他}\end{cases}$	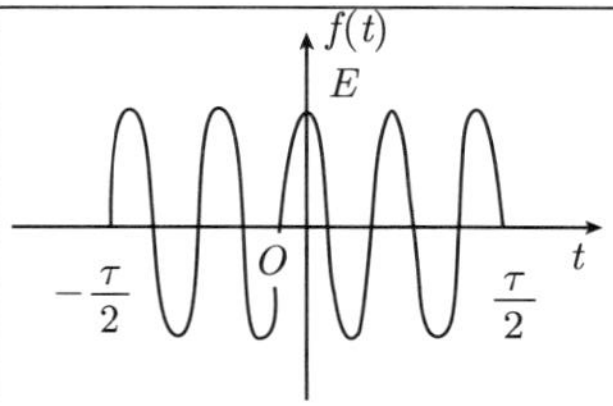	$\dfrac{E\tau}{2}\left[\dfrac{\sin(\omega-\omega_0)\frac{\tau}{2}}{(\omega-\omega_0)\frac{\tau}{2}}+\dfrac{\sin(\omega+\omega_0)\frac{\tau}{2}}{(\omega+\omega_0)\frac{\tau}{2}}\right]$	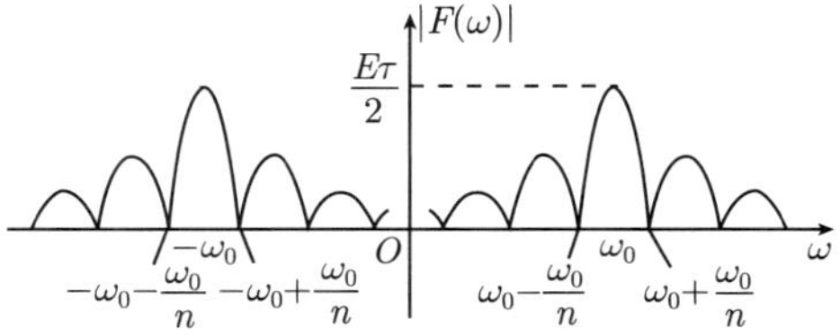

续表

	$f(t)$		$F(\omega)$	
	函数	图像	频谱	图像
8	单位脉冲函数 $f(t)=\delta(t)$	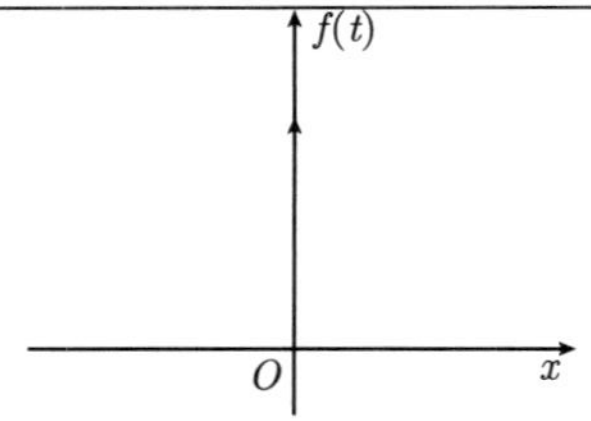	1	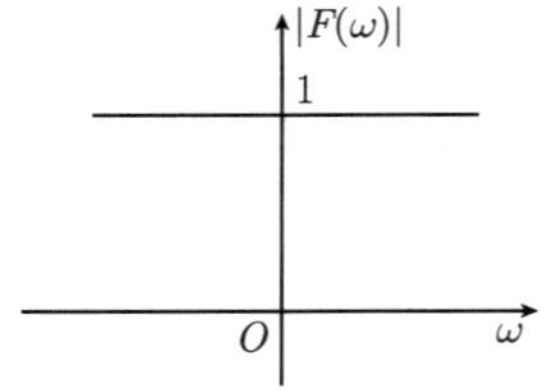
9	周期性脉冲函数 $f(t)=\sum\limits_{n=-\infty}^{\infty}\delta(t-nT)$ (T为脉冲函数的周期)	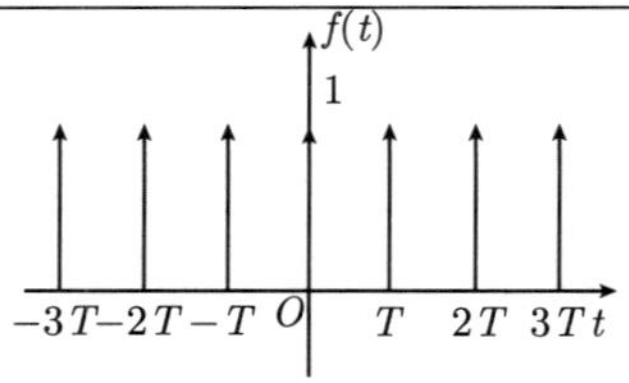	$\frac{2\pi}{T}\sum\limits_{n=-\infty}^{+\infty}\delta\left(\omega-\frac{2n\pi}{T}\right)$	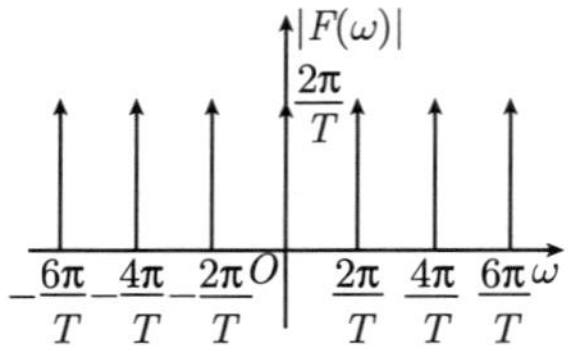
10	$f(t)=\cos\omega_0 t$	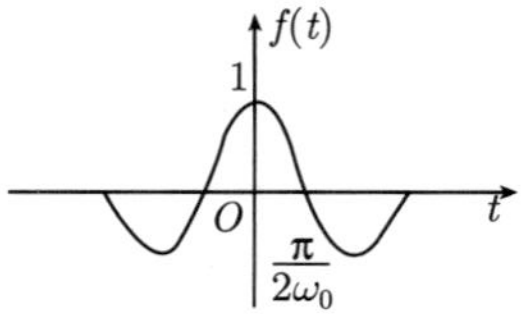	$\pi[\sigma(\omega+\omega_0)+\delta(\omega-\omega_0)]$	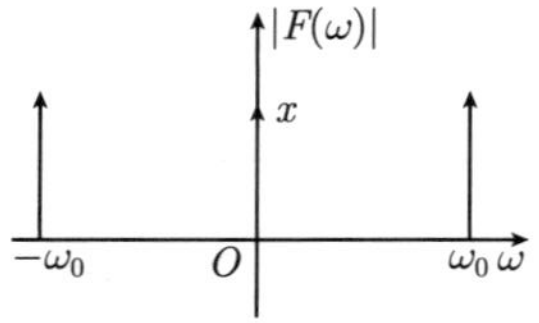
11	$f(t)=\sin\omega_0 t$	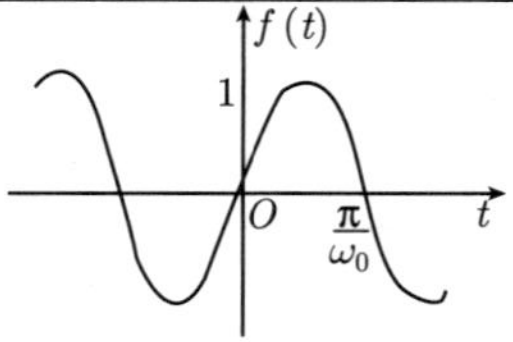	$\mathrm{i}\pi[\delta(\omega+\omega_0)-\delta(\omega-\omega_0)]$	同上图

续表

	$f(t)$		$F(\omega)$	
	函数	图像	频谱	图像
12	单位阶跃函数 $f(t)=u(t)$	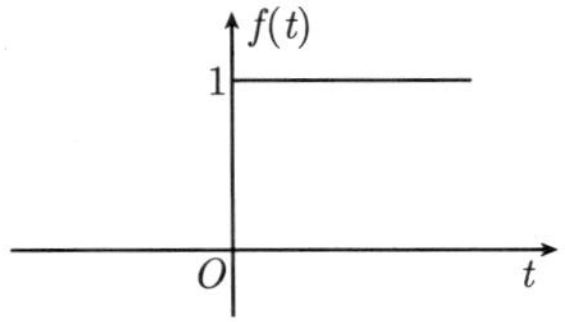	$\frac{1}{\mathrm{i}\omega}+\pi\delta(\omega)$	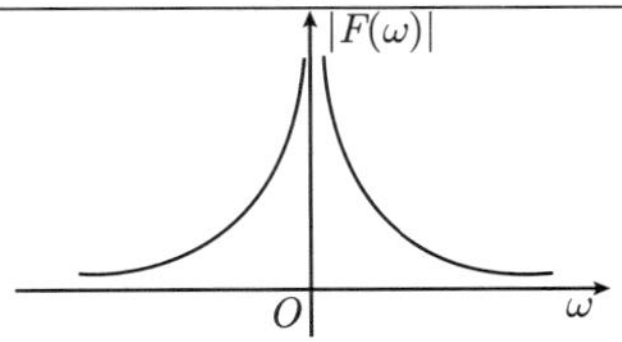
	$f(t)$		$F(\omega)$	
13	$u(t-c)$		$\frac{1}{\mathrm{i}\omega}\mathrm{e}^{-\mathrm{i}\omega c}+\pi\delta(\omega)$	
14	$u(t)\cdot t$		$-\frac{1}{\omega^2}+\pi\mathrm{i}\delta'(\omega)$	
15	$u(t)\cdot t^n$		$\frac{n!}{(\mathrm{i}\omega)^{n+1}}+\pi\mathrm{i}^n\delta^{(n)}(\omega)$	
16	$u(t)\sin\alpha t$		$\frac{\alpha}{\alpha^2-\omega^2}+\frac{\pi}{2\mathrm{i}}[\delta(\omega-\omega_0)-\delta(\omega+\omega_0)]$	
17	$u(t)\cos\alpha t$		$\frac{\mathrm{i}\omega}{\alpha^2-\omega^2}+\frac{\pi}{2}[\delta(\omega-\omega_0)+\delta(\omega+\omega_0)]$	
18	$u(t)\mathrm{e}^{\mathrm{i}\alpha t}$		$\frac{1}{\mathrm{i}(\omega-\alpha)}+\pi\delta(\omega-\alpha)$	
19	$u(t-c)\mathrm{e}^{\mathrm{i}\alpha t}$		$\frac{1}{\mathrm{i}(\omega-\alpha)}\mathrm{e}^{-\mathrm{i}(\omega-\alpha)c}+\pi\delta(\omega-\alpha)$	
20	$u(t)\mathrm{e}^{\mathrm{i}\alpha t}\cdot t^n$		$\frac{n!}{[\mathrm{i}(\omega-\alpha)]^{n+1}}+\pi\mathrm{i}^n\delta^{(n)}(\omega-\alpha)$	
21	$\mathrm{e}^{at}\ (\mathrm{Re}\alpha<0)$		$\frac{-2a}{\omega^2+\alpha^2}$	
22	$\delta(t-c)$		$\mathrm{e}^{-\mathrm{i}\omega c}$	
23	$\delta'(t)$		$\mathrm{i}\omega$	

续表

	$f(t)$	$F(\omega)$
24	$\delta^{(n)}(t)$	$(\mathrm{i}\omega)^n$
25	$\delta^{(n)}(t-c)$	$(\mathrm{i}\omega)^n \mathrm{e}^{-\mathrm{i}\omega c}$
26	1	$2\pi\delta(\omega)$
27	t	$2\pi\mathrm{i}\delta'(\omega)$
28	t^n	$2\pi\mathrm{i}^n\delta^{(n)}(\omega)$
29	$\mathrm{e}^{\mathrm{i}\alpha t}$	$2\pi\delta(\omega-\alpha)$
30	$t^n\mathrm{e}^{\mathrm{i}\alpha t}$	$2\pi\mathrm{i}^n\delta^{(n)}(\omega-\alpha)$
31	$\dfrac{1}{a^2+t^2}$ $(\mathrm{Re}a<0)$	$-\dfrac{\pi}{a}\mathrm{e}^{a\|\omega\|}$
32	$\dfrac{x}{(a^2+t^2)^2}$ $(\mathrm{Re}a<0)$	$\dfrac{\mathrm{i}\omega\pi}{2a}\mathrm{e}^{a\|\omega\|}$
33	$\dfrac{\mathrm{e}^{\mathrm{i}bt}}{a^2+t^2}$ $(\mathrm{Re}a<0)$ b 为实数	$-\dfrac{\pi}{a}\mathrm{e}^{a\|\omega-b\|}$
34	$\dfrac{\cos bt}{a^2+t^2}$ $(\mathrm{Re}a<0)$ b 为实数	$-\dfrac{\pi}{2a}[\mathrm{e}^{a\|\omega-b\|}+\mathrm{e}^{a\|\omega+b\|}]$
35	$\dfrac{\sin bt}{a^2+t^2}$ $(\mathrm{Re}a<0)$ b 为实数	$-\dfrac{\pi}{2a\mathrm{i}}[\mathrm{e}^{a\|\omega-b\|}+\mathrm{e}^{a\|\omega+b\|}]$
36	$\dfrac{\mathrm{sh}at}{\mathrm{sh}\pi t}$ $(-\pi<a<\pi)$	$\dfrac{\sin a}{\mathrm{ch}\omega+\cos a}$
37	$\dfrac{\mathrm{sh}at}{\mathrm{ch}\pi t}$ $(-\pi<a<\pi)$	$-2\mathrm{i}\dfrac{\sin\frac{a}{2}\mathrm{sh}\frac{\omega}{2}}{\mathrm{ch}\omega+\cos a}$
38	$\dfrac{\mathrm{ch}at}{\mathrm{ch}\pi t}$ $(-\pi<a<\pi)$	$2\dfrac{\cos\frac{a}{2}\mathrm{ch}\frac{\omega}{2}}{\mathrm{ch}\omega+\cos a}$
39	$\dfrac{1}{\mathrm{ch}at}$	$\dfrac{\pi}{\alpha}\cdot\dfrac{1}{\mathrm{ch}\frac{\pi\omega}{2a}}$

续表

	$f(t)$	$F(\omega)$
40	$\sin at^2$	$\sqrt{\frac{\pi}{a}}\cos\left(\frac{\omega^2}{4a}+\frac{\pi}{4}\right)$
41	$\cos at^2$	$\sqrt{\frac{\pi}{a}}\cos\left(\frac{\omega^2}{4a}-\frac{\pi}{4}\right)$
42	$\frac{1}{t}\sin at$	$\begin{cases}\pi & (\lvert\omega\rvert\leqslant a)\\ 0 & (\lvert\omega\rvert>a)\end{cases}$
43	$\frac{1}{t^2}\sin^2 at$	$\begin{cases}\pi\left(a-\frac{\lvert\omega\rvert}{2}\right) & (\lvert\omega\rvert\leqslant 2a)\\ 0 & (\lvert\omega\rvert>2a)\end{cases}$
44	$\frac{\sin at}{\sqrt{\lvert t\rvert}}$	$\mathrm{i}\sqrt{\frac{\pi}{2}}\left(\frac{1}{\sqrt{\lvert\omega+a\rvert}}-\frac{1}{\sqrt{\lvert\omega-a\rvert}}\right)$
45	$\frac{\cos at}{\sqrt{\lvert t\rvert}}$	$\sqrt{\frac{\pi}{2}}\left(\frac{1}{\sqrt{\lvert\omega+a\rvert}}+\frac{1}{\sqrt{\lvert\omega-a\rvert}}\right)$
46	$\frac{1}{\sqrt{\lvert t\rvert}}$	$\sqrt{\frac{2\pi}{\lvert\omega\rvert}}$
47	$\mathrm{sgn}t$	$\frac{2}{\mathrm{i}\omega}$
48	$\mathrm{e}^{-at^2}(\mathrm{Re}a>0)$	$\sqrt{\frac{\pi}{a}}\mathrm{e}^{-\frac{\omega t}{a}}$
49	$\lvert t\rvert$	$-\frac{2}{\omega^2}$
50	$\frac{1}{\lvert t\rvert}$	$\frac{\sqrt{2\pi}}{\lvert\omega\rvert}$

附录 II　拉氏变换简表

	$f(t)$	$F(s)$
1	1	$\frac{1}{s}$
2	e^{at}	$\frac{1}{s-a}$
3	$t^m\ (m>-1)$	$\frac{\Gamma(m+1)}{s^{m+1}}$
4	$t^m\mathrm{e}^{at}\ (m>-1)$	$\frac{\Gamma(m+1)}{(s-a)^{m+1}}$
5	$\sin at$	$\frac{a}{s^2+a^2}$
6	$\cos at$	$\frac{s}{s^2+a^2}$
7	$\mathrm{sh}\ at$	$\frac{a}{s^2-a^2}$
8	$\mathrm{ch}\ at$	$\frac{s}{s^2-a^2}$
9	$t\sin at$	$\frac{2as}{(s^2+a^2)^2}$
10	$t\cos at$	$\frac{s^2-a^2}{(s^2+a^2)^2}$
11	$t\mathrm{sh}\ at$	$\frac{2as}{(s^2-a^2)^2}$
12	$t\mathrm{ch}\ at$	$\frac{s^2+a^2}{(s^2-a^2)^2}$
13	$t^m\sin at\ (m>-1)$	$\frac{\Gamma(m+1)}{2\mathrm{i}(s^2+a^2)^{m+1}}\cdot[(s+\mathrm{i}a)^{m+1}-(s-\mathrm{i}a)^{m+1}]$
14	$t^m\cos at\ (m>-1)$	$\frac{\Gamma(m+1)}{2(s^2+a^2)^{m+1}}\cdot[(s+\mathrm{i}a)^{m+1}+(s-\mathrm{i}a)^{m+1}]$

续表

	$f(t)$	$F(s)$
15	$e^{-bt}\sin at$	$\dfrac{a}{(s+b)^2+a^2}$
16	$e^{-bt}\cos at$	$\dfrac{s+b}{(s+b)^2+a^2}$
17	$e^{-bt}\sin(at+c)$	$\dfrac{(s+b)\sin c+a\cos c}{(s+b)^2+a^2}$
18	$\sin^2 t$	$\dfrac{1}{2}\left(\dfrac{1}{s}-\dfrac{s}{s^2+4}\right)$
19	$\cos^2 t$	$\dfrac{1}{2}\left(\dfrac{1}{s}+\dfrac{s}{s^2+4}\right)$
20	$\sin at\sin bt$	$\dfrac{2abs}{[s^2+(a+b)^2][s^2+(a-b)^2]}$
21	$e^{at}-e^{bt}$	$\dfrac{a-b}{(s-a)(s-b)}$
22	$ae^{at}-be^{bt}$	$\dfrac{(a-b)s}{(s-a)(s-b)}$
23	$\dfrac{1}{a}\sin at-\dfrac{1}{b}\sin bt$	$\dfrac{b^2-a^2}{(s^2+a^2)(s^2+b^2)}$
24	$\cos at-\cos bt$	$\dfrac{(b^2-a^2)s}{(s^2+a^2)(s^2+b^2)}$
25	$\dfrac{1}{a^2}(1-\cos at)$	$\dfrac{1}{s(s^2+a^2)}$
26	$\dfrac{1}{a^3}(at-\sin at)$	$\dfrac{1}{s^2(s^2+a^2)}$
27	$\dfrac{1}{a^4}(\cos at-1)+\dfrac{1}{2a^2}t^2$	$\dfrac{1}{s^3(s^2+a^2)}$
28	$\dfrac{1}{a^4}(\mathrm{ch}\ at-1)-\dfrac{1}{2a^2}t^2$	$\dfrac{1}{s^3(s^2-a^2)}$

续表

	$f(t)$	$F(s)$
29	$\frac{1}{2a^3}(\sin at - at\cos at)$	$\frac{1}{(s^2+a^2)^2}$
30	$\frac{1}{2a}(\sin at + at\cos at)$	$\frac{s^2}{(s^2+a^2)^2}$
31	$\frac{1}{a^4}(1-\cos at) - \frac{1}{2a^3}t\sin at$	$\frac{1}{s(s^2+a^2)^2}$
32	$(1-at)\mathrm{e}^{-at}$	$\frac{s}{(s+a)^2}$
33	$t\left(1-\frac{a}{2}t\right)\mathrm{e}^{-at}$	$\frac{s}{(s+a)^3}$
34	$\frac{1}{a}(1-\mathrm{e}^{-at})$	$\frac{1}{s(s+a)}$
35*	$\frac{1}{ab}+\frac{1}{b-a}\left(\frac{\mathrm{e}^{-bt}}{b}-\frac{\mathrm{e}^{-at}}{a}\right)$	$\frac{1}{s(s+a)(s+b)}$
36*	$\frac{\mathrm{e}^{-at}}{(b-a)(c-a)}+\frac{e^{-bt}}{(a-b)(c-b)}+\frac{\mathrm{e}^{-t}}{(a-c)(b-c)}$	$\frac{1}{(s+a)(s+b)(s+c)}$
37*	$\frac{a\mathrm{e}^{-at}}{(c-a)(a-b)}+\frac{b\mathrm{e}^{-bt}}{(a-b)(b-c)}+\frac{c\mathrm{e}^{-t}}{(b-c)(c-a)}$	$\frac{s}{(s+a)(s+b)(s+c)}$
38*	$\frac{a^2\mathrm{e}^{-at}}{(c-a)(b-a)}+\frac{b^2\mathrm{e}^{-bt}}{(a-b)(c-b)}+\frac{c^2\mathrm{e}^{-t}}{(b-c)(a-c)}$	$\frac{s^2}{(s+a)(s+b)(s+c)}$
39*	$\frac{\mathrm{e}^{-at}-\mathrm{e}^{-bt}[1-(a-b)t]}{(a-b)^2}$	$\frac{1}{(s+a)(s+b)}$
40	$\frac{[a-b(a-b)t]\mathrm{e}^{-bt}-a\mathrm{e}^{-at}}{(a-b)^2}$	$\frac{s}{(s+a)(s+b)^2}$
41	$\mathrm{e}^{-at}-\mathrm{e}^{\frac{at}{2}}\left(\cos\frac{\sqrt{3}at}{2}-\sqrt{3}\sin\frac{\sqrt{3}at}{2}\right)$	$\frac{3a^2}{s^3+a^3}$
42	$\sin at\mathrm{ch}at-\cos at\mathrm{sh}at$	$\frac{4a^3}{s^4+4a^4}$

续表

	$f(t)$	$F(s)$
43	$\dfrac{1}{2a^2}\sin at\,\mathrm{sh}\ at$	$\dfrac{s}{s^4+4a^4}$
44	$\dfrac{1}{2a^3}(\mathrm{sh}\ at-\sin at)$	$\dfrac{1}{s^4-a^4}$
45	$\dfrac{1}{2a^2}(\mathrm{ch}\ at-\cos at)$	$\dfrac{s}{s^4-a^4}$
46	$\dfrac{1}{\sqrt{\pi t}}$	$\dfrac{1}{\sqrt{s}}$
47	$2\sqrt{\dfrac{t}{\pi}}$	$\dfrac{1}{s\sqrt{s}}$
48	$\dfrac{1}{\pi t}\mathrm{e}^{at}(1+2at)$	$\dfrac{s}{(s-a)\sqrt{s-a}}$
49	$\dfrac{1}{2\sqrt{\pi t^3}}(\mathrm{e}^{bt}-\mathrm{e}^{at})$	$\sqrt{s-a}-\sqrt{s-b}$
50	$\dfrac{1}{\sqrt{\pi t}}\cos 2\sqrt{at}$	$\dfrac{1}{\sqrt{s}}\mathrm{e}^{-\frac{a}{s}}$
51	$\dfrac{1}{\sqrt{\pi t}}\mathrm{ch}2\sqrt{at}$	$\dfrac{1}{\sqrt{s}}\mathrm{e}^{\frac{a}{s}}$
52	$\dfrac{1}{\sqrt{\pi t}}\sin 2\sqrt{at}$	$\dfrac{1}{s\sqrt{s}}\mathrm{e}^{-\frac{a}{s}}$
53	$\dfrac{1}{\sqrt{\pi t}}\mathrm{sh}2\sqrt{at}$	$\dfrac{1}{s\sqrt{s}}\mathrm{e}^{\frac{a}{s}}$
54	$\dfrac{1}{t}(\mathrm{e}^{bt}-\mathrm{e}^{at})$	$\ln\dfrac{s-a}{s-b}$
55	$\dfrac{2}{t}\mathrm{sh}at$	$\ln\dfrac{s+a}{s-b}=2\mathrm{Arth}\dfrac{a}{s}$
56	$\dfrac{2}{t}(1-\cos at)$	$\ln\dfrac{s^2+a^2}{s^2}$

续表

	$f(t)$	$F(s)$
57	$\frac{2}{t}(1-\mathrm{ch}\ at)$	$\ln\frac{s^2-a^2}{s^2}$
58	$\frac{1}{t}\sin at$	$\arctan\frac{a}{s}$
59	$\frac{1}{t}(\mathrm{ch}\ at-\cos bt)$	$\ln\sqrt{\frac{s^2+b^2}{s^2-a^2}}$
60**	$\frac{1}{\pi t}\sin(2a\sqrt{t})$	$\mathrm{erf}\frac{a}{\sqrt{s}}$
61**	$\frac{1}{\sqrt{\pi t}}\mathrm{e}^{-2a\sqrt{t}}$	$\frac{1}{\sqrt{s}}\mathrm{e}^{\frac{a^2}{s}}\mathrm{erfc}\left(\frac{a}{\sqrt{s}}\right)$
62	$\mathrm{erfc}\left(\frac{a}{2\sqrt{t}}\right)$	$\frac{1}{s}\mathrm{e}^{-a\sqrt{s}}$
63	$\mathrm{erf}\left(\frac{t}{2a}\right)$	$\frac{1}{s}\mathrm{e}^{a^2s^2}\mathrm{erfc}(as)$
64	$\frac{1}{\sqrt{\pi t}}\mathrm{e}^{-2\sqrt{at}}$	$\frac{1}{\sqrt{s}}\mathrm{e}^{\frac{a}{s}}\mathrm{erfc}\left(\sqrt{\frac{a}{s}}\right)$
65	$\frac{1}{\sqrt{\pi(t+a)}}$	$\frac{1}{\sqrt{s}}\mathrm{e}^{as}\mathrm{erfc}(\sqrt{as})$
66	$\frac{1}{\sqrt{a}}\mathrm{erf}(\sqrt{at})$	$\frac{1}{s\sqrt{s+a}}$
67	$\frac{1}{\sqrt{a}}\mathrm{e}^{at}\mathrm{erf}(\sqrt{at})$	$\frac{1}{\sqrt{s}(s-a)}$
68	$u(t)$	$\frac{1}{s}$
69	$tu(t)$	$\frac{1}{s^2}$
70	$t^m u(t)\ \ (m>-1)$	$\frac{1}{s^{m+1}}\Gamma(m+1)$

续表

	$f(t)$	$F(s)$
71	$\delta(t)$	1
72	$\delta^{(n)}(t)$	s^n
73	$\mathrm{sgn}t$	$\frac{1}{s}$
74***	$\mathrm{J}_0(at)$	$\frac{1}{\sqrt{s^2+a^2}}$
75***	$\mathrm{I}_0(at)$	$\frac{1}{\sqrt{s^2-a^2}}$
76	$\mathrm{J}_0(2\sqrt{at})$	$\frac{1}{s}\mathrm{e}^{-\frac{a}{s}}$
77	$\mathrm{e}^{-bt}\mathrm{I}_0(at)$	$\frac{1}{\sqrt{(s+b)^2-a^2}}$
78	$t\mathrm{J}_0(at)$	$\frac{s}{(s^2+a^2)^{3/2}}$
79	$t\mathrm{I}_0(at)$	$\frac{s}{(s^2-a^2)^{3/2}}$
80	$\mathrm{J}_0(a\sqrt{t(t+2b)})$	$\frac{1}{\sqrt{s^2+a^2}}\mathrm{e}^{b}(s-\sqrt{s^2+a^2})$

* 式中 a,b,c 为不相等的常数.

** $\mathrm{erf}x=\frac{2}{\sqrt{\pi}}\int_0^x \mathrm{e}^{-t^2}\mathrm{d}t$, 称为误差函数.

$\mathrm{erfc}x=1-\mathrm{erf}x=\frac{2}{\sqrt{\pi}}\int_x^{+\infty}\mathrm{e}^{-t^2}\mathrm{d}t$, 称为余误差函数.

*** $\mathrm{I}_n(x)=\mathrm{i}^{-n}\mathrm{J}_n(\mathrm{i}x)$, J_n 称为第一类 n 阶贝塞尔 (Bessel) 函数, I_n 称为第一类 n 阶变形的贝塞尔函数, 或称为虚宗量的贝塞尔函数.